BIM 技术系列岗位人才培养项目辅导教材

BIM 装饰专业基础知识

人力资源和社会保障部职业技能鉴定中心
工业和信息化部电子通信行业职业技能鉴定指导中心　组织编写
北京绿色建筑产业联盟BIM技术研究与应用委员会

BIM 技 术 人 才 培 养 项 目 辅 导 教 材 编 委 会　编

罗　兰　卢志宏　主编

U0249951

中国建筑工业出版社

图书在版编目(CIP)数据

BIM 装饰专业基础知识/BIM 技术人才培养项目辅导教材编委
会编. —北京：中国建筑工业出版社，2018.5
BIM 技术系列岗位人才培养项目辅导教材
ISBN 978-7-112-22206-3

Ⅰ.①B… Ⅱ.①B… Ⅲ.①建筑装饰-建筑设计-计算机辅助
设计-应用软件-技术培训-教材 Ⅳ.①TU238-39

中国版本图书馆 CIP 数据核字(2018)第 086874 号

本书密切结合建筑装饰工程实际，围绕建筑装饰项目的设计、施工等阶段，详细介绍
BIM 技术在建筑装饰领域的具体应用。本书内容翔实，图文并茂，并附有大量经典案例。
可供系统学习建筑装饰专业 BIM 知识的工程技术人员参考借鉴。

* * *

责任编辑：封　毅　毕凤鸣　张瀛天
责任校对：焦　乐

BIM 技术系列岗位人才培养项目辅导教材
BIM 装饰专业基础知识
人力资源和社会保障部职业技能鉴定中心
工业和信息化部电子通信行业职业技能鉴定指导中心　组织编写
北京绿色建筑产业联盟 BIM 技术研究与应用委员会
BIM 技 术 人 才 培 养 项 目 辅 导 教 材 编 委 会　编
罗 兰　卢志宏　主编

*

中国建筑工业出版社出版、发行(北京海淀三里河路 9 号)
各地新华书店、建筑书店经销
北京红光制版公司制版
环球东方（北京）印务有限公司印刷

*

开本：787×1092 毫米　1/16　印张：27　字数：671 千字
2018 年 5 月第一版　　2018 年 5 月第一次印刷
定价：**68.00** 元
ISBN 978-7-112-22206-3
(32101)

本 书 编 委 会

编委会主任：陆泽荣　北京绿色建筑产业联盟执行主席

主　　编：罗　兰　中国建筑股份有限公司

　　　　　卢志宏　浙江亚厦装饰股份有限公司

副 主 编：邹贻权　湖北工业大学

　　　　　宋　灏　金螳螂集团

　　　　　蒋承红　中建东方装饰有限公司

　　　　　连　珍　上海市建筑装饰工程集团有限公司

　　　　　杜艳静　浙江亚厦装饰股份有限公司

　　　　　刘　燕　深圳市洪涛装饰股份有限公司

编写人员：（排名不分先后）

浙江亚厦装饰股份有限公司	何静姿	杨家跃	温小燕
金螳螂集团	刘培珺	王玲玉	陈　岭
	郑开峰		
中建东方装饰有限公司	郭　景	王　晖	郭志坚
	张　静		
上海市建筑装饰工程集团有限公司	程志平	管文超	蔡晟旻
	李　骋	马宇哲	蒋泽南
深圳市洪涛装饰股份有限公司	刘　望	梁太平	杨文溢
中国建筑装饰集团有限公司	刘凌峰	彭中要	
山东奥博建筑科技有限公司	孙　星		
东易日盛家居装饰集团	朱　燕	王永潮	
北京麦格天宝科技股份有限公司	张琳琪		
惟邦环球建筑设计事务所	何东海		
上海益埃毕集团	杨新新	王金成	侯佳伟
图软教育培训管理中心	熊绍刚		
达索系统（上海）信息技术有限公司	张　颖		
常州九曜信息技术有限公司	戴　辉		
BENTLEY 软件（北京）有限公司	宋　明		
中设设计集团股份有限公司	张大镇		

珠海兴业绿色建筑科技有限公司　　罗　多
深圳市中孚泰化建筑建设股份有限公司　罗泽红
北京源著装饰工程有限公司　　于金平
中建海峡建设发展有限公司　　刘火生
华南农业大学　　李　腾
上海国际旅游度假区工程建设有限公司　顾　靖
石家庄常宏建筑装饰工程有限公司　王　跃　张　伟　李　洋
深圳海外装饰工程有限公司　　郭秀峰　陈汉成
北京建筑大学　　邹　越
深圳广田装饰集团股份有限公司　徐　立　付　瑜
中国建筑一局（集团）有限公司　姜月菊
中建交通建设集团　　孙喜亮
北京丽贝亚建筑装饰工程有限公司　王　芳
北京绿色建筑产业联盟　　陈玉霞　孙　洋　张中华
　　　　　　　　　　　　　　　　范明月　吴　鹏　王晓琴
　　　　　　　　　　　　　　　　邹　任

主　　审：刘占省　北京工业大学
　　　　　王其明　中国航天建设集团

4

丛 书 总 序

中共中央办公厅、国务院办公厅印发《关于促进建筑业持续健康发展的意见》（国发办〔2017〕19号）、住建部印发《2016—2020年建筑业信息化发展纲要》（建质函〔2016〕183号）、《关于推进建筑信息模型应用的指导意见》（建质函〔2015〕159号），国务院印发《国家中长期人才发展规划纲要（2010—2020年）》《国家中长期教育改革和发展规划纲要（2010—2020年）》，教育部等六部委联合印发的《关于进一步加强职业教育工作的若干意见》等文件，以及全国各地方政府相继出台多项政策措施，为我国建筑信息化BIM技术广泛应用和人才培养创造了良好的发展环境。

当前，我国的建筑业面临着转型升级，BIM技术将会在这场变革中起到关键作用；也必定成为建筑领域实现技术创新、转型升级的突破口。围绕住房和城乡建设部印发的《推进建筑信息模型应用指导意见》，在建设工程项目规划设计、施工项目管理、绿色建筑等方面，更是把推动建筑信息化建设作为行业发展总目标之一。国内各省市行业行政主管部门已相继出台关于推进BIM技术推广应用的指导意见，标志着我国工程项目建设、绿色节能环保、装配式建筑、3D打印、建筑工业化生产等要全面进入信息化时代。

如何高效利用网络化、信息化为建筑业服务，是我们面临的重要问题；尽管BIM技术进入我国已经有很长时间，所创造的经济效益和社会效益只是星星之火。不少具有前瞻性与战略眼光的企业领导者，开始思考如何应用BIM技术来提升项目管理水平与企业核心竞争力，却面临诸如专业技术人才、数据共享、协同管理、战略分析决策等难以解决的问题。

在"政府有要求，市场有需求"的背景下，如何顺应BIM技术在我国运用的发展趋势，是建筑人应该积极参与和认真思考的问题。推进建筑信息模型（BIM）等信息技术在工程设计、施工和运行维护全过程的应用，提高综合效益，是当前建筑人的首要工作任务之一，也是促进绿色建筑发展、提高建筑产业信息化水平、推进智慧城市建设和实现建筑业转型升级的基础性技术。普及和掌握BIM技术（建筑信息化技术）在建筑工程技术领域应用的专业技术与技能，实现建筑技术利用信息技术转型升级，同样是现代建筑人职业生涯可持续发展的重要节点。

为此，北京绿色建筑产业联盟应工业和信息化部教育与考试中心（电子通信行业职业技能鉴定指导中心）的要求，特邀请国际国内BIM技术研究、教学、开发、应用等方面的专家，组成BIM技术应用型人才培养丛书编写委员会；针对BIM技术应用领域，组织编写了这套BIM工程师专业技能培训与考试指导用书，为我国建筑业培养和输送优秀的建筑信息化BIM技术实用性人才，为各高等院校、企事业单位、职业教育、行业从业人员等机构和个人，提供BIM专业技能培训与考试的技术支持。这套丛书阐述了BIM技术在建筑全生命周期中相关工作的操作标准、流程、技巧、方法；介绍了相关BIM建模软件工具的使用功能和工程项目各阶段、各环节、各系统建模的关键技术。说明了BIM技术在项目管理各阶段协同应用关键要素、数据分析、战略决策依据和解决方案。提出了推动 BIM 在设计、施工等阶段应用的关键技术的发展和整体应用策略。

我们将努力使本套丛书成为现代建筑人在日常工作中较为系统、深入、贴近实践的工具型丛书，促进建筑业的施工技术和管理人员、BIM 技术中心的实操建模人员，战略规划和项目管理人员，以及参加 BIM 工程师专业技能考评认证的备考人员等理论知识升级和专业技能提升。本丛书还可以作为高等院校的建筑工程、土木工程、工程管理、建筑信息化等专业教学课程用书。

本套丛书包括四本基础分册，分别为《BIM 技术概论》《BIM 应用与项目管理》《BIM 建模应用技术》《BIM 应用案例分析》，为学员培训和考试指导用书。另外，应广大设计院、施工企业的要求，我们还出版了《BIM 设计施工综合技能与实务》、《BIM 快速标准化建模》等应用型图书，并且方便学员掌握知识点的《BIM 技术知识点练习题及详解（基础知识篇）》《BIM 技术知识点练习题及详解（操作实务篇）》。2018 年我们还将陆续推出面向 BIM 造价工程师、BIM 装饰工程师、BIM 电力工程师、BIM 机电工程师、BIM 路桥工程师、BIM 成本管控、装配式 BIM 技术人员等专业方向的培训与考试指导用书，覆盖专业基础和操作实务全知识领域，进一步完善 BIM 专业类岗位能力培训与考试指导用书体系。

为了适应 BIM 技术应用新知识快速更新迭代的要求，充分发挥建筑业新技术的经济价值和社会价值，本套丛书原则上每两年修订一次；根据《教学大纲》和《考评体系》的知识结构，在丛书各章节中的关键知识点、难点、考点后面植入了讲解视频和实例视频等增值服务内容，让读者更加直观易懂，以扫二维码的方式进入观看，从而满足广大读者的学习需求。

感谢各位编委们在极其繁忙的日常工作中抽出时间撰写书稿。感谢清华大学、北京建筑大学、北京工业大学、华北电力大学、云南农业大学、四川建筑职业技术学院、黄河科技学院、湖南交通职业技术学院、中国建筑科学研究院、中国建筑设计研究院、中国智慧科学技术研究院、中国建筑西北设计研究院、中国建筑股份有限公司、中国铁建电气化局集团、北京城建集团、北京建工集团、上海建工集团、北京中外联合建筑装饰工程有限公司、北京市第三建筑工程有限公司、北京百高教育集团、北京中智时代信息技术公司、天津市建筑设计院、上海 BIM 工程中心、鸿业科技公司、广联达软件、橄榄山软件、麦格天宝集团、成都孺子牛工程项目管理有限公司、山东中永信工程咨询有限公司、海航地产集团有限公司、T-Solutions、上海开艺设计集团、江苏国泰新点软件、浙江亚厦装饰股份有限公司、文凯职业教育学校等单位，对本套丛书编写的大力支持和帮助，感谢中国建筑工业出版社为丛书的出版所做出的大量的工作。

北京绿色建筑产业联盟执行主席　陆泽荣

2018 年 4 月

前　言

建筑信息模型（BIM）是在计算机辅助设计（CAD）等技术基础上发展起来的多维模型信息集成技术，是对建筑工程物理特征和功能特性信息的数字化和可视化的表达。BIM 应用于工程项目规划、设计、施工、运营维护、拆除等建筑全生命期的各阶段，实现项目参与各方在同一模型上共享信息。BIM 技术在我国经过十多年的发展，已经成为主推建筑业实现创新发展的重要技术手段，各级政府、行业协会、设计和施工企业、科研院校都给予高度重视，积极应用 BIM 技术，对建筑装饰行业的科技进步与转型升级产生不可估量的影响。

但在现阶段，建筑装饰行业 BIM 技术人员严重缺乏，BIM 技术有效应用的项目较为少见，而且还普遍存在对 BIM 技术认识不统一、在应用中应用方法不明确、操作标准不规范、与装饰规范导则不贴合、与现实流程不符合、经济效益不理想等一系列问题。一些项目虽应用 BIM 技术，但流于形式，无法对工程管理起到实质性作用。基于上述现状，工业和信息化部职业技能鉴定指导中心 BIM 系列岗位教育与考评项目管理中心针对装饰专业组织了 BIM 职业技能考试。为行业培养既有装饰专业能力又有 BIM 应用能力的专业人才，就迫切需要一本实用教材。由丛书编委会牵头，罗兰、卢志宏组织编写了《BIM 装饰专业基础知识》，现由中国建筑工业出版社出版，为建筑装饰行业提供一本 BIM 的基础性教材。

本书编写组成员由几十位建筑装饰行业 BIM 应用的一线工程设计和施工人员、几大 BIM 软件公司或其代理商的专业技术人员以及从事 BIM 技术前沿研究的高校教师组成。本书是编者们根据几年来的 BIM 实践经验总结为基础，归纳提炼出来的建筑装饰专业 BIM 应用流程、方法及相关理论，基本概括了当前建筑装饰专业 BIM 应用的基础知识。

本书在编写过程中参考了国家标准、行业标准和大量装饰专业 BIM 文献，汲取了行业专家的经验，参考和借鉴了有关专业书籍，特别是李云贵、何关培、邱奎宁诸先生的相关论著，以及互联网包括百度百科、软件交流学习、建筑技术类等网站的相关资料，在此向这部分文献的作者表示衷心感谢！

各章编写人员及分工如下：

第 1 章：罗兰、彭中要、宋灏、孙星、温小燕、王永潮；

第 2 章：罗兰、张琳琪、何东海、王金成、熊绍刚、张颖、戴辉、侯佳伟、宋明；

第 3 章：连珍、管文超、蔡晟旻、李骋、马宇哲、蒋泽南；

第 4 章：蒋承红、郭志坚、王晖、郑开峰、张静、张大镇；

第 5 章：杜艳静、刘燕、宋灏、于金平、管文超、郑开峰、梁太平、蔡晟旻、罗多、罗泽红、刘火生、罗兰；

第 6 章：宋灏、王玲玉、陈岭、李骋；

第 7 章：邹贻权、顾靖、李腾；

第 8 章：卢志宏、杨家跃、王永潮、张伟、王玲玉、刘燕、王晖、管文超、宋灏、陈汉成、李洋、杨文溢、郭志坚、马宇哲、陈岭；

罗兰、付瑜绘制了部分插图。由罗兰、邹贻权、李腾、邹越统稿。

由于本书编者水平所限，加之时间仓促，书中的缺点与不足之处在所难免，恳请广大读者不吝指正，如有修改建议和意见发至邮箱 ZS_BIM@126.com，我们将在后续版本中改进。感谢各位读者。

《BIM 装饰专业基础知识》编写组

2018 年 4 月

目　　录

第1章 建筑装饰工程 BIM 综述

本章导读

当前，国家大力提倡在工程建设行业应用 BIM 技术建设绿色建筑。在建筑工程建设中，信息技术和 BIM 技术是绿色建筑实现的关键技术。装饰装修是绿色建筑不可缺少的部分，建筑装饰行业的信息化和 BIM 技术的应用影响着绿色建筑全生命期的完整实现。其中，BIM 技术作为管理技术在成本控制、风险预控等方面起着重要的作用。因此，当前建筑装饰工程应用 BIM 技术，实现工程项目各参与方协同工作已经成为大势所趋。本章主要简介 BIM 技术的概念、常用术语、特点优势、发展历程、应用现状；建筑装饰行业现状、各业态特点、存在问题和发展；装饰 BIM 技术应用的内容、发展历程和现状、工作模式、应用流程、应用优势；装饰 BIM 职业发展以及行业信息化、行业 BIM 应用展望。

本章要求

熟练的内容：BIM 的概念、BIM 的特点、装饰 BIM 的应用流程、绿色建筑的概念。

掌握的内容：装饰 BIM 应用的工作模式、应用内容、技术优势、职业发展。

了解的内容：BIM 及装饰 BIM 发展历程和应用现状、作用与价值；建筑装饰行业特点、业态及特点、传统装饰工程中存在的问题等。建筑装饰行业未来发展、行业信息化、BIM 技术发展。

1.1 BIM 技术概述

1.1.1 BIM 技术概念

1. BIM 的由来

近 30 年来，工程建设行业由于产业结构分散、信息交流不畅、项目管理粗放、建造成本居高不下，严重影响着整体发展水平。另外，世界范围内可持续发展的要求，需要工程建设行业进行技术革新。为解决上述问题，于 20 世纪 70 年代美国最早出现了相关技术的研究。2002 年，Jerry Laiserin 将 BIM 作为专业术语提出。随后，BIM 这一方法和理念被广泛推广，应用 BIM 技术成为推动建筑业革命性发展的重要技术途径。

2. BIM 的概念

根据国标《建筑信息模型应用统一标准》GB/T 51212—2016、《建筑信息模型施工应用标准》GB/T 51235—2017 中的定义，建筑信息模型（Building Information Modeling，BIM）是指："在建设工程及设施全生命期内，对其物理和功能特性进行数字化表达，并依此设计、施工、运营的过程和结果的总称。简称模型。"

这个定义包含两层含义，第一层：建设工程及其设施的物理和功能特性的数字化表达，在全生命期内提供共享的信息资源，并为各种决策提供基础信息；第二层：BIM 的创建、使用和管理过程，即模型的应用。从定义可以看出，BIM 技术是一种应用于工程设计建造管理的信息化工具，通过参数化的模型整合各种项目的相关信息，在项目规划、设计、施工、运营的全生命期过程中进行共享和传递，使工程技术人员基于正确建筑信息高效应对各种工程问题，为各专业设计和施工团队以及包括建筑运营单位在内的各参与方提供协同工作的基础，在提高生产效率、节约成本和缩短工期方面发挥重要作用（图 1.1.1-1）。

BIM 的出现，正在改变建筑项目参与各方（业主、建筑师、工程师、施工承包商、后期物业管理运维等）的协作和交付方式，使每个人都能提高生产效率并获得收益，从而引发建筑行业的技术革命。

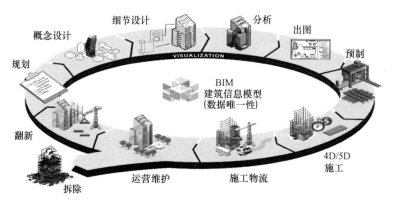

图 1.1.1-1 BIM 技术协作流程

3. BIM 技术相关的常用术语

（1）建筑信息模型元素（BIM element）

建筑信息模型的基本组成单元，简称模型元素。

（2）模型细度（level of detail，LOD）

模型元素组织及其几何信息、非几何信息的详细程度。

（3）设计信息模型（building information model in design）

在设计阶段应用的建筑信息模型，是方案设计模型、施工图设计模型等的统称。

（4）施工信息模型（building information model in construction）

在施工阶段应用的建筑信息模型，是深化设计模型、施工过程模型、竣工模型等的统称。

（5）BIM 工程应用实践（Practice‐based BIM mode，P-BIM）

基于工程实践的建筑信息模型应用方式。

（6）协同平台（collaboration platform）

多专业协同工作的软硬件环境。

（7）BIM 构件（building information modeling construct）

BIM 构件是放置在建筑特定位置并赋予属性的实例化元素。单个 BIM 构件可以按照一定规则进行组合形成模型构件。

（8）BIM 子模型（building information modeling sub model）

BIM 子模型是按照专业、用途、阶段等不同维度划分的部分建筑信息模型，各 BIM 子模型之间可以有重复构件。

（9）IFC 标准（Industry Foundational Classes，IFC）

IFC 标准是由 BuidingSMART 国际组织发布的建筑信息模型数据交换标准 Industry Foundation Classes（简称"IFC 标准"），集成了工程各阶段信息，支持基于公开标准的数据交换。

（10）维度（n+D）

BIM 的应用分为多个维度，也称为 D。其中，3D 是建设项目的可视化表达，包括建设项目的几何、物理、功能和性能等信息、4D 是在 3D 的基础上充分考虑时间的因素，合理编制工程项目的施工进度计划、分包商的工作顺序并进行施工过程优化。5D 是基于 3D 的造价控制，在整个设计施工过程中实现工程预算的实时控制和精确控制。nD 是指将 BIM 的应用扩展到对建筑物的性能以及舒适度模拟分析，满足社会和业主对低能耗、可持续建筑的要求。nD 将集成进度、成本、质量、建筑节能、性能分析等各个方面的信息。

（11）虚拟现实（Virtual Reality，VR）

虚拟现实技术是一种可以创建和体验虚拟世界的计算机仿真系统，它利用计算机生成一种模拟环境，是一种多源信息融合的交互式的三维动态视景和实体行为的系统仿真，使用户沉浸到该环境中。

（12）增强现实（Augmented Reality，AR）

增强现实是一种实时的计算摄影机影像的位置及角度并加上相应图像的技术，这种技术的目标是在屏幕上把虚拟世界套在现实世界并进行互动。

（13）混合现实（Mixed Reality ，MR）

混合现实技术是虚拟现实技术的进一步发展，该技术通过在虚拟环境中引入现实场景信息，在虚拟世界、现实世界和用户之间搭起一个交互反馈的信息回路，以增强用户体验的真实感。

（14）移动通信（mobile communication）

沟通移动用户与固定点用户之间或移动用户之间的通信方式。当前的移动通信具有数字化、综合化、设备小型化的特征。

（15）云计算（cloud computing）

云计算是基于互联网的相关服务的增加、使用和交付模式，通常涉及通过互联网来提供动态易扩展且经常是虚拟化的资源。

（16）大数据（big data）

一种规模大到在获取、存储、管理、分析方面大大超出了传统数据库软件工具能力范围的数据集合，具有海量的数据规模、快速的数据流转、多样的数据类型和价值密度低四大特征。

（17）物联网（Internet of Things，IoT）

物联网是通过射频识别、红外感应器、全球定位系统、激光扫描器等信息传感设备，按约定的协议将物品与互联网相连，并进行信息交换和通信，以实现智能化识别、定位、跟踪、监控和管理的一种网络。

（18）人工智能（Artificial Intelligence，AI）

人工智能是研究、开发用于模拟、延伸和扩展人的智能的理论、方法、技术及应用系统的一门新的技术科学。

1.1.2　BIM 的特点

综合当前 BIM 发展及应用情况，其主要特点总结如下：

1. 可视化

可视化是利用计算机图形学和图像处理技术，将数据转换成图形或图像在屏幕上显示出来，同时可以进行交互处理。BIM 技术可以有效展现设计师的创意，能够直观展示建筑模型和构件，表现复杂构造和节点（图 1.1.2-1），可基于模型快速生成效果图和漫游动画。另外，可以模拟施工方案和施工工艺，检测建筑构件之间的碰撞，精确掌控建筑项目的整个施工过程。

2. 参数化

参数即变量，BIM 技术支持设计人员根据工程关系和几何关系，通过参数建立各种约束关系满足设计要求。基于参数化的方法，通过简单调整模型中的变量值就能建立和分析新的模型。同时，由于参数化模型中的各种约束关系，与之相关部分的几何关系可以关联变动（图 1.1.2-

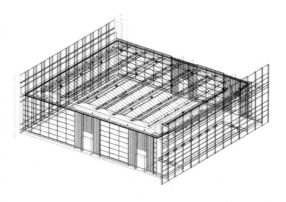

图 1.1.2-1　装饰构造和节点的可视化

2），不用专门再修改。BIM的参数化性能提高了模型的生成和修改速度。

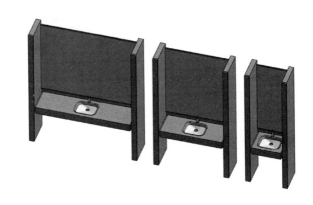

图 1.1.2-2 参数化构件示例

3. 可出图性

利用 BIM 建模工具创建的模型，由于信息全面完整准确，可以快速直接从中导出和生成平面图、立面图，可以剖切和生成无限量的剖面图、详图、三维图（图 1.1.2-3），让绘制设计图纸成果变得快捷方便；利用配套工具进行碰撞检查，直观观看各专业内部外部的设计问题，解决碰撞问题，控制净空，生成优化的管线综合布置图；另外，对钢结构等专业可以输入参数，直接生成预制构件模型及其加工图，紧密实现与工厂生产的对接，提高生产质量和效率。

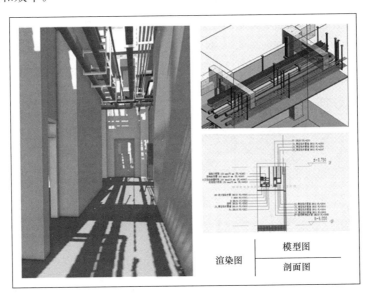

图 1.1.2-3 多样化出图

4. 模拟性

模拟是对真实事物或者过程的虚拟仿真。在设计阶段，对建筑物性能如能耗、采光、照明、声学、通风等进行仿真分析，提高了设计质量。在施工阶段，对施工方案、施工工艺、施工进度进行模拟（图 1.1.2-4），优化施工组织设计，对质量安全、工期、造价等实现预控。在运维阶段，对设备进行监控，对能源运行和建筑空间进行有效管理。

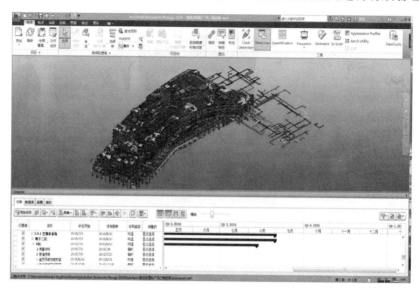

图 1.1.2-4　施工进度模拟

5. 优化性

指为达到目的而采取更好的措施。建筑项目的全生命期，其实就是对整个工作不断优化的过程。BIM 技术可以利用模型及其配套工具，找到关键的几何信息、属性信息、规则信息、数量信息等并进行分析，对建筑项目实施过程中的设计方案、工程造价对比分析（图 1.1.2-5），找出最适合的方案；对比较复杂和繁琐的工序工艺进行合理安排，改良、改善、改进和简化，进而节约时间和成本，高效地完成工程建设。

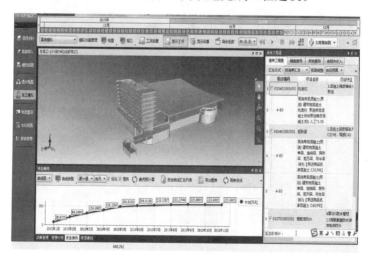

图 1.1.2-5　工程造价监控

6. 协同性

在建筑项目的各阶段、各参与单位内外都需协同配合，紧密衔接，确保工程能够顺利进行。应用 BIM 技术进行管理，有利于工程各参与方内部和外部组织协同工作。在设计阶段通过 BIM 对建筑物建造前期进行碰撞检查（图 1.1.2-6）、模拟分析、找出问题所在，生成并提供协调数据提出修改方案；在施工阶段对各方工程量、整体进度、各专业各工种流水段、成品保护等规划协调，施工方案组织更高效完美。

图 1.1.2-6　碰撞检查

7. 一体化

一体化指从规划、设计、施工到运维、拆除，贯穿工程项目的全生命期的一体化应用和管理。通过各阶段不同参与方不断地对模型更新，模型一直在流转，信息一直在演进，将项目的全过程信息包含在其中。这些信息提供给工程各参与方不同岗位的人员参考，能显著降低交流成本，提高整体利益。

8. 可拓展性

通过 BIM 技术，可对工程项目的几何信息、非几何信息及其相互关系进行描述，可以包含设计信息、施工信息和维护信息等。随着技术的发展，BIM 还有很大的拓展空间，可以兼容新技术、新工艺，纳入更多类型的新的信息，完成各种优化应用，如利用三维扫描逆向建模、利用 BIM 放线等。BIM 技术在工程建设项目的绿色化、工业化、智能化、信息化的实践过程中，将不断发展完善。

综上所述，BIM 技术以其独特的特点，在建筑全生命期的各个阶段都能充分发挥作用，是信息技术在建筑业中的直接体现和最新应用。BIM 技术为建设项目的各参与方提供了协同设计、交流工作的平台，在节约成本、保证进度和质量、保证施工安全、变更管理、设施管理、建筑节能等方面都能发挥巨大的作用，并通过改善建设项目的管理和技术水平，推动整个建筑行业的进步和变革。

1.1.3　BIM 技术优势

1. 各阶段应用优势

与过去采用二维图设计图纸相比，在建筑全生命期各阶段应用 BIM 技术存在着不可比拟的优势：

1）规划阶段

在规划阶段，需要对建设项目的地形、地势、地质、水文、气候、日照、采光、噪声、交通、周边建筑、传统建筑文化、当地经济等进行全面的分析和考量。按照传统的规划方法，经常由于考虑不够全面而导致决策失误。采用 BIM 技术后，应用最新勘测设备和技术进行勘测建模，支持规划方案的参数化设计，针对规划方案进行性能指标分析和评价，实现多方案对比分析和可视化模拟，提升评价分析结果的科学性。

2）设计阶段

在设计阶段，建筑的设计首先要符合传统的坚固、经济、美观、实用的标准；其次，需要对建筑的节能、节水、节地、节材、环保进行全面考虑，符合绿色建筑评价标准。传统的设计方法，由于多专业协作困难，使得设计周期长、设计错误多，且相关标准不易实现。采用 BIM 技术后，支持建筑的参数化设计，快速完成空间布置和单体设计，针对设计方案进行各项性能指标分析和评价，实现多方案对比分析和可视化模拟，快速对建筑设计方案进行综合的性能评价，并可以优化设计方案，减少设计失误。

3）施工阶段

在施工阶段，工程各参与方都需要在一个现场按流程同时或先后作业，因各方数据沟通不畅，导致工期延长、成本增加和质量降低，造成浪费。采用 BIM 技术后，可以支持建筑工程的集成管理，综合应用现代测量和数字监控技术，实现施工过程的数字管理。通过利用标准的工序库和资源库，基于建筑信息集成管理平台，实现建筑施工过程的自动化和可视化，提升施工效率，降低施工风险。

4）运维阶段

在运维阶段，物业管理需要对与房屋有关的一系列资产进行维护、运营和管理。使用传统方法，资产信息散乱。采用 BIM 技术后，通过实现设计、施工阶段与运行维护阶段的无缝衔接和信息共享，基于建筑信息集成管理平台，可实现建筑运维期的节能减排、防灾减灾、保洁保养、维修改造、房屋租售等工作的信息化管理，提升物业资产管理效率。

5）拆除阶段

在拆除阶段，业主需要对与房屋有关的一系列资产进行清点、统计、拆卸、搬运、爆破、出售或再次就位。使用传统方法的拆除阶段的管理很容易失控，经常发生丢失、浪费现象，制造了很多不可回收利用的建筑垃圾，同时存在安全隐患。采用 BIM 技术后，通过维护阶段的 BIM 模型，可以进行拆除模拟，找到薄弱环节，消除安全隐患，实现旧建筑构件的有序拆除；另外，可以轻松统计资产，快速对重要部品设备等进行拆卸、搬运、出售、二次利用的组织管理，为拆除阶段系列活动的信息化管理提供技术支撑。

2. BIM 的作用

BIM 技术通过建立数字化的 BIM 模型，集成项目相关的各种信息，服务于建设项目的规划、设计、施工、运营、拆除整个生命期，为提高生产效率、保证工程质量、节约成本、缩短工期等发挥出巨大的作用。BIM 的作用具体体现在以下几个方面：

1）实现建筑全生命期信息共享

在过去二十多年，工程技术人员主要依靠计算机或者手绘的二维图进行项目建设和运营管理，这种工作方式的信息共享效率较低，也间接导致管理粗放。BIM 技术支持建筑项目信息在设计、施工和运行维护全过程的充分交换和共享，促进建筑全生命期管理效益的提升。应用 BIM 技术可以使建设项目的所有参与方（包括政府主管部门、业主单位、设计团队、施工单位等），在项目从规划设计到拆除的整个生命期内，都能够在模型信息的基础上应用 BIM 工具进行协同工作。

2）有效实现可持续设计的工具

BIM 技术有力地支持建筑的安全、美观、适用、经济等目标的实现。通过节能、节水、节地、节材、环境保护等多方面的分析和模拟，容易实现可预测、可控制等建筑全生命期的各种性能指标。例如，利用 BIM 技术，可以将设计结果自动导入建筑节能分析软件中进行能耗分析，或导入虚拟施工软件进行施工模拟，避免相关技术人员重新建立模型。又如，利用 BIM 技术，不仅可以直观地展示设计方案效果，而且可以直观地展示施工细节，进而对施工过程进行仿真，增加施工过程的可控性。

3）促进建筑业生产方式的转变

BIM 技术能够有力地支持设计与施工一体化，减少建设工程"错、缺、漏、碰"现象的发生，将传统设计工作流合并，在设计和施工阶段利用实时更新的信息进行协同工作，从而可以减少建筑全生命期的浪费，带来显著的经济和社会、环境效益。美国斯坦福大学整合设施工程中心（CIFE）根据 32 个项目总结了使用 BIM 技术的以下优势：消除 40% 预算外更改；造价估算控制在 3% 精确度范围内；造价估算耗费的时间缩短 80%；通过发现和解决冲突，将合同价格降低 10%；项目工期缩短 7%，及早实现投资回报。

4）助推建筑业工业化的发展

BIM 技术的推广应用将推动和加快建筑行业工业化进程。我国建筑工业化与发达国家相比还有较大的差距。我国建筑行业工业化近期的发展方向和目标是提高工业化制造在建设项目中的比例。工业化建造要经过设计制图、工厂制造、运输储存、现场装配等环节，任一环节出现问题都会造成工期延误和成本上升。BIM 为建筑工业化解决信息创建、管理、传递等问题提供技术基础，为装配模拟、采购制造、运输存放、安装就位的全程跟踪提供了技术保障。同时，BIM 还为自动化生产加工奠定了基础，不但能够提高产品质量和效率，而且利用 BIM 模型数据和数控机床的自动集成，还能完成通过传统方式很难完成的下料工作。

5）紧密联系建筑业产业链

建设工程项目的产业链包括业主、勘察、设计、施工、项目管理、监理、造价、部品、材料、设备等，一般项目都有数十个参与方，大型项目的参与方可以达到几百个甚至更多。将整个行业的产业链信息联系起来，提高行业竞争力，是实现整个建筑行业现代化的重要目标。二维图纸作为产业链成员之间传递沟通信息的载体已经使用了几百年，其弊端也随着项目复杂性和市场竞争的日益加大变得越来越明显。打通产业链的一个技术关键是信息共享，BIM 就是全球建筑行业专家同仁为解决上述挑战而进行探索研究的成果。

3. BIM 的价值

应用 BIM 技术，可望大幅度提高建筑工程的集成化程度，促进建筑业生产方式的转变，提高投资、设计、施工乃至整个工程生命期的质量和效率，提升科学决策和管理水平。项目各参与方应用 BIM，都有巨大价值：

1）对业主方的价值

有助于业主提升对整个项目的掌控能力和科学管理水平、提高效率、缩短工期、降低投资风险；提高运营的资产管理和应急管理水平。

2）对设计方的价值

支撑绿色建筑设计、强化设计协同、减少因"错、缺、漏、碰"导致的设计变更，促进设计效率和设计质量的提升。

3）对施工方的价值

支撑工业化建造和绿色施工、优化施工方案，促进工程项目实现精细化管理、提高工程质量、降低成本和安全风险。

4）对供货方的价值

支撑建筑部品构件非标化的生产订制，能够快速下单，定制交付工业级品质产品，提高效率，形成产品的多样化和个性化。

1.1.4　BIM 国内外发展历程

当前，BIM 应用无论在国内国外还处于普及应用和持续研究阶段，但是认识并发展 BIM、实现行业的信息化升级转型已成必然趋势。

1. 国外 BIM 应用发展

在发达国家和地区，为加速 BIM 的普及应用，相继推出了各具特色的技术政策和措施。美国是 BIM 的发源地，BIM 研究与应用一直处于领先地位，其他如英国、澳大利亚、韩国、新加坡、日本以及北欧各国都纷纷推出了 BIM 政策和标准，指导本国 BIM 技术应用。

1）BIM 在美国

2003 年为了提高建筑领域的生产效率，支持建筑行业信息化水平的提升，GSA（美国总务管理局）推出了国家 3D-4D-BIM（National 3D-4D-BIM Program）计划，鼓励所有 GSA 的项目采用 3D-4D-BIM 技术，并给予不同程度的资金资助；2006 年，美国联邦机构美国陆军工程兵团（USACE-the U. S. Army Corps of Engineers）制定并发布了一份 15 年（2006～2020 年）的 BIM 路线图；2006 年和 2007 年，美国总承包商协会（Associated General Contractors of America，AGC）和宾夕法尼亚州立大学（Penn State University，PSU）分别制定并发布了《承包商 BIM 使用指南》和《BIM 项目实施计划指南》；由美国国家建筑科学研究院（National Institute of Building Science，NIBS）旗下的 BSA（Building SMART Alliance）于 2007 年、2012 年和 2015 年先后发布了三个版本的国家 BIM 标准 NBIMS，内容涵盖了 BIM 理论体系、软件和应用三个方面，阐述了 BIM 历程和 BIM 对象的各种概念以及彼此的信息互换准则，研发相关各方的 BIM 标准，使得各方协同工作能力逐渐加强。

2）BIM 在英国

2011 年，英国发布"政府建筑业战略"（Government Construction Strategy 2011），明确要求到 2016 年全面使用 BIM 技术。随后英国标准机构（British Standards Institution，简称 BSI）陆续颁布和实施了一系列 BIM 相关规范和标准：《ACE（UK）BIM Standard》以及适用于不同 BIM 软件的系列标准：《ACE（UK）BIM Standard for Revit》《ACE（UK）BIM Standard for Bentley Product》等。这些标准的制定为英国的建设行业

提供了切实可行的方案和程序。2016 年英国政府发布了"政府建筑业战略"的后续版本"2016—2020 年建设行业战略",目标是发展政府的建设能力,支持国家基础设施交付计划。后续制定的"2025 年战略"目标是,在 2025 年前,从人员、智慧、可持续、增长和领导力五个方面,实现降低成本、更快交付、降低排放、增强出口,为英国建筑行业在全球市场中占据优势提供基础。

3)BIM 在北欧

北欧国家包括挪威、丹麦、瑞士和芬兰,是 BIM 软件厂商集中地,这些国家是全球最先一批采用 BIM 模型进行设计的国家,他们推动了 IFC 标准的发展,而且这些国家的 BIM 推动不是政府牵头,而是企业自觉行为。例如,芬兰的一家国企 Senate Properties 在 2007 年发布了建筑设计 BIM 要求,要求自己的建筑设计部门强制使用 BIM。

4)BIM 在澳大利亚

2012 年澳大利亚发布的《国家 BIM 行动方案》指出,在澳大利亚工程建设行业加快普及应用 BIM 技术,以期达到提高 6%～9%生产效率的目标。澳大利亚制订了按优先级排序的"国家 BIM 蓝图":规定需要通过支持协同、基于模型采购的新采购合同形式;规定了 BIM 应用指南;将 BIM 技术列为教育内容;规定产品数据和 BIM 库;规范工作流程和数据交换;执行法律法规审查;推行示范工程。

5)BIM 在新加坡

新加坡的建筑管理署 BCA(Building and Construction Authority)在 2000～2004 年首创了第一个自动化审批系统,用于电子规划的自动审批和在线提交,2011 年 BCA 发布了新加坡 BIM 发展路线规划,提出在 2015 年前全面推动建筑行业的 BIM 应用,计划到 2015 年建筑工程 BIM 应用率达到 80%。

6)BIM 在韩国

韩国方面,多个政府部门都制定了 BIM 标准。2010 年 1 月,韩国国土交通海洋部发布了《建筑领域 BIM 应用指南》,要求开发商在申请政府项目时,采用 BIM 技术指导。同年韩国公共采购服务中心发布了 BIM 路线图:规划从 2010 年到 2016 年的 BIM 技术策略,规定 2016 年全部公共建筑工程采用 BIM 技术;另外,公共采购服务中心还发布了《设施管理 BIM 应用指南》,指导建筑项目各阶段的 BIM 应用。

7)BIM 在日本

日本在 2009 年开始大规模采用 BIM 设计。日本建筑学会在 2012 年 7 月发布了 BIM 指南,从 BIM 的团队建设、数据处理、流程、造价、模拟等方面为设计企业和施工企业采用 BIM 技术提供指导。

2. 国内 BIM 应用发展历程

在国内,香港地区在 2006 年使用 BIM,并于 2009 年发布 BIM 应用标准,香港房屋署提出,2015 年香港房屋署所有项目都使用 BIM 技术。从 2007 年开始,台湾地区一些大学的建筑专业开展了 BIM 相关课题的研究,并且新建的政府工程要求使用 BIM 技术。

在大陆,BIM 的研究和应用大致分为以下几个阶段:

1)"十五"BIM 研究的起步阶段(2001～2006 年)

2001 年国家科学技术部制定了《"十五"科技攻关计划》,开展课题为"基于 IFC 国际标准的建筑工程应用软件研究"，设立了国家自然科学基金项目"面向建设项目全生命期的工程信息管理和工程性能预测"，国家"十五"重点科技攻关计划课题"基于国际标准IFC的建筑设计及施工管理系统研究"。以上述国家研究课题为契机，我国进入了BIM技术研究的起步阶段。

在项目应用方面，典型案例有北京奥运会水立方、万科金色里程、西溪会馆等工程项目，BIM在这些项目中主要应用于设计阶段，如进行设计前期项目的功能分析、建筑综合设计等。通过具体的项目应用，证明了BIM模型有助于推进项目设计的深化。

2）"十一五"BIM应用的初始阶段（2006～2010年）

2006年科技部发布了《"十一五"科技攻关计划》，对BIM技术的发展给予政策支持。系列BIM相关项目和课题投入了研发，包括："建筑业信息化关键技术研究与应用"课题、"现代建筑设计与施工一体化平台关键技术研究"、"基于BIM技术的下一代建筑工程应用软件研究"和"中国建筑信息化发展战略研究"。本阶段基础研究成果上主要体现在开发了面向设计和施工的BIM建模系统；在应用研究上开发了"基于BIM的工程项目4D施工管理系统"。

在项目应用方面，主要应用于上海世博会的德国国家馆、奥地利国家馆和上汽通用企业馆等工程项目。其应用阶段主要为设计阶段、深化设计阶段、模拟施工流程，实现了建设项目施工阶段工程进度、人力、设备、成本和场地布置的4D动态集成管理以及施工过程的4D可视化模拟。

3）"十二五"BIM应用的上升阶段（2011～2015年）

在政策方面，2011年住房城乡建设部发布了《2011～2015年建筑业信息化发展纲要》，界定了"十二五"规划期间建筑业信息化发展的总体目标，把BIM技术作为支撑行业产业升级的核心技术重点发展。2012～2013年住房城乡建设部发布了6项BIM国家标准的制定项目，宣告了国家BIM系列标准编制工作的正式启动。在"十二五"期间，各地方开始推进BIM技术应用，深圳、北京、上海等城市率先推出了相关政策，制定了本地区BIM技术应用标准。

BIM技术也进入到国家各项研究计划中，代表性课题有：国家863课题"基于全生命期的绿色住宅产品化数字开发技术研究与应用"、国家自然科学基金项目"基于云计算的全生命期BIM数据集成与应用关键技术研究"等。主要的研究成果包括：《中国BIM标准框架》、《建筑施工IFC数据描述标准》、"基于IFC的BIM数据集成与管理平台"等。

典型的BIM应用项目包括上海中心、广州东塔等。在一些试点工程中，装饰专业开始应用BIM技术。

4）"十三五"BIM应用的快速发展阶段（2015至今）

2015年6月住房城乡建设部发布《关于推进建筑信息模型应用的指导意见》（以下简称《意见》）。该《意见》明确到2020年，甲级设计单位、特级和一级施工企业掌握并实现BIM与企业管理系统和其他信息技术的一体化集成应用；绿色建筑集成应用BIM的项目比率要达到90%，在全国建筑业引起较大反响，对加快我国BIM应用具有里程碑式的重要意义。2016年8月住房城乡建设部又发布了《2016—2020年建筑业信息化发展纲要》，提出了"十三五"时期全面提高建筑业信息化水平，着力增强BIM、大数据、智能化、移动通信、云计算、物联网等信息技术集成应用能力，建筑业数字化、网络化、智能化取得突破性进展，初步建成一体化行业监管和服务平台，数据资源利用水平和信息服务能力明显提升，形成一批具有较强信息技术创新能力和信息化应用达到国际先进水平的建筑企业及具有关键自主知识产权的建筑业信息技术企业。2017 年，住房城乡建设部审批通过和发布了两项 BIM 国家标准《建筑信息模型应用统一标准》GB/T 51212—2016、《建筑信息模型施工应用标准》GB/T 51235—2017，为行业的 BIM 发展提供了规范性的指导。

另外，在国家重点研究计划中，设立"基于 BIM 的预制装配建筑体系应用技术"、"绿色施工与智慧建造关键技术"等研究项目；一些省市相继出台了几十项 BIM 技术应用的政策和相关标准。

在项目应用方面，BIM 应用从标志性工程向普通商业、公共和住宅工程扩展，普遍应用于土建、机电、装饰、幕墙等专业，在基础设施建设领域如隧道、管廊、公路等工程也开始应用 BIM 技术。同时，规划、设计、施工一体化应用，结合云端及移动端等软件产品与协同平台的联合应用，成为这一阶段的重点。

1.1.5 BIM 应用现状

1. 各阶段 BIM 应用内容

当前，BIM 技术在建筑生命期各阶段的主要应用内容见表 1.1.5-1。

建设工程各阶段 BIM 应用内容 　　　　　　　　　　　　　　表 1.1.5-1

阶段	模型	主要应用内容
规划阶段	规划测绘模型	对规划区域利用 BIM 技术进行勘测建模，利用测绘模型分析地形、地势、水文、地质、气候、日照、采光、噪声、交通、周边建筑、传统建筑文化等因素，做出有利于规划区域方案设计的决策
	规划设计模型	在区域规划测绘模型的基础上，进行规划区域方案建模和参数化设计，性能指标分析和评价，多方案对比分析和可视化模拟，审核和评价分析结果的科学性
设计阶段	方案设计模型	在规划方案设计模型的基础上，依据设计条件，建立设计目标与设计环境的基本关系，对方案进行比选，提出空间架构构想、创意表达形式及结构方式的初步解决方法等，做出建筑组团或单体造型设计方案模型，协同审核优化并形成效果图、漫游动画等方案设计文件，为建筑设计后续若干阶段工作提供依据和指导
	初步设计模型	在方案设计模型基础上的进一步加深，要建立各专业的设计模型、进行结构计算和性能分析，协同审核模型并优化设计方案，辅助造价估算。相对于方案阶段，此阶段的模型要更加精细，主要包括：主体建筑构件的几何尺寸、定位信息；主要建筑设施的几何尺寸、定位信息；主要建筑细节几何尺寸、定位信息
	施工图设计模型	在初步设计模型的基础上，完善、创建施工图设计模型、协同审核并生成满足报批条件的施工图，解决施工中的技术措施、工艺做法、用料等，为施工安装、工程预算、设备及配件安装制作等提供完整的图纸依据（包括图纸目录、设计总说明、施工图等）

阶段	模型	主要应用内容
施工阶段	施工深化设计模型	在施工图设计模型的基础上，进行实地测量，创建施工深化设计模型，辅助施工组织设计，协同审核并优化施工方案，继续解决施工工序、技术措施、工艺做法等。同时，在模型基础上进行图纸会审、施工工艺模拟、辅助造价预算
	施工过程模型	利用施工深化设计模型，以及三维扫描、3D 打印、智能放线等新技术，进行场地布置、施工组织模拟、设计变更管理、技术交底、智能放线、数字化加工、材料下单、构件加工、物料管理、进度管理、质量安全管理、工程成本管理、各专业协同管理、辅助结算等，形成施工过程模型
	竣工交付模型	在施工过程模型的基础上，对竣工信息录入完善、创建竣工交付模型，导出竣工图、辅助造价结算
运维阶段	运维模型	在竣工交付模型的基础上创建建筑运维模型，对建筑空间管理、节能减排管理、资产管理、维修改造管理、设备维护管理、应急管理、安全防灾管理、辅助运维成本管理和生成造价
拆除阶段	拆除模型	在运维模型的基础上，建立拆除模型，进行拆除模拟、拆除施工组织、拆除成本管理、辅助生成造价

2. 我国现阶段 BIM 应用特点

1）BIM 用于建筑全生命期各阶段

在初期，BIM 应用主要集中在建筑规划和设计阶段。当前，BIM 应用已经向多阶段应用发展。具体表现为首先向施工阶段深化和延伸，在运营、拆除阶段都有不同程度的应用，由此提高了建筑全生命期的信息管理水平。

2）BIM 软硬件工具实现自动化

BIM 技术应用呈现软硬件工具自动化的特点。自动化能够减少人工工作量和错误，从而提高整体生产力。例如，基于空间数据库，更好地研发自动化建筑设计方案论证系统，可以有效检测设计方案的可行性和适用性。提高方案选择效率，获得更优化的解决方案，最终提高建筑物的可建造性、结构安全性和经济可行性。

3）在 BIM 平台中集成新兴技术

BIM 技术逐渐从单业务应用向多业务集成应用转变。在 BIM 平台中集成新兴技术可以提高项目绩效。如射频识别（RFID）、激光扫描、移动计算和云计算等技术已经开始与 BIM 技术集成应用。这些新兴技术可以帮助建筑项目更加高效和精确地获取所需数据，从而提炼出更有价值的信息。

4）BIM 在建筑行业的管理应用

BIM 技术从单纯技术应用向项目管理集成应用转化。现在 BIM 可以用于消防设备检查和维修、能源分析、安全管理、LEED 认证、电子采购、供应链管理、质量管理等领域。如结合 BIM、位置跟踪和增强现实技术（AR），提出安全管理和可视化系统的新框架，由此提高建筑安全管理效率。

5）实现用户间的信息交互共享

当前 BIM 技术呈协同化趋势。实现用户间的信息交互共享，从单机应用向基于网络的多方协同应用转变，可以提高项目管理和决策效率。现在的 BIM 系统可以把更多的项目信息储存在一个集成系统中，不同用户可以通过相同的单个窗口获取、修改信息，实现信息共享；同时，BIM 系统提供了许多查询功能，帮助用户快速、准确地检索数据，做出决策。

6）认可 BIM 价值普及建设行业

在 BIM 技术应用的初始阶段，仅应用于一些重点工程和标志性项目，如上海中心项目等。当前 BIM 技术已经转向普及化应用。BIM 的价值在中国工程建设行业已得到广泛认可，BIM 技术从标志性项目应用向一般项目应用延伸，且应用范围正在不断扩展。在中国工程建设行业产业升级的大背景下，BIM 应用的政策环境、技术环境、市场环境等都将得到极大的改善，未来几年 BIM 技术将迎来高速发展时期。

3. 现阶段 BIM 应用的问题

现阶段 BIM 应用存在法律问题、技术问题、人才问题、成本问题、管理问题，主要体现在：

1）缺乏 BIM 标准与法规

我国当前虽然出台了 BIM 相关政策和一些标准，但 BIM 标准尚不完善，实施缺乏依据，如合同范本、收费标准等，容易造成责任界限不明，实施落地困难。

2）BIM 应用软件不成熟

现阶段 BIM 技术虽然可以应用于整个建筑生命期，但欠成熟，软件功能有限，在应用过程中，会遇到这样那样的技术性问题，造成应用障碍。

3）BIM 专业人才缺乏

现阶段 BIM 技术需要专人进行使用。建筑行业是传统行业，没有 BIM 应用相关的岗位设置。能够熟练使用 BIM 技术的专业人才，必须是受过 BIM 培训的人员，而且对专业要求高，这样的人才较少，很大程度上阻碍了 BIM 技术在建筑施工行业的有效应用。

4）增加企业运营成本

BIM 技术作为一种新兴的技术开始出现时，由于前期需要投入人力、物力、财力，增加了企业运营成本。

5）企业对 BIM 认识不足

BIM 技术的管理应用往往会改变传统运营方式，加之短期内难以见到效益，建筑企业往往对其认识不足，需要依靠政府制定政策来推动。

1.2 建筑装饰行业现状

1.2.1 行业现状

1. 建筑装饰装修的定义

建筑装饰装修，指为保护建筑主体结构、完善室内外使用功能和建筑物的物理性能、满足人们的审美要求和美化建筑物，采用装饰装修材料或饰物，对建筑物内外表皮及建筑空间所做的艺术设计、修饰加工的处理过程。在本书中将"建筑装饰装修"简称为装饰。

建筑装饰行业是工程建设行业的重要组成部分之一，与房屋和土木工程建筑业、建筑安装业并列为建筑业的三大组成部分。建筑装饰一般在建筑本身或结构表面进行装修加工，在建筑主体结构完成后对建筑进行美化以及完善，属于建筑建设施工周期的最后阶段，处于建设阶段的末环。其主要分项工程有：地面工程、外墙防水、抹灰工程、门窗工程、吊顶工程、轻质隔墙工程、饰面板工程、饰面砖工程、幕墙工程、涂饰工程、裱糊与软包工程、细部工程等。

2. 行业现状

建筑装饰行业是随着我国国际交流日益增多、房地产业兴起而快速成长起来的朝阳产业。我国房地产业、住宅建筑业和服务业的迅速发展，以及小康住宅试点的推动，城市化进程加快，居民收入持续增长，人民生活水平显著提高，现代服务业快速发展，涉外酒店、会展中心、地铁等公共建筑工程、城市基础设施的建设促进了装饰业的兴旺发达和装饰市场需求的扩大，行业规模持续增长。2016 年，全国建筑装修装饰行业完成工程总产值 3.66 万亿元，其中公共建筑装修装饰全年完成工程总产值 1.88 万亿元（含幕墙 0.35 万亿元），住宅装修装饰全年完成工程总产值 1.78 万亿元。

3. 行业特点

1）工艺技术特点

（1）技术与艺术相结合

建筑装饰是技术与艺术相结合的产物，需运用工艺和技术手段对建筑物进行修饰、装点，使其更加完美，更利于人们的使用和观赏。建筑装饰工程属于一种再创作，以工程技术为基础，结合艺术综合创作，在建筑结构主体表面和围合的空间内修饰加工。与建筑其他专业不同，结构、机电等专业更强调安全性、稳定性、功能性，而建筑装饰更强调艺术性，需要符合美学的要求。因此，从业者应具备综合艺术修养和高超的工艺技术水平。

（2）手工作业主导

尽管新材料、新工艺层出不穷，但建筑装饰施工工法依然带着浓厚的传统气息。无论是前场施工或是后场加工，多数工作仍然是通过手工完成。构件加工仍以手工制造、测量为主；现场仍以切、割、裁、锯、焊、钻、刨、磨、雕、敲、粘、塑、粉、刷、抹、喷等技艺为主，传统的手工操作与手工组装方式主导着整个施工过程。虽然近 30 年在工程现场中逐渐使用了一些小型电动工具，同时也有了一些工业化的预制构件加工成品和半成品，但就整体操作实质而言，仍然是手工作业为主，小型电动机具作业和工业化生产为辅。

（3）施工工艺繁复

当前的建筑装饰工程所包含的内容非常丰富。其中除了传统的分项工程，还包括了随科技和工艺发展而时时变化的机电类、陈设类、局部景观等。装饰施工常受到建筑空间的限制，施工中工序平行、交叉、搭接频繁，提高了施工难度。同时，装饰的设计风格各不相同，装饰材料品种繁多，使得建筑装饰施工工艺呈现多样化，同一空间的施工要通过多道工序、多种工艺来完成。此外，不同用途建筑的不同区域的功能要求、设备要求、环境要求、专业要求各具特点，再加上施工工期短、质量要求高，为同时满足功能要求和设计要求，使装饰施工工艺越来越繁琐复杂。

（4）专业分工细化

随着人们对装饰装修的需求多样化，建筑装饰行业的专业化分工越来越细化，并形成多个工种。建筑装饰工程需要多个工种相互配合共同完成项目，比如油漆工、木工、瓦工、水电工等。由于在施工过程中工序繁多，需要各工种有条不紊、紧密衔接在一起工作，同时随着新材料、新工艺、新产品层出不穷，高新技术逐渐渗透到各类建筑的装饰工程中，对应的建筑智能化衍生的新系统、新专业、新功能增多，从而推动了装饰工程施工的专业化分工，对施工工艺和精细化方面提出了更高的要求。

2）产业模式特点

（1）生产过程不确定性

建筑装饰设计和施工过程中设计方案常要不断修改和调整；施工过程中，构配件加工和现场装配还没有明确分开，常混杂地由一组人自原材料开始制作至安装饰面完成；就现场操作区间而言，构件加工与安装过程都混杂在装饰施工现场，无法按不同的工作内容、技术难度和质量等级进行专业分工；无法引入高精度的机械设备来替代手工粗加工过程；无法将生产车间和装配现场真正明确区分开来；另外，工期被压缩是常见情况。以上因素使得建筑装饰的生产过程充满了不确定性，对设计效果和工程质量往往造成重大影响。

（2）产品形成非标性

目前的装饰工程作业，多数仍然采用按照现场以"量身裁衣"作坊模式加工和安装原材料产品。由于现场手工作业缺乏体系化的标准和协同工作能力，很难通过调节相关因素使具有个性的装饰产品达到技术规范化、质量标准化、生产批量化。这种施工方式阻碍了劳动生产率和质量标准的提高。工程精装修的质量本应更注重其加工精度，但在不同技术水准工人操作、不同施工周期、不同生产条件等因素的影响下，其工程质量和效果最终不一样。即便是同一工人操作，其不同环境和不同时间的精度也很难维持同一水准。

（3）劳动密集型浪费巨大

现阶段中国建筑装饰行业仍然是一个劳动密集型产业，工业化水平低。建筑装饰行业从业者数量庞大，且每年呈上升趋势，2016年全行业从业者约为1646万人，但其中大多为从事手工作业的劳务人员，平均受教育程度较低，技术水平参差不齐。在目前仍以劳动密集型传统施工方式为主、工业化生产加工水平不高的情况下，建筑装饰行业难以避免在材料、人力、能源等方面存在巨大浪费。

（4）产业关联度高

建筑装饰产业的产业关联度也是日益趋高的。我国建筑装饰行业的迅猛发展，除了直接带动了建筑材料相关产业发展，也促进了进出口业、旅游业、交通运输业等的发展。同时，建筑装饰装修的消费也拉动了家具、绿植、织物、饰品、电器、日用百货等的销售增幅。这就使得装饰工程相关专业的制造商、供货商及其他参与单位越来越多，需要装饰企业及其项目管理具备高水平的组织协调和技术协调能力。

1.2.2　行业业态

业态即营业的形态。根据目前装饰行业的施工对象和市场划分，分为以下四个业态：住宅装饰装修、公共建筑装饰装修、幕墙工程、陈设装饰。本书将以公共建筑装饰装修业态为主、其他业态为辅来介绍相关内容。

1. 住宅装饰装修

1）业态简介

住宅装饰装修俗称"家装"，是指为了保护住宅建筑主体结构，完善住宅的居住功能，采用装饰材料或饰物，对住宅内部表面和使用空间环境所进行的处理和美化过程。住宅装饰装修工程按建筑功能分有普通住宅、公寓、别墅装饰工程等几种类型，按服务业主不同分为小业主住宅装饰项目和开发商的全楼盘住宅装饰项目。

2）业态特点

住宅装饰装修工程一般规模小、工期短、工种少、工作琐碎繁杂。签单周期相对较长，要求设计师既做设计又要与客户签单；工地人员相对少，常要求工人一人多能；材料品种繁杂、规格多样，施工工艺与处理方法各不相同；在施工中手工作业与小型机具相结合，多要求工艺细质量高；实现设计方案的影响因素较多，要求管理人员具备较高的审美水平和整体控制能力；各工种、各工序互相影响，要求管理人员密切组织才能盈利。

3）承包模式

与公共建筑承包模式不同，住宅装饰的承发包模式以服务对象不同而有所区分：新建住宅全楼盘装饰项目业主是房地产开发企业，由专业化的装饰企业平行总包或分包，负责装饰设计施工全过程。面向的业主为个人家庭的，主要以小业主自行发包、管理为主，按照装饰企业承包范围的不同，主要分为全包、半包、清包三种模式。全包即由装饰企业全权负责，工程造价相对较高；半包模式为价格较高的主材由业主购买，其他为装饰企业负责；清包模式是由业主全权采购所有材料，装饰企业负责施工。

2. 公共建筑装饰装修

1）业态简介

公共建筑装饰装修工程指通过建筑装饰设计和施工来保护公共建筑的主体结构、完善其使用功能并美化其室内外空间的过程。公共建筑装饰装修工程主要包括办公、酒店、商业、主题公园、公共基础设施类装饰工程等几种类别。

2）业态特点

相比住宅和幕墙装饰工程，公共建筑装饰装修工程一般项目规模较大，工期稍长、工种较多、工艺工序复杂、项目管理任务繁重、外界影响因素众多。工种涉及范围较广，要求施工单位协同组织不同工种进行施工；施工的环境较为复杂，需要充分协调好其他与装饰工程施工的工作顺序；施工材料种类较多，需要合理地选择适合价位并满足功能的装饰材料；施工工期相对结构工程较短，通常要求施工单位在工期压缩的情况下保证质量和效果；专业分工较细，需要技术管理工作涉及不同的风格、材料、工艺和分包单位；项目有严密的组织架构，需要团队人员配置完善、分工明确；成品保护任务较重，需要与项目其他专业相互协同与配合。

3）承包模式

公共建筑装饰装修项目承发包模式一般有：①平行承发包模式，指多个装饰企业可以平行承包不同的工作任务，都可以直接对业主负责。②设计、施工总分包模式，指一个项目的建设全过程或某个阶段的全部工作，让一家承包单位负责组织实现。如给业主提供咨询服务的施工总承包管理机构形成的工程总承包管理模式、集施工与管理于一体的施工总承包模式、承包单位同时承担设计任务的工程总承包模式。③装饰专业分包模式。指装饰企业作为装饰专业分包单位承包建设项目中装饰专业的工作任务，对总承包单位负责。一般来说，建筑装饰专业在大型新建改建扩建项目作为分包的情况更多；但在既有建筑改造装饰项目中，装饰企业多数情况下承担总协调的任务。

3. 建筑幕墙

1）业态简介

建筑幕墙是由面板与支撑结构体系组成的建筑外围护系统，范围主要包括建筑的外墙、采光顶和雨篷等。随着建筑技术的发展，幕墙构造及功能形式日趋复杂多样化，幕墙将建筑外围护墙的防风、遮雨、保温、隔热、防噪声、防空气渗透等使用功能与装饰功能有机地融合，是集成了建筑技术、建筑功能、建筑艺术的综合体。幕墙工程从所用材料上分为：玻璃、石材、金属等；从构造形式上可分为：框支撑（构件式、单元式）、点支撑（点支式）。此外，还有智能幕墙、双层幕墙、光伏幕墙等新型高科技幕墙产品。

2）业态特点

现代幕墙造型各异，框架面板尺寸特殊，施工难度大，协调工作量大，一般都是露天作业。幕墙有着严密的构造结构，要求组装精细度高；幕墙工程应从设计到加工，再到施工过程，工艺高度统一，要求设计、生产制造标准化、集成化、一体化程度高；幕墙的气密性、水密性、抗风压性、节能等各类建筑功能和性能指标应符合标准，需要重视基本工序和对材料性能的检测，要求在设计和施工过程中严格分析计算和把握；在施工阶段要有精确的定位，测量定位要求高；幕墙质量安全有较高的标准，要求对设计和施工过程质量、安全进行有效控制。

3）承包模式

建筑幕墙工程承发包模式一般为平行承发包模式或设计施工总分包模式。一般来说，幕墙专业很多情况下是分包模式。

4. 陈设

1）业态简介

陈设俗称"软装饰"，陈设有摆设、排列、布置、安排、摆放之意。本书中所指的陈设是指除了环境空间中固定的、不能移动的装饰物之外，其余可以移动、便于更换的室内物品。陈设艺术设计就是根据总体环境设计功能需求、使用对象要求、审美要求、工艺要求、预算要求、市场现状，利用陈设物对室内空间进行规划、搭配、美化，使空间环境更舒适、更有艺术品位。陈设物分为家具、电器、灯具、织物、饰品、绿化等几个种类。

2）业态特点

陈设艺术产业是一个完整的工业与服务业相结合的产业体系。包括了设计配套、原料采购、生产制造、仓储物流、批发经营、终端零售等庞大的产业集群，目前还属于一个劳动密集型产业。专业的陈设设计公司实际上分属于技术密集型的创意产业。设计与配套服务是面对终端客户的最直接渠道，其他各个环节都是通过设计与配套服务紧密联系在一起的。因此，陈设的设计与配套服务就是产业链的核心，完备而强大的陈设设计力量与配套资源是陈设企业的核心竞争力。

3）承包模式

陈设艺术装饰企业一般从装饰总包项目分包陈设方面的工程，或者从建设单位、业主手中直接承揽陈设业务。

1.2.3　存在问题

建筑装饰工程的传统生产运行方法面临下列主要问题：

1. 住宅装饰问题

住宅装饰业尤其是面向个人和家庭小业主的住宅装饰工程，受众面广，业务量大，利润低，施工地点极为分散。以住宅装饰设计师推广的传统方式，现场测量费工费时不精确，方案设计和业主确认方案周期长，设计和施工、采购效率低，而且业务流量少，造价居高不下，工期常常比预计时间长，管理粗放，质量难保障，用户体验差，常发生各种纠纷。

2. 公共建筑装饰问题

与其他业态相比，公共建筑装饰业态由于工程项目规模大，工期长，涉及的分部分项工程多，工艺复杂，且与各专业多有交叉作业，存在问题较其他业态多：

1）规划问题

（1）数据流转问题

装饰行业在生产运作过程中，作为主要生产依据的二维施工图信息不全；三维效果图与二维图分离，无数字化信息并存在美化的假象而不能作为生产参照依据；数据共享利用率低，参与的工作人数众多，设计、造价和施工人员不能同时协作；竣工需另外出竣工图或在施工图上修改，导致工作效率不高。

（2）工作流程规划问题

传统装饰设计过程中，设计人员虽然已经比较熟悉相关软件和工作流程，但施工图和效果表现分开制作，分别使用不同的软件和不同的制图人员来建模绘图，效率低下；工作流程能够顺利进行的依据主要是施工图纸与合同的完成和签订，一旦有修改，常常需要重新绘制图纸，耗费大量时间。还有，在施工过程中，常发生各专业都在等待施工图纸设计完善，易出现赶工期和边设计、边修改、边施工现象，造成时间、人力、物力的巨大浪费以及质量问题。另外，装饰工程设计施工介入早，易形成多出方案的情况，造成成本的增加，介入晚容易发生赶工期。

（3）装饰项目内外协作问题

装饰企业内部在工作过程中，施工图设计师、方案效果图制作人员两个工作流容易沟通不畅，不能完全表达设计师意图，常需造价部门等待施工图设计完善；造价人员必须用方案图和施工图手工算量，速度慢且准确率低，常发生合同签订需要等造价部门报价的情况；在施工时，施工队伍不仅要等施工图还要等合同，以上成为装饰工程的一大弊病。另外，作为专业分包方，面临众多与各专业的交叉作业及内部各工种的工序协调工作，参与协调工作人数众多，人力、时间浪费严重；同时，对于装饰企业，通常装饰项目多且地址分散、工期较短、各专业、各工种、部品安装等交叉作业较多，成品保护问题突出，不易进行协作管理。

2）设计问题

（1）初步设计性能分析问题

装饰项目有很大一部分属于既有建筑改造装饰工程。传统的装饰施工企业在改造装饰设计工作中由于成本问题一般不进行性能分析，容易造成功能和性能设计不达标而对已经建好装饰项目的拆改，浪费巨大。目前只有少数装饰企业使用性能分析软件进行室内声学性能分析，距离绿色建筑要求差距很大。

（2）测量效率和精确率问题

装饰工程在土建结构完工后要对现场尺寸复核才可以进行深化设计。测量工作量巨大，用传统设备测量效率较低，易出错，常在此环节延误工期。

（3）多专业协同问题

由于二维设计的局限性，装饰设计对于其他专业如结构、机电的设计协同并不能很好的形成联动，往往会出现专业间碰撞冲突的问题，为以后施工阶段留下返工的隐患。具体表现为净高尺寸不足、局部专业冲突、结构基层与装饰面层不吻合等情况。

3）施工问题

（1）装饰放线效率低下问题

在施工现场，装饰专业放线种类繁多，不仅为装饰专业自己使用，也是其他专业的参考的基准线。但装饰施工分部分项工程多，造型复杂多变，依据装饰工程的特点还需要重复进行二次放线。传统方式现场放线效率低，易出错，且容易拖延工期。

（2）饰面排版材料下单问题

为保证板、块面层的装饰效果，装饰深化设计过程中要对板块装饰面层排版，传统方式只能手工排版编号或利用填充图案的方式排版，物料统计工作繁琐；对于造型比较复杂的装饰面，只能手工做材料加工图，效率低、易出错，经常在材料下单、加工环节耽误工期。

（3）装饰构件造型复杂问题

建筑装饰部品的风格多样，复杂造型的装饰部品通常必须由熟练工种人工操作完成，或者需专门制作模型或模具，施工工期较长，造成成本居高不下。

（4）装饰专业内外协同问题

建筑装饰工程本身由于工艺繁复，需要内部协调各工种与众多参与单位：木工、瓦工、电工、焊工、油工、抹灰工、材料部品供货安装、陈设品的供货等；另外，建筑装饰专业还存在与其他专业的在设计阶段和施工阶段的大量协同工作，需要协调的专业有照明、强电、弱电、给水排水、消防、采暖、通风、空调等，如不能及时准确地协同工作，就会发生构件互相碰撞、施工作业面预留不足、相关专业工种施工顺序颠倒、成品污染等一系列质量、进度、成本的问题。近年专业分工细化，装饰专业后期需要协调的工种和专业更多了。

（5）装饰项目管理问题

在新建扩建改建的装饰项目中，由于前期工程工期延误以及装饰深化设计图纸出图耗时较长的原因，装饰工程抢工期的情况较为普遍；另外，装饰工程施工的管理和实施直接决定了建筑物的使用功能和装饰效果，细部收口等问题尤其关键；分项工程种类和需协同的专业繁多，成品保护任务很重。装饰专业要同时保证进度、质量、安全等管理目标，难度非常大，容易对质量安全、成本造价、商务等造成重大影响，不易进行有效的成本控制和效益实现。

3. 幕墙问题

随着建筑技术的快速发展，幕墙构造及功能形式日趋复杂多样化，建筑方案设计中异形幕墙如双曲面等复杂造型的幕墙越来越多，而且多数幕墙工程都承担着节能的功能，需要进行分析和计算。因此，传统的设计方法和流程已经难以满足当今的幕墙设计需求。另外，对于采用复杂的新材料、复杂造型的幕墙工程，采用传统施工方法，在埋件精确定位、材料下单、构件加工、运输安装等方面都难以实施。

4. 陈设问题

为追求室内设计意象的整体和完美，实现最优设计效果，装饰设计师常要对陈设物进行选择和设计。室内装饰陈设品种类繁多，但传统设计中用到的模型往往并不存在真实产品；设计师对室内每种陈设都单独进行建模设计，还需有配套生产；陪业主亲自到市场、展会筛选后再建模，会耗费很多的精力和时间；另外，对陈设物品的生产厂家，不利于产品的推广，增加了运营成本。

针对上述问题，在装饰装修工程的方案设计、初步设计、施工图设计、深化设计、施工过程、竣工等各个阶段的不同环节和不同层面，引入信息化技术和最新 BIM 技术，提高装饰企业项目管理的设计、施工信息化水平，是提高企业劳动生产率、增加企业效益、实现建筑装饰行业跨越式发展的重要途径。

1.2.4　行业发展

1. 可持续发展

可持续发展是一种注重长远发展的经济增长模式，指既能满足当代人的需要，又不对后代人满足其需要的能力构成危害的发展，是科学发展观的基本要求之一。在工程建设行业，绿色建筑符合可持续发展的要求。我国政府 2012 年明确将全面加快推动我国绿色建筑发展，在绿色建筑全生命期中，装饰专业是整个绿色建筑系统中不可缺少的一环，装饰专业既在功能上对整个绿色建筑体系有延伸和拓展，也在资源消耗上占有相当大的比重。在建筑装饰设计施工过程中，通过合理的设计和施工方法能够减轻其对环境的负面影响。因此，从业者必须注重对环境的尊重与适应，减少不可再生资源的应用，高效利用可再生资源，营造更为舒适的居住和工作空间。以上这些正成为装饰行业实现可持续发展的重要目标。

2. 工业化

实现建筑的产业化、多样化、工业化，提高劳动效率、提升建筑质量，是我国未来建筑业的发展方向。我国建筑装饰工业化的发展目标是：采用先进、适用的技术、工艺和装备，科学合理地组织施工，发展施工专业化，提高机械化水平，减少繁重、复杂的手工劳动和湿作业；发展建筑装饰构配件、制品、设备生产，为市场提供通用建筑装饰构配件和制品；制定统一的建筑模数和重要的基础标准（模数协调、公差与配合、合理建筑参数、连接等），合理解决标准化和多样化的关系，建立和完善产品标准、工艺标准、企业管理标准、工法等，不断提高建筑装饰标准化水平；采用现代管理方法和手段，优化资源配置，实行科学的组织和管理，培育和发展技术市场和信息管理系统，适应发展社会主义市场经济的需要。行业工业化发展任重而道远，将成为装饰行业未来的必然发展趋势。

3. 信息化

信息化是建筑业转变生产方式、行业提质增效、节能减排的必然要求。信息化能够降低企业内部交流成本，使企业各层面的个人资源与企业资源进行有效结合，保证企业高效运转，同时对行业绿色发展、提高人民生活品质具有重要意义。建筑装饰业信息化发展主要体现在两个方面：一是生产经营管理的信息化；二是设计技术手段信息化。企业决策者、管理者、普通员工通过企业信息化系统共享社会和企业的资源；同时，通过新理论、新知识、新经验、新技术、新设备、新材料、新产品等信息的共享，以及这些共享内容在工程中的实践，增强了企业专业技术能力，加快企业的发展速度。信息化技术的应用，能显著地提升装饰企业信息化管理的水平和运营效率。此外，"互联网＋"技术将有利于行业开展统计、评价、评优等诸多管理工作，提高整个行业的管理水平。

4. 智能化

当前，新一代人工智能相关学科发展、理论建模、技术创新、软硬件升级等整体推进，正在引发链式突破，推动经济社会各领域从数字化、网络化向智能化加速提升。建筑业受人工智能发展的影响，也在快速智能化。对装饰业智能化，一是实现生产过程智能化，即智能制造；二是生产的产品智能化，如智能家居。人工智能将作为新一轮产业变革的核心驱动力，创造新的强大引擎，重构装饰业生产、分配、交换、消费等各环节，形成从宏观到微观的智能化新需求，催生装饰业新技术、新产品、新业态、新模式，引发经济结构重大变革，深刻改变生产生活方式和思维模式，实现生产力的整体跃升。

1.3 建筑装饰工程 BIM 技术概述

1.3.1 建筑装饰工程 BIM 发展历程与现状

在我国信息化蓬勃发展、工业化势在必行的大背景下，BIM 技术在建筑全生命期得到推广，对建筑装饰行业的 BIM 技术发展也提出了新的要求。在国外，建筑装饰专业从属于建筑专业，专门针对建筑装饰工程 BIM 应用的研究很少。但在我国，建筑装饰专业已经成为独立的装饰行业，对于 BIM 技术的应用有其特殊性，需要专门进行研究和实践。并且，由于装饰行业业态的不同特点，装饰行业 BIM 应用历程呈现出不同的发展现状。

1. 住宅装饰工程 BIM 应用发展历程与现状

由于住宅装饰工程规模小、专业少的特点，其 BIM 的应用尝试主要集中在精装房领域，BIM 应用点主要体现在快速测量、可视化建模、云渲染、设计方案效果比选、经济性比选和性能分析、在线签单、整体定制、工程量统计及材料下单、施工管理等方面。目前，国内部分住宅装饰企业和大型房地产开发企业已逐步建立了依托于 BIM 的信息化管理平台，实现了住宅装饰及住宅项目开发过程中设计、施工等方面管理水平的显著提升。其中，住宅装饰的互联网家装呈现快速发展态势。

2. 公共建筑装饰工程 BIM 应用发展历程与现状

建筑装饰工程是建筑工程的最后一个环节，公共建筑装饰工程分项工程繁多，有其复杂性和特殊性，所以，BIM 应用起步相比公共建筑专业的建筑、结构、机电等专业较晚。从 2010 年开始，国内部分企业开始对建筑装饰 BIM 技术进行尝试性应用，主要集中在知名企业的重点项目和标志性工程，如上海中心等个别重大项目。2013 年之后到 2015 年，有上海迪士尼、南京青奥、江苏大剧院等代表性的工程，在装饰行业 BIM 应用的推广中起到了很好的带动作用。目前，公共建筑装饰工程的 BIM 应用现状如下：

1）装饰项目 BIM 应用趋向常态

从 2015 年开始，杭州 G20、北京中国尊等代表性项目，以及一批重点、大型项目装饰专业应用了 BIM 技术。目前，国内几乎所有超高层建筑、机场、地铁、车站、大型场馆等基础设施等大型、重点项目均被要求装饰专业应用 BIM 技术，且多数工程要求交付用于运维的 BIM 模型。经过几年的探索与尝试，虽然建筑装饰工程的特殊性、复杂性以及专业软件的缺失等问题依然存在，但国内建筑装饰 BIM 技术应用已取得较大的发展，应用环境也发生明显变化。

2）装饰行业 BIM 标准陆续发布

继住房城乡建设部推出 BIM 标准体系编制计划、地方 BIM 标准陆续发布后，2016 年 9 月，中国建筑装饰行业推荐标准《建筑装饰装修工程 BIM 实施标准》T/CBDA3—2016 正式发布，12 月又发布了《建筑幕墙工程 BIM 实施标准》T/CBDA7—2016，填补了我国建筑装饰行业 BIM 标准的空白。此外，还有《建筑装饰装修 BIM 测量技术规程》正在编制中，这些标准的发布和制定，将为装饰专业 BIM 应用提供规范性的指导。

3）装饰 BIM 应用内容逐渐丰富

从 2010 年开始尝试应用 BIM，装饰专业的 BIM 应用内容开始从设计阶段的常规应用向施工阶段的施工应用和项目管理等方面迅速扩展。在装饰专业的设计阶段，已经从在方案模型创建的基础上制作效果图、施工图、物料表、工程算量、施工模拟等，扩展到各种性能分析，辅助投资概算；在装饰专业的施工阶段，从深化设计模型的饰面排版、异型材料下单等已扩展到施工阶段的三维激光扫描、轻量化模型应用、自动全站仪应用、复杂构件 3D 小样打印、材料下单、技术交底、设计变更管理、质量安全管理、进度管理、成本管理，再到竣工阶段的工程验收及交付，内容越来越丰富，应用越来越成熟。BIM 技术应用点的实践和扩展，为建筑装饰工程品质提升提供了有力的技术支撑。

4）装饰企业 BIM 推进力度加大

一些建筑装饰企业已开展 BIM 相关业务，致力于满足项目实际 BIM 需求的主动应用。团队建设方面，一种是企业层面组建自有的 BIM 中心或研发团队，通过培训等方式建立基本的 BIM 应用基础，逐步推进 BIM 在设计、施工、成本等方面的应用。另一种方式是聘请专业项目 BIM 顾问，利用外部优势资源迅速提高项目团队 BIM 应用能力，进而扩展企业 BIM 应用团队数量，并逐步完成企业 BIM 技术应用能力建设。在软硬件方面，除最基本的 BIM 软件和硬件，三维激光扫描仪与自动全站仪等 BIM 配套的精密仪器，也逐渐成为企业不可或缺的测量设备。应用深度方面，已由最初的空间展示、性能分析、碰撞检查等逐渐过渡到施工模拟、材料下单、智能放线、成本控制等方面。

3. 幕墙 BIM 应用发展历程与现状

在我国，幕墙的 BIM 应用基本上与装饰专业同时开展。最初的案例是上海中心以及上海世博会的个别展馆的幕墙工程。之后北京银河 SOHO、武汉汉街万达广场等项目幕墙 BIM 的成功应用，带动了幕墙行业应用 BIM 技术。经过几年的积累，幕墙行业对 BIM 技术应用对不同种类的幕墙总结出了特定的技术路线和相应的实践方法，在幕墙设计尤其是曲面幕墙深化设计和施工中，能够进行参数化精准建模，材料快速下单、加工、运输、安装等方面都取得了良好的效果。2016 年 12 月，中国建筑装饰协会发布了《建筑幕墙工程 BIM 实施标准》T/CBDA7—2016，标志着我国幕墙 BIM 技术应用已经有了规范性的指导文件。

4. 陈设 BIM 应用发展历程与现状

在我国，装饰陈设是装饰行业的重要部分，其 BIM 应用的作用主要是通过有序运作的物联网，紧密联系起整个产业链。其应用点基于构件库网站和二维码应用。近几年，在 20 世纪 90 年代装饰设计模型网站的基础上，出现了多种装饰构件库网站，很多网站都提供基于真实产品的 BIM 构件。这些 BIM 构件被设计师下载，应用于各种项目中，但目前这些网站的运作还没有与 BIM 很好地结合，还需进一步整合资源，与 BIM 建模和应用关联。

1.3.2　建筑装饰工程各业态的 BIM 应用内容

装饰行业不同业态的 BIM 应用具有不同的内容：

1. 住宅装饰 BIM 应用

我国的一些住宅装饰企业开发了基于互联网的家装平台，将设计师、装饰公司、供应商、业主等用平台网站联系起来，可以实现 3D 户型和套餐选择、效果渲染、虚拟现实，支持施工图、预算、报表的生成，提供协作共享、下单等一站式服务，实现设计、项目管理、供应协同；同时，在施工中通过在线直播管理工程质量，让用户有良好的应用体验。利用 BIM 技术与信息化网络家装平台，已经能为用户提快捷便利的设计和施工服务。

2. 公共建筑装饰 BIM 应用

公共建筑装饰由于其体量大规模大、专业工种多、存在问题多，应用 BIM 显得尤为迫切。其 BIM 应用主要在体现在装饰设计阶段和施工阶段：

在装饰设计阶段，装饰设计 BIM 的应用点涵盖工程投标、方案设计、初步设计、施工图设计环节，主要包含空间布局设计、方案参数化设计、设计方案比选、方案经济性比选、可视化表达（效果图、模型漫游、视频动画、VR 体验、辅助方案出图）；进行声学分析、采光分析、通风分析、疏散分析、绿色分析、结构计算分析、碰撞检查、净空优化、图纸生成、辅助工程量计算等方面。

在装饰施工阶段，作为工程项目交付使用前的最后一道环节，装饰专业成为各专业分包协调的中心，装饰专业所用材料种类繁多，表现形式多样，在 BIM 应用上相对于其他专业具有鲜明的特点。本阶段应用点贯穿工程招投标、深化设计、施工过程、竣工交付环节，主要涉及现场测量、辅助深化设计、样板应用、施工可行性检测、饰面排版、施工模拟（施工工艺模拟、施工组织模拟）图纸会审、工艺优化、辅助出图、辅助预算、可视化交底、设计变更管理、智能放线、样板管理、预制构件加工、3D 打印、材料下单、进度管理、物料管理、质量安全管理、成本管理、资料管理、竣工图出图、竣工资料交付、辅助结算等方面。

3. 幕墙 BIM 应用

在幕墙设计阶段，应用 BIM 技术可以进行造型设计表达、性能分析、专业协调、设计优化、综合出图、明细表及综合信息统计等工作。可以对建立的幕墙模型进行综合模拟分析及可行性验证，以提高幕墙设计的精确性、合理性与经济性，进而得出最优化的幕墙设计综合成果。

在幕墙施工阶段，应用 BIM 技术可以在施工现场数据采集、深化设计、图纸会审、施工方案模拟、材料下单、构件预制加工、工程量统计、放线定位、物料管理、进度管理、成本管理、质量与安全管理等方面发挥重要作用。

4. 陈设 BIM 应用

在 BIM 应用中，陈设主要表现为 BIM 软件的构件元素及其组成的 BIM 构件库以及与物联网的关联应用。在装饰施工阶段，陈设的 BIM 应用主要是体现在与物联网的二维码结合对材料下单、部品运输、安装就位等方面。在运维阶段，主要涉及的应用是资产管理等方面。

1.3.3　建筑装饰工程 BIM 应用各阶段及其流程

装饰工程的 BIM 应用主要有设计、施工、运维、拆除 4 个阶段，每个阶段都有其应用流程和应用内容，对应模型成果分为 8 个不同的细分环节。

1. 装饰工程 BIM 应用的各阶段及其成果

根据现行的国家标准及最新颁布的 BIM 国家标准《建筑信息模型应用统一标准》GB/T 51212—2016、《建筑信息模型施工应用标准》GB/T 51235—2017，以及中国建筑装饰协会标准《建筑装饰装修工程 BIM 实施标准》T/CBDA3—2016，设计、施工、运维和拆除四个阶段的主要装饰 BIM 应用成果见表 1.3.3-1。

建筑装饰 BIM 应用各阶段及主要模型成果　　　　　　　　　　　表 1.3.3-1

阶　　　段	主要模型成果
设计阶段	装饰方案设计模型
	装饰初步设计模型
	装饰施工图设计模型
施工阶段	装饰施工深化设计模型
	装饰施工过程模型
	装饰竣工交付模型
运维阶段	装饰运维模型
拆除阶段	装饰拆除模型

2. 装饰 BIM 应用各阶段主要环节及其总体流程

装饰 BIM 应用各阶段总体流程见图 1.3.3-1。

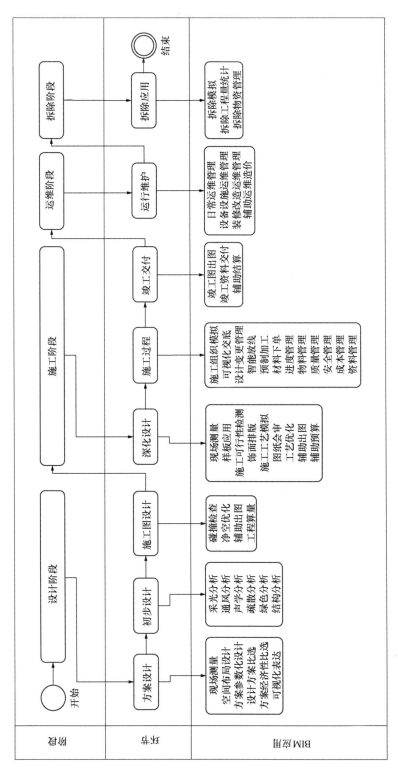

图 1.3.3-1 装饰 BIM 应用各阶段总体流程

基于 BIM 的装饰 BIM 应用主要流程分为 8 个细分应用环节，具体见表 1.3.3-2。

装饰 BIM 应用流程的主要环节　　　　　　　　　表 1.3.3-2

阶段	主要环节	主 要 内 容
设计阶段	方案设计	基于 BIM 的装饰方案设计主要工作内容包括：依据装饰设计要求，导入建筑、机电等专业的 BIM 模型或依据其他专业 CAD 施工图纸创建 BIM 模型，在三维环境中进行功能布局，划分室内空间，建立装饰方案设计模型。并以该模型为基础输出或利用渲染软件渲染效果图和漫游动画，清晰表达装饰设计效果。装饰方案设计模型可为装饰设计后续阶段提供依据及指导性文件
	初步设计	装饰初步设计的目的是论证部分既有建筑改造工程的装饰改造方案或新建改建扩建工程二次装饰设计方案的技术可行性和经济合理性，主要内容包括：利用 BIM 进行室内性能分析，如采光分析、通风分析、声学分析；协调装饰与其他各专业之间的技术矛盾，合理确定技术经济指标。本环节的工作内容需要与其他专业协同工作，共同完成
	施工图设计	装饰施工图设计 BIM 工作内容主要是对初步设计成果进行深化，目的是为了解决施工中的技术措施、工艺做法、用料、为工程造价等提供初步的数据，同时达到施工图报批和装饰工程招投标应用的要求
施工阶段	施工深化设计	装饰施工深化设计 BIM 工作内容主要是依据现场测量成果对施工图设计成果进行深化，按照装饰工程的分项工艺和装饰隐蔽工程创建深化设计模型，其目的是为了指导现场施工，进行图纸会审、施工组织模拟、施工工艺的模拟，进行样板管理，解决施工中的技术措施、工艺做法、饰面排版、用料问题，为施工交底、预制构件加工、安装、工程造价等提供完整的数据
	施工过程	装饰施工过程 BIM 应用的工作内容主要是基于施工深化设计模型，创建装饰施工过程模型，其目的是为了对工程的施工过程进行管理，对设计变更、放线、材料下单、物料管理、进度管理、质量安全管理、工程成本管理、资料管理、辅助结算等进行全过程指导和处理
	竣工交付	装饰工程竣工 BIM 应用的工作内容主要是基于装饰施工过程模型，创建装饰竣工交付模型，对设计变更进行全面整理、完善竣工信息、生成竣工图、辅助工程造价与结算
运维阶段	运营维护	装饰工程运营维护 BIM 应用的工作内容主要是基于装饰竣工交付模型，创建装饰运营维护模型，进行空间管理、陈设资产管理、运维数据录入存储管理、装饰维修改造管理、设备维护管理、构件安全管理、运维成本管理、辅助工程造价等
拆除阶段	拆除	装饰工程拆除 BIM 应用的工作内容，是在建筑装饰物生命期完全结束的拆除阶段。主要是基于装饰运营维护模型，创建装饰拆除模型，进行拆除管理、拆除方案模拟、辅助工程造价等。与新建改建扩建装饰工程不同的是，在既有建筑改造工程的流程中，建筑装饰工程拆除应用是 BIM 应用的首个环节，可以对被拆除的部分进行拆除模拟并统计工程量、核算成本

1.3.4　建筑装饰工程 BIM 创新工作模式

基于 BIM 技术的建筑装饰创新工作模式，能很好地解决当前整个行业面临的系列问题，并成为传统作业与管理方式变革的必由之路。

1. 优化的建筑装饰业务流程

BIM 的工作流程是立体式的，通过 BIM 建模软件制作的室内设计模型，在制作三维模型形成可视化效果的同时，施工图也随之全部生成，将传统施工图和效果图制作两条工作流合二为一，省时省力。如果过程中发生设计变更只需要对 BIM 模型修改，图纸也可以实现即时更新。装饰 BIM 设计工作模式与传统室内工作流程对比如图 1.3.4-1。

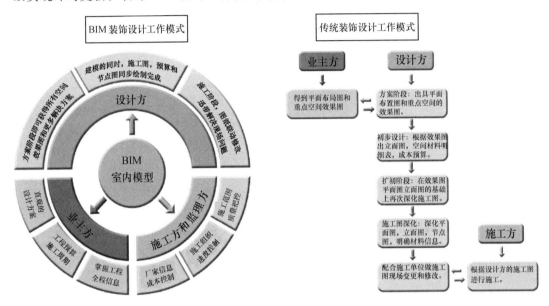

图 1.3.4-1　BIM 与传统装饰设计工作模式与流程对比

在设计阶段，利用 BIM 投标方案模型，就可以对重点空间部位做到传统初步设计的深度，工作量提前完成，形成明显的竞争力；利用 BIM 软件的联动技术，还可以快速完成立面部分设计、材料统计等传统线性设计工作量；各种参数及节点图的快捷设置和联动，降低了出图的错误率。

在施工阶段，利用 BIM 模型，进行三维可视化的图纸会审，各方都能节约大量时间；工程各参与方协同进行碰撞检查，提前发现工程碰撞错误，节约大量协调时间；利用 BIM 模型施工模拟和技术交底，则省去了对方案的反复论证和工人的培训时间。另外，利用 BIM 模型还能精确统计施工用量，快速生成物料表，合理控制工程造价，达到控制时间成本目的。

综上所述，基于 BIM 的装饰工程工作流程，模型在不同的阶段流转，贯穿整个项目流程，提高了信息资源的利用率，简化了业务流程，促进各项目主体利益的最大化。

2. 参数化设计提升工作效率

参数化设计是 BIM 建模软件重要的特点之一。参数化建模是通过设定参数（变量），简单地改变模型中的参数值，就能建立和分析新的模型。在参数化设计系统中，设计人员根据工程关系和几何关系来指定设计要求。因此，参数化模型中建立的各种约束关系，正是体现了设计人员的设计意图，参数化建模可以显著提高模型生成和修改的速度。

BIM 可以同时生成多种文件。将 BIM 技术运用到建筑装饰设计中，无论隔断、墙面、地面、吊顶，都能同时利用系统自有构件元素对其造型做法以及表皮材质进行详细设计。在绘制室内三维模型形成三维效果图的同时，完成了平面、立面、剖面图的绘制，也生成了详细的构件明细表即装饰物料图集，很多装饰构件的模块图能够自动生成，借此完成装饰、部品、灯具、辅料等的设计和统计。

BIM 可以实现联动修改。使用 CAD 制作的施工图需要设计师一张一张地修改所有相关图纸。BIM 技术应用环境下的建筑装饰施工图能够被联动修改，及时更新，明显提高工作效率。利用参数化制作施工图，更容易查缺补漏，在立体模型中很容易发现错误并且及时修改，一处修改，处处更新，例如一面墙上要修改门的位置和增加窗户，在平面图上修改后，立面图和明细表同时变更，提高工作效率。

3. 可视化的设计、施工组织

装饰项目可视化设计，改变了设计思维模式，装饰设计师不会像过去一样停留在二维的平面图上去想象三维的立体空间。使用 BIM 建模软件制作的模型，可以让设计师和业主更直观地看到室内的每个角落，BIM 建模软件支持从简单的透视图、轴测图、剖面图到渲染图、360°全景视图以及动画漫游。在立体的空间中，设计师可以有更多时间思考设计的合理性和艺术性。

施工组织可视化即利用 BIM 工具创建装饰深化设计模型、临时设施模型，并用时间等相关的非几何信息赋予基层构件及装饰面层，通过可视化应用软件模拟施工过程，用于优化、确定施工方案。针对建筑装饰造型多样、节点复杂的特点，可充分利用 BIM 的可视化特点，将相关内容做成传统的 CAD 无法实现的全方位展示和动态视频等用于施工交底。

4. 设计与施工全面协同管理

BIM 技术应用环境下，基于模型的不断更新、信息完整准确，建筑装饰设计与施工阶段均可实现团队内部部门之间，以及与业主、监理等相关单位之间的有效的协同。

1）装饰专业内部设计师的协同设计

通常一个项目的制作都需要一个团队来完成，目前常用 BIM 软件的协同模式提供了多位设计师一起做设计的工作方式。例如，在 Revit 中建立一个带有模型信息的中心文件，然后将不同范围和专业的工作分给每个设计师，设计师根据共同的模型信息，建立本地工作文件，在本地修改制作模型，完成自己的任务，之后设立相应规则同步更新到中心文件，让所有设计工作参与者同时了解变更情况，提高设计质量和效率。

2）装饰专业与其他专业的协同设计

建筑装饰专业与建筑、给水排水、暖通、电气、弱电、消防等专业基于同一个模型开展设计工作，将整个设计整合到一个共享的建筑信息模型中，装饰面层、基层及装饰构造与相关专业的冲突会直观地显现出来，设计师和工程师可在三维模型中随意查看，并能准确地发现存在问题的地方并及时调整，从而避免施工中的浪费，达到真正意义上的三维集成协同设计。在这个协同沟通过程中，通过合理化工作流程，利用协同平台支障和保障了良好的协同效果，保证了相关工作的有序开展。

3）装饰专业施工阶段管理要素协同

施工阶段，BIM 可以同步提供有关建筑装饰施工质量、进度及成本的信息。利用 BIM 可以实现整个施工周期的成本、进度、材料、质量等管理要素的协同，进行可视化模拟与可视化管理，调整优化施工部署与计划。装饰工程分部分项工程多，与其他专业在空间和时间上交叉作业的情况非常多，施工阶段及时获取其他专业的进度和质量信息，协同各方有序作业，对保证工期和质量提供了重要条件。

5. 快速精确的成本控制与结算模式

由于 BIM 数据中包含了所代表的建筑工程的详尽信息，可以利用其自动统计工程量。从模型中生成各种门窗表，统计隔墙的面积、体积，吊顶、地面面积，装饰构件的数量、价格、厂家信息以及一些材料表和综合表格也十分方便。设计师和造价师很容易利用它来进行工程概预算，为控制投标报价和工程造价提供了更加精确的数据依据，保证实际成本在可控制的范围内。此外，保持 BIM 模型与现场实际施工情况一致，利用 BIM 生成采购清单等能够保证采购数量的准确性，工程结算也更加简单透明，避免了结算争议。

1.3.5 建筑装饰工程 BIM 应用的优势

1. 装饰设计阶段 BIM 应用优势

在装饰设计阶段应用 BIM 技术，可提升设计质量和效果，减少设计师的工作强度，节约人力资源。在设计阶段建筑装饰 BIM 应用主要包括可视化设计、性能分析、绿色评估、设计概算和设计文件编制等。

1）可视化建模保证设计效果

装饰项目的各种空间设计通过 BIM 可视化建模能直观反映设计的具体效果，进行可视化审核；装饰与暖通、强弱电、给排水、消防等相关专业协同建模，能避免或减少错、漏、碰、缺的发生，保证最终建筑构件的使用功能和装饰面的观感效果；参数化建模支持实现装饰设计效果变更、装饰三维模型展示与虚拟现实展示进行方案比对；选用生产厂家提供的具有实际产品的 BIM 构件和陈设，保证了工程交付时设计模型与实物的一致性和真实性（图 1.3.5-1）。

2）性能分析支持绿色建筑评估

利用各种 BIM 分析和计算软件，对既有建筑改造装饰项目及新建、扩建、改建的二次装饰设计项目室内的不同空间、不同功能区域自然采光、人工照明、自然通风和人工通风情况（图 1.3.5-2）进行分析，对声环境计算，进行声效模拟、噪声分析（图 1.3.5-3）、疏散分析等；利用结构计算软件，对既有建筑改造的装饰项目和幕墙工程进行结构分析计算。

3）工程量统计辅助经济性比选

基于装饰 BIM 模型，可直接输出装饰工程物料表、装饰工程量统计表（图 1.3.5-4）；与造价专业软件集成计算，精确控制工程造价，辅助生成方案估算、初步概算、施工图预算的不同阶段的造价，可以进行方案的经济性比较分析，及时提供造价信息进行方案的经济性优化。

4）提高设计质量和提升设计效率

创建装饰 BIM 模型的过程中，设计师可以充分利用 BIM 的可视化、一体化、协调性

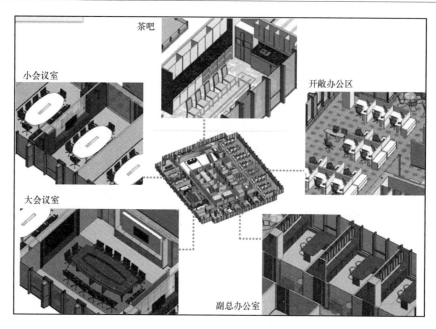

图 1.3.5-1　室内可视化设计

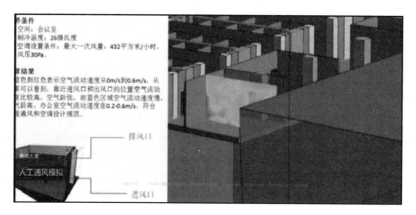

图 1.3.5-2　室内人工通风分析模拟

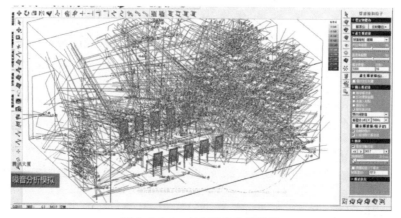

图 1.3.5-3　室内噪声分析模拟

<墙明细表>

| A | B | C | D | E |
标高	类型	体积	面积	合计
19F	AL201-铝板饰面-100mm	6.36	63.61	11
19F	AL202-木线条装面-50mm	2.95	59.00	4
19F	AL202-木线条装面-100mm	14.35	143.46	8
19F	GL205-白色烤漆玻璃饰面-20	0.32	15.80	1
19F	GL205-白色烤漆玻璃饰面-40	0.95	23.79	2
19F	GL205-白色烤漆玻璃饰面-50	4.14	82.89	10
19F	GL206-黑玻璃饰面-100mm	0.73	7.34	10
19F	GL207-夹丝玻璃饰面-100mm	0.60	5.99	4
19F	MT204-金属饰面-40mm	0.17	4.26	4
19F	PT201-乳胶漆饰面-50mm	1.31	26.23	2
19F	PT201-乳胶漆饰面-100mm	2.94	29.42	9
19F	PT201-涂料饰面-40mm	0.83	41.55	10
19F	ST202-石材装面-50mm	1.78	35.67	8
19F	ST202-石材装面-100mm	2.35	23.52	10
19F	ST205-石材饰面-100mm	3.38	33.81	14

图 1.3.5-4 装饰工程量统计表

的特点进行协同工作，参数化联动修改，快速建模，将时间更多用于设计方案效果、技术、经济的优化；在三维环境下对节点详图进行建模设计，提高了精确度，减少了出图错误；利用 BIM 出图功能，直接将成果输出，生成效果图（图 1.3.5-5）、二维图纸、计算书、统计表，提升了设计质量，提高了设计效率。

图 1.3.5-5 室内装饰设计效果图

2. 装饰施工阶段 BIM 应用优势

在装饰施工阶段应用 BIM 技术，可提升精细化管理水平和科技含量，显著提高工作效率和施工质量，主要体现在以下几个方面：

1）施工投标展示技术管理优势

在以 BIM 技术应用投标精装的项目投标中，可能够利用 BIM 的 4D 虚拟仿真的优势，基于 BIM 装饰模型，将工程重点、深化设计难点、施工工艺细节全过程模拟（图 1.3.5-6），将有关施工组织设计中的质量安全、进度、造价、商务等管理的关键流程节点用 BIM 优化解决方案直观展现出来，充分体现装饰企业的技术实力，企业优势得以彰显。

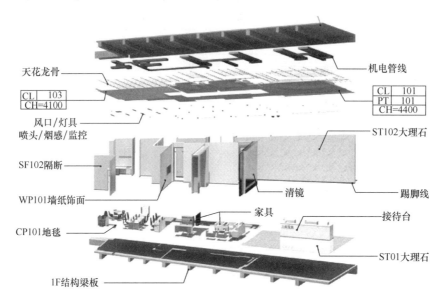

图 1.3.5-6　投标中的施工构造展示

2）支撑施工管理和改进施工工艺

利用 BIM 技术可以辅助施工深化设计，生成施工深化图纸，进行 4D 虚拟建造和仿真模拟、进行施工部署、施工方案论证并优化施工方案；基于施工工艺模拟（图 1.3.5-7），可对施工工序、工艺分析论证，改良工序和工艺；基于进度模拟，可以对施工场地在空间和时间上进行科学布置和管理；基于 BIM 的可视化技术，同参与各方沟通讨论和内部外部协同，及时消除现场施工过程干扰或施工工艺冲突，优化交圈收口处理；同时，利用可视化功能进行技术交底，可以及时对工人上岗前进行直观的培训，对复杂工艺操作辅助形成熟练的操作技能。在材料下单方面，BIM 改进了装饰材料用量自动计算和构配件的下单的方式，为实现装饰行业工业化打下良好基础。

图 1.3.5-7　曲面吊顶格栅与基层龙骨的固定方式模拟

3）利用 BIM 硬件设备提质增效

将 BIM 技术与三维激光扫描仪、自动全站仪和移动终端等设备集成，可支持实现建筑装饰的装配式施工。利用三维激光扫描仪在现场扫描采集数据，再以点云数据进行逆向建模（图 1.3.5-8），实现现场实际情况与 BIM 模型与比对，并对 BIM 模型纠偏；在此基础上进行材料下单及工厂化加工，在施工中使用自动全站仪进行放线，真正实现高精度过程控制状态下的装配式施工。

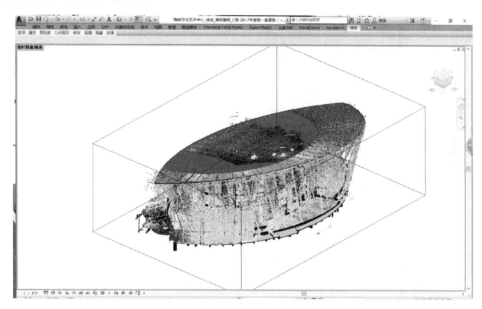

图 1.3.5-8 三维激光扫描及逆向建模

4）实现装饰施工成本精确控制

利用 BIM 可进行工程量精确统计，同时将设计变更管理、劳务及材料资源价格与模型关联，资金使用与模型关联，可对项目人工、材料、机械的用量进行精确的统计。同时，在施工过程中，依据统计结果对施工现场进行统一的精细化管理，使材料出入库用量管理更加精准，人工费用更合理，机械设备花费更经济，以此对施工成本的进行精确控制。

5）提升进度、质量、安全管理水平

基于 BIM 的进度、质量、安全管理，为施工企业提供更加翔实的数据，便于施工过程中的问题发现和纠偏改进。在施工过程中，可以使用信息化的 BIM 协同平台实现计划管理和进度监控；进度、质量、安全相关信息通过移动终端直接反馈到协同平台；利用三维激光扫描仪核查现场施工精度并进行纠偏（图 1.3.5-9）；辅助与总承包及相关单位的有效协调。

6）提高装饰工程档案管理质量

应用 BIM 技术，可以对施工资料进行数字化管理；实现工程数字化交付、验收和竣工资料数字化归档；支持向业主提交用于运维的全套模型资料，为业主的项目运维服务打下坚实基础。

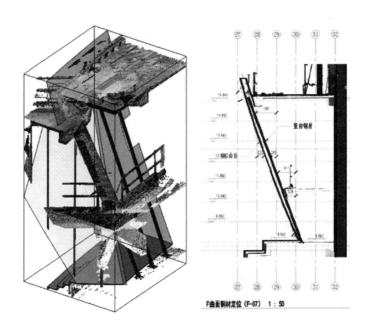

图 1.3.5-9　利用过程点云模型控制施工质量

1.4　建筑装饰 BIM 与行业信息化

1.4.1　信息化技术概述

1. 信息化技术概念

建筑信息模型（BIM）技术源于信息化技术的发展。信息化技术是现代科技革命的核心技术和先导技术，它是在计算机和通信技术的支持下，用以获取、加工、储存、变换、显示和传输文字、数值、图像、音频和视频等信息，包括提供设备系统和信息服务两大方面技术的总称。信息技术是人类历史上渗透力最强的技术，现在已经广泛应用于社会及经济等各方面。

几十年来，信息化技术的发展取得了令人瞩目的进展，特别是在计算机软硬件技术、数据库技术、网络技术、通信技术和多媒体技术等多个领域，取得了历史性的突破。飞速发展的信息技术以其强大的渗透力和便捷性，迅速与传统产业结合，使其更加自动化、智能化、精益化和绿色化，提高了工业生产过程的管理质量和生产效率。

2. 我国信息化技术政策

近几年，我国极为重视信息化建设，国务院连续发布了信息安全、物联网、云计算、互联网＋、大数据、信息化发展、人工智能等多项信息化政策，关系到国计民生的方方面面，对大力推进我国信息化发展，调整我国经济结构、转变发展方式、保障和改善民生、维护国家安全具有重大意义。

2016 年 8 月，住建部印发《2016—2020 年建筑业信息化发展纲要》，其目的是贯彻落实国家的信息化政策，进一步提升建筑业信息化水平。《纲要》指出，"十三五"时期，全面提高建筑业信息化发展能力，着力增强 BIM、大数据、智能化、移动通信、云计算、物联网等信息技术集成应用能力，建筑业数字化、网络化、智能化取得突破性进展，初步建成一体化行业监管和服务平台，数据资源利用水平和信息服务能力明显提升，形成一批具有较强信息技术创新能力和信息化应用达到国际先进水平的建筑企业及具有关键自主知识产权的建筑业信息技术企业。

3. 建筑行业信息化发展

信息技术的发展以及国家政策的发布，推动着建筑业信息化的发展。建筑行业运用互联网进行项目管理及企业管理基于云计算技术的发展，而 BIM 技术在建筑全生命期的应用，使建筑行业信息化进入新时代（图 1.4.1-1）。工程建设全生命期各阶段、各有关参与方，将信息技术作为工作和管理的工具，大幅度提高工作效率，降低成本，提高工作质量。而物联网、大数据、人工智能等新兴信息技术，在建筑行业中的应用为行业信息化带来了巨大影响，同时也影响了建筑装饰行业。

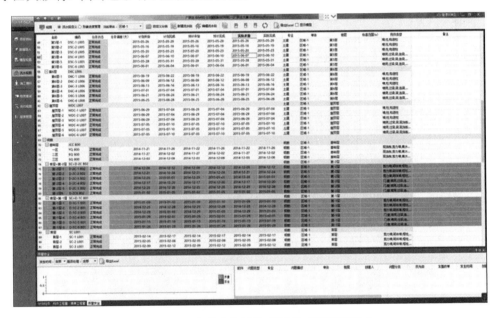

图 1.4.1-1　广联达公司的 BIM5D 项目管理平台

1.4.2　建筑装饰行业信息化发展现状

1. 建筑装饰行业信息化"两化融合"

建筑装饰行业信息化从 21 世纪初开始从无到有。2004 年开始，行业协会即组织开始以信息化会议、信息化创新成果评价推广信息化；2011 年提出"两化融合"的策略开始推广信息化。"两化融合"即"信息化与工业化两化融合"，其内容是以信息化为支撑，以"远程办公和远程工程控制"为代表的信息化和以"成品工厂化、施工机械化、现场装配化"为代表的工业化为基础；以加快行业从两化融合向深度融合发展方式的转变为主线；以技术创新为动力，以提高效益为中心；以建立现代产业体系为目标，围绕调结构、转方式、精细化、规模化，把信息技术融入设计、施工、管理、研发、技术、人力资源、商业模式、资源利用、企业影响力等各个环节，实现企业的高成长、盈利能力和可持续发展。

2. 建筑装饰行业信息化平台建设

伴随信息化技术的飞速进程，大型装饰企业纷纷开始信息化平台建设，如 ERP 系统、自动化办公系统、生产统计、项目经营统计系统、材料招投标平台、决策支持系统、知识库等基于企业信息平台的信息子系统。其中，BIM 技术是建筑行业信息系统基础性技术，装饰行业应用 BIM 技术有助于提升行业生产力水平，跟上工程建设行业技术变革的步伐。

十多年来，国内的大部分装饰企业已经基本做到了主动应用内部办公系统，重点实现了合同管理、财务管理、发文管理、人事管理等重点工作的流程优化审批。另外，在接受监管与服务、获取市场信息、大数据应用、企业经营管理、教育培训、采购、招标投标等方面做到了一些信息化的应用。装饰企业采用办公自动化（OA）系统进行管理基本普及。但是在施工阶段，除了造价管理软件有广泛应用之外，信息化程度依然需要大力推进。

3. 建筑装饰工程信息化系统

近几年，行业工程信息化的步伐开始加快后，不少装饰企业开始注重工程信息化建设，一些规模较大的装饰企业开始自己开发或定制装饰企业的工程信息化管理系统。依据装饰行业的传统业务，公共建筑装饰装修工程和住宅装饰装修工程被设计为不同的应用系统，以满足不同的业主需求。部分装饰企业根据装饰工程需求研发或定制了装饰工程管理信息系统、物资管理、劳务管理等专业化的信息管理系统，开发了相关的管理平台，如图为金螳螂公司的网络采购平台（图 1.4.2-1）。装饰企业在生产过程中常用信息化管理系统有以下几种：

图 1.4.2-1　金螳螂公司面向社会的网络采购平台

1）OA（办公自动化）系统

OA 系统是面向企业的日常运作和管理的信息系统，是目前装饰行业应用最广、最基础的信息管理系统。OA 系统主要是通过互联网、计算机等技术实现企业成员间的多人沟通、信息共享和协同办公。通过该系统的引进和使用，装饰企业一定程度上实现了内部沟通的简易化，动态信息的集成化以及流程审批的标准化，消除了一部分信息孤岛，降低了公司管理的成本。装饰企业根据自身的管理要求，常设置如"审批中心"、"项目管理"、"固定资产"、"人事管理"、"发文管理"及"公告管理"等模块，目的是实现公司管理信息的共享和快速传达，提高运营管理效率。

2）ERP（企业资源计划）系统

ERP 最初是用于制造业的资源计划管理，近几年来逐渐被装饰企业所接纳，特别适用于一些价值较高的主要装饰材料的供应链流程管理和企业内部的财务管理。ERP 一般包括物资需求采购计划、下单计划、合同管理、仓库管理、财务计划等管理功能，实现计划与价值功能的整合，保持物资与资金数据一致。对于发生的业务，通过报表等数据追溯其缘由，便于控制且实时做出决策，达到高效的"事前计划、事中管理、事后总结"的运行方式，更好地开展对项目管理的评估。针对建筑装饰行业，通过材料的集中计划管理，在避免材料浪费的同时，也让项目一线人员体会到信息化带来的便捷之处。

3）PDM（产品数据管理）系统

对于大型幕墙公司，多数企业都拥有内部的生产加工部门和相应的管理系统，已经实现了设计—生产—施工一体化，实现了以下功能：①依据施工图，生成全部的物料清单和提货单对接物料管理系统，做好前期的成本控制。②制定物资管理计划，对主材、辅材等进行资源规划。③形成产成品任务单，对接加工，形成物资采购清单，用于辅材采购。④形成出入库管理依据，严格按照加工订单及采购计划中的物料明细单进行工厂入库管理。⑤发往工地现场进行组装和施工。通过前期设计规划和物料清单的拆解，形成工程管控的基础大数据，这些数据对接 PDM 系统进行管理，实现企业到工程管控流程的信息化。

4）互联网家装系统

互联网住宅装饰是在线上网店线下消费的 O2O 模式（在线离线）基础上出现的一种全新住宅装饰信息化模式。以民用住宅用户思维为导向的互联网住宅装饰，是以装饰企业的设计、施工管理、供应链为基础平台，与互联网技术、现代 IT 技术、VR 虚拟现实技术结合，打造场景化的电子商务平台与用户进行线上线下的互动，为用户提供"所见即所得"的快速设计、DIY（自己动手做）个性化设计、App 远程施工监管等服务。这种模式已远离了木工加泥水匠、传统中介方式的原始业态，不仅囊括了施工、设计、建材、木门、橱柜、家具等多个领域，还是中央空调、智能家居、水处理等家居系统的整合商。目前为止，国内诞生了多家互联网住宅装饰企业，使住宅装饰产业逐渐向智力密集型的服务转变，更多偏向咨询、设计、管理、整合资源、监控工程质量和售后服务。住宅装饰产业正向着一体化，向工业化、标准化的全套、全屋定制快速发展。

5）智能家居系统

智能家居是指以住宅为平台，基于物联网技术，由硬件（智能家电、智能硬件、安防控制设备、家具等）、软件系统、云计算平台构成的一个家居生态圈，实现人远程控制设备、设备间互联互通、设备自我学习等功能，并通过收集、分析用户行为数据为用户提供个性化生活服务，使家居生活安全、舒适、节能、高效、便捷。家居装修是智能家居产品与用户之间的触点，是影响产品落地的重要因素。单个智能家居产品具有孤岛效应，融入整体装修才会产生后续价值。目前该领域还处于初步发展阶段，部分产品制造商如海尔、小米、乐视等已经积极在与房地产、住宅装饰企业合作，一些装饰企业也积极加入，初步实现了较系统的智能化家居设计，将家居设计与住宅内部各种与信息有关的因素结合在一起：如智能照明系统、智能音响系统、智能环境气候系统、智能安防系统等，通过中央控制系统进行统一控制。图 1.4.2-2 为广田装饰图灵猫智能家居系统架构图。

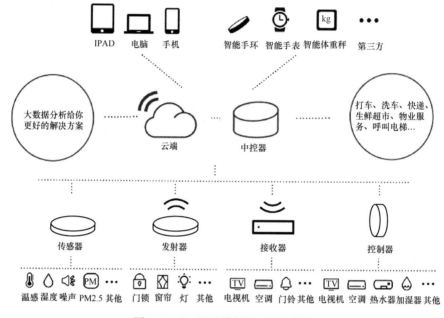

图 1.4.2-2　图灵猫智能系统架构图

1.4.3　建筑装饰行业信息化发展存在的问题

1. 信息系统缺乏整体规划

由于信息技术一直在演进中，而且因应用需求紧迫，装饰企业都在运行着各不相同的专业应用软件系统，这些不同的应用系统具有相对独立性，致使系统之间的连接与集成障碍明显，信息孤岛随处可见，重复建设屡屡发生。到目前为止，由于缺乏对信息系统的顶层设计，行业有着整体规划的信息系统非常少见。

2. 软件应用不够成熟

当前，对国内软件商的信息化管理软件产品，装饰企业应用的时间还相对较短，软件应用水平还处于初级阶段；由于装饰企业个体运用的差异性，软件在应用中的普及范围也不尽相同。对国外引进的信息化管理软件，由于国内外规范标准不同，在应用软件时存在很多障碍，后期对软件的维护困难重重，在我国难以落地应用。所以大部分装饰企业在管理过程中仍然沿用过去相对传统的方法，很大程度上阻碍了装饰行业信息化的向前发展。

3. 信息化管理尚未普及

在当前的装饰工程中，装饰企业为了提升管理效果，在信息化方面有了较为积极的尝试，但由于应用还不够充分，多数参与人对信息管理作为信息查询和定期报表的工具，影响了数据之间的有效整合和对数据的分析，不利于对装饰行业的动态信息进行有效的结合。虽然部分企业在企业的信息化管理中也逐步完善优化了局域网，但也仅仅是在工程管理系统中应用，信息资源也只是局限在施工的现场以及项目的内部中，缺乏与施工现场、其他相关区域及其他项目的互联性。另外，系统中的信息来源多来自于一线人员的手动输入，这对于信息的客观性以及全面性都有很大的制约，无法真正形成大数据作为有效的运营决策依据。

4. 信息技术基础薄弱

工程项目的信息化管理应用过程中，装饰工程的信息技术基础相对薄弱，具体体现在以下几个方面：首先是在装饰行业中没有全面普及计算机信息技术应用，主要以单机版软件为主，使用单机操作则无法形成网络信息的共享与自动传递；其次，当前计算机应用信息技术在装饰行业中的应用范围比较狭窄，材料采购、项目管理、信息交换、信息发布等都很少涉及网络信息技术；另外，施工现场管理主要还是依靠管理人员的现场处置工作的经验，管理缺乏规范性和制度化，不能充分与装饰工程信息化管理体制接轨。

5. 管理人员能力不足

随着装饰行业信息化管理的改革发展，企业管理人员必须具备能处理信息化技术的能力。但在当前的装饰企业中，信息化系统还处于不断开发和建设完善中，为数不少的管理人员信息化技术水平还停留在传统模式，很少进行更新与学习，因此无法理解当前信息化的管理模式，影响了装饰企业的快速健康发展。

1.4.4 建筑装饰行业信息化发展前景

在信息化发展进入全面渗透、跨界融合、加速创新、引领发展的新阶段，装饰行业的信息化发展也会在新的技术浪潮中加速变革，与物联网、云计算、移动通信、大数据等新技术进行深度的融合，实现社会监管、工程全周期以及企业运营各个维度的信息化，推动项目全生命期成本降低、质量提高和工期缩短，更好地满足用户多样化需求。

1. 社会服务、监管信息化

1）设计成果数字化交付

在未来几年，相关管理部门将探索基于 BIM 的数字化成果交付、审查和存档管理。通过开展白图代蓝图和数字化审图试点、示范工作，实现工程资料的无纸化交付和审批。工程竣工备案管理信息系统将更完善，基于 BIM 的工程竣工备案模式将被采用。应用 BIM 可以持续不断地及时提供装饰项目的设计、进度以及成本等完整可靠并且完全协调的信息，服务于整个装饰工程，从而使设计师、施工和监理工程师、造价人员、管理人员以及业主，可以清楚全面地了解项目。同时，实现数据库内所包含的信息贯穿于设计、施工、运营维护等项目的各个阶段，实现项目全生命期的信息化管理。

2）建筑公共信息共享

在不久的将来，将建立建筑工程建设信息公开系统，为行业和公众提供环境及能耗监测等公共信息服务，提高行业公共信息利用水平。同时，也会建立完善装饰工程项目数字化档案管理信息系统，转变档案管理服务模式，推进可公开的档案信息共享。

3）质量安全信息化监督

未来将构建基于 BIM、大数据、智能化、移动通信、云计算等技术的工程质量、安全监管模式与机制。建立完善工程项目质量监管信息系统，对工程实体质量和工程建设、勘察、设计、施工、监理和质量检测单位的质量行为监管信息进行采集，实现工程竣工验收备案、建筑工程五方责任主体项目负责人等信息共享，保障数据可追溯，提高工程质量监管水平。同时，也会建立完善装饰施工安全监管信息系统，对装饰工程现场人员、机械设备、临时设施等安全信息进行采集和汇总分析，实现装饰施工企业、人员、项目等安全监管信息互联共享，提高施工安全监管水平。

4）规范的市场监管

建设工程将普遍采用电子招投标、劳务实名制等措施，规范市场监管，应用大数据技术识别围标、串标等不规范行为，保障招投标过程的公正、公平。未来若干年，应用物联网、大数据和基于位置的服务（Location Based Service，LBS）等技术，建立全国建筑工人信息管理平台，并与诚信管理信息系统进行对接，实现深层次的劳务人员信息共享。人脸识别、指纹识别、虹膜识别等技术将普遍在建筑工程现场劳务人员管理中的应用，与建筑工程现场劳务人员安全、职业健康、培训等信息联动。

2. 企业—项目管理信息化

1）装饰信息化标准的制定

标准是信息化实施的基石，装饰行业对企业信息化标准体系持续实践研究，结合 BIM 等新技术应用，在未来设计、施工、运维全生命期的信息化标准体系将会越来越完善，为装饰专业信息资源共享和深度挖掘奠定基础。相关信息化标准的编制，如装饰行业及企业信息化相关的编码、数据交换、文档及图档交付等基础数据和通用标准，信息基础设施、信息安全、信息编码、信息资源（如数据模型、模板等）以及信息系统应用等方面的标准，结合物联网、云计算、大数据等新技术在建筑行业的应用，将会支撑装饰行业信息系统开发和应用。

2）企业级管理系统的统筹

未来，以项目组合管理和项目群管理理论为基础，装饰项目管理系统构架、管理工作流和信息流将会完善提升，整合装饰项目资源，建立集成装饰项目管理系统，将提升装饰项目管理整体执行力。装饰项目资源分解结构和编码体系将会规范与整合；估算、投标报价和费用控制等系统将会被深化，届时将建立起适应国际工程估算、报价与费用控制的体系；商务与合同管理、风险管理及工程财务管理等系统将进一步完善，项目法律、融资、商务、资金、费用与成本管理水平和风险管控能力将进一步提升；计划进度控制系统、施工管理系统将逐步被深化应用。同时，与其他核心业务系统及企业级管理系统将逐步实现集成。

3）企业数据中心的建立

未来，装饰企业大数据应用框架将会建立，统筹政务数据资源和社会数据资源，建设大数据应用系统，推进公共数据资源向社会开放。届时将汇聚整合和分析建筑企业、项目、从业人员和信用信息等相关大数据，探索大数据在装饰行业创新应用，推进数据资产管理，实现充分利用大数据价值。此外，安全保障体系，规范大数据采集、传输、存储、应用等各环节安全保障措施将会同时建立。

4）物联网系统普及推广

未来，从建筑装饰行业发展需求出发，将会加强低成本、低功耗、智能化传感器及相关设备的研发，实现物联网核心芯片、仪器仪表、配套软件等在装饰行业的集成应用。装饰行业将开展传感器、高速移动通信、无线射频、近场通信及二维码识别等物联网技术与装饰工程项目管理信息系统的集成应用研究和示范应用。

3. 产业链信息化

未来，在装饰行业将会加强信息技术的应用，推进基于 BIM 的装饰工程设计、生产、运输、装配及全生命期管理，促进工业化建造。同时将建立基于 BIM、物联网等技术的云服务平台，实现产业链各参与方之间在各阶段、各环节的协同工作。此外，基于 BIM 的集成设计系统及协同工作系统的开发，装饰专业将实现建筑、结构、水暖电等专业的信息集成与共享。同时，材料与采购管理系统将更加完善，装饰企业将建立企业级材料标准库和编码库，实现材料表、请购、询价、评标、采购、催交、检验、运输、接运、仓库管理、材料预测、配料、材料发放及结算等全过程一体化的材料和采购管理；将会逐步建立以信誉认证、交易和电子支付等为核心的采购电子商务系统，材料供销过程将被优化；材料库与工厂安装模拟可视化系统将会被集成在一起；逐步实现该系统与设计、项目管理、施工管理等系统的集成。

1.5　建筑装饰工程 BIM 职业发展

1.5.1　建筑装饰 BIM 工程师

1. 装饰 BIM 工程师职业定位

当前 BIM 技术应用尚未普及，从事 BIM 相关工程技术及其管理的人员数量较少。因此，为了与其他还没有应用 BIM 进行相关工作的人员有所区分，我们将现阶段从事 BIM 相关工程技术及其管理的人员统称为 BIM 工程师；而装饰 BIM 工程师则特指从事装饰 BIM 相关工程技术及其管理的人员。装饰 BIM 工程师在装饰工程项目策划、实施到维护的全生命周期过程中，承担包括设计、协调、管理、数据维护等相关工作任务，为建筑装饰信息一体化发展提供可传导性、数据化、标准化的信息支撑；为提升工作效率、提高质量、节约成本和缩短工期方面发挥重要作用。

2. 装饰 BIM 工程师岗位分类

建筑信息模型（BIM）系列专业技能岗位是指运用 BIM 这种新的技术体系，从事工程建模、BIM 管理咨询和战略分析方面的相关岗位。当前，绝大多数企业还做不到仅通过拓展现有岗位的技能，来达到运用 BIM 技术实施项目的目标，因此，还需要设置专门的 BIM 工程师岗位，来辅助和指导现有的技术和管理岗位。当 BIM 技术能力成为建筑从业人员的基本能力后，企业可以不再设置 BIM 工程师岗位。

装饰 BIM 工程师岗位，按照装饰工程应用方向可分为三类岗位，按照职业等级约可分为 4～7 类岗位。

1）应用方向分类

根据建筑装饰工程 BIM 应用方向的不同，可将装饰 BIM 工程师分为 BIM 设计类、BIM 技术类、BIM 管理类。

（1）BIM 设计类：即以装饰相关专业为基础，结合 BIM 技术，既有装饰及相关专业设计能力又有 BIM 技术能力的设计人员，如建筑装饰 BIM 设计人员、幕墙 BIM 设计人员。主要负责建筑装饰装修工程、幕墙工程的方案设计、初步设计、施工图设计和深化设计工作。

（2）BIM 技术类：即以工程和信息相关专业为基础，结合 BIM 技术，具备 BIM 应用或开发能力的 BIM 技术人员和 BIM 数据平台开发人员。主要负责从软件和平台两个方面实施 BIM 技术工作，BIM 技术人员负责 BIM 技术的具体实施，BIM 数据平台开发人员负责数据平台需求性开发工作。

（3）BIM 管理类：即以工程管理专业为基础，结合 BIM 技术，具备 BIM 协调能力及工程管理、项目数据管理能力的 BIM 协调人员、BIM 项目管理人员和 BIM 数据管理人员。主要负责项目协调、管理工作，从项目协调、项目管理和数据管理方向推动项目的实施。

2）职业等级分类

根据纵向 BIM 职业等级可将装饰 BIM 工程师分为 5 个等级，分别是：BIM 操作人员、BIM 技术主管/BIM 应用主管、BIM 技术经理/BIM 应用经理、BIM 部门经理及 BIM 战略总监（图 1.5.1-1）。

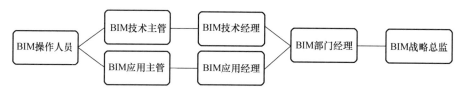

图 1.5.1-1　BIM 职业等级分类示意图

（1）BIM 操作人员：负责 BIM 建模及分析工作，属于装饰 BIM 工程师职业发展的初级阶段。

（2）BIM 技术主管：在装饰 BIM 项目实施过程中或部门团队建设过程中，负责通用 BIM 技术协调及培训、推广，属于装饰 BIM 工程师职业发展的中级阶段。

（3）BIM 应用主管：在装饰 BIM 项目实施过程中，负责项目数据整合、协调，监督项目具体运作，属于装饰 BIM 工程师职业发展的中级阶段。

（4）BIM 技术经理：负责装饰相关 BIM 技术规范制定，具体技术路线策划，技术培训、普及和考核评估工作，属于装饰 BIM 工程师职业发展的中级阶段。

（5）BIM 应用经理（项目 BIM 经理）：负责装饰项目 BIM 人力资源规划，BIM 实施方案制定、督促及落实，确保项目的按时保质完成，属于装饰 BIM 工程师职业发展的中级阶段。

（6）BIM 部门经理：负责推动部门管理制度建设，编制 BIM 工作标准及规范化流程，制定符合部门发展方向及培养计划的人才梯队建设发展规划，属于装饰 BIM 工程师职业发展的高级阶段。

（7）BIM 战略总监：负责制定整体发展规划、发展战略和发展节奏，总控人才培养方向，探寻战略发展前景，负责将公司战略融入 BIM 发展中，属于装饰 BIM 工程师职业发展的高级阶段。

1.5.2 建筑装饰 BIM 工程师基本职业素质要求

装饰 BIM 工程师基本素质是职业发展的基本要求，也是专业素质的基础。专业素质构成了工程师的主要竞争力，基本素质奠定了工程师的发展潜力与空间。装饰 BIM 工程师的基本职业素质主要体现在职业道德、健康素质、专业业务能力、团队协作能力、沟通协调能力、细致耐心的态度等方面。

1. 职业道德

职业道德是指人们在职业生活中应遵循的基本道德，即一般社会道德在职业生活中的具体体现，它是职业品德、职业纪律、专业胜任能力及职业责任等的总称，属于自律范围，通过公约、守则等对职业生活中的某些方面加以规范。职业道德素质对其职业行为产生重大的影响，是职业素质的基础。在实际工作中，只有具备高度职业道德素质，具备高度的责任感，所做工作才能够得到信任。

2. 健康素质

健康素质主要体现在心理健康及身体健康两方面。BIM 工程师在心理健康方面应具有一定的情绪稳定性、较好的社会适应性、和谐的人际关系、心理自控能力、心理耐受力以及健全的个性特征等。在身体健康方面 BIM 工程师应满足个人各主要系统、器官功能正常的要求，体质及体力水平良好等。

3. 专业业务能力

装饰业务能力主要指从业人员对装饰工程的设计或施工有相关的技术和管理经验，熟悉装饰工程的项目的实施流程及相关规范标准，掌握装饰工程设计以及施工的工艺工序及相关技术，了解相关专业与装饰专业的交叉作业情况，能正确选用建筑装饰材料及相关设备机具，具备绿色建筑相关知识并具有一定审美水平。

4. 团队协作能力

团队协作能力，是指建立在团队的基础之上，发挥团队精神、互补互助以达到团队最大工作效率的能力。对于从事 BIM 工作的团队成员来说，不仅要有个人利用软件协同作业的能力，更需要有在不同的位置上各尽所能、与其他成员协调合作的能力。

5. 沟通协调能力

沟通协调是指管理者在日常工作中能够妥善处理好上级、同级、下级、内部外部等各种关系，使其减少摩擦，调动各方面的工作积极性的能力。通过沟通协调，人与人相互之间能顺畅传递和交流各种信息、观点、思想感情，建立和巩固稳定的人际关系，维持组织正常运作，调整和改善组织之间、工作之间、人际之间的关系，促使各种活动和谐运行，最终实现 BIM 顺利应用的共同目标。

6. 细致耐心的态度

由于装饰行业具有材料类型繁多、交接面形式复杂、设计施工方式多样、手工化操作程度高等一系列特点，使装饰 BIM 工程师在传统 BIM 工程师应具备的基本素质基础上，还需要将细致耐心的工作态度贯穿始终。细致耐心分为两个层面：细致，指精细周密不忽略细节，表示做事非常仔细；耐心，指不浮躁，做事持久，一直保持一种平稳的心情来做事。细致耐心就是指能坚持保持一种仔细认真的态度来做事情。

上述六项基本素质对 BIM 工程师职业发展具有重要意义：有利于工程师更好地融入

职业环境及团队工作中；有利于工程师更加高效、高标准地完成工作任务；有利于工程师在工作中学习、成长及进一步发展，为 BIM 工程师的更高层次的发展奠定基础。

1.5.3　不同应用方向建筑装饰 BIM 工程师职业素质要求

1. BIM 设计人员

岗位职责：根据项目情况，负责装饰及相关专业的三维设计工作，包括各阶段 BIM 模型创建工作，定期整合建筑装饰相关 BIM 模型，核查装饰设计相关问题、跟进 BIM 设计数据的不断更新调整，记录问题解决情况。

能力素质要求：具备建筑装饰设计师知识背景，熟悉装饰设计相关规范要求，具有良好的装饰识图能力及对建筑装饰色彩、风格、空间的整体掌控能力；能把控建筑装饰的几个环节如方案设计、初步设计、施工图设计各环节的工作，并能将方案意图通过指导在设计和施工中顺利实现；同时，熟悉装饰相关 BIM 建模软件以及各软件之间的数据交互方式并具有三维建模技术能力；懂得运用三维设计模型进行设计交底及现场三维设计跟进并清楚后续现场基础上 BIM 模型对接应用；另外还有具备规范化的数据统计能力。

2. BIM 技术人员

岗位职责：负责 BIM 技术的具体实施，包括三维建模、四维进度模拟、BIM 数据交互等 BIM 技术相关工作；根据项目、企业需求进行数据平台开发、调试并维护平台间的数据对接。

能力素质要求：具备建筑装饰相关专业知识或具备计算机背景，以及装饰技术员的工作能力和计算机应用能力；熟悉各种装饰工艺做法、材料特性、质量要求等；具有良好的BIM 技术应用和相关 BIM 软件的使用经验乃至二次开发能力，并具备相应管理经验及较强的沟通协作能力，可以准确掌握 BIM 需求并制定相应的 BIM 技术实施方案，能有针对性地对二次开发内容进行构架策划。

3. BIM 管理人员

岗位职责：根据项目特点、工作内容、工期及项目成本，策划项目 BIM 实施方案和进度计划，制定项目 BIM 标准、规范及各阶段人力资源配置，管理并监督 BIM 工作质量及进度，保证 BIM 工作的准确性和有效性；协调相关单位进行 BIM 问题的有效沟通，辅助项目部的可视化问题协调，推动 BIM 问题及时解决；总结 BIM 应用实际效用，综合分析 BIM 应用对工程的整体影响，优化后续 BIM 实施方案；负责装饰工程中的 BIM 相关数据管理、权限管理、平台管理工作。

能力素质要求：具备建筑装饰相关专业知识背景，具有实际的 BIM 项目管理经验，了解数据平台开发水平并能参与项目 BIM 决策；具备生产安排能力，清楚工程整体部署和各个细节工序、具有安全管理、成本预算控制能力；能够明确分析项目重、难点及BIM 需求，熟悉各 BIM 软件的适用性，确保项目技术实施方案的合理性和可行性；熟悉项目工作流程及实施需求，具有较强的质量管理、进度管理规划及项目推动能力；具有良好的逻辑分析能力，可以对项目 BIM 效用进行客观、理性分析；同时具有良好的沟通协调能力，能与项目管理方、实施方、监察方等有效沟通协调，推动项目实施。

1.5.4　不同应用等级建筑装饰 BIM 工程师职业素质要求

现阶段，装饰 BIM 从业人员五个职业等级如图 1.5.4-1 所示，各相关岗位素质要求如下：

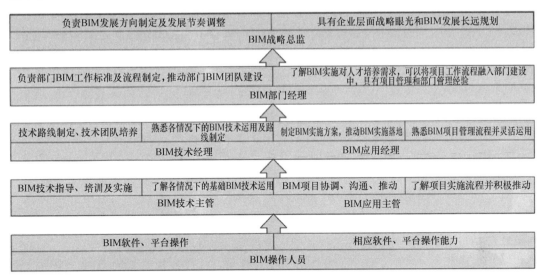

图 1.5.4-1 不同职业等级的装饰 BIM 工程师职业素质要求

1. BIM 操作人员

岗位职责：负责项目装饰各相关专业具体三维设计工作，包括 BIM 建模、设计相关的性能分析、工程量统计、设计信息录入等，进行 BIM 问题复核、记录、协调、跟踪及设计更新等一系列具体工作。

能力素质要求：具备装饰专业知识背景和 BIM 软件应用能力，熟悉项目工作流程及实施需求，具有规范化的 BIM 建模技术，熟练运用建模、分析或协同管理软件，懂得运用三维设计模型进行设计交底及现场跟进，清楚后续现场基础上 BIM 模型对接应用。

2. BIM 技术主管

岗位职责：负责项目实施过程中 BIM 技术指导及技术质量把控，保证 BIM 技术工作的顺利进行；负责项目 BIM 技术沟通，确保 BIM 实施方案的可行性；为 BIM 团队提供 BIM 技术基础培训及项目团队的 BIM 协调软件培训，并辅助技术经理进行 BIM 技术需求性研究。

能力素质要求：具备装饰相关专业背景或计算机背景，熟悉各装饰相关 BIM 软件的应用，了解各种项目情况下的 BIM 技术运用，具有良好的 BIM 技术应用经验，同时具有 BIM 技术培训经验。

3. BIM 应用主管

岗位职责：负责项目实施过程中 BIM 实施质量把控，BIM 问题沟通、协调及推动解决，督促 BIM 工作落实，保证 BIM 工作的顺利进行，为 BIM 团队提供 BIM 应用基础培训，提高 BIM 团队的项目实施能力，与项目相关专业负责人交流 BIM 工作对接流程，并辅助应用经理进行 BIM 应用研究。

能力素质要求：具备装饰相关专业知识背景，熟悉各装饰相关 BIM 软件的应用，了解各阶段 BIM 实施流程，具有良好的 BIM 实施协调、管理经验，同时具有较好的沟通、协调能力，确保 BIM 团队内部、外部工作顺利进行。

4. BIM 技术经理

岗位职责：及时协调并解决项目中出现的 BIM 技术难题，负责 BIM 团队的整体技术提高及发展，制定部门技术发展规划；编制项目 BIM 技术实施方案，制定团队 BIM 技术标准、规范，进行 BIM 技术高级培训及定期技术考核评估，主导 BIM 技术应用发展性研究。

能力素质要求：具备工程相关或计算机专业背景，精通各相关 BIM 软件、平台的运用，熟悉各种情况下的 BIM 技术应用，善于接触并学习新事物，对技术具有非常高的敏锐度，善于进行新型 BIM 技术研究，并具有团队技术规划和实施推动能力。

5. BIM 应用经理（项目 BIM 经理）

岗位职责：负责编制项目 BIM 实施方案，制定 BIM 实施流程，安排落实、督促协调、指导验证各个岗位在项目过程的进度和工作效率；负责项目运作过程中人员的日常工作安排和调控，做好资源优化配置，提高工作效率；负责项目实施过程中的 BIM 推广培训，以及项目 BIM 工程师的定期工作评估、考评等，主导 BIM 应用研究。

能力素质要求：具备工程相关或计算机专业背景，精通各相关 BIM 软件、平台的运用，熟悉各种情况下的 BIM 技术应用，具有良好的项目管理经验及实施推动能力，具有全局观和大局意识，可以在项目进行同时提高 BIM 工程师的综合应用能力。

6. BIM 部门经理

岗位职责：负责部门团队建设、制度的建设和执行、监督部门运营、管理工作，制定部门工作标准和工作流程；制定人才培养计划，负责部门员工发展和定期工作评估；与技术经理、应用经理定期沟通、交流，明确项目的执行方案、技术的发展情况，从各项工作的进度、人力资源配置等方面把控部门具体工作的落实情况，并负责 BIM 技术的应用普及推广。

能力素质要求：具备工程相关专业背景，了解各相关 BIM 软件、平台的运用，善于工作流程及项目管理的创新性研究及制定，具有较强的组织领导能力和管理能力，具有很好的团队建设及带动能力。

7. BIM 战略总监

岗位职责：负责 BIM 团队总体架构及团队建设规划，把控 BIM 团队发展方向、发展进度，制定部门 BIM 发展节奏；将公司战略融入 BIM 部门发展中，实现与公司其他部门和外部合作伙伴的对接，探寻 BIM 发展前景，拓展 BIM 发展业务，落实 BIM 团队在计划、成本、运营等方面的要求。

能力素质要求：具备工程相关专业背景，了解各相关 BIM 软件、平台的运用，具有互联网 BIM 云平台应用及建设经验和较强的组织领导能力、丰富的团队管理经验，具有项目商务谈判与接洽能力。

1.5.5 建筑装饰企业 BIM 应用相关岗位

BIM 发展与推广需要整个建筑装饰行业相关细分领域的深度融合应用，除了以上横向、纵向的 BIM 工程师专岗岗位外，还需要一系列相关岗位，拓展现有技能，将 BIM 技术与现有岗位相结合。BIM 的深入拓展应用包括从具体项目实施人员到管理人员的贯通应用，分别为 BIM 与实施人员，BIM 与专业技术负责人，BIM 与项目经理的从操作层到管理层三个方面。只有多方配合，BIM 技术才能在装饰项目中有效实施。

1. BIM 与实施人员

利用 BIM 技术的实际操作人员，包括技术员、造价员、施工员、质检员、安全员、材料员、资料员、采购员、计划员等，进行基于 BIM 技术的合作，辅助实施人员在各自岗位上工作效率和质量的提升。

（1）BIM 与技术员：利用 BIM 技术，负责进行技术投标、设计方案技术交底、制作加工清单和加工图、现场技术问题解决、专业协调、进行质量检查、记录现场质量技术资料等的人员。

（2）BIM 与造价员：利用 BIM 技术辅助制作经济标，在概算、预算、决算上提高项目三算准确性，避免因二维信息的遗漏、不对称、不明确等引发三算错算、漏算等问题的发生。

（3）BIM 与施工员：利用 BIM 可视化信息进行项目讲解，培养施工员的三维信息浏览能力，使施工员快速、直观了解建筑装饰项目情况、理解设计概念及施工方案，明确施工工艺要求，提高现场施工质量。

（4）BIM 与质检员：培养质检员三维数据现场检查能力，传统的经验检查及主要施工区域检查转变为全方位的三维直观可视、可测量的实时质量检查，大幅提高施工质量检查细度。

（5）BIM 与安全员：安全人员利用 BIM 技术辅助进行施工安全区域规划、施工安全动态分析及项目危险区域直观讲解，提高项目整体安全保障水平。

（6）BIM 与材料员：利用 BIM 技术辅助材料员进行材料采购计划、采购产品、采购账目管理，辅助进行材料采购数量、批次、日期动态管理，负责材料进场扫描登记、张贴材料标识、材料防护等的数据化管理，对各类物资二维码标签跟踪管理，跟进材料进出货的及时性与材料清点、堆放的准确性，减少项目材料与现场施工需求的脱节。

（7）BIM 与资料员：将传统复杂、混乱的二维归档方式，转变为管理有序、权限明确、可实时检索并可以追溯的基于三维平台的资料管理，大幅降低资料查找时间，提高资料管理的全面性，预防项目实施过程中资料查找困难、遗失等一系列问题。

（8）BIM 与计划员：将三维模型与一维进度计划整合，形成四维可视化施工工序，提高计划员对进度计划的合理安排，并在计划制定过程中及时调整、完善，增加与其他相关管理人员、设计人员、采购人员、安全人员、造价人员等的可视化交流，提高进度计划的精细度和可行性。

2. BIM 与装饰设计负责人、现场技术负责人

辅助设计负责人、技术负责人对设计、施工技术的精准分析和把握，提高设计、施工工艺质量，并辅助设计负责人、技术负责人的对外协调，以三维形式进行高效沟通。

3. BIM 与施工经理、项目经理

辅助施工经理、项目经理在质量、成本、进度、人力资源上的统筹管理，包括辅助现场施工监督核查、材料统计、进度四维辅助展示、项目人员安排模拟等，便于管理人员直观、清晰地分析项目组织安排的合理性，以及对施工现场情况的精准把控。

1.5.6 建筑装饰 BIM 工程师现状

当前，行业对装饰 BIM 工程师的需求日益加大，但时下 BIM 工程师的现状与行业需求之间存在明显不对等情况，具体体现在以下几方面：

1. 装饰 BIM 工程师培养体系不健全

经过 10 年左右的发展，土建、机电相关 BIM 工程师数量逐渐发展起来，但装饰行业在 BIM 方向起步较晚，对 BIM 的认知度较低；同时，装饰行业材料品种层出不穷，与各工种交叉作业及交界面多，专业性强，对 BIM 人员的能力要求更高；而当前的 BIM 技术培训机构也仅限于对 BIM 软件操作层面的培训，难以满足实际工程需求；甚至到目前为止，还没有形成一套能够直接满足工程需要的装饰专业 BIM 从业人员的培养体系。以上是导致合格的装饰 BIM 从业者人员数量少的主要原因。

2. BIM 从业者专业水平参差不齐

一般情况下，设计院的装饰设计师对装饰设计更多地趋向于方案设计，主要以满足装饰设计相关要求为主，对施工工艺和过程了解不多，使装饰设计方案落地性较差；装饰施工企业由于行业整体信息化建设集中度较高、行业技术系统性研究和人才培养欠缺、技术研发能力不足等特点，使建筑装饰 BIM 从业人员在设计、施工各环节的专业能力都存在较大欠缺；另外，装饰 BIM 人员大多为年轻从业者，工作经验少，对 BIM 的工程应用认知不足，导致装饰 BIM 从业者专业水平参差不齐。

3. 结合其他专业的综合应用能力不足

建筑信息化的发展增加了各专业、各工种之间的联系，使不同专业之间的协调、交流密切起来。现代装饰工程项目建设是由不同类型、不同专业的机构，不同工种，根据各自的职能，各司其职、协同作业的过程，每一机构、工种都有自己的专业特长和职责，也存在自身的工作局限。而装饰工程由于具有技术与艺术相结合的特点，同时与结构、机电等其他专业交接面多，需要装饰 BIM 工程师不仅掌握本专业的 BIM 工作相关知识，还需要对其他专业有一定的了解，才能在装饰工程实施过程中很好地推动项目实施，但现有装饰 BIM 工程师对其他专业的了解不足，各专业综合应用能力普遍欠缺。

BIM 是现代建筑行业发展的先进工具，也是一种突破传统的全新工作模式，BIM 技术将随着建筑行业的发展不断更新、完善。BIM 工程师的发展方向也将受到行业发展影响，引发旧有职业消失，新的职业产生，或者原有职业工作模式的调整等。但一切的发展都将以建筑信息化发展为前提，满足各类组织机构追求市场优势，同时实现价值最大化目标所需的动态组织优化调整。未来行业对 BIM 工程师的需求会不断加大，同时也会不断提出更高要求。届时，应行业的需求，人才市场将会培育出一套成熟的培训体系，形成更先进、完善的市场人才筛选机制。

1.6　建筑装饰工程 BIM 应用展望

1.6.1　建筑装饰工程 BIM 应用的问题

当前建筑装饰 BIM 应用仍然处于初级摸索阶段，面临的问题主要体现在以下方面：

1. 装饰 BIM 应用环境不配套

目前大部分 BIM 技术推进工作主要以设计和施工单位为主，在真正实施过程中有密切关系的业主、工程咨询、造价咨询、工程监理单位应用 BIM 相对滞后，移交模型用于运维要求的项目还较少，涉及的专业和岗位尚没有广泛认知 BIM，应用环境不成熟对装饰 BIM 应用落地造成了阻碍。因此，装饰 BIM 还没有真正达到项目全生命期的应用，目前还停留在阶段性应用层面。但随着国家 BIM 技术政策的制定和实施，培训机构开始逐渐重视培训各专业方向各岗位的技术人才，应用环境也将逐步改善。

2. 装饰 BIM 应用暂未得到重视

装饰工程处于建筑工程的末端，虽然直接决定了建筑使用功能和效果，但仍习惯把建筑装饰工程从属于建筑工程而没有单独提出 BIM 实施要求。通常，只有在土建结构和机电安装应用 BIM 的情况下，才有可能在装饰阶段应用 BIM；另外，除了少数大型装饰企业，大部分装饰企业对装饰 BIM 技术存在着"等发展"的态度，因此，还没有得到整个行业的重视。但从目前的发展来看，装饰企业如不重视应用 BIM 技术，在大型或中型项目中可能无法得到中标的机会。

3. 装饰专业 BIM 实施难度大

装饰专业营建的是建筑的表皮，分项工程较多，工序复杂，设计施工阶段与暖通、水电、消防等专业交叉较多，是整个建筑施工期里面最繁琐、最容易出问题的阶段，协调难度非常大。一般情况下，工程计划竣工日期不变，但其他专业工期往往延后，将装饰专业开工日期延后并一再压缩工期。装饰专业既要保证工程总进度，又要保证施工质量，以"人海战术"赶工期成为常态。而当前 BIM 应用需要专业技术骨干人员专门应对，增加了一些成本，在实施中有巨大阻力。为解决此问题，需要装饰企业领导层面重视 BIM 技术，加大投入力度。

4. 装饰工程 BIM 技术研发欠缺

BIM 软件对装饰专业应用考虑欠缺，软件功能对装饰 BIM 应用实现较难，装饰专业由于自身的复杂特点，行业很难达到统一的实施标准，需要各企业或细分专业根据自身特点研究适合的软件应用，开发投入大且难度较高；另外，装饰行业对 BIM 应用研究成果不多：在整个建筑业的科研项目和科研课题中，装饰专业的技术研究不受重视，装饰企业和技术人员在这方面也较少投入精力，造成整个装饰专业的 BIM 应用研究成果如论文、专著等较少，对推广造成阻碍。为解决这个难题，整个建筑行业需要重视装饰专业，设置装饰 BIM 相关课题；装饰企业需要对科技研发加大支持力度，装饰行业的技术人才也需要投入精力，对新技术的应用进行研究并形成成果进行推广。

5. 装饰工程 BIM 模型质量不高

装饰工程 BIM 应用受到分项工程多、构造复杂、建模工作量大、对硬件要求高、有经验的审核人员不足等方面的限制，导致装饰 BIM 模型建模质量不高、模型细度普遍达不到应用标准。用 BIM 模型建模可以形成效果图和平面图、立面图，但由于装饰 BIM 模型细节丰富，生成施工图不仅要面对软件功能不全的困难，还要耗费大量时间精力解决细节性的技术问题。以低质量的模型再延伸到成本、物料、资金管理，BIM 落地实施难度极大。因此，建立健全审核制度，培养能力全面的技术人才，可以改进这一现象。

6. 装饰工程 BIM 实践少经验少

当前建筑装饰工程中形成应用经验的只有部分大型重点项目，且只在项目中的某个阶段选择性的应用经验，项目全生命期运用 BIM 技术的经验几乎没有。此外，已经应用 BIM 的装饰项目普遍缺乏对案例细致入微的经验教训的总结；另外，行业内对 BIM 技术的认识程度虽然已经提升到了一定高度，但相关的学术论坛、学术会议、项目观摩会等组织较少，无法将有实践的项目经验传播开来，还没有形成一种 BIM 应用交流沟通的风气和习惯。今后，装饰行业亟待营造一个 BIM 技术应用交流的氛围和环境。

7. 装饰工程 BIM 应用存在滞后现象

由于装饰 BIM 应用处在摸索阶段，应用环境尚不成熟，BIM 应用机构多为装饰企业专门设置，BIM 软件使用人数过少，常处在用 CAD 设计图纸"翻模"的状态，不能从设计之始就应用 BIM 技术。另外，多数装饰企业 BIM 应用工程都存在"两条腿走路"的现象，即传统 CAD 设计方式与 BIM 技术应用同时进行，带来模型版本、流程打乱等一系列BIM 应用滞后、BIM 应用不能及时落地的问题。在 BIM 应用的摸索阶段，这种状态将持续一段时间。当前只能在项目开始时确定 BIM 实施范围与工作计划，尽量做到提前介入项目，如确实存在困难的可以选择去除一些相对效益不高的应用内容。在机构设置制度健全、人才得到大量培养之后，这种现象将逐渐消失。

8. 培训制度不健全人才缺乏

当前处于 BIM 技术应用的摸索阶段，培训制度不健全，培训 BIM 技术的培训机构一般侧重于建筑和机电的培训，极少涉及装饰专业；且培训机构提供的装饰 BIM 培训服务与装饰企业的期望还差很多。此外，培训对象多为新入职的应届毕业生，很多大型装饰设计机构以人才定向培养或直接到培训机构挑选学员的形式，进行设计院内部的 BIM 人才构架建设，BIM 人员普遍缺少 BIM 技术能力和建筑装饰工程施工经验；另外，一些有多年实际工程经验从事中层管理的设计师和技术人员，本应对 BIM 既要懂又要管，但他们工作压力大，学习时间不足，且因控制既有项目成本的原因普遍持有 BIM "建模过度"看法，对 BIM 存排斥态度。以上种种，造成装饰 BIM 专业人才的稀缺。

9. BIM 涉及管理模式的改变

BIM 带来了精益建造的品质，同时也要求有精益化的管理体系。BIM 环境下，业主、设计方、施工方等都在一个信息平台上沟通工作，如果遇到有一方对 BIM 认识不足，机构组织管理不善，可能会带来更多的协调和返工工作，降低工作效率，适得其反。通过国家政策实施、大环境的改变，这方面的问题将迎刃而解。

10. BIM 涉及业务流程的再造

BIM 技术支持多专业系统设计，改变了装饰工程传统的线性设计，工作成果提交提前并且内容增多，更多涉及工程设计及施工协调管理。目前国内大部分装饰企业高层对新工作模式的改变关注不够，尚没有设置和制定相关制度；此外，装饰企业 80% 都是工程技术人员，对 BIM 管理的学习重视不足，对基于 BIM 的工程管理专业知识和相关管理网络的结合需要相当长时间的磨合。

11. 培训和软硬件投入费用较高

装饰企业推进 BIM 技术应用，前期要投入骨干力量培训、需要花费大量培训费用和培训时间，另外，还需采购软件、硬件及相关设备，短时间内无法直接产生效益，大范围推广还会造成产能下降，很多企业看到这部分成本而放弃投入。对此，采用拉长成本投入的周期，首先在投标中应用 BIM 技术，在企业内以试点项目先行，用以点带面的方法，可以解决这个问题。

12. BIM 牵涉分配机制的改变

BIM 引发业务流程再造的同时，对工作时间、工作节奏、工作责任的改变将引起每一个实施相关员工的考核和利益分配改变，对传统考核指标和利益分配制度产生较大的冲击，从而影响到分配机制的改变。因此，企业的 BIM 推广需要从管理高层开始、结合企业长期发展战略，做到企业信息化的战略统筹管理。一旦企业领导对 BIM 认识和支持达到一定高度，会对 BIM 应用推广形成巨大推力。

1.6.2 建筑装饰工程 BIM 应用趋势

1. BIM 的未来发展

BIM 技术的发展使协同设计、优化设计、信息集成和共享已经成为现实，这将是工程建设行业的必由之路。BIM 技术应用推动建筑业完成从粗放式管理向精细化管理的过渡，实现从各自为战向产业协同转变，结合先进的通信技术和计算机技术提高建筑工程行业的效率，BIM 技术的应用在向以下几种方向发展：

1）结合绿色建筑的建设

绿色建筑是指在建筑的全生命周期内，最大限度节约资源，节能、节地、节水、节材、保护环境和减少污染，提供健康适用、高效使用，与自然和谐共生的建筑。BIM 技术是绿色建筑设计关注和影响的对象，涉及建筑项目全生命期的管理，在绿色建筑项目的全过程应用 BIM 技术，有利于绿色建筑的完整实现。

2）结合装配式构件工业化生产

目前国家大力提倡建设装配式建筑。装配式建筑是利用预制的构件在工地现场组装而成的建筑，有利于我国建筑工业化发展，提高生产效率节约能源，并有利于提升和保证工程质量。利用 BIM 技术，能将装配式建筑生产过程中的上下游企业联系起来，实现以信息化促进产业化；利用 BIM 技术的参数化特性，有利于装配式构件的拆分和加工图的修改；利用 BIM 进行现场装配模拟，能提高现场安装的管理水平。

3）结合移动终端的应用

互联网和移动智能终端已经普及，人们获取信息极为便利。工程各参与方的工作人员配备这些移动设备，利用软件厂商提供或定制开发的移动客户端软件，可以随时随地访问互联网，接收各种围绕项目建筑信息模型的相关信息，并快速做出相应的决策，提高工作效率。

4）结合云计算技术的应用

云计算是一种基于互联网的计算方式，以这种方式共享的软硬件和信息资源可以按需提供给计算机和其他终端使用。利用云计算强大的计算能力，可以处理和分析能耗、结构受力情况、渲染效果和动画，渲染和分析过程可以达到实时的计算，帮助尽快地比较不同的解决方案。利用云端大规模存储能力，方便用户随时访问并及时共享数据。

5）结合物联网的应用

物联网通过各种信息传感设备，实时采集任何需要监控、连接、互动的物体或过程等各种需要的信息，与互联网结合形成的一个巨大网络。其目的是实现物与物、物与人，所有的物品与网络的连接，方便识别、管理和控制。BIM 与物联网集成应用，可以产生巨大价值：提高施工现场管理能力，提升设备的日常维护维修工作效率，实现建筑全过程的

"信息流闭环"。

6）结合虚拟现实技术的应用

虚拟现实、增强现实、混合现实技术所形成的虚拟环境，产生逼真的视、听、触、力等三维感觉体验。虚拟显示技术与 BIM 技术结合，可以进行虚拟场景构建、施工方案模拟、施工进度模拟、交互式场景漫游等，可以让设计师、工程师在一个 3D 空间中使用沉浸式、交互式的方式工作，直观地展示未来的设计作品和施工时的场景。

7）结合三维激光扫描技术的应用

三维激光扫描技术是集光、电、机和计算机技术于一体的高新技术，主要用于对物体空间外形、结构及色彩进行扫描，以获得物体表面的空间坐标，具有测量速度快、精度高、使用方便等优势，测量结果可以直接与多种软件接口。通过三维激光扫描技术，可以对构筑物和建筑物进行扫描，获得原始数据，形成接近现实的数字模型，可作为装饰专业进行深化设计的基础。另外，利用此模型与设计模型进行对比，可以获得精确的现场数据，发现现场问题，进行质量检验等工作。

8）结合最新智能化设备的应用

当前，在工程建设项目施工中自动全站仪与 BIM 技术相结合应用，可以提升工程测量放线的工作效率，其精确的定位有利于提高工程质量；3D 打印机等设备与 BIM 的集成应用，可以进行设计方案展示、打印小型的建筑、加工复杂模具和构件，可以有效降低人力成本，作业过程节能环保，对于个性化定制的未来市场提供了一种有效的实现方法。新的硬件设备层出不穷，但目前一些最新设备在工程上应用成本还较高，随着各项技术进步，成本下降，应用这些设备将会成为提高工程建设行业生产力的重要手段。

2. 装饰 BIM 发展展望

BIM 技术特别是装饰 BIM 技术在我国建设工程市场还存在较大的发展空间。未来装饰市场将产生一批信息化程度较高的装饰企业，这些企业能够熟练应用 BIM 技术，基于以往 BIM 应用的经验和装饰 BIM 解决方案，在投标中不断获得新的中标工程。展望未来，装饰 BIM 应用随技术的快速发展将会有如下前景：

1）个性化开发

基于装饰工程业态、项目的具体需求，会出现针对解决装饰具体问题的个性化工具或创新性的 BIM 软件、BIM 产品及 BIM 应用平台，用于为不同建筑功能提供装饰工程服务的装饰企业：如酒店类装饰、办公类、商业类、主题乐园类、互联网家装、智能家居、不同种类的幕墙，以及各类陈设等，通过适合企业自身生产经营特点的软件及应用平台的开发，将极大丰富装饰企业的 BIM 应用内容。

2）全方位应用

未来几年内，包括政府、业主、设计单位、施工单位、造价咨询单位、监理单位、材料部品陈设供应商等在内的装饰项目各参与方，参与 BIM 技术应用相关工作，发挥在各自领域的作用；BIM 技术将会在装饰项目全生命期发挥重要作用及价值，包括项目前期方案设计、招投标、深化设计、施工、竣工、运营维护和拆除；BIM 技术将会应用到装饰业的住宅装饰、公共建筑、幕墙、陈设等各业态，从构件设计到生产安装就位全过程链接整个装饰业。

3）专业市场细分

未来市场可能会根据不同的 BIM 技术需求及功能出现专业化的细分，BIM 市场将会更加专业化和秩序化。装饰企业可根据不同业态自身具体需求，在住宅装饰、公共建筑不同功能的建筑的装饰、各类幕墙、部品陈设等方面，准确地选择相应市场模块进行应用；同时，不同专业领域、专业方向的 BIM 应用市场将形成，如装饰造价 BIM 应用、装饰BIM 构件库、专业的云渲染服务等。

4) 多软件协调

未来的装饰 BIM 技术的应用过程由于专业细分的特点，将可能出现应用多种软件协调工作的情况。随装饰应用软件、插件的进一步研发，信息交换、信息共享将不会继续存在壁垒，各软件之间、各阶段、各应用环节的各种用途的模型之间将能够轻松实现信息传递与互用，对 BIM 的落地实施起到关键作用。

综上所述，我们既要看到实施 BIM 给建筑装饰行业的产业变革带来的价值，也应认识到 BIM 的应用和普及是一个长期艰巨的过程，需要不断实践和探索。建筑装饰企业应结合自身情况，合理设定现阶段 BIM 的应用范围，再逐步寻求拓展 BIM 增值设计服务，而不应将 BIM 作为一个额外的工作或辅助工具，在刚开始接触应用 BIM，便试图将 BIM用于各个专业完美地实现三维协同设计及相关应用。装饰专业 BIM 应用一定要与设计和施工业务结合，并真正地使其成为建筑装饰行业的创造新财富的生产力。

课 后 习 题

一、单项选择题

1. 下面对 BIM 概念的描述不正确的是（　　）。

A. BIM 可以在建筑项目的设计、施工、运营等过程应用

B. BIM 技术是万能的

C. BIM 是对建筑工程及设施的物理和功能特性进行数字化的表达

D. BIM 是依据数字化的信息模型进行设计、施工、运营的过程和结果的总称

2. 基于工程实践的建筑信息模型应用方式的英文简称是（　　）。

A. BIM   B. P-BIM

C. LOD   D. IFC

3. 以下不属于建筑装饰施工阶段 BIM 模型成果的是（　　）。

A. 建筑装饰施工深化设计模型   B. 建筑装饰施工过程模型

C. 建筑装饰竣工交付模型   D. 建筑装饰施工图设计模型

4. 以下不属于建筑装饰设计阶段 BIM 模型成果的是（　　）。

A. 建筑装饰施工深化设计模型

B. 建筑装饰方案设计模型

C. 建筑装饰初步设计模型

D. 建筑装饰施工图设计模型

5. 对既有建筑改造装饰工程，以下说法正确的是（　　）。

A. 建筑改造装饰设计不需要进行建筑性能分析

B. 建筑改造装饰工程项目虽然涉及结构改造，在以前建筑设计时结构已经计算分析过了，所以涉及结构改造并不需要进行结构计算和分析

C. 对于剧院改造装饰项目，需要进行声学分析

D. 在改造装饰设计过程中，平面布局发生了很大改变，但以前建筑设计时消防设计已经通过了，所以不需要重新进行疏散分析

6. 以下哪一项不是装饰产业模式的特点（　　）。

A. 产业关联度高　　　　　　　　　　B. 产品的非标性

C. 资本密集型　　　　　　　　　　　D. 劳动密集型

7. 以下哪一项合同形式适用于面向个人和家庭的普通住宅装修（　　）？

A. 小业主自行发包　　　　　　　　　B. 设计总承包

C. 施工总承包　　　　　　　　　　　D. 设计施工总承包

8. （　　）不是公共建筑装饰业态特点。

A. 项目管理任务复杂　　　　　　　　B. 工艺工序简单

C. 施工材料种类繁多　　　　　　　　D. 有严密的组织架构

9. 下列选项进行实际 BIM 建模及分析人员，属于 BIM 工程师职业发展的初级阶段的是（　　）。

A. BIM 操作人员　　　　　　　　　　B. BIM 技术主管

C. BIM 应用主管　　　　　　　　　　D. BIM 技术经理

10. 根据项目特点、工作内容、工期及项目成本，编制项目 BIM 实施方案和进度计划，制定项目 BIM 标准、规范及各阶段人力资源配置，管理并监督 BIM 工作质量及进度，保证 BIM 工作的准确性和有效性的人员是（　　）。

A. BIM 设计人员　　　　　　　　　　B. BIM 管理人员

C. BIM 技术人员　　　　　　　　　　D. BIM 操作人员

11. 不属于造价员应用 BIM 技术工作内容的是（　　）。

A. 投标报价　　　　　　　　　　　　B. 预算

C. 概算　　　　　　　　　　　　　　D. 材料采购

12. （　　）是当前建筑装饰行业中应用最多的信息化系统。

A. OA（办公自动化）系统　　　　　　B. 供应链信息系统

C. MES（工厂加工执行系统）　　　　D. 智能照明系统

二、多项选择题

1. 以下哪些属于 BIM 技术的特点（　　）？

A. 一体化　　　　　　　　　　　　　B. 可视化

C. 协同性　　　　　　　　　　　　　D. 模拟性

E. 独立性

2. BIM 技术发展的制约因素包括哪些方面（　　）？

A. 人才问题　　　　　　　　　　　　B. 成本问题

C. 管理问题　　　　　　　　　　　　D. 法律问题

E. 技术问题

3. BIM 技术可以应用在建筑施工管理的哪些方面（　　）？

A. 方案规划　　　　　　　　　　　　B. 方案设计

C. 深化设计　　　　　　　　　　　　D. 施工过程

E. 竣工交付

4. 下列选项哪些能够体现 BIM 在设计阶段的价值( )？

A. 方案论证
B. 碰撞检查
C. 受力分析
D. 物料管理
E. 规范验证

5. 建筑装饰工程 BIM 应用各阶段包括( )。

A. 建筑装饰设计阶段
B. 建筑装饰施工阶段
C. 建筑装饰竣工阶段
D. 建筑装饰运营维护阶段
E. 建筑装饰拆除阶段

6. 建筑装饰工程设计阶段 BIM 应用模型包括( )。

A. 建筑装饰方案设计模型
B. 建筑装饰施工图设计模型
C. 建筑装饰施工深化设计模型
D. 建筑装饰初步设计模型
E. 建筑装饰施工过程模型

7. 建筑装饰工程施工阶段 BIM 应用模型包括( )

A. 建筑装饰方案设计模型
B. 建筑装饰竣工交付模型
C. 建筑装饰施工深化设计模型
D. 建筑装饰施工图设计模型
E. 建筑装饰施工过程模型

8. 以下说法不正确的是( )。

A. BIM 是在建设工程及设施全生命期内，对其物理和功能特性进行数字化表达，并依此设计、施工、运营的过程和结果的总称

B. BIM 模型可以帮助业主和设计师实现方案规划、场地分析、建筑性能预测

C. IFC 是对建筑资产从建成到使用过程中对环境影响的评估标准

D. 北欧国家在国家层面上要求强制使用 BIM

E. 项目管理人员、材料设备采购部门和施工人员可以通过 BIM 模型快速查询所需的建筑构件的信息

9. 装饰 BIM 工程师承担的工作任务包括( )。

A. 设计
B. 协调
C. 管理
D. 数据维护
E. 软件研发

10. 装饰 BIM 工程师应具备的基本素质包括( )。

A. 专业业务能力
B. 健康素质
C. 团队协作能力
D. 沟通协调能力
E. 细致耐心的态度

11. BIM 技术普及涵盖的相关单位包括( )。

A. 规划单位
B. 设计单位
C. 招投标机构
D. 施工单位
E. 物业单位

12. ERP 系统当前在装饰企业主要应用于( )。

A. 工厂生产管理
B. 供应链流程管理

C. 企业内部财务管理   D. 物资调配管理

E. 多专业协同

参考答案

一、单项选择题

1. B   2. B   3. D   4. A   5. C   6. C   7. A   8. B   9. A   10. B   11. D   12. A

二、多项选择题

1. ABCD   2. ABCDE   3. CDE   4. ABCE   5. ABDE   6. ABD

7. BCE   8. CD   9. ABCD   10. ABCDE   11. ABCDE   12. BC

第 2 章　建筑装饰工程 BIM 软件及相关设备

本章导读

　　BIM 技术带来的行业变革需要软件和相关设备的技术支持。目前，常用 BIM 软件数量已呈爆发式增长，有几十个甚至上百个，还有众多插件。同时，BIM 相关的硬件的品种越来越多，软硬件结合的产品也层出不穷。由于装饰专业处于施工阶段最后一环，需要用到多种其他相关专业 BIM 软件，因此，本章对与装饰专业相关的 BIM 软件进行了分类整理和简单介绍；对装饰方案设计软件、BIM 建模软件和一些软件厂商推出的装饰专业 BIM 应用功能进行了重点介绍；另外，本章还梳理了当前装饰 BIM 应用的主要设备，阐述 BIM 软硬件产品相结合的智能化发展趋势。

本章要求

　　熟练的内容：装饰 BIM 方案设计软件、装饰 BIM 建模软件的基础知识。

　　掌握的内容：BIM 的解决方案、BIM 应用软件基础知识。

　　了解的内容：BIM 设备及相关知识。

　　创新的内容：软件及插件的开发。

2.1　建筑装饰工程 BIM 软件简介

2.1.1　建筑装饰工程相关 BIM 软件概述

当前，常用 BIM 软件越来越多。但装饰工程 BIM 应用刚刚起步，许多 BIM 软件应用经验比较少。本书根据国内装饰专业从业者业已形成的认知以及 BIM 技术应用情况，罗列了一些与建筑装饰工程相关的 BIM 应用软件，具体分类如图 2.1.1-1：

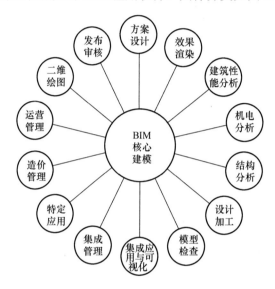

图 2.1.1-1　与建筑装饰工程相关的 BIM 应用软件

与建筑装饰工程相关的 15 类 BIM 应用软件具体功能和软件产品见表 2.1.1-1。

BIM 软件类型功能及产品　　　　　　　　　　　　　　　　表 2.1.1-1

序号	软件类型	软件功能及产品
1	BIM 核心建模软件	目前 BIM 建模软件包括：美国 Autodesk 公司的 Revit 建筑、结构和机电系列；Nemetschek/GRAPHISOFT 公司的 ARCHICAD/ALLPLAN/Vector，法国 Dassault System 公司的 CATIA；Gery Technology 软件公司基于 CATIA 平台开发的 Digital Project；美国 Bentley 公司的建筑、结构和设备系列 AECOsim Building Designer；我国天正建筑 TR；另外还有结构建模软件 Tekla Structures、Autodesk Advance Steel 等，国内有构力 PKPM_BIM、盈建科 YJK、广厦 GSRevit、探索者 TSRS 等；机电建模软件广联达 MagiCAD、鸿业 BIMSpac 等。这些软件能够完成设计、深化设计和一些分析应用
2	BIM 方案设计软件	方案设计软件可作为装饰设计方案创作过程的 3D 设计工具。设计师可以用造型建模软件直接进行直观的构思和表达设计思想，而且容易与客户即时交流。主要有美国 Trimble 的 SketchUp、Robert McNeel & Assoc 的 Rhinoceros。方案表现软件应与 BIM 建模软件有接口，如 Autodesk 3ds Max、ACT-3D LUMION 等

序号	软件类型	软件功能及产品
3	渲染软件	渲染软件是装饰专业的重要设计工具。设计师利用软件通过模型渲染，可以对方案设计的色彩、材质、光影、视点等进行调整，进行着色计算并最终显示其设计效果。当前主流的渲染软件有 Chaosgroup 和 Asgvis 公司出品 VRay，法国 Advent 公司的 Artlantis 等
4	建筑性能分析软件	建筑性能分析软件可基于装饰 BIM 方案的室内模型和幕墙模型，对项目进行日照、风环境、噪音、疏散、景观视野等方面的模拟和分析。主要软件有国外的 Echotect、IES、Green Building Studio、ANSYS Fluent、Brüel & Kjær Odeon、Pathfinder、LBNL EnergyPlus，以及国内 PKPM Sun、天正 T-Sun、斯维尔 THS-Sun 等
5	BIM 机电分析软件	国内的鸿业、广联达 MagiCAD、博超等，国外产品有 Designmaster、IES Virtual Environment、Trane Trace 等。这些软件能够完成建模、深化设计和分析等
6	BIM 结构分析软件	某些装饰工程会有结构建模、结构计算与分析的工作任务。结构分析软件可使用 BIM 核心建模软件的信息进行结构分析，分析结果可用于结构的调整，部分软件支持将结构数据反馈到 BIM 核心建模软件中去，自动更新 BIM 模型。结构分析软件有 ETABS、STAAD、Robot、Abaqus、SAP2000、MIDAS，以及国内的 PKPM、盈建科 YJK、探索者 TSRS 等
7	加工软件	装饰专业构件部品种类很多，一些部品的设计加工有专用的建模设计软件。如加拿大 2020 出品的木作设计加工软件 2020design，常被装饰行业用来设计和加工橱柜等室内部品。其他加工软件还有：Rhinoceros 用于幕墙构件加工，另外还有 Tekla Structures 等
8	模型检查软件	这类软件可以集成各种三维软件创建的模型，并进行 3D 协调、4D 计划、可视化、动态模拟等，可以实现项目评估、审核。可用于装饰专业常见模型综合碰撞检查软件有 Autodesk Navisworks、TrimbleTekla BIMsight、Bentley Projectwise Navigator、Solibri Model Checker 等
9	BIM 集成应用与可视化软件	这些软件可以用于模型集成、专业协调、模型渲染和施工模拟等应用，如：Autodesk Navisworks、Act-3D Lumion、Kalloc Fuzor、Dassault DELMIA 和 3DVia、Trimble Tekla BIMsight、Bentley Navigator、Synchro Pro 4D 等
10	BIM 集成管理软件	广联达 BIM5D、云建信 4D—BIM、Autodesk BIM360、Bentley Projectwise、Trimble Vico Office、Dassault ENOVIA 等，可以完成进度、成本、质量、安全等方面和文档的管理
11	BIM 特定应用软件	如广联达场地布置、广联达模架、品茗模板脚手架、Autodesk Civil 3d 等。应用这些软件可完成特定的 BIM 应用，如模架设计、场地布置、地形处理、土方计算等
12	BIM 造价管理软件	造价管理软件利用 BIM 模型提供的信息进行工程量统计和造价分析，可根据工程施工计划动态提供造价管理需要的数据。国外有 INNOVAYA 和 Solibri。广联达和鲁班是国内 BIM 造价管理软件的代表，可用于公共建筑装饰工程
13	BIM 运营管理软件	利用 BIM 模型为建筑物运营管理阶段提供服务，如国外的 ArchiBUS、FacilityONE 等

序号	软件类型	软件功能及产品
14	二维绘图软件	二维施工图仍然是工程建设行业设计、施工及运营所依据的具有法律效力的文件，二维绘图软件仍是目前不可或缺的施工图生产工具。二维绘图软件主要有 Autodesk 的 AutoCAD、Bentley 的 Microstation 等
15	BIM 发布审核软件	常用 BIM 成果发布审核软件包括 Autodesk Design Review、Adobe PDF 和 Adobe 3D PDF 等。发布审核软件把 BIM 成果发布成静态的、轻型的、包含大部分智能信息的、不能编辑修改但可标注审核意见的可访问格式（如 DWF/PDF/3D PDF 等），供项目其他参与方进行审核或使用

2.1.2　建筑装饰工程设计阶段 BIM 软件

装饰工程在设计阶段的可用软件分为两类，一类是建模和可视化软件，如造型设计软件、设计建模软件、渲染软件、协调软件等；另一类是分析计算软件。

1. 装饰专业 BIM 设计建模和可视化软件

装饰设计阶段可用的主要 BIM 设计建模和可视化软件工具如表 2.1.2-1。

装饰专业 BIM 设计建模与可视化软件　　　　　　表 2.1.2-1

软件工具			设计阶段		
公司	软件	专业功能	方案设计	初步设计	施工图设计
Trimble	SketchUp	造型、方案	▲	▲	▲
	Tekela BIMsight	协调、管理	▲	▲	
Robert McNeel & Assoc	Rhinoceros	造型、方案	▲	▲	▲
Autodesk	Revit	方案	▲	▲	▲
	NavisWorks	协调、管理		▲	▲
	3ds MAX	方案	▲	▲	
	Maya	造型、方案	▲	▲	
Graphisoft	ARCHICAD	方案	▲	▲	▲
	MEP Modeler	协调		▲	▲
	BIMx	管理		▲	▲
Bentley	AECOsim Building Designer	方案	▲	▲	▲
	Navigator	协调、管理		▲	▲
	LumenRT	实景建模	▲	▲	
Dassault System	CATIA	方案、协调	▲	▲	▲
	ENOVIA	协调、管理		▲	▲
	3DEXCITE	图形图像输出	▲	▲	

续表

| 软件工具 | | | 设计阶段 | | |
公司	软件	专业功能	方案设计	初步设计	施工图设计
Geryechnology	Digital Project	方案	▲	▲	▲
CHAOSGROUP	V-RAY	渲染	▲	▲	
ACT-3D	LUMION	方案	▲	▲	
Kalloc Studios	FUZOR	虚拟现实	▲	▲	
Vizerra	Revizto	方案	▲	▲	
Epic Games	Unreal Engine4	虚拟现实	▲	▲	
天正	建筑软件 TR	方案	▲	▲	▲
金螳螂	慧筑装饰	设计	▲	▲	▲
鸿业	BIMspace	方案	▲	▲	▲
建研科技	APM	建筑方案	▲	▲	▲
PKPM	CASD	装饰方案	▲	▲	▲
2020	2020design	木作部品设计	▲	▲	▲

2. 装饰工程分析软件

本书中列出一些除结构计算分析软件之外的分析软件，见表 2.1.2-2。

装饰工程分析软件 表 2.1.2-2

| 软件工具 | | | 设计阶段 | | |
公司	软件	应用	方案设计	初步设计	施工图设计
Autodesk	Ecotect Analysis、Green Building Studio	声环境、光环境、热环境、日照、可视度、经济性、环境影响分析	▲	▲	
Brüel & Kjær	Odeon	声学	▲	▲	
DataKustik	Cadna/A	环境噪声	▲	▲	
IES	Flucs	采光	▲	▲	
	SunCast	日照	▲	▲	
	RadianceIES	采光、照明	▲	▲	
	MacroFlo	通风	▲	▲	
	Simulex	疏散模拟	▲	▲	
Thunderhead engineering	Pathfinder	疏散模拟	▲	▲	
CHAM	Phoenics	通风	▲	▲	
天正	T-Sun	日照	▲	▲	
斯维尔	THS-Sun	日照	▲	▲	
建研科技	PKPM Sun	日照	▲	▲	

2.1.3 建筑装饰专业施工阶段 BIM 应用软件

装饰施工阶段可用的 BIM 应用软件工具如表 2.1.3-1。

装饰专业施工阶段的 BIM 应用软件   表 2.1.3-1

软件工具			施工阶段			
公司	软件	专业及功能	施工投标	深化设计	施工管理	竣工交付
Trimble	SketchUp	装饰施工指导	▲	▲	▲	
	Tekla Structures	钢结构深化设计	▲	▲	▲	▲
	Tekela BIMsight	协调、管理	▲	▲	▲	
	Vico	集成管理	▲	▲	▲	
Robert McNeel & Assoc	Rhinoceros	材料下单	▲	▲	▲	
Autodesk	Revit	装饰建模	▲	▲	▲	
	Navisworks	模型协调、管理	▲	▲	▲	▲
Graphisoft	ARCHICAD	装饰建模	▲	▲	▲	
	MEP Modeler	协调	▲	▲	▲	
	BIMx	管理	▲	▲	▲	
Bentley	AECOsim Building Designer	装饰建模	▲	▲	▲	
	Navigator	协调、管理	▲	▲	▲	▲
	ConstructSim	建造管理	▲	▲		
Dassault System	CATIA	协调	▲	▲	▲	
	DELMIA	4D 仿真	▲	▲	▲	
	ENOVIA	模型协同	▲	▲	▲	▲
Gehry Technologies	Digital Project	协调、管理	▲	▲	▲	
Synchro	Pro 4D	管理	▲	▲	▲	
广联达	广联达 BIM5D	造价建模及管理	▲	▲	▲	▲
	广联达场地布置	施工组织	▲	▲	▲	
	广联达模架	施工方案	▲	▲	▲	
鲁班	鲁班 BIM 系统	造价建模及管理	▲	▲	▲	▲
Microsoft	Project	计划管理	▲	▲	▲	▲
Primavera System Inc.	Primavera Project Planner（P6）	管理	▲	▲	▲	▲
RIB	iTWO	进度、造价管理	△	△		△
Kalloc Studios	FUZOR	虚拟现实	▲	▲	▲	
Vizerra	Revizto	管理	▲	▲		
Thunderhead engineering	Pathfinder	施工现场疏散分析、安全管理	▲		▲	
2020	2020design	木作设计	▲	▲	▲	

注：△需定制。

2.2 建筑装饰工程 BIM 方案设计软件

2.2.1 Trimble 的 SketchUp 及 BIM 应用

1. 软件简介

SketchUp 是一款直观灵活易上手的 3D 建模软件，其三维展示简明清晰，模型量轻，适合沟通交流。SketchUp 最初由美国@Last Software 2000 年发布。2012 年美国的 Trimble（天宝）公司从 Google 买入。当前版本为 SketchUp2018。SketchUp 操作简便，可以很方便地用拉伸体进行体块的建模和分析，再不断推敲深化一直到建筑的每个细部，是一套从方案创作到方案完善的设计工具，其创作过程不仅能够充分表达设计师的思想，而且能满足与客户即时交流的需要，支持设计师在电脑上进行十分直观地构思。

2. SketchUp 的功能及特点

1）建模操作方便快捷易上手

SketchUp 界面独特简洁，可以让设计师短期内掌握，在 BIM 技术应用中的前期阶段是比较理想的效果展示工具。其建模方法主要是画线成面，而后推拉挤压成型；可以进行空间尺寸和文字的标注，并且标注部分始终面向设计者；能快速生成各种位置的剖面，使设计者清楚地了解建筑的内部结构；另外，可以根据需要生成二维剖面图并快速导入 AutoCAD 进行处理；因为它的操作简便，设计师可以集中更多精力专注于设计本身。

2）组件材质丰富应用领域宽泛

SketchUp 自带建筑专业需要的大量门、窗、柱、家具等组件库和建筑肌理边线需要的材质库，还有众多其他专业的组件库。SketchUp 可以用于建筑设计、城市规划设计、园林景观设计、室内设计、家居设计以及工业设计等领域，在世界范围内拥有众多用户。

3）设计表现风格与表达形式多样

SketchUp 具有草稿、线稿、透视、渲染等不同显示模式，提供了多种画面风格和表现手段供设计师选择，能较贴切地表达设计师的设计意象和设计意图。其设计表达形式也是多种多样：可利用 LayOut，输出二维方案图和效果图；与 AutoCAD、Revit、3ds MAX、PIRANESI 等软件结合使用，可以实现方案构思与效果图与施工图绘制的结合；利用 SketchUp 的动画工具，可以制作方案演示视频，表达设计师的创作思路，与客户沟通十分方便。

4）实现多种性能分析的基础模型

利用 SketchUp，建筑设计师可以根据建筑物所在地区和时间实时进行阴影和日照分析；SketchUp 轻量化的模型体量，易于导入各种能耗分析软件，很多绿色评估软件和性能分析软件都开发了基于 SketchUp 相应的插件，帮助设计师实现多种建筑物的性能分析。

3. 装饰专业 BIM 应用能力

SketchUp 目前是建筑设计、室内设计、景观设计的概念方案所应用的重要软件，已经有比较标准的应用流程，其装饰 BIM 应用主要体现在以下功能：

1）装饰方案造型推敲

设计师通过 SketchUp 三维的方式进行装饰方案设计和创作，创作构思的过程中就可以直接制作模型，造型操作简单直接，易于修改；此外，设计师可以通过简单的推拉建模和放样工具，快速生成三维模型；另外，还可以使用 SketchUp 风格样式功能，以不同的表现风格及模仿手绘笔触等手段分析方案空间。

2）装饰方案材质比选

SketchUp 的材质纹理和颜色的变换功能主要体现在 SketchUp 能够将形体与材质的关系调整可视化、实时化，操作快捷可直接更换材质，效果比较直观，能将设计师材料和色彩构思实时展现；SketchUp 全部使用采集的纹理，纹理覆盖在各类构件的表面，这种方式数据量小，使该系统适合在计算机上快速运行。

3）设计表现风格切换

根据不同设计阶段，SketchUp 可以在不同的设计表现风格之间切换，设置生成符合设计师意图的风格样式，并导出设计概念意向图、渲染效果图、彩色方案图。SketchUp 模型格式支持绝大部分的效果图软件或渲染插件，可以渲染出多种表现风格的设计作品。

4）项目定位采光分析

SketchUp 具备直接导入 Google（2017 年 5 月 22 日后更改为 geographic 供应地理信息）卫星图片影像及经纬坐标的功能，还能提取 Google 的地形高程数据，定位项目位置后，光影支持设置项目所在地或经纬坐标及日期时间，能帮助设计师直观分析实时建筑日照、室内空间采光及其阴影。

5）绿色评估和性能分析

SketchUp 格式的模型还是多种类型的分析软件的基础模型，如声学分析软件 Brüel & Kjær Odeon、绿色分析软件 Ecotect Analysis 等。将室内设计模型导入相关软件可以进行各类建筑性能分析（图 2.2.1-1），保证绿色建筑项目各种性能的优化和实现。

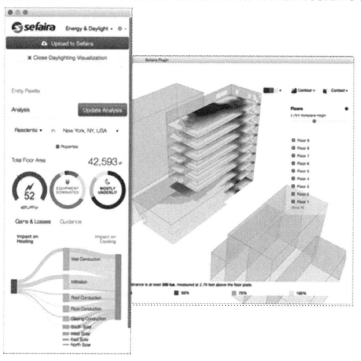

图 2.2.1-1　基于 SketchUp 模型的绿色性能分析

6）LayOut 配合输出图纸

SketchUp 内置工具 LayOut 能够绘制平面图、立面图、剖面图、大样图、构件图表、绘图框等图纸。当模型改变后，图纸文档也会同步更新（图 2.2.1-2）。SketchUp 和 LayOut 的配合能把 BIM 模型空间与图纸空间一一对应，并能快速地实现室内、建筑、景观设计的整个流程，除了方案阶段的空间造型设计，同时可以进行初步设计、导出施工图纸及应用于施工和运维阶段。

图 2.2.1-2　SketchUp-LayOut 出装饰施工图

7）导出漫游动画与多平台沟通

漫游动画是装饰设计中最常见的设计表现形式，它利用视点角度变化模拟体验在建筑室内外空间游历的效果。SketchUp 可以将定义的页面间进行动画过渡，生成高清的室内外动画视频，也可以制作施工模拟动画。另外，为满足不同场景的沟通，设计师可以将模型导入自己的手机或平板电脑等电子设备，随时随地查看浏览模型。

4. 信息共享

SketchUp 的文件存储格式为 .Skp。SketchUp 面向全球软件开发者开放 SketchUp API（应用程序接口），使得其他软件可以与 SketchUp 兼容。SketchUp 可以导入、导出国际标准格式 *.ifc 文件，同时支持多种数据格式导入导出，其兼容性使得装饰专业在使用其他软件基础数据如 Revit、CAD、Rhinoceros 等的文件时，可以直接导入 SketchUp 中开始装饰方案的设计。SketchUp 支持的导入导出数据格式见（附录 1-表 1、附录 1-表 2）。另外，SketchUp 能与 Trimble 公司的定位和测量方面的硬件设备进行信息共享。

5. 插件与开发

1）SketchUp 插件

SketchUp 拥有上千个插件工具，以工具或功能的形式集成在 SketchUp Pro 当中（图 2.2.1-3）。另外，很多专业公司在 SketchUp 的基础上开发了专业插件。各种插件涵盖了渲染插件、模型统计报表插件、参数化插件、动画插件、高级绘图功能插件、BIM 插件、分析插件等类别。

图 2.2.1-3　SketchUp 的插件

（1）LightUp 即时渲染插件

LightUp 插件是一款光影插件，通过这款插件用户可以在模型添加相应的灯光、反射光、阴影等效果，提供了细节调整功能，可以直观查看模型的光影效果，让设计场景效果更加丰富。

（2）Unwrap and Flatten 曲面展开插件

Unwrap and Flatten 展开插件功能可以对选中的不共面并成组所有面，自动将其展开并压平到水平面上（图 2.2.1-4），或者直接将单独的任意平面压平到水平面。

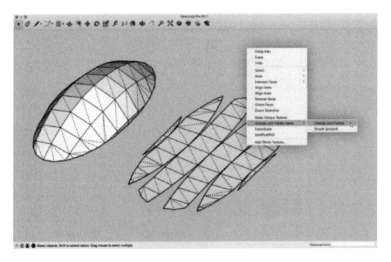

图 2.2.1-4　曲面展开插件 Unwrap and Flatten

（3）Scalp 自动填充剖面

Scalp 可以自动实现剖面的填充，能十分直观地用色彩和图案区分演示设计方案墙体等的使用材料（图 2.2.1-5）。

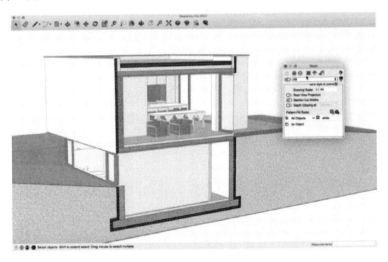

图 2.2.1-5　自动填充剖面插件 Scalp

（4）V-Ray For SketchUp 渲染插件

V-Ray For SketchUp 渲染插件可以调整渲染参数、灯光系统、材质来进行渲染，材质质感的表现真实。

（5）SketchUp-BIM5D

SketchUp-BIM5D 插件是国内建筑专业人士开发的一款可实现算量、实时施工进度及造价管理等的 BIM 应用插件。

2）SketchUp 二次开发

2004 年发布 SketchUp4.0 版本时，开放了针对 Ruby 语言的接口，Ruby 语言是一种面向对象编程而创的脚本语言，可以很容易地与其他语言对接。自接口开放以来，SketchUp 涌现了众多插件。用户可以应用 Ruby 语言自行扩展 SketchUp 的功能，可以根据需求开发出适合的插件，提供更为具体的解决方案。

6. 构件模型库

SketchUp 模型库最早由 google 搭建，在官方模型库，可以查阅下载世界各国制造商提供的多种品牌专有模型构件。

（1）SketchUp 官方模型库——3D Warehouse

（2）其他第三方模型库

BIMobject：http：//bimobject.com

BIMup：http：//www.bimupwarehouse.co.uk/

SketchUpbar：http：//sumod.subar.me/

Polantis：https：//www.polantis.com/cn/

2.2.2　Robert McNeel & Assoc 的 Rhinoceros 及 BIM 应用

1. 软件简介

Rhinoceros（犀牛）是由美国 Robert McNeel & Assoc 公司于 1998 年推出的一款基

于 NURBS（Non-Uniform Rational B-Splines，非均匀有理 B 样条）的三维建模软件，用于创建精细、弹性和复杂的三维模型。Rhinoceros 软件的主要特色是 NURBS 曲面功能，建模精度较高，其安装的软件大小只有约 200MB，对硬件的要求不高；常用于方案设计及方案深化等，后期可以导出相应格式用于其他软件进行深化建模。Rhinoceros 不但可用于工业设计，也可用于建筑设计、幕墙及室内设计。

2. Rhinoceros 的功能及特点

Rhinoceros 从 4.0 开始被广大用户熟知，目前最新版本为 6.0，Rhinoceros 分为 Windows 版和 Mac 版，Windows 版可以运用所有插件及功能，Mac 版本还在开发中，不支持参数化 Grasshopper 插件，但在 Rhinoceros6.0WIP 中提供了内置功能用于用户测试。

1）曲面建模功能

Rhinoceros 的曲面功能（图 2.2.2-1），通过指定的基础元素生成相应的曲面。Rhinoceros 提供了多种十分灵活的曲面编辑命令，可以根据需求随意修剪、混接、衔接等。用不同的曲面命令编辑同一基础元素可以生成的各种造型的曲面。由于其曲线的属性会直接影响曲面的属性，可以直接打开曲面的控制点编辑曲面获得不同的结果。除了创建曲面，另外，Rhinoceros 的模型也是可逆的，可以通过曲面提取曲线和点的基础元素。

图 2.2.2-1　Rhinoceros 的曲面

2）参数化建模功能

Rhinoceros 的参数化建模主要依靠 Grasshopper，Grasshopper 作为基于 Rhinoceros 平台的插件，具有较强的参数化设计能力，作为可视化编程软件，设计师有一定编程基础便可以掌握。设计师通过简单基础元素和严谨的逻辑关系来生成复杂的参数化模型细节（图 2.2.2-2）。只要调整基础元素，所有构件的尺寸都可以自动重新计算生成，提高了建模效率。

3）标准化、模块化

在应用 Rhinoceros 的前期，往往要建立一定数量的参数化逻辑脚本，用于把项目的专业知识固化下来。此后，在后期规模化的项目设计中，设计师只需要调用现成的装饰模型参数化逻辑脚本，就可按照基础元素高效地完成设计。另外，设计变更也能够在这个基础上快速完成。

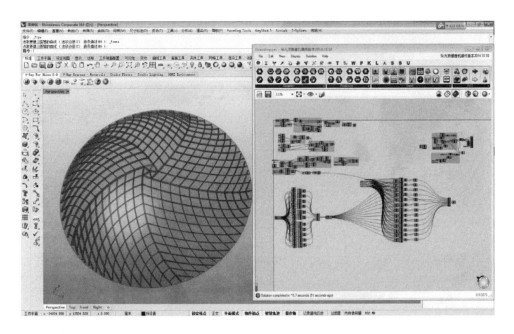

图 2.2.2-2　Rhinoceros 的参数化建模功能

3. 装饰专业 BIM 应用能力

1）创建方案概念模型

近些年，曲面造型的建筑盛行。建筑的外部和内部装饰为适应这种变化也大量出现曲面。而 Rhinoceros 在曲面造型上的操作较为简洁、精准，可以把设计师的设计方案意图准确表现出来，也可以继续在 Rhinoceros 中深化方案模型。通过 Rhinoceros 模型，还可以提取建筑相应材料面积数量，做出方案估算，辅助方案的经济性比选。

2）细化施工图设计模型

在施工图设计制作模型时，Rhinoceros 在方案和初步设计模型基础上进行深化和细部建模，基于 Rhinoceros 的精准模型，可减少二维图纸的错、漏、碰、缺等问题；此外，在施工图设计模型的基础上，可提取出相关专业的材料面积统计数量，用于招投标及劳务分包依据。

3）曲面材料下料加工

在施工深化设计阶段，利用施工深化设计模型，Rhinoceros 可以通过参数化插件 Grasshopper 提取平面和曲面面板模型加工参数、编号图、加工 CAD 图等数据；在提取面板加工数据的同时，还能对面板在原材料上有序排布，节约原材料。在 Grasshopper 中提取数据快速精准，可以减少工作量，提高工作效率（图 2.2.2-3）。

4）定位放线指导安装

在施工阶段，通过 Rhinoceros 模型可以提取定位坐标数据（图 2.2.2-4），对现场测量放线进行定位指导及复核，尤其对异形主体钢结构变形的复核能够确保施工精度，在曲面建筑的施工中起到十分重要的作用。另外，可对局部三维节点构造实际模拟，可以验证施工方案能否实施，指导工人现场施工安装。

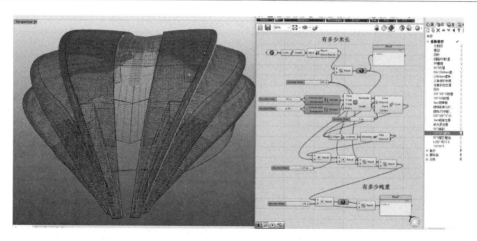

图 2.2.2-3　Rhinoceros 曲面材料下料加工

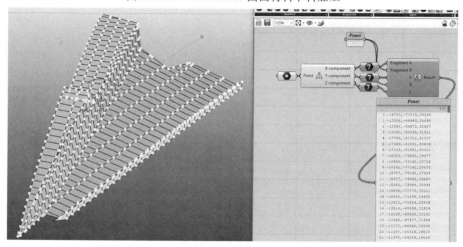

图 2.2.2-4　Rhinoceros 定位提取坐标数据

5）曲面算量节约成本

在项目设计、施工、竣工各阶段，都可以通过 Rhinoceros 可以在不同细度的模型上提取相应专业构件数量（图 2.2.2-5），辅助造价生成；通过精确的 Rhinoceros 曲面模型，

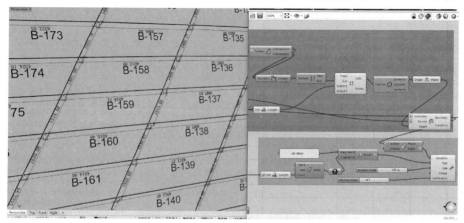

图 2.2.2-5　Rhinoceros 曲面算量

准确提取材料构件数量形状，能够解决装饰异形及曲面造型用传统方法难以精确算量问题；此外，能够方便提取在施工中损耗构件的相应加工数据，还能够通过参数化 Grasshopper 插件，智能生成相应统计数据，可以减少人工耗费及时间。

4. 信息共享

Rhinoceros 的文件存储格式为 .3dm。Rhinoceros 目前版本不支持直接导出及导入 IFC 格式文件，导出 IFC 格式的文件需要安装 VisualARQ 插件，或通过插件将 Rhinoceros 实体模型导出为 IFC 格式，可导入 Revit 中进行二次编辑。Rhinoceros 可导入和导出的数据格式详见附录1-表 3、附录 1-表 4。

5. 插件及开发

1）Rhinoceros 插件

（1）Weaverbird

Weaverbird 是一种用于曲面拓扑工具，可以进行曲面细分、曲面镂空、镂空曲面加厚等，通过简单的命令可以生成复杂的工艺效果（图 2.2.2-6）。

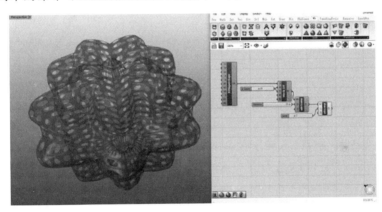

图 2.2.2-6　Rhinoceros 插件 Weaverbird

（2）PanelingTools

PanelingTools 是一种用于曲面嵌板的工具，它可以在异形曲面上等分设置数值的点，然后通过绘制好的 2D 或 3D 的图形变换到相应设置好的矩阵里，是一个可以实现奇特效果的可控的参数化插件（图 2.2.2-7）。

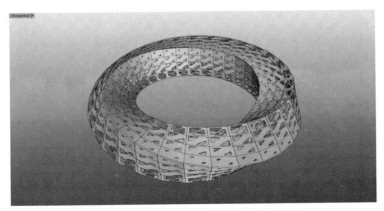

图 2.2.2-7　Rhinoceros 插件 PanelingTools

（3）EvoluteTools

EvoluteTools 是一种用于曲面优化分割的工具，它可以在复杂的曲面上按照指定的板块大小进行分割归类，减少到合理的规格种类。

（4）VisualARQ

VisualARQ 是一种基于 Rhinoceros 平台开发的 BIM 软件，自带编辑好的门、窗、墙、屋面、楼板绘制命令等，增强了 Rhinoceros 在建筑设计方面的能力，提高设计师工作效率，类似于简易版本的 Revit（图 2.2.2-8）。

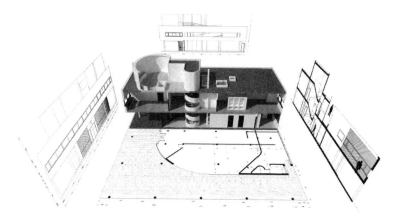

图 2.2.2-8　Rhinoceros 插件 VisualARQ❶

（5）T-Splines

T-Splines 是一种 NURBS 细分形式补充的新建模方式，这种方式减少了模型表面上的控制点数目，同时还可以进行局部细分与合并曲面操作，有效提高建模速度（图 2.2.2-9）。

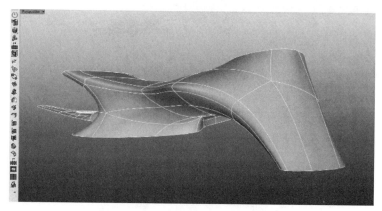

图 2.2.2-9　Rhino 插件 T-Splines

2）Rhinoceros 二次开发

Mozilla Rhino 是一个完全使用 Java 语言编写的开源 JavaScript 引擎，主要用于在 Java 环境中执行 xxx. js 或者 js 程序。Rhinoceros 用户可以通过使用编写脚本的组件或者通过使用 VB、C♯、Python 等程序语言去写代码来扩展 Grasshopper 的功能。

❶　图片来源于：www. visualarq. com

6. 资源库

RHINOCEROS 的构件库有：

Grasshopper ALGORITHMIC MODELING FOR RHINO：www. grasshopper3d. com

摩登犀牛网：http：//bbs. rhino3d. us

犀牛中国技术支持和推广中心：http：//bbs. rhino3d. asia

McNeel 公司介绍犀牛的插件网站：www. food4rhino. com

2.3 BIM 建模软件及应用解决方案

2.3.1 Autodesk 的 Revit 及 BIM 应用解决方案

1. 软件企业简介

美国 Autodesk 公司（欧特克）主要出品三维设计、工程及娱乐软件，其产品和解决方案广泛应用于制造业、工程建设行业和传媒娱乐业。自 1982 年 AutoCAD 正式推向市场以来，Autodesk 已针对多种应用领域，研发出系列软件产品和解决方案，帮助各行业用户进行设计、可视化，并对产品和项目在真实世界中的性能表现进行仿真分析。2002年，Autodesk 推出以 Revit 为核心建模软件的 BIM 解决方案。

2. Autodesk BIM 解决方案简介

1）Revit

Revit 软件是为建筑信息模型构建的三维参数化建筑设计软件，最早于 1997 年开发，目前最新版本为 Revit2019。Revit 可帮助设计师设计、建造和维护质量更好、能效更高的建筑。利用 Revit 的工具，用户可以使用基于智能模型的流程，实现建筑、结构、机电等专业的规划、设计、建造，以及对建筑和基础设施进行管理。Revit 支持多领域设计流程的协作式设计，是我国建筑业 BIM 体系中使用最广泛的软件之一。但 Revit 存在低版本无法兼容高版本的问题。另外，掌握 Revit 需要一定的时间，进行二次开发需要一定的计算机编程基础。

2）Inventor

Inventor 是 Autodesk 推出的工业设计软件，在其中增加了 BIM 模块，可使用 Inventor 的几何造型命令来定义可在其他 Autodesk 产品中使用的模型，可为 Revit 提供与工业化构件相关三维实体模型，并可转换为 Revit 可识别特征。利用该软件可以直接利用相关工具、机械零件及其资源库制作建筑机电类三维模型构件，实现使用 Revit 不便完成的工作，补充和完善了 BIM 的功能。

3）Navisworks

Navisworks 能够将 AutoCAD 和 Revit 等软件创建的设计数据，与来自其他设计工具的几何图形和信息相整合，将其作为轻量化的整体三维项目，通过多种文件格式进行实时审阅；可以帮助所有相关方将项目作为一个整体来看待，从而优化从规划设计决策、性能预测、建造实施，直至设施管理和运营等各个环节；能够帮助用户加强对项目的控制，使用现有的三维设计数据透彻了解并预测项目的性能，提高工作效率，保证工程质量。

4) 3ds MAX

3D Studio Max，常简称为 3d Max 或 3ds MAX，是基于 PC 系统的三维动画渲染和制作软件。3ds MAX 是目前市面上主流的三维设计软件，常用于动画制作，同时也可以用于建筑项目的效果表现。这种软件由于功能较多，所以掌握起来需要一定时间，建模渲染都需要较大的工作量。如果追求效果图的精美程度，3ds MAX 与 Vray 渲染插件是最佳的建模和渲染组合软件。

5) CAD

AutoCAD 是 Autodesk 公司于 1982 年开发的自动计算机辅助设计软件，用于二维绘图、详细绘制、设计文档和基本三维设计，是广为流行的绘图工具。AutoCAD 具有良好的用户界面，通过交互菜单或命令行方式便可以进行各种操作。AutoCAD 的多文档设计环境，让非计算机专业人员也能很快地学会使用。AutoCAD 具有广泛的适应性，它可以在各种操作系统支持的电脑和工作站上运行，可以用于多领域。在 Autodesk 的 BIM 解决方案中，CAD 是辅助工具。

6) Autodesk® BIM 360 云平台

通过 BIM 360 相关的云平台，可随时随地获取 BIM 模型和信息、发起或解决项目任务及进行项目状态查看与可视化汇报等。通过 BIM360 系列服务，用户可以将办公室及施工现场对接起来。Autodesk® BIM 360™ Glue 是基于 360 云平台的 BIM 软件，可以高效直观地提供模型的整合、浏览、展示、更新、管理等功能，并协助项目团队基于模型进行协同工作和沟通，具备较强的兼容性和开放性。Autodesk BIM 360 Field 是管理工程现场的软件，管理的过程可以依赖于 BIM 360 Glue 中的 BIM 模型，也可以不依赖于 BIM 模型。

3. Revit 的功能及特点

1) 双向关联

在 Revit 模型中所作的任何更改都会在相应的模型位置进行更新，用户可将所有模型信息存储在单个协同数据库中，从而减少错误和遗漏。同时，对信息所作的相关修订和修改都会自动在整个模型中更新，Revit 参数化更改引擎可自动刷新任意位置所作的更改，如模型视图、图纸、明细表、剖面或平面。

2) 参数化构件

参数化构件提供一个开放的图形系统用于设计和形状的绘制。参数化构件可以以递增的详细级别表达设计意图。所有参数化构件的基础模型均可以在 Revit 中设计。通过参数化构件，可设计最复杂的部件（例如细木家具和设备），以及最基础的建筑构件（例如墙和柱），无需编程语言或编码。

3) 明细表

明细表功能可以创建一个显示模型信息的表格，其中的内容均提取自项目中的图元属性。Revit 可以在设计过程中的任何阶段创建明细表。如果对项目的修改会影响明细表，则明细表会自动更新以反映这些更改。Revit 可将明细表添加到图纸中，也可将明细表导出到其他软件程序中。

4) 工作共享

Revit 可以让多个参与者在同一模型上编辑并进行集中保存，这是让团队根据其工作流程和项目要求选择进行协作和交互的高效方式。工作共享使整个项目团队共享参数化建筑建模环境，各专业的 Revit 软件用户可以共享同一建筑信息模型，并将其工作保存到一个中心文件。在 Revit 中工作共享提供全套协作模式，从同时完整快速地访问共享模型，到正式将项目划分为分散的共享单元，到最终将项目图元或系统完全分离至个人管理的链接模型。

4. 装饰专业 BIM 应用能力

Autodesk 公司的装饰专业 BIM 应用能力是主要采用 Revit 软件作为平台进行模型的搭建处理。

1）原始模型搭建和数据获取

在已经有 CAD 施工图的情况下，设计师可以借助翻模插件，快速将原始墙体等其他构件搭建出来；如果是没有 CAD 图纸的既有建筑改造装饰工程，可以使用三维激光扫描技术将原始现场状况扫描形成点云模型，通过拼接处理，整合到 Revit 平台上进行辅助模型搭建。

2）装饰方案设计自由造型

借助自 2017 版本后整合到 Revit 平台上的 Dynamo 插件，装饰设计师可以进行前期方案辅助设计，实现多种造型方案，如图 2.3.1-1。

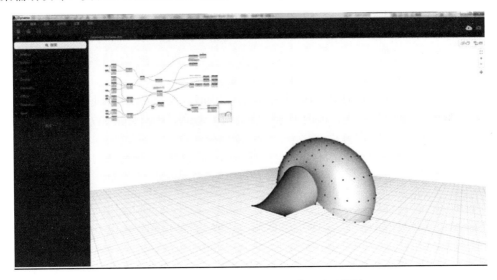

图 2.3.1-1　Dynamo 插件实现曲面造型设计

3）可扩充的参数化族库

采用 Revit 中的系统族或参数化族构件可以制作并布置建筑装饰构件；装饰专业的陈设部分和部分构件的元素主要由族库（自带族库或插件中的族库），或者从其他三维设计软件，例如：3ds MAX 软件，通过 CAD 的间接转化导入到 Revit 平台中。

4）多专业高效协同工作

在装饰装修设计过程中，与建筑、机电、幕墙等专业发生碰撞等问题，借助 Navisworks 软件解决多专业协同及碰撞检查问题，做到可视化及实时漫游，最终达到无错设计，解决错漏变更。

5）快速出图完整表达

借助 CAD 中已经存在的大量节点库，直接调用作为绘图视图，帮助设计师快速创建完整的二维表达，并可直接使用 Revit 平台进行出图工作，形成 CAD 二维图纸，同时可在 CAD 软件中直接查看。

6）照片级的渲染表现

将 Revit 平台中搭建的模型直接导入到 3ds MAX 软件中进行贴图外观处理，辅以合适的灯光，使用 V-Ray 渲染插件可以得到照片级别的渲染。

5. 信息共享

Revit 的文件存储格式为 .rvt。Revit 支持 BIM 标准数据格式 IFC 格式文件的导入和导出，此外还支持导入十多种数据格式，支持导出 20 多种数据格式。Navisworks 具有其自身的原生文件格式（.nwd、.nwf、.nwc），同时，支持导入 50 多种格式的数据，导出 5 种格式数据。3ds Max 文件存储格式是 .max，同时，支持导入 25 种数据格式，导出 8 种。CAD 的文件存储格式是 .dwg、.dxf，支持导入导出的格式是 4 种和 16 种。详见附录 1-表 3～表 12。

6. Revit 的插件与开发

1）插件

（1）翻模宝 RevitFM

翻模宝 RevitFM 定位于解决广大一线 BIM 建模人员建模效率问题，使设计师能集中精力在设计本身的问题上。

（2）isBIM 模术师

模型构件和其他资源的管理系统——基于 Revit 的二次开发插件，该插件扩展和增强了 Revit 的建模、修改等功能，可用于建筑、结构、水电暖通、装饰等专业中，能够提升用户创建模型的效率，提高建模的精度，达到标准化要求。

（3）橄榄山快模

橄榄山快模可快速依据 CAD 平面图纸转换成 Revit 模型。

（4）翻模大师（建筑）

可根据已经设计好的 CAD 平面图纸快速制作成 Revit 模型。

（5）V-Ray

V-Ray 是由专业的渲染器开发公司 CHAOSGROUP 开发的渲染软件，提供的渲染解决方案，它能够渲染出具有真实感的图像。可以应用于 Reivt 和 3ds Max。

（6）Dynamo

Dynamo 在 Revit 的参数化设计及控制调整上，可以帮助设计师快速实现动态的设计推敲和无缝的设计交流。还可以自动将特定数据输出到 Excel 等外部程序中生成可视化的数据分析（图 2.3.1-2）。

2）Revit 二次开发

Autodesk Revit 所有产品都提供 API，Revit API 允许使用者通过任何与 .NET 兼容的语言来编程，这些语言有 Visual Basic.NET、C♯、C＋＋、CLI、F♯等。

学习 Revit 可以从两个方面着手：学习 Revit 产品的使用和学习使用 Revit API 进行开发，二者相辅相成。基于 Revit 的开发离不开对产品的了解，对 Revit 技术架构的理解

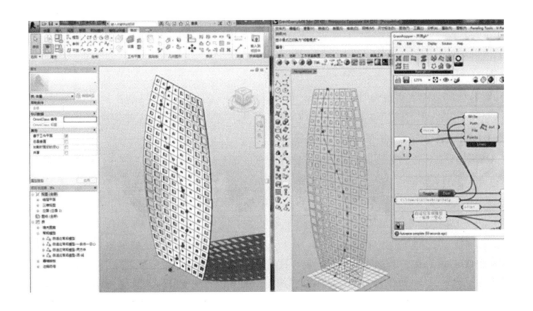

图 2.3.1-2　Dynamo 插件实现动态设计推敲

又能促进用户对产品有更深刻地认识。

7. BIM 构件库

1）族库宝 RevitZK

族库宝 RevitZK 是一个社交式的族库管理平台，为广大 BIM 用户（包括企业、个人）提供在线族库管理与分享的服务。

2）八戒云族库

八戒云族库模型提供真实品牌的免费族，可帮助建立更高效、更具有落地意义的效果图、设计模型等。

3）型兔 BIMto 云族库

型兔 BIMto 云族库（www.bimto.cn）是一款免费的族库插件，每周更新，让用户设计工作提高效率。

4）族库大师

族库大师为 Revit 用户提供设计工作中常用的免费族文件，快速导入设计项目，辅助工程设计工作。

5）毕马汇（Nbimer）族助手

毕马汇族助手是专业 Revit 族库管理插件，访问 www.nbimer.com 的云构件库，可以免费下载上万的高质量 Revit 族。

6）isBIM 族立方

isBIM 族立方通过多层次的文件加密手段以及水印保护用户自主创建的族文件，同时也提供了完善的权限管理体系，保证企业族库文件统一规范管理。

2.3.2　GRAPHISOFT 的 ARCHI CAD 及 BIM 应用解决方案

1. 软件企业简介

GRAPHISOFT（图软）公司属于德国内梅切克（Nemetschek）国际集团，GRA-PHISOFT 公司 1982 年成立于匈牙利，多年来一直致力于开发专门用于建筑设计的三维 CAD 软件。GRAPHISOFT 在 30 年间发布了若干产品，组成了 BIM 解决方案。

2. GRAPHISOFT 的 BIM 解决方案简介

GRAPHISOFT 的 BIM 解决方案软件产品主要有以下几种：

1）ARCHI CAD

1984 年 GRAPHISOFT 公司发布了专为建筑师打造的三维软件 ARCHI CAD，并命名为"虚拟建筑"。ARCHI CAD 是由建筑师开发的建筑设计建模与出图工具，基于全三维的模型设计，拥有的剖/立面、设计图档、参数计算等自动生成功能，附带便捷的方案演示和图形渲染，为建筑师提供了一个可视化图形设计方案，在设计运用上可带来较高效益，是业内较为少见的可在苹果计算机系统中运行的对象模型导向（object-model-oriented）系统。目前 GRAPHISOFT 已经发布了 ARCHI CAD21。另外，掌握 ARCHI CAD 相对容易，但二次开发需要较强的计算机编程基础。

2）Ecodesigner

Ecodesigner 是一款能耗分析工具。建筑师利用该软件可以在早期阶段就进行建筑能耗分析，从而对方案优化和比较提供可靠的依据。Ecodesigner 提供多重热属性块的功能，每个热属性块对应的 ARCHI CAD 中的建筑材料，并在建筑材料设置中，可以预填写物理属性，例如：导热性、密度热容量等。

3）MEP Modeler

MEP Modeler 是建模碰撞分析提高效率的插件工具，用户可以使用 MEP Modeler 来创建、编辑和导入三维 MEP 水电暖通管网，通过碰撞检查，找到 MEP 系统与建筑模型之间、MEP 系统元素之间的碰撞，能够帮助团队之间实现无缝的协调工作。MEP 碰撞检查在平面图和 3D 窗口里可标示出碰撞的准确位置。所有碰撞问题都能自动添加到 AR-CHI CAD 的标记工具面板里，通过简单的 ID 就可以查看所有的碰撞。

4）BIMx

BIMx 提供即时交互功能工具，输出高质量的图形图像，支持虚拟现实 VR。施工现场的工程师能实时反馈变更修改信息，同时可与设计师进行交流，提高沟通效率。BIMx Docs 和 BIMx Pro，引入了超级模型和在线沟通的理念，可实现浏览漫游，随意查看各个角度、视点对应的图纸文档，并能自由剖切；可将移动端的批注、意见等，通过网络发回到 ARCHI CAD 里，实现无缝沟通；由移动平台上的 BIMx 能获得移动端的便捷访问、通过专业的内置渲染引擎，实现快捷方便的可视化表现。

5）BIM Server

ARCHI CAD 推出的 GRAPHISOFT BIM 服务器 BIM Server 是基于模型的团队协同解决方案。BIM Server 通过 Delta 服务器技术能降低网络流量，使得团队成员可以在 BIM 模型上进行实时的协同工作。通过 Delta Server 技术，在服务器和客户端之间传输的不再是文件，而仅是修改的元素。通过网络传输的文件量，可以由 100MB 级字节，缩减为

100KB 级字节，瞬间流量降低至最小，确保了在办公室内或通过互联网的协同工作和数据交换的速度及可靠性。通过互联网的实时异地协同，既提高了工作效率，又打破了地理位置的限制。

6）BIMcloud

BIMcloud 是项目全周期管理平台；解决方案由一个中心的 BIMcloud 管理器和若干 BIMcloud 服务器，还有若干 BIMcloud 客户端（ARCHI CAD，BIMx 等）组成，并通过中心的 BIMcloud 管理器构成连接。它可以安装在现有的私人或公共云平台上，而且可以与公司的 IT 系统整合，类似一个用户可以通过信息技术进行集中管理的活动目录。

3. ARCHI CAD 的功能及特点

"建筑信息模型"以多视角的智能建筑构件为基础，给设计师提供了一个完全的 3D 环境。它具有以下几个特点：

1）参数化的建筑构件

在二维 CAD 中，所有的建筑构件都是线条构成和表达，它们没有任何特殊的意义。而在"ARCHI CAD"中，所有的建筑构件都是含有信息的三维物体，是包含了建筑构件的属性、尺寸、材料性能、造价等综合信息的参数化三维物体。

2）文档自动生成更新

ARCHI CAD 能在创建 3D 建筑信息模型时，自动生成所有的图纸和清单列表，在这里所有图纸是用户所建造的建筑信息模型的副产品，文档快速自动生成、自动修改，提高了设计效率和准确性。

3）实现自动分析模拟

在建筑设计前期得到翔实的数据，进行定量的分析对于绿色建筑设计越来越重要了。ARCHI CAD 可将数据导入到相关的分析软件中，从而获得真实可信的数据分析成果。现有的分析包含有绿色建筑能量分析、热量分析、管道碰撞分析以及安全分析等。

4）完善的项目运维流

ARCHI CAD 的 BIM 模型对于建设项目所有参与人员都是十分有用的，不仅仅局限于建筑师，其他如施工、概预算人员等都可以以模型为基础实施项目的工程管理。如图 2.3.2-1 利用 ARCHI CAD 可对地面的地砖进行排版设计并进行优化，生成材料清单和报价。

4. 装饰专业 BIM 应用能力

1）图模一体设计

ARCHI CAD 就是把装饰设计师的所想即所得，当模型建完时，图纸也就出来了。ARCHI CAD 的三维模型与平立剖面保持一致，原理就是基于一个数据库打开的不同窗口，因此只要改动其中的一个构件，其他图纸也会作相应的改动。

2）协同设计与数据交换

ARCHI CAD 可以通过 TEAMWORK 功能，将一个工作组的成员通过局域网联系起来。Delta Server 技术使网络流量瞬间降至最低，并支持办公室局域网及广域网的数据交换。利用图软 BIMcloud 协同管理，可以打破企业与分公司、项目和部门等相关单位的信息孤岛，实现信息共享和项目全过程的动态管理。

在外部协作上，通过 IFC 文件标准，ARCHI CAD 可以实现建筑装饰与结构、设备、

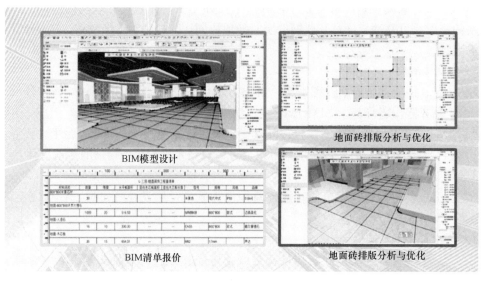

BIM模型设计

地面砖排版分析与优化

BIM清单报价

地面砖排版分析与优化

图 2.3.2-1　地面地砖排版优化与报价

施工、物业管理等各种软件及相关文件格式的数据交换，可以方便快捷地进行全部数据管理、建筑物理及能量分析、成本估算、项目管理等。

3）设计评估与信息添加

通过模型，装饰设计师和业主可以直观地从各个角度、方位浏览建筑空间，以便更加准确地进行方案优选和设计评价。利用非图形数据，ARCHI CAD 能自动地生成多种报表：进度表、工程量、估价等。与其他配套软件相结合，可以进行结构工程、建筑性能、管道碰撞分析、建筑物理方面能效分析等多种分析。

在 ARCHI CAD 20 中，根据不同项目的需求，用户可以同时为建筑元素赋予某些物理和非物理信息，如传热系数、防火、隔音等级，以及价格、产品相关信息等。同时对应不同的等级，可以做相应的分类，这些分类可以直接体现在建筑模型中或是 Excel 数据表格中，并且在 BIM 模型中快速识别出来。

4）方案设计与其他软件结合

ARCHI CAD 可以利用 SketchUp 创建的方案概念模型，通过某种转化原则转化成参数化建筑构件，从而再次利用 SketchUp 创建的模型；ARCHI CAD 还能通过 BIMx 模型漫游 APP 让非专业人士表达自己的想法：在他们不会用 ARCHI CAD 的情况下，能够直接从移动端的 BIMx 快速获得对设计方案的直观印象，还能获得打印权；此外，设计师可以从大量的模型信息中选择相关信息和 BIMx 模型一起发布给具有不同需求的使用者。如，根据设计师发布的信息，业主可以通过网络链接查找到某个家具店、建筑公共数据库等，进行快速流畅地调查和沟通。

5）支持浏览大量点云数据

在 ARCHI CAD 中可以利用点云技术依据已有的点云数据进行建模和设计。ARCHI CAD 支持数据量非常大的点云数据。由于优化的 OpenGL 引擎，ARCHI CAD 可以平顺地浏览大量的点云数据（图 2.3.2-2），根据测试，在 ARCHI CAD 19 版可以运行包含 1 亿个点的模型文件。

图 2.3.2-2 应用 ARCHI CAD 浏览点云模型文件

6）隐蔽工程可见与清单生成

ARCHI CAD 模型可以通过图层开关查看隐蔽工程（图 2.3.2-3），以避免隐蔽工程设计与实际施工不符的情况。另外，ARCHI CAD 模型清单数量是关联输出的，应用 ARCHI CAD 可以对方案进行优化，其模型精细化程度可以用来直接指导物料采购并管理；ARCHI CAD 在计算施工面积等工程量时按实际量统计，对有可能重复计算施工面积的地方或不规则处，则按最大尺寸计算面积。

图 2.3.2-3 通过控制图层观察隐蔽工程

7）翻新覆盖功能支持修缮管理

ARCHI CAD 可以基于定义色彩的方式进行模型管理，通过简单实用的翻新覆盖功能，可以在模型中快速将不同状态以不同颜色赋予到模型中，例如：需要拆除的、新建的等（图 2.3.2-4）。

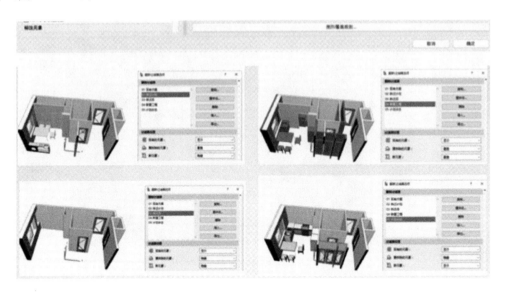

图 2.3.2-4　ARCHI CAD 翻新覆盖功能支持修缮管理

5. ARCHI CAD 信息共享

ARCHI CAD 的文件存储格式是 .pln。ARCHI CAD 是最早支持的 IFC 格式的软件之一，GRAPHISOFT 公司在 BuildingSmart 联盟中，既是 IFC 标准制定者也是支持者，理论上 ARCHI CAD 可以 100％实现全部数据交换。ARCHI CAD 软件一直对 IFC 界面的持续更新，推行开放的设计协同道路，完善与各专业协同工作流。

ARCHI CAD 在对于不同绘图设计文件格式，能提供较详尽的对应设定的转换器，能更有效地依照用户需求进行数据的读取与跨平台的使用；而对于不同 BIM 软件的信息交换支持 IFC 的汇入与汇出使用，也提供对应目前市面较主流的 BIM 软件间 IFC 转换设定，能更有效率地确保数据转换时的损失减少。

ARCHI CAD 支持导入导出的数据格式详见附录 1-表 13、附录 1-表 14。

6. ARCHI CAD 插件与开发

1）ARCHI CAD 插件

（1）Goodies

Goodies 是由 GRAPHISOFT 开发的免费插件，用其特性来完善 ARCHI CAD 的设计能力，包括一些工具如：3D 模型（3D Studio In）导入、室内装饰面排版、Mesh to Roof Tool 屋顶工具等。

（2）Rhino-grasshopper-ARCHI CAD 的连接插件

Rhino-grasshopper-ARCHI CAD 连接插件是 Rhinoceros、grasshopper 与 ARCHI CAD 连接互操作包，提供了无缝的双向几何传输，模型可以在各软件中实时联动，不需要再导入及导出操作。该工具可使基本几何形状转化为完整的 BIM 元素，同时还添加了编辑功能。

（3）Google Earth 连接插件

ARCHI CAD 标准软件包的 Google Earth 连接插件能够兼容 Trimble SketchUp 及 3D Warehouse，直接打开软件及模型库。

（4）Artlantis

Artlantis 输出插件是在 ARCHI CAD 中默认安装的。这一插件为用户提供了更新最新的 Artlantis 文档的可能性。在 ARCHI CAD 模型中做任何改变时，利用该插件，新的 Artlantis 文档可以从原有的 Artlantis 文档那里接管所有设置。

（5）Archifm. net-ARCHI CAD 的 BIM 设施管理模块

该插件提供了综合功能来利用 ARCHI CAD 的 BIM 模型。Archifm. net 使用所有来自 BIM 模型的相关数据，包括 MEP，支持建筑维护运营工作。

（6）合作伙伴解决方案

与 ARCHI CAD 合作的独立开发者发布了一些插件和应用，包括：ArchiFM，通过数据与模型的连接、使用虚拟模型来支持设施运营和维护活动；Tekla BIMsight，一个建造和设计沟通的工具；Solibri Model Checker，BIM 模型检查软件；Cigraph Tools，建筑项目、室内勘测、地形建模等工作开发工具；Cadimage Tools，充分利用安装的 ARCHI CAD 开发；e-SPECS，能将相应的规范语言插入到相应的规范中。

2）ARCHI CAD 二次开发

GRAPHISOFT 专利的几何描述语言是几何程序设计语言 GDL（Geometric Description Language）. GDL 脚本语言，类似于 BASIC 的简单参数化程序设计语言，可以创建参数化的三维建筑构件和二维图形的 GDL 构件，可以允许用户根据需要对 GRAPHISOFT 软件构造工具及对象图库进行功能开发。GDL 生成的构件在 ARCHI CAD 里面统称为对象，无法与系统其他构件做交互计算，同时，GDL 的数据输入限于内置参数和面板参数输入。

GDL 编程对 ARCHI CAD 图形的二次开发是有限的。应用编程接口 API 开发的插件能够补充和解决 GDL 的问题。API 几乎可以读出 ARCHI CAD 里面绝大多数的原始数据，基本上实现了 ARCHI CAD 绝大多数的操作指令。API 开发使 ARCHI CAD 二次开发有无限的可能性。ARCHI CAD19 版本对应的开发工具是 Microsoft Visual Studio 2010 Professional 和 API Dev. KIT 19，同时需要签署 API 开发伙伴合同，而且需要单独购买 ARCHI CAD 的使用许可证。

7. ARCHI CAD 的 BIM 构件库

在 ARCHI CAD 中自带一个图库，其中有家具、门、窗、建筑结构、特殊构件、可视化设计、设备七大类，包含了 1000 多个参数化的构件。

用户可以通过访问 BIMcomponents. com 可下载全球用户上传的构件模型。

BIMobject® App 为 ARCHI CAD 用户提供直接下载制造商的产品 ARCHI CAD 版本模型。

2.3.3 Dassault Systémes 的 CATIA 及 BIM 应用解决方案

1. 软件企业简介

法国 Dassault Systémes 公司（达索系统）是 PLM（Product Lifecycle Management,

产品生命期管理）解决方案的主要提供者，30 多年来专注于产品生命期管理解决方案。达索系统一直与多个行业企业合作，跨度从飞机、汽车、船舶、消费品到工业装备和建筑工程。达索系统的建筑工程 BIM 应用解决方案帮助用户实现业务变革，带来包括缩短项目实施周期、增强创新、提高质量等的商业价值。

2. 软件产品及 BIM 解决方案简介

达索系统提供多款针对建筑工程行业的软件工具产品（当前版本为 V6 2017x），包括：

1）CATIA 3D 建模工具软件

CATIA 是达索系统的 CAD（Computer Aided Design，计算机辅助设计）/CAE（Computer Aided Engineering，计算机辅助工程）/CAM（computer Aided Manufacturing，计算机辅助制造）一体化集成解决方案，被广泛应用于汽车制造、航空航天、轮船、军工、仪器仪表、建筑工程、电气管道、通信等行业的产品设计制造领域。针对建筑工程

图 2.3.3-1　曲面建模

行业，CATIA 能够提供土木工程设计、建筑设计、幕墙设计、结构设计、水暖电系统设计等 3D 建模设计功能。CATIA 特别适用于复杂、大型、预制装配式等项目的方案设计、详细设计和加工图设计。CATIA 拥有曲面设计模块及参数化设计能力（图 2.3.3-1），具有多种设计手段，能实现空间线路设计、结构分析、骨架驱动模块化设计、工程量统计等功能。

2）DELMIA 施工仿真模拟工具软件

DELMIA 是达索系统开发的面向施工的仿真模拟工具软件，提供了全面、集成和协同的数字制造解决方案。DELMIA 建立在一个开放式结构的产品、工艺与资源组合模型（PPR）上，与 CATIA 设计解决方案、ENOVIA 和子模块 SMARTEAM 的数据管理和协同工作解决方案紧密结合，以工艺为中心的技术来模拟分析建筑工程施工过程中的各种问题，并给出优化解决方案。

DELMIA 能从工序级别（显示每个对象施工的起止时间，但不显示具体施工过程）、工艺级别（通过对象运动、设备运转演示施工过程及资源效率），甚至人机交互级别（显示施工人员的具体操作过程，并分析操作可行性）来帮助用户优化施工方案，减少错误，提高效率（图 2.3.3-2）。

挂篮施工模拟

图 2.3.3-2　复杂工艺模拟

3）SIMULIA 有限元分析工具

SIMULIA 是达索系统将 ABAQUS

并购后打造的有限元分析软件产品，可进行大型非线性分析。有限元分析（Finite Element Analysis，FEA）是利用数学近似的方法对真实物理系统进行模拟的方式。SIMU-

LIA 是一个协同、开放、集成的多物理场仿真平台。SIMULIA 支持预应力钢筋建模（局部非线性），桥梁施工过程（动态边界），模态分析（整体结构），自重变形（线性分析），车载、风载的影响（静态、动态分析），地震的影响（时域分析）等，全部由统一的 FEA 模型分析完成。

4）3D EXCITE 图形/图像输出工具

3D EXCITE 是达索系统提供一个支持 VR 的高质量的图形/图像输出工具，允许用户在整个创作过程中持续检查几何图形、材料和设计。专用工具和功能可让用户实时地自由沟通，实现各种创意。实时 3D 设计理念虚拟制图能允许讨论、评估和测试，带来接近真实的产品体验。

5）ENOVIA 产品全生命期管理平台

ENOVIA 是达索系统提供的一系列功能支持生产效率的提高，产品和流程优化，以及全机构效率提升的产品全生命期管理平台。ENOVIA 令企业把人员、流程、内容和系统联系在一起，能够带给企业较大的竞争优势。通过贯穿产品全生命期统一和优化产品开发流程，ENOVIA 在企业内部和外部帮助企业较为轻松地开展项目并节约成本。

3. CATIA 的功能及特点

1）从 LOD 100 到 400 的全流程应用

CATIA 能从概念设计无缝过渡到详细设计，还可深入到面向加工制造级别的深化设计（LOD 400），例如装饰的节点构造设计等各种细节，输出的成果可满足制造加工需求，并可驱动数控机床直接进行生产（图 2.3.3-3）。

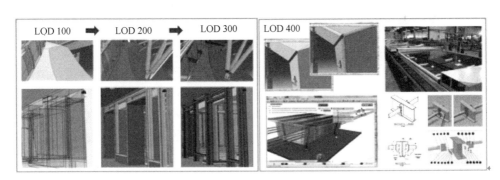

图 2.3.3-3　CATIA LOD100-400 BIM 应用

2）参数化的"骨架线＋模板"建模技术

CATIA 具有较强的参数化设计能力，以及基于"骨架线＋模板"的设计方法学。设计师只需要通过骨架线定义模型的基本形态，再通过构件模板和逻辑关系来生成模型细节。一旦调整骨架线，所有构件的尺寸可自动重新计算生成，提高工作效率（图 2.3.3-4）。因此，CATIA 具有在整个项目生命期内的较强修改能力，即使是在设计的最后阶段进行重大变更也能顺利进行。

3）标准化、模块化的知识重用体系

在 CATIA 应用的过程中，往往要建立一定数量的参数化模板库和逻辑脚本，用于把企业的专业知识固化下来。此后，在规模化的项目设计中，设计师只需要调用现成的装饰

图 2.3.3-4　CATIA 基于"骨架线＋模板"的设计方法

模型模板和脚本，就可高效地按照企业的设计规范和质量完成快速设计。此外，设计变更也能够方便快速地进行。

4）建筑全生命期的数据集成

CATIA 的数据能够借助 3D 体验平台的集成功能直接在建筑生命期的各模块中使用，例如施工仿真、数控加工、项目管理等流程；同时，还能通过激光扫描获得的三维信息，进行逆向分析。

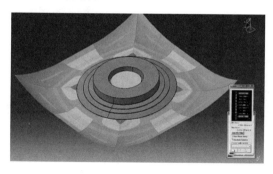

图 2.3.3-5　异形大尺寸曲面建模

4. 装饰专业 BIM 应用能力

1）异型大尺寸建模

在室内装饰设计中，复杂的异型设计往往难以用二维图纸进行表达。为了突出整体的装饰效果，设计师往往会设计复杂的曲面异型，由此造成设计的表达困难。达索系统的 CATIA 建模软件擅长构建异型曲面模型，特别是对于大尺寸异型曲面，模型搭建精确、效率高，且易于修改。图 2.3.3-5 为某项目的主会场装饰吊顶方案模型，具有造型复杂、尺寸大的特点（单边长 45m）。

2）参数化设计

传统的 3D 软件建模往往都是每个构件单独建模，一旦遇到大规模修改，则需要耗费大量时间逐一去修改。在 CATIA 中，通过参数化建模的方式，每次方案设计变化，都只需非常少的修改调整，大量的类似模型都能自动予以调整，减轻了设计师的修改工作量，提升了设计效率。

3）加工数据导出

达索系统的 CATIA 软件用制造业应用经验来导出加工数据。因此在装饰深化设计模型完成后，可以直接输出成加工制造数据，配合材料加工。在实际项目中，对每一个构件的三维模型直接剖切出图，再到 CAD 中标注下就可以提给加工厂商进行加工，保证了数据的准确性。

4）施工现场复核

在实际的装饰项目施工过程中，由于施工现场各种变更调整不断，精装施工单位进场后往往会发现其他专业的施工结果与设计图纸出现较大差异。通过 3D 激光扫描技术，获取现场的点云数据，并进行逆向建模，精确还原现场数据，然后将逆向模型与设计 BIM 模型进行比对，快速、直观、准确地发现施工误差，在更精准的施工结果上进行精装设计，及时调整精装设计与施工方案，消除土建、钢结构、机电等专业的施工误差对装饰设计与施工造成的影响，获得符合现场实际情况的结果。

5）3D 效果展示

达索系统支持高质量效果的图片与视频输出，可以直观展示各种室内装饰设计方案。

5. CATIA 信息共享

CATIA 的文件存储格式是 .3dxml。CATIA 支持 BIM 标准数据格式 IFC 的导入和导出，同时支持其他多种数据格式的交换。CATIA 支持的导入数据格式详见附录 1-表 15、附录 1-表 16。

6. CATIA 插件与开发

1）CATIA 插件

（1）Revit Connector/Convertor

基于 Revit 的模型数据转换与协同设计工具。能在不改变 Revit 现有协同机制的前提下，获得基于 ENOVIA 平台的网络协同设计能力。特点包括：不改变 Revit 现有的设计功能和文件格式，不改变 Revit 现有的链接/工作集协同机制，增加设计文件安全管理及历史版本维护功能，增加基于广域网的协作能力和增加将 Revit 构件明细表导入 ENOVIA 进行管理等，此外支持将 Revit 数据转换成 CATIA 数据，并实现在 CATIA 中进行二次编辑。

（2）ASD

基于 CATIA 的 3D 到 2D 出图工具。该工具针对中国的船舶和建筑工程行业进行了深度定制与优化，能充分满足中国的本地化 2D 出图需要。

（3）Digital Project

它是在 CATIA 基础上开发的工具，从设计、项目管理到实施现场，为工程项目提供完整的生命期数字化环境。Digital Project 提供图纸构建工具，可以通过建筑元件快速创建模型的样式，并可以模拟建筑环境的阳光效果。另外，其内置平面设计模块，支持添加墙体、添加斜墙、旋转轴模型视图，通过网格工具可以按照对应的规格进行设计，避免几何参数以及标注项目加载的时候出现错误。

2）CATIA 二次开发

在达索系统的 V6 版本上目前支持难度由易到难三个层次的个性化定制与二次开发，包括：交互操作，通过简单的设定，实现重复工作的自动化执行；脚本定义，通过 VB（Visual Basic）能实现复杂操作的自动化，在不涉及对几何数据的操作下也可以基于 VB 进行小型应用程序的开发；基于面向对象设计语言 C++的程序开发，能够实现软件功能的封装、DLL 动态加载、批量操作、界面个性化定制等。

7. CATIA 的 BIM 构件库

达索系统除内置的构件库外，也支持第三方构件库的构件导入（不限于达索系统所属产品的文件格式）。此外还可以从一些专业的论坛或网站下载构件。

COE：达索系统产品支持国际论坛，其中有专门的工程建设行业板块，提供各种资料与构件库的下载。

2.3.4　Bentley 的 ABD 及 BIM 应用解决方案

1. 软件企业简介

Bentley（奔特力）成立于 1984 年，致力于为建筑师、工程师、地理信息专家、施工人员和业主运营商提供促进基础设施发展的综合软件解决方案。Bentley 公司开发的较有名的软件是 Microstation，覆盖工程行业绝大部分领域，也是主流 BIM 技术标准的基础软件之一。

2. Bentley BIM 建模软件 ABD 及 BIM 解决方案简介

1）MicroStation 的三维设计系统

Bentley 各专业的 BIM 设计软件其底层图形平台都是 Microstation，所有的应用模块之间的数据可以无缝进行沟通，实现格式统一、数据统一、信息统一。同时，MicroStation 是个兼容性和扩展性很强的平台，对于 DWG 文件，也可以兼容。因此，使用 Bentley 各专业的 BIM 设计软件工作过程较为平顺，可以应用不同的模块，解决各个专业的细节问题（图 2.3.4-1）。

图 2.3.4-1　三维平台 MicroStation 架构

2）AECOsim Building Designer

AECOsim Building Designer（简称 ABD）是基于 Microstation 开发的面向建筑行业的多专业的建筑设计 BIM 应用软件，保证各专业在统一的设计环境中实现建筑、结构、机械和电气的协同设计（图 2.3.4-2）。ABD 可实现在全专业设计成果的基础上进行装饰专业的 BIM 设计（图 2.3.4-3），其最新版本为 AECOsim Building Designer CONNECT2。ABD 在欧美国家、日本和中国台湾地区民用建筑行业用户较多，中国大陆地区多用于工厂、路桥道路、轨道交通、电力、水利水电等行业。

图 2.3.4-2　ABD 建筑设计效果

3）ContextCapture

ContextCapture（简称 CC）利用普通照片或点云文件创建真实的带表面纹理的三维

图 2.3.4-3 ABD室内设计效果

模型，从一个城市到一个室内空间，都可以实现真实物体三维模型化，即实景建模。照片可以来自于各种数码相机，包括智能手机中的相机、无人机上的相机，或是飞机上的专业倾斜影像获取系统。通过照片实现多种尺度下的物体三维建模，其用途较为广泛。它是一种三维摄影技术，代表着摄像技术从二维走向三维。ContextCapture 最新版是 2017 版，增加了从三维激光扫描仪创建的点云文件生成三维模型的功能（图2.3.4-4）。

4）Bentley LumenRT

LumenRT 是专门用于设计成果展示的三维可视化软件，类似于 Lumion，主要用于设计成果的三维可视化美化与展

图 2.3.4-4 Context Capture 实景建模

示，是一款为基础设施项目模型快速构建接近真实的数字化自然环境，并创建电影级别的图像、动画和虚拟现实演示视频。软件内置地形、天气、材质、植物、人物、车辆、建筑、光环境对象等静态或动态的内容库，可以制作模型动画（图 2.3.4-5）。

图 2.3.4-5 Bentley LumenRT 的场景实现

5）AECOsim Energy simulator

能耗计算与分析模块，它基于能耗分析计算核心，符合相关的绿色建筑标准。可以实

现能耗计算、分析模拟，二氧化碳排放控制、成本控制，它可以通过 i-model、IFC、gbXML 等通用格式，实现与 AutoCAD、Revit 及其他应用模块的数据沟通，进行水力计算、风力计算、照明设计等。同时，还可以实现建筑管线系统的阻力计算、压力平衡分析、建筑电气照明设计等。此外，可以与设计系统实现数据交换。

6）Navigator

三维设计校审系统，利用 Navigator，可以实现信息模型的浏览、渲染、动画、三维校审、批注、碰撞检查等功能，与 ProjectWise 相结合，可以实现设计、校审、批注、反馈工作流程自动控制。

7）ConstructSim

ConstructSim 通过内建的设计、排列、执行、监督等虚拟模型来优化项目施工活动。其直观统一的用户界面能够提供一系列具体的施工工程支持工具，从而提供一个视觉集成环境。其功能可以提高生产率，降低成本，缩短项目周期，降低项目风险并提高团队安全系数。

8）Facility Manager

基于 MicroStation 平台，Facility Manager 可以通过将设施和资产管理与图纸文件及工程数据结合起来，为业主产企业所拥有的图纸文件内容增值，同时，能够和企业其他应用系统进行集成（财务、ERP 系统，如 SAP、用友等），从而实现资产的管理。通过 Facility Manager 可以实现工程内容和资产的有机管理，随时查阅项目或企业的主要资产设施数据。

9）ProjectWise 的协同工作平台

ProjectWise 是 Bentley 公司的管理平台，它对于不同的阶段、不同的参与方具有不同的功能。它可以使参与项目的所有人在同一个环境里，用同一套标准并行协同工作，不同的用户根据不同的授权访问工作内容。如可以根据不同的项目类型，选择合适的工作标准；还可以根据不同的项目阶段，让用户具有不同的权限。

3. AECOsim Building Designer 的功能及特点

AECOsim Building Designer 软件除了具有常规 BIM 软件的功能，如多专业模拟、建模、出图之外，还有几个特点：

1）参数化的模型创建技术

在 AECOsim Building Designer 中，各专业最终会形成一个相互参考的多专业的建筑信息模型，而各个专业在形成各自专业模型时，都采用参数化的创建方式。这就方便了模型的创建与修改，提高了工作效率。

2）管线综合与碰撞点自动侦测

AECOsim Building Designer 内置了碰撞检查的模块 Clash Detection，可以在设计过程中，针对专业内部及专业之间进行及时的碰撞检查校验，及时发现设计过程中的问题。

3）全信息 3D 浏览与电子发布

利用 AECOsim Building Designer 可视化功能，可以对 BIM 模型整体或者建构筑物内部场景进行浏览。电子发布除了以传统的方式发布给项目参与者，还拓展支持了电子发布方式，例如：Navigator 支持最新的 PDF 文档内嵌 3D 模型功能。

4）工程量概预算自动统计

利用 AECOsim Building Designer 创建 BIM 模型的过程中，对各专业的构件输入需要的工程属性，可以自动抽取归类，生成相应的统计和报表；可将施工量定额标准以编码的形式定制到施工构件上，利用 BIM 模型的高仿真特点，可对整个模型的施工工程量进行概预算自动统计；另外，还可以进一步自动统计出构件的造价、密度、重量、面积、长度、个数等材料报表信息，降低了人为出错的概率，节省了人力和时间成本。

5）文件轻量处理能力

AECOsim Building Designer 继承了 Microstation 文件轻量处理能力，保证了 AECOsim Building Designer 在创建超大规模和超精细的设计模型文件方面具备的承载能力，一般的项目利用普通台式机或笔记本电脑即可工作，无需采购专业的图形工作站。

4. 装饰专业 BIM 应用能力

1）开放的底层数据库

ABD 的底层数据库是开放的，可以自定义构件的类别和类型。例如，可以为系统创建一个吊灯的类别，然后在吊灯类别下创建中式吊灯、欧式吊灯、日式吊灯等类型，如果参数组不够，也可以自己定义；同时，不仅可以自己创建吊灯模型，也可以将外部的三维模型导入，再将某个吊灯类型赋予这个模型。

2）多种类建模工具

ABD 除了包含常规的建筑、结构、机械和电气等专业模块，提供专业构件创建工具，还提供了实体模型、网格模型、曲面模型和特征模型等建模工具。其中特征模型将一个构件从初始状态到最终成型的编辑过程全部储存在一个管理器中，可以随时回到之前任一节点再进行编辑。这对于装饰行业创建复杂装饰构件有特殊价值。

3）非常规模型创建

基于 MicroStation 平台的 AECOsim 为需要异形、非常规的模型的用户提供了更多解决方法，在 MicroStation 中可以简单快速地利用三维实体工具建立特殊模型，不仅可以用于形体的展示，还可以赋予材质、添加属性，为后期渲染出图、提取材料表等工作先行作出设置。

4）快速调整方案

在装饰行业设计过程中，每次出效果图过程比较缓慢，有可能需要渲染几个小时，方案有微小调整后再次出图的时间成本较高，且不容易有实时的效果。利用 AECOsim 软件可进行快速方案调整，方便地查看三维效果；配合 LumenRT 后可以快速创建高分辨率的渲染图像，节省了出图时间，提高了设计效率。

5）多专业多功能

除了建筑各专业外，ABD 还有衍生式设计模块 Generative Components，可以创建复杂造型的建筑空间；利用 Energy Simulator 模块，可进行建筑能源分析，提高建筑空间的绿色指标；其碰撞检查功能可选构件类别、图层和模型组进行各构件间的硬碰撞和软碰撞检查；渲染和动画模块，可以渲染普通效果图（图 2.3.4-6）和 360°全景图，可以设置相机动画、关键帧动画、进度模拟动画等。

6）辅助视野设计

以前在室内效果图制作时，室内可见的室外场景只能贴一幅风景图片。CC 的实景建

图 2.3.4-6　LumenRT 生成室内设计效果图

模可以生成真实室外场景模型，在室内设计时，在 BIM 模型场景中可以加入此真实场景模型，设计师可以根据真实场景规划设计在室内的人看往室外的视线及所见景观，对景区的室内设计有很好的辅助作用。

7）智能算量节约成本

当装饰项目进入实施阶段，面对成本问题，同一个人每次计算的工程量也可能有一定的出入，人工算量需要多次重复核对。利用 AECOsim 软件构件数量、体积、面积、型号、材料等都可以直接从模型中提取，可以节省人工成本。

8）辅助验收管理

当装饰项目到了竣工阶段，项目管理人员可能面临多种验收工作。进行复杂位置核验的时候，需要对比多张图纸，会产生大量协调的问题。利用 AECOsim 软件可以直接利用模型的参考功能整合多个专业模型，直观地查看复杂位置各专业的模型，让管理工作更快速、精确。

5. AECOsim Building Designer 信息共享能力

ABD 的文件存储格式是 .dgn。ABD 支持打开和导入导出 IFC 格式文件；支持常规 CAD 文件，如 .dwg、.dxf、.sat、.skp 等格式。Bentley 公司开发针对其他软件公司 BIM 软件的 imodel 接口程序，如 Revit、ARCHICAD、SketchUp 等，可以直接将这些软件的模型发布为 Bentley 软件支持的 .dgn 文件。针对结构设计文件，Bentley ISM 接口实现了与 Revit 的双向互联，并可以编辑。ABD 支持 Revit 族文件 RFA 文件的导入。在三维可视化方面，ABD 导出 FBX 和 OBJ 文件，也可直接导出虚拟现实 Unity3D 软件支持 u3d 文件。另外，ABD 支持 ContextCapture 文件无损导入，还可直接启动 LumenRT。ABD 支持的数据格式详见附录 1-表 17～附录 1-表 20。

6. AECOsim Building Designer 插件与开发

1）ABD 的插件

Aecosim Building Designer China Country Kit 标注工具包：

这款标注工具包主要致力于解决客户在出图过程中大量的重复标注工作，配置了符合我国制图规范的各类样式，不需要用户手动配置文件，解决了在 BIM 三维设计环境下尤其是针对专业构件的快速批量标注问题。另外，该工具也包含了尺寸编辑功能，帮助用户更快捷灵活地处理优化图面问题。

2）ABD 的二次开发计算机语言

ABD 提供 SDK 开发包，为开发人员提供 API、文档和例子。开发人员可以使用：

C/C++：接口提供的 API 首先是以 C/C++ 函数和类的形式提供。

C♯：DotNET 接口提供了与 Microstation 同样的接口定义，并提供 ABD 特有的功能。

另外，可以通过 Bentley Professional Service 团队定制服务。

7. AECOsim Building Designer 的 BIM 构件库

AECOsim 中自带很多各专业构件，建筑装饰专业可以用到的包含多种样式的构件和设施模型，可以满足不同建筑物的模型创建需求。对于一些已经拥有了内部构件库的公司，ABD 还提供了丰富的外部构件导入模式，在建立模型的同时可以利用其他格式的构件插入到需要完成的建筑中直接调用。

2.4 BIM 协同平台简介

支持 BIM 数据集成管理和协同工作为核心功能的软件统称为 BIM 协同平台。BIM 技术应用的根本目标之一就是要解决工程数据的互联互通和多参与方的信息共享问题，支持项目的协同工作。选用 BIM 协同平台除了技术、商务因素，还需满足安全、实用、经济的要求。装饰行业当前的 BIM 协同平台以企业自开发为主，当前面向住宅装饰业态的代表性的有酷家乐、DIM+协同平台等。

当前常用的 BIM 协同平台见表 2.4-1。

常用 BIM 协同平台 表 2.4-1

平台名称	简介	主要功能	优势
东易日盛 DIM+	东易日盛家居公司内部上线应用的，面向住宅装饰业态的 BIM 协同管理平台	DIM+系统包含网页平台和操作平台，基于 BIM 建模软件 Revit 集成了族库、项目管理、知识管理、模型绘制等功能	具有丰富的素材资源、高效的建模工具，可实现：订单快速报价、在线签约；材料下单劳务派单、自动拆单、预制加工；在线监理、实景对比验收交付
酷家乐	酷家乐是面向住宅装饰业、陈设业等的云设计平台	包含了多种户型库、多种部品素材、集成了自动布置家居、渲染功能、全屋漫游、装饰设计（自由设计吊顶造型、墙面定制）定制橱柜衣柜、一键替换材质、施工图一键生成等功能	户型库、部品库方便住宅装饰行业选用、全家居布置、渲染速度较快，施工图、吊顶设计、部品定制较为方便，能明显提升工作效率
协筑（广联云）	面向建设工程项目各参与方的工程项目数据管理及多方协作平台	帮助用户在云端管理数据，从多终端和应用访问数据，并与团队成员协作完成任务	可以方便地进行在线 BIM 协作，易上手。公有云的商业模式，即买即用，无需部署，按需收费，节省了项目的投入成本

续表

平台名称	简介	主要功能	优　势
Autodesk BIM 360	以云计算为基础基于桌面、云端、移动终端施工过程协同与管理平台	为施工所有参与方，提供施工数据存储、查阅、审批及管理等功能	从办公室到工地现场的无缝覆盖，实现施工过程数据集中化、流程标准化、数据查阅简便化等
Bentley Project Wise	具有协同工作和流程处理的文档处理平台	主要功能包括文档储存与管理功能、协同工作、沟通消息及工作流程管理等	具有较高的安全性，功能丰富，访问和操作便利，通过平台实现异地的协同工作，提高了协作效率
Trimble Connect	TrimbleBIM 产品的集成平台	可进行碰撞测试；构件信息统计；概、预算统计等，可导出统计表格。可记录项目在整个生命周期的过程文件，使得 BIM 模型有可追溯性和与实际生产相关的应用价值	兼容国际主流 BIM 文件多种格式模型。集成 Trimble 多款土建应用软件，将 BIM 模型的多领域、多区域的建筑、设施等模型整合到一起，可以使用统一的基点标准，从而整合整个项目
云建信 4D-BIM 云平台	面向市政、基础设施、民用建筑的施工与运维的管理平台	通过建立基于 IFC 标准的 4D-BIM 模型，实现了基于 BIM 的施工进度、资源与成本、安全与质量、场地与设施、监测与安防的 4D 集成管理、实时控制和动态模拟	以公私云兼有的商业模式，提供面向多工程领域和多应用方的 BIM 数据采集、存储、处理、共享，支持跨平台的业务数据融合与协作，实现施工项目的集成动态管理

2.5　建筑装饰工程 BIM 相关设备

2.5.1　BIM 设备概述

现阶段，BIM 设备涵盖了与 BIM 相关的各类新型的智能化的硬件设备以及在设备上的运行软件。本书根据功能将当前的 BIM 设备分类见表 2.5.1-1。

BIM 设备分类表 表 2.5.1-1

序号	类别名称	代表设备名称	功能作用
1	扫描类	三维激光扫描仪	质量检测
2	测量放线类	激光测距仪、全站仪	测量、放线
3	打印制作类	3D 打印机	复杂造型模具及装饰构件打印
4	采集识别类	RFID，二维码及其扫码读写设备	用于采购运输、物料管理、技术交底等
5	虚拟现实类	AR 头显、环幕	用于虚拟现实、增强现实、混合现实体验
6	自动建造类	焊接机器人、板材安装机器人	智慧建造的辅助工具
7	辅助管理类	360°全景设备	记录、进度、质量、安全管理等

2.5.2 相关设备简介

1. 扫描类

三维扫描仪:

(1) 简介

三维扫描仪(3D scanner)是一种用来侦测并分析现实世界中物体或环境的形状(几何构造)与外观数据(如颜色、表面反照率等性质)的仪器(图2.5.2-1)。三维扫描仪搜集到的数据常被用来进行三维重建计算,在虚拟世界中创建实际物体的数字模型。

图 2.5.2-1 三维激光扫描仪

(2) 分类

三维扫描仪分为接触式三维扫描仪和非接触式三维扫描仪。其中非接触式三维扫描仪又分为光栅三维扫描仪(也称拍照式三维扫描仪)和激光扫描仪。按照使用方式分为:手持式三维扫描仪、拍照式三维扫描仪;按照测量方法和结果分为:点测量仪、线测量仪、面测量仪。

(3) 功能

三维扫描数字模型的用途:工业设计、瑕疵检测、逆向工程、逆向教学、机器人导引、地貌测量等。其中检测时,扫描模型,建立用于检测部件表面的三维数据,多用于生产线质量控制和曲面零件的形状检测等。用于建筑装饰行业,可为项目提供精准的测量数据和设计依据,进行变形校对,提高测量效率。

(4) 特点

精确的点云模型创建:三维扫描仪的用途是创建物体几何表面的点云(point cloud),这些点可用来形成物体的表面形状,越密集的点云可以创建更精确的模型,这个过程称作三维重建。若扫描仪能够取得表面颜色,则可进一步在重建的表面上粘贴材质贴图,即材质映射(texture mapping)。

包含相机视线模拟:三维扫描仪可模拟为照相机,它们的视线范围都体现圆锥状,信息的搜集皆限定在一定的范围内。两者不同之处在于相机所抓取的是颜色信息,而三维扫描仪测量的是距离。

2. 测量放线类

1) 激光测距仪

(1) 简介

激光测距仪,是利用调制激光的某个参数实现对目标的距离测量的仪器。激光测距仪适用于建筑结构复杂,中高层、长距离的房屋的测量。使用简便,测量数据精确,工作效率很高,可非接触测量。当前有激光测距仪与移动智能终端的 APP 组合,被称为量房神器。其 APP 是一款基于 Android、iOS 平台研发的测绘数据自动处理智能系统,用于智能手机和平板电脑(图2.5.2-2)。

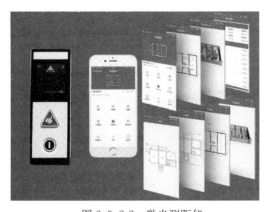

图 2.5.2-2 激光测距仪

（2）分类

激光测距仪分为三种：①手持激光测距仪：测量距离一般在 200m 内，精度在 2mm 左右。这是目前使用范围最广的激光测距仪。在功能上除能测量距离外，一般还能计算测量物体的体积。②云服务激光测距仪：通过蓝牙将激光测距仪上测量数据实时传输到移动终端如手机、平板电脑上；通过 Wi-Fi 联网可将数据传输到云端服务器，在远程的施工伙伴实时共享测量数据。③望远镜式激光测距仪：测量距离比较远，一般测量范围在 3.5～2000m。

（3）功能

以智能测绘为核心，广泛应用于房产测绘、建筑工程、建筑装饰装修工程、物业管理等领域，能够实现建筑测绘中的绘图、面积统计的一体化、自动化操作，提高了测绘员的工作效率。

（4）特点

重量轻、体积小、操作简单速度快而准确，其误差仅为其他光学测距仪的五分之一到数百分之一。

2）全站仪

（1）简介

全站仪，即全站型电子测距仪（Electronic Total Station），是一种集光、机、电为一体的高技术测量仪器，因其一次安置仪器就可完成该测站上全部测量工作，所以称之为全站仪。全站仪是集水平角、垂直角、距离（斜距、平距）、高差测量功能于一体的测绘仪器系统。到现在已经发展有自动全站仪的种类（图 2.5.2-3）。

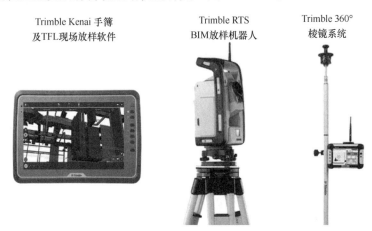

图 2.5.2-3　自动全站仪（放样机器人）

自动全站仪即放样机器人，功能更加强大，应用更加方便，是一种集自动目标识别、自动照准、自动测角与测距、自动目标跟踪、自动记录于一体的测量平台。自动全站仪同时可以与制定测量计划、控制测量过程、进行测量数据处理与分析的软件系统相结合，代替人完成测量任务。自动全站仪的技术组成包括坐标系统、操纵器、换能器、计算机和控制器、闭路控制传感器、决定制作、目标捕获和集成传感器等八大部分。可利用计算机软件实现测量过程、数据记录、数据处理和报表输出的自动化，从而在一定程度上实现了监测自动化和一体化。

（2）分类

全站仪采用了光电扫描测角系统，其类型主要有：编码盘测角系统、光栅盘测角系统及动态（光栅盘）测角系统等三种。目前，还出现了带内存、防水型、防爆型、电脑型等的全站仪。按其外观结构可分为两类：早期的积木型（组合型）和当前的整体型。

（3）功能

全站仪具有角度测量、距离（斜距、平距、高差）测量、三维坐标测量、导线测量、交会定点测量和放样测量等多种用途，内置专用软件后，功能还可进一步拓展，广泛用于地上大型建筑和地下隧道施工等精密工程测量或变形监测领域。当前的全站仪基本上都是整体式全站仪，自动全站仪能代替人进行自动搜索、跟踪、辨识和精确找准目标，并获取角度、举例、三维坐标以及影像等信息，进而得到物体的形态及其随时间的变化，可用于施工装饰测量定位放样。

（4）特点

自动全站仪利用其快速、精准、智能、操作简便、劳动力需求少的优势，将 BIM 模型中的数据直接转化为现场的精准点位，减少交叉误差和复杂程序。能够提高效率，减少工作时间。

3. 打印制作类

1）三维打印机（3D 打印机）

（1）简介

三维打印机（3D Printers），是一种累积制造技术（快速成形技术）的一种机器，它是一种以数字模型文件为基础，运用特殊蜡材、粉末状金属或塑料等可黏合材料，通过打印一层层的黏合材料来制造三维的物体。三维打印机的原理是把数据和原料放进三维打印机中，机器会按照程序把产品一层层造出来。

（2）分类

目前三维打印机种类大体分为两类：工业级三维打印机和桌面级三维打印机。按照打印精度划分根据不同的打印工艺，分为以下多种（表 2.5.2-1）：

三维打印机打印工艺分类　　　　　　　　　　　　　　表 2.5.2-1

序号	打印工艺名称	英文名称	打印工艺与打印材料
1	选择性激光烧结	selective laser sintering, SLS	热塑性塑料、金属粉末、陶瓷粉末
2	直接金属激光烧结	Direct metal laser sintering, DMLS	几乎任何合金
3	熔融沉积式	Fused deposition modeling, FDM	热塑性塑料，共晶系统 金属、可食用材料
4	立体平版印刷	Stereolithography, SLA	材料为光硬化树脂
5	数字光处理	Digital Light Processing, DLP	液态树脂
6	熔丝制造	Fused Filament Fabrication, FFF	聚乳酸、ABS 树脂
7	熔化压模式	Melted and Extrusion Modeling, MEM	金属线、塑料线

续表

序号	打印工艺名称	英文名称	打印工艺与打印材料
8	分层实体制造	Laminated object manufacturing，LOM	纸、金属膜、塑料薄膜
9	电子束熔化成型	Electron beam melting，EBM	钛合金
10	选择性热烧结	Selective heat sintering，SHS	热敏打印头，粉末材料
11	粉末层喷头 3D 打印	Powder bed and inkjet head 3D printing，PP	石膏
12	建筑 3D 打印机	3d building printer，BP	打印混凝土

（3）功能

三维打印技术可用于建筑工程设计和施工、汽车、航空航天、医疗产业、工业设计、珠宝、鞋类、教育、地理信息系统和许多其他领域。常常在模具制造、工业设计等领域被用于制造模型或者用于一些产品的直接制造。在建筑业，可以用三维打印机打印建筑设计模型、复杂造型的模具及构件；另外，可以用大型打印机以高性能混凝土为打印材料打印建筑（图 2.5.2-4）。在装饰行业，三维打印已经被用于复杂造型构件的打印。

（4）特点

三维打印机成型快速、成本低、环保，制作精美，能实现复杂形状的设计制造，合乎设计者的要求，同时又能节省大量材料，能够缩短产品的生产周期，提高生产率。

4. 采集识别类

1）二维码

（1）简介

二维码是用某种特定的几何图形按一定规律在平面（二维方向上）分布的黑白相间的图形记录数据符号信息；在代码编制上使用若干个与二进制相对应的几何形体来表示文字数值信息，通过图像输入设备或光电扫描设备（图 2.5.2-5），自动识读以实现信息自动处理。二维码制有其特定的字符集，每个字符占有一定的宽度，具有一定的校验功能，同时还具有对不同行的信息自动识别功能，以及处理图形旋转变化等特点。

图 2.5.2-4　建筑 3D 打印机　　　　　　图 2.5.2-5　二维码扫描仪

（2）分类

二维码可以分为堆叠式、行排式和矩阵式，其应用根据业务形态不同可分为被读类和主读类两大类。其阅读设备依阅读原理的不同可分为：线性图像传感器（Charge-coupled-Device，CCD）和线性图像式阅读器（Linear Imager）、带光栅的激光阅读器、图像式阅读器（Image Reader）；其识读设备依工作方式的不同还可以分为：手持式、固定式。

（3）功能

二维码的主要功能有：信息获取、网站跳转、广告推送、手机电商、防伪溯源、优惠促销、会员管理、手机支付等。在建筑行业，二维码已经被应用于产品材料、部品构件的采购、运输、出入库及安装管理及技术交底、建筑产品使用说明等。

（4）特点

二维码具有如下特点：高密度编码，信息容量大（500 汉字）、译码可靠性高、编码范围广；容错能力强，具有纠错功能，可引入加密措施，保密性、防伪性好；条码符号形状、尺寸大小比例可变，可以使用激光或 CCD 扫描器识读；成本低，易制作，持久耐用。

2）RFID 标签

（1）简介

RFID（Radio Frequency Identification）标签指的是射频识别 RFID 技术所使用的应答器。RFID 又称无线射频识别，是一种通信技术，可通过无线电信号识别特定目标并读写相关数据，而无需识别系统与特定目标之间建立机械或光学接触。RFID 使用专用的 RFID 读写器（图2.5.2-6）及专门的可附着于目标物的 RFID 标签，利用频率信号将信息由 RFID 标签传送至RFID 读写器，用于控制、检测和跟踪物体。

图 2.5.2-6　RFID 读写器

RFID 只有读写器和标签两个基本器件，需利用应用软件将收集的数据进一步处理。

（2）分类

RFID 技术中所衍生的产品有三大类：无源 RFID 产品（近距离接触式识别类，如公交卡）。有源 RFID 产品（远距离自动识别类，如智能停车场）、半有源 RFID 产品（近距离激活定位，远距离识别及上传数据）。RFID 标签分为被动（无内部供电电源）、半被动（也称作半主动，带一个小型电池）、主动（内部电源供应器）三类。另外，RFID 读写器分移动式的和固定式两种。

（3）功能

目前 RFID 技术应用很广，如：图书馆、门禁系统、食品安全溯源等。可帮助企业大幅提高货物、信息管理的效率，还可让销售企业和制造企业互联，更加准确地接收反馈信息，控制需求信息，优化整个供应链。RFID 技术的发展对于物联网领域的进步具有重要意义。

在建筑行业，RFID 已经用于结构工程，可以植入混凝土预制构件，用于产品材料、部品构件的采购、运输、出入库及安装、进度、质量的追溯和管理。

（4）特点

RFID 标签具有如下特点：非接触识别：可在恶劣环境使用，进行穿透性和无屏障阅读，可远距离读取，扫描阅读速度快；适用性强：可以实现资产的可视化管理、体积小型化、形状多样化、抗污染能力和耐久性强，可重复使用；高储存量：数据的记忆容量大，最大的容量有数兆（MB）；安全性强：数据内容可由密码保护，内容不易被伪造及变造。

5. 虚拟现实类

虚拟现实（VR/AR/MR）硬件：

虚拟现实硬件指的是与虚拟现实技术领域相关的硬件产品，是虚拟现实解决方案中用到的硬件设备。

（1）简介

虚拟现实（VR：Virtual Reality）是一种可以创建和体验虚拟世界的计算机仿真系统，它利用计算机生成一种模拟环境，是一种多源信息融合的交互式的三维动态视景和实体行为的系统仿真，能使用户沉浸到该环境中。

增强现实（AR：Augmented Reality）是一种实时地计算摄影机影像的位置及角度，并加上相应图像的技术，这种技术的目标是在屏幕上把虚拟世界套在现实世界并进行互动。

混合现实（MR：是 Mixed Reality）是虚拟现实技术的进一步发展，该技术通过在虚拟环境中引入现实场景信息，在虚拟世界、现实世界和用户之间搭起一个交互反馈的信息回路，以增强用户体验的真实感。

（2）分类

现阶段虚拟现实硬件设备，可以分为四类，分别是：①建模设备（如 3D 扫描仪）；②三维视觉显示设备：如 3D 展示系统、大屏幕投影—液晶光闸眼镜（如 CAVE）、头显（头戴式立体显示器，图 2.5.2-7）双目全方位显示器（BOOM）、CRT 终端—液晶光闸眼镜、CAVE 洞穴式虚拟现实显示系统、智能眼镜；③声音设备：如三维的声音系统以及非传统意义的立体声、语音识别；④交互设备：包括位置追踪仪、数据手套（图 2.5.2-8）、力矩球、操纵杆、3D 输入设备（三维鼠标）、动作捕捉设备、眼动仪、触觉、力反馈设备、数据衣以及其他交互设备。

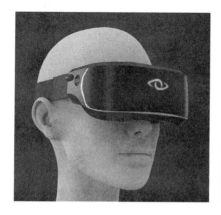

图 2.5.2-7　头显

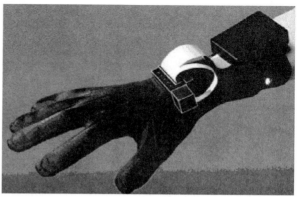

图 2.5.2-8　数据手套

（3）功能

虚拟现实设备兼有演示媒体和设计工具的功能，其视觉形式反映了设计者的思想。用于装饰行业，虚拟现实设备及相关的建模和应用方法，可以将装饰设计师的构思变成看得见的虚拟物体和环境，使设计成果能达到身临其境的境界，提高设计和规划的质量与效率。运用虚拟现实技术，设计者可以完全按照自己的构思去构建装饰"虚拟"的房间，并可以任意变换自己在房间中的位置，去观察设计的效果。同时，通过互动设备，实现的人机交互功能。

（4）特点

虚拟现实设备具有超文本性和交互性；可以通过人机界面对复杂数据进行可视化操作与交互。其更为自然的人机交互手段控制作品的形式能创造良好的参与性和可操控性。

6. 自动建造类

智能机器人：

自动建造设备一般指各种工程用机器人。机器人有普通机器人和智能机器人。普通机器人是指不具有智能，只具有一般编程能力和操作功能的机器人。本书主要介绍智能机器人。

1）简介

智能机器人有发达的中央处理器，相当于"大脑"，智能机器人可按照操作者的指令按目的安排动作。不同功能的智能机器人外观不同。智能机器人至少要具备三个要素：感觉要素、反应要素和思考要素。智能机器人具备形形色色的内部信息传感器和外部信息传感器，如视觉、听觉、触觉、嗅觉。除具有感受器外，它还有效应器，作为作用于周围环境的手段。

2）分类

智能机器人根据其智能程度的不同，可分为三种：①传感型机器人（外部受控机器人）：机器人的本体上没有智能单元只有执行机构和感应机构，它具有利用传感信息进行传感信息处理、实现控制与操作的能力，受控于外部计算机智能处理单元。②交互型机器人：机器人通过计算机系统与操作员或程序员进行人机对话，实现对机器人的控制与操作。虽然具有了部分处理和决策功能，能够独立地实现一些诸如轨迹规划、简单的避障等功能，但是还要受到外部的控制。③自主型机器人：机器人无需人的干预，能够在各种环境下自动完成各项拟人任务。自主型机器人的本体上具有感知、处理、决策、执行等模块，可以就像一个自主的人一样独立地活动和处理问题。

3）功能

理解人类语言：智能机器人用人类语言同操作者对话，在它自身的"意识"中单独形成了一种使它得以"生存"的外界环境——实际情况的详尽模式。能分析出现的情况：能调整自己的动作以达到操作者所提出的全部要求，能拟定所希望的动作，并在信息不充分的情况下和环境迅速变化的条件下完成这些动作。智能机器人按照功能可分为多种，当前已有多种类型的智能机器人用于建筑业，如焊接机器人等。放样机器人可用于建筑装饰工程的测量放线。

4）特点

智能化：是智能机器人的核心特征，表现为对工作环境的自动识别与判断，其工作指令根据反馈信息自动生产，而不是基于开环设计；综合性：是指机器人技术是集成技术，是典型的交叉学科；实时性：要求对现实情况做出快速的反应；交互性：必须能够理解人的意图和思想，实现与人和社会的交流；平台化：机器人技术是一个技术平台，搭配什么样的任务，就能变成特定功能的机器人。

7. 辅助建造类

360°全景设备：

1）简介

360°全景是给人以三维立体感觉的实景 360°全方位图像，360°全景设备是能够实现360°全景技术的硬件及其配套软件的总称。全景实际上只是一种对周围景象以某种几何关系进行映射生成的平面图片，只有通过特定的具有全景播放功能的软件经过矫正处理才能呈现出三维全景的视觉感。

2）分类

360°全景设备按制作方法主要有三种。一是采用数码单反相机，鱼眼镜头、全景云台、三脚架，按照全景的后期合成要求，在特定的软件里进行合成全景。二是专用 360°全景设备，体积小，重量轻，可以固定安装，手持也可以遥控，甚至可以一键生成全景。专用 360°全景设备有柱状、球形、双镜头几种。三是部分智能手机本身自带 360°全景拍照功能。

图 2.5.2-9　360°全景设备

3）功能

双镜头全景相机小巧，操作便利，配有手持杆等配件，价格适中便于施工现场进行遥控等操作使用，更易于与 BIM 结合，对于室内空间吊顶等处的拍摄提供了多角度的可能（图 2.5.2-9）。利用 360°全景技术结合相关软件，能对全景照片和全景视频实施管理：记录拍摄的时间、楼层、区域、拍摄者和主要问题，对项目隐蔽工程验收、吊顶内机电管线验收、重要施工工序验收、质量问题排查、进度跟踪管理、安全隐患排查，另外还可以对装饰专业成品污染问题进行追溯。通过配套软件，可以进行质量、进度、安全等方面的管理，以及资料归档和调取查阅。

4）特点

360°全景设备的特点主要是：能够全方位的视觉呈现三维实景空间、设备成本相对较低、使用便利、能与 BIM 结合。但目前在应用中有产生的数据量过大、传输慢、费流量的问题。

2.6　建筑装饰工程 BIM 资源配置

2.6.1　BIM 软件配置

1. 软件选择步骤

BIM 软件选择是 BIM 应用的首要环节。建筑装饰项目在选用过程中，应采取相应的方法和程序，以保证正确选用符合企业和项目需要的 BIM 软件。基本步骤和主要工作内容见表 2.6.1-1。

BIM 软件选择步骤

表 2.6.1-1

序号	步骤	主要工作内容
1	调研和初步筛选	首先调研市场现有软件和应用情况、项目要求等情况。结合装饰项目业务需求筛选出可能适用的 BIM 软件工具集。筛选条件包括：项目要求、功能、本地化、市场占有率、数据交换能力、二次开发扩展能力、软件性价比及技术支持能力等
2	分析及评估	对筛选出来的软件分析评估，考虑的主要因素包括：是否可为项目带来收益；软件部署实施的成本和投资回报率估算；设计人员接受的意愿和学习难度等
3	测试及试点应用	对选定的部分 BIM 软件测试：与现有资源的兼容情况、稳定性和成熟度、易用性、系统性能、所需硬件资源、可维护性、本地技术服务质量和能力、二次开发的可扩展性等
4	审核批准及正式应用	形成备选软件方案，由决策部门审核批准最终 BIM 软件方案，并全面部署

2. 不同类型装饰项目的常见软件配置

建筑 BIM 信息化软件应用中，项目模型主要经历建模、渲染、展示、出图等几个阶段，不同阶段的项目对软件的功能需求也有很大的不同，所以 BIM 应用是多软件的集成。

装饰工程项目精细复杂，目前市面上尚未有专门针对装饰专业的 BIM 软件，在装饰BIM 的运用中需要通过不同的软件相互配合来完成，这些软件贯穿了整个项目周期。下面针对不同项目所需要运用到的软件进行介绍：

1）住宅装饰等小型项目

一般此类项目体量小，对模型细节深度要求较高，在建模阶段可以以某一种 BIM 建模软件为主，如 Revit、ARCHI CAD；可配合 SketchUp 对部分细部节点进行单独深化建模，后期可以用 3ds MAX 和 V-Ray 或者利用网络的云渲染平台进行渲染，或用 Lumion等制作效果图、VR 漫游。

2）大型公建类项目

大型公建项目在建模阶段工作量繁重，在方案设计阶段可以先以 SketchUp、Rhinoceros 为主；商场、酒店、办公楼等项目在装饰面层建模阶段可以主要以某一种 BIM 建模软件为主，如 Revit、ARCHI CAD、CATIA；钢结构、龙骨等钢架基层则以 Tekla 为主；如遇到部分特殊的异形造型，如吧台、背景墙、异形天花等则通过 Rhinoceros 软件的辅助进行表皮的创建；在既有建筑改造装饰工程初步设计时，使用 ODEAN 等分析软件进行建筑性能分析与计算；效果图渲染采用 3ds MAX、V-Ray 或者利用网络的云渲染平台进行渲染。到了施工实施阶段，可以通过 Navisworks、Fuzor、Catia 等分析管理软件实现碰撞检查、施工方案模拟等功能；对于产品的加工，可以通过 Tekla、Rhinoceros 等软件以及传统的二维 CAD 进行配合；利用 Navisworks、Project、Primavera 等计划软件进行施工进度模拟管理；利用广联达等 BIM 造价软件辅助造价和成本管理；另外通过广联达、BIM360 等成熟的协同管理平台提高工作效率。

3）幕墙项目

幕墙项目的钢结构一般通过 Tekla 实现，表皮如果为造型简单的石材铝板等嵌板，可用 Revit 建模；若遇到复杂异形的曲面，则需要运用 Revit 配套插件 Dynamo、Rhinoceros 软件配合其插件 Grasshopper 或 Catia 来建立模型出图，并在施工阶段利用其进行材料下单；之后在初步设计阶段使用分析软件进行建筑性能分析、结构计算；后期同样可以通过 Navisworks、Fuzor、Catia 等软件进行施工进度模拟、方案模拟等。

2.6.2　BIM 硬件配置

BIM 技术的推广和实施应用需要计算机硬件设备的支持，BIM 硬件环境包括：客户端（台式计算机、笔记本等个人计算机，也包括平板电脑等移动终端）、服务器、网络及存储设备等。在建筑装饰项目中 BIM 团队成员配备性能合适的计算机是必不可少的。在 BIM 硬件环境建设中，既要考虑 BIM 对硬件资源的要求，也要将企业未来发展与现实需求结合考虑，既不能盲目求高求大，也不能过于保守，以避免资金投入过大带来的浪费或因资金投入不够带来的内部资源应用不平衡等问题。

当前，采用个人计算机终端运算、服务器集中存储的硬件基础架构较为成熟，其总体思路是：在个人计算机终端中直接运行 BIM 软件，完成 BIM 的建模、分析及计算等工作；通过网络，将 BIM 模型集中存储在项目数据服务器中，实现基于 BIM 模型的数据共享与协同工作。该架构方式技术相对成熟、可控性较强，可在项目现有硬件资源和管理方式基础上部署，实现方式相对简单，可迅速进入 BIM 实施过程，是目前项目 BIM 应用过程中的主流硬件基础架构。但该架构对硬件资源的分配相对固定，存在不能充分使用或浪费资源的问题，近期基于云计算的存储方案也逐渐成熟，成为一种新的选择可能。

装饰项目应当根据整体信息化发展规划及 BIM 对硬件资源的要求进行整体考虑。在确定所选用的 BIM 软件系统以后，重新检查现有的硬件资源配置及其组织架构，整体规划并建立适应 BIM 需要的硬件资源，实现对项目硬件资源的合理配置。特别应优化投资，在适用性和经济性之间找到合理的平衡，为企业的长期信息化发展奠定良好的硬件资源基础。

1. 个人计算机配置方案

装饰 BIM 应用对于个人计算机性能要求较高，主要包括：数据运算能力、图形显示能力、信息处理数量等几个方面。项目可针对选定的 BIM 软件，结合工程人员的工作分工，配备不同的硬件资源，在企业信息化架构的整体规划基础上全面考虑，不必一味追求高性能。可采用阶梯式的不同级别对应用 BIM 的不同部门员工的个人计算机进行硬件配置即：基本配置、标准配置、专业配置，以达到架构投资的合理性价比（表 2.6.2-1）。对于少量临时性的大规模运算需求，如复杂模拟分析、超大模型集中渲染等，可考虑通过分布式计算的方式，调用闲置资源共同完成，以减少对高性能计算机的采购数量。

个人计算机配置等级 表 2.6.2-1

项目	基本配置	标准配置	专业配置
处理器	i3 处理器，如 intel Core i3-4130	i5 处理器，如 intel Core i5-3570K、4570K 等	i7 处理器，如 intel Core i7-4770K 以上

项目	基本配置	标准配置	专业配置
内存	16GB	32GB	32GB 以上
显卡	核心显卡	AMD7700	AMD7700 以上，GTX960 以上
硬盘	C 盘空间推荐至少 100GB	C 盘空间推荐至少 100GB	C 盘空间推荐至少 100GB，固态硬盘更佳

2. 服务器配置方案

数据服务器用于实现项目 BIM 资源的集中存储与共享。数据服务器及配套设施一般由数据服务器、存储设备等主设备，以及安全保障、无故障运行等辅助设备组成。项目在选择数据服务器及配套设施时，应根据需求进行综合规划，包括：数据存储容量、并发用户数量（同时在线用户数量）、使用频率、数据吞吐能力、系统安全性、运行稳定性等。在明确规划以后，可据此（或借助系统集成商的服务能力）提出具体设备类型、参数指标及实施方案。下表为当前 BIM 服务器参考配置（表 2.6.2-2）。

BIM 服务器配置参考　　　　　　　　　表 2.6.2-2

序号	部件	配置
1	CPU	志强 i7 6800K
2	内存	16GB DDR4 X 4
3	硬盘	4TB
4	显卡	一般即可
5	电源	根据功率配置

3. 云存储方案

云计算技术是一个整体的 IT 解决方案，也是未来发展方向。其总体思想是：应用程序可通过网络从云端按需获取所要的计算资源及服务。对大型项目和企业，这种方式能够充分整合原有的计算资源，降低新的硬件资源投入、节约资金、减少浪费。但当前云存储尚有一系列问题如信息安全（根据我国信息化安全的相关政策法规，对于保密工程根据不同等级，必须采取相关密保措施）、私有云投入价格居高不下等问题尚需解决。因此相关用户应谨慎选择采用。随着云计算应用的快速普及，云存储必将实现对 BIM 应用的良好支持，成为项目未来可以选择的硬件配置方案。

4. 其他硬件设备配置

在项目 BIM 应用目标及应用点确认后，除了必需的个人计算机和服务器，需要按计划配置一些 BIM 应用的硬件及配套软件。这些硬件简介见章节 2.5 建筑装饰工程 BIM 相关设备，主要有三维激光扫描仪、激光测距仪、自动全站仪、3D 打印机、RFID、二维码及其扫码读写设备、AR 头显、360°全景设备等，其中激光测距仪应为 BIM 应用的必备硬件。一般情况下，项目应按自身的实际情况租赁或购买相关硬件设备。

5. 装饰项目 BIM 硬件配置与网络环境

装饰工程中，不同规模、不同专业、不同复杂程度的项目对硬件设备要求不一样。由于装饰工程材料多、工艺多，模型复杂数据量大；另外由于装饰专业处于工程末环，经常需要整合一些重点空间所有专业模型，其模型文件大小从几十兆至上千兆，因此从事这部分工作人员的个人计算机硬件的计算能力和图形处理能力等都提出了很高要求。

企业职能部门（如 BIM 中心）装饰 BIM 技术应用硬件根据项目规模配置推荐如下（表 2.6.2-3）：

装饰 BIM 技术应用硬件专业配置推荐 表 2.6.2-3

项目规模	专业计算机要求	服务器要求
10000m² 以下工程	不少于 3 台	可以不设
10000～50000m² 工程	不少于 5 台	至少 1 台
50000m² 以上工程	不少于 7 台	至少 1 台服务器和 1 台工作站

上述硬件配置是为企业职能部门专业配备，为了方便现场项目部与 BIM 应用技术中心的沟通、协调，在设计阶段应为项目部配备一台上述配置的计算机，而在施工阶段随工程进展，需给现场项目配备两台标准配置的计算机，并且保证现场项目网络带宽在 50MB 及以上，网络上行和下行最低速度符合相关要求。

2.6.3 BIM 资源库

1. BIM 资源库简介

BIM 资源一般是指在 BIM 应用过程中开发、积累并经过加工处理，形成可重复利用的 BIM 资源一般以库的形式体现，称之为 BIM 资源库。项目的 BIM 建模有很多重复工作，可以调用企业 BIM 资源库的 BIM 资源。装饰企业由于业态不同，需要的 BIM 资源类型不同。如住宅装饰企业更多收集户型、家居陈设、家用产品类构件；公共建筑装饰施工企业关注各类项目模型、具体构造模型、专业厂家构件等的积累，装饰设计企业需要较多的建筑、装饰类构件；幕墙企业侧重钢构件模型；陈设艺术类企业，需要更多的专业厂家的艺术构件。因此，各种 BIM 资源库应运而生。目前，国内装饰企业的 BIM 技术应用还处于起步阶段，随着应用的不断深入，各企业对 BIM 资源的需求将越来越大。

由于当前国内广泛应用的 BIM 建模软件自身所带构件资源及互联网资源库构件等资源有限，而且，部分构件、插件等资源不完全符合我国的工程建设设计和应用要求；另外，国内装饰企业的装饰工程业务范围各具特色，所用构件风格类型多种多样。因此，建设装饰企业自有的 BIM 资源库，丰富 BIM 装饰设计资源，成为装饰企业全面深入推进BIM 技术应用的重要条件和关键环节。

2. BIM 资源库的作用

装饰企业层面设置专人管理的 BIM 资源库，创建、收集各种类型常用 BIM 构件、插件等资源并整理，形成的资源信息完整、规范、可用，保证了后续数据的传递共享，可以为各类 BIM 应用打下坚实的基础。装饰企业资源库的建设可以实现对 BIM 资源的统一、集中存储及结构化管理。设计人员通过简单的调用即可使用大量标准化的构件，大幅降低了设计人员的工作量，有效提高设计效率。

基于项目级的 BIM 应用，在定制模型样板的过程中，载入或自定义项目需要的企业构件库中的装饰构件模型，可以显著提高建模效率，是提升企业标准化水平很有意义的举措。随着 BIM 在行业中进一步推广普及，BIM 资源库将越来越成为制约 BIM 应用效率提高、成本降低和效益增加的主要因素。

3. 创建 BIM 资源库

BIM 资源库的创建一般可分为：BIM 资源规划，BIM 资源分类，构件制作、审核与入库，资源库管理等内容。

1）BIM 资源规划

企业在开始建设 BIM 资源库之初，首先应做好 BIM 资源规划，这是资源库建设的基础和前提。国内装饰企业由于各自涉及的业务领域不同，对 BIM 资源的需求也不相同，因此，企业一般需要根据自身的业务特点，理清 BIM 资源需求，做好 BIM 资源规划，建立相应标准，用标准统一规范相关资源如构件的制作、审核与入库，以及构件库管理等活动，才能最大限度地提高对 BIM 资源的开发与利用效率。通常情况，BIM 资源规划应首先根据企业业务需要，预测本企业对 BIM 资源在数量和质量两方面的需求；通过统计分析现有 BIM 资源，确定本企业需补充建设的 BIM 资源；制定满足本企业需求的 BIM 资源建设办法与措施。

2）BIM 资源分类

构件分类是构件库建设的重要内容，是构件入库和检索的基础。构件资源规划完成之后，装饰企业对构件的需求和构件库的存储内容基本确定。为了使构件库使用方便，并易于扩充和维护，必须对构件进行分类，并依据分类类目建立构件库的存储结构。构件分类应以方便使用为基本原则，可依据装饰业态和行业习惯按专业和应用方向划分，将构件资源分为住宅、内装、幕墙、陈设、建筑、结构、机电等专业大类，各专业大类可再按功能、材料、特征进一步细分。同时，为了避免过度分类，应对分类类目等级进行控制，如每个专业下分类类目不宜超过 3 级。

3）构件制作

构件制作、审核与入库是 BIM 资源库中构件库创建的关键。在构件制作过程中，如装饰建模应根据建模细度的需要，在构件属性中包含其几何信息，以及材质、防火等级、工程造价等一些工程信息。但是每个构件包含的信息满足设计深度需求即可，信息过多则可能导致最终三维模型信息量过大，占用大量设备资源，难以操控。

4）资源审核与入库

依据企业命名标准命名后的构件文件，应交给指定的审核人进行审核。通常，审核人应具有丰富的构件制作经验，对企业构件资源的规划、企业构件库的存储结构非常熟悉。审核人需要将构件加载到实际项目环境中进行测试，重点测试构件的三维与平立剖显示、参数设置、命名等。只有通过审核的构件，才能存储到企业构件库中。另外，从搜集和定制的各类 BIM 插件、软件、项目模型等，也应是未来企业 BIM 资源库的搜集对象，这些对象在入库之前都需要审核，通过后入库。

5）BIM 资源库管理

BIM 资源库管理是 BIM 资源库创建的保障，包括权限分配、维护两部分。BIM 资源库是企业重要的技术和知识资源，因此，必须对 BIM 资源库采取有效的保护措施。通常应按照不同部门、不同专业对构件的使用需求，设置不同的访问权限。例如：内装专业人员可查看并下载本专业的构件，对其他专业的构件则不可读；BIM 资源库管理员应具有最高权限，全面负责 BIM 资源库的管理。为了防止 BIM 资源库中数据损坏，BIM 资源库管理员需对 BIM 资源库做日常备份。另外，随着 BIM 资源库中资源的不断扩容，库中构件文件的版本不统一、数据冗余等问题也将暴露出来。因此，BIM 资源库管理员还应定期升级库中资源文件的版本，删除不再适用的废弃资源文件。此外，为随时用高质量的资源扩充资源库，需要企业制定相关的激励制度，鼓励项目及员工积极参与 BIM 资源库的建设。

课 后 习 题

一、单项选择题

1. Rhinoceros 输出什么格式可以导入 Revit 中（　　）？

A..sat　　　　B..iges　　　　C..ifc　　　　D..stl

2. SketchUp 文件存储格式是（　　）。

A..skp　　　　B..iges　　　　C..dwg　　　　D..dng

3. 基于 Rhinoceros 平台的参数化插件是（　　）。

A. Lunchbox　　　　　　　　B. Grasshopper

C. Kangaroo　　　　　　　　D. PaneTools

4. 以下哪个软件是 BIM 核心建模软件？（　　）

A. CAD　　　　B. Revit　　　　C. Navisworks　　　D. 3ds MAX

5. 目前用得最广泛的渲染引擎是（　　）。

A. 3ds MAX　　　B. Revit　　　C. Navisworks　　　D. V-Ray

6. 达索系统的 CATIA 软件不仅能从概念设计无缝过渡到详细设计，还可深入到面向加工制造级别的深化设计，例如装饰的节点设计细节的 LOD 级别是：（　　）。

A. LOD 100　　　　　　　　B. LOD 200

C. LOD 300　　　　　　　　D. LOD 400

7. 当前可以利用 BIM 建模软件建立的建筑信息模型工作的设备是（　　）。

A. 二维码扫描仪　　　　　　B. 自动全站仪

C. 无人机　　　　　　　　　D. RFID 读写器

8. 点云模型用哪种硬件设备生成（　　）？

A. 3D 打印机　　　B. 三维激光扫描仪　　C. RFID　　　D. 自动全站仪

9. 下列哪些特点是 RFID 标签具有的（　　）？

A. 信息容量大（500 汉字）

B. 只能近距离读取

C. 耐久性强，可以穿透阅读

D. 对使用环境要求高

10. VR/AR/MR 设备有以下哪几类（　　）？

A. 三维扫描仪、头显、智能眼镜、立体声、位置追踪仪

B. 数据手套、环幕、力矩球、动作捕捉器、数据衣

C. 液晶光闸眼镜、操纵杆、三维鼠标、三维扫描仪

D. 建模设备、视觉显示设备、声音设备、交互设备

二、多项选择题

1. 常用的 BIM 核心建模软件有(　　　)。

A. Revit　　　　　　　　　　　　B. Rhinoceros

C. AECOsim Building Designer　　　D. ARCHI CAD

E. CATIA

2. 常用装饰方案设计软件有(　　　)。

A. ABD　　　　　　　　　　　　B. ARCHI CAD

C. SketchUp　　　　　　　　　　D. Rhinoceros

E. Revit

3. 建筑装饰专业可用的分析软件有(　　　)。

A. Echotect　　　　　　　　　　B. Odeon

C. Pathfinder　　　　　　　　　　D. 3ds MAX

E. ARCHI CAD

4. 能进行综合碰撞检查软件有(　　　)。

A. Navisworks　　　　　　　　　B. Tekla BIMsight

C. SketchUp　　　　　　　　　　D. Bentley Projectwise Navigator

E. CATIA

5. 以下哪几款软件以曲面建模能力著称(　　　)?

A. SketchUp　　　　　　　　　　B. Revit

C. CATIA　　　　　　　　　　　D. Rhinoceros

E. ARCHI CAD

6. Revit 支持哪几种格式的导出?(　　　)

A. ＊.dwg　　　　　　　　　　　B. ＊.gif

C. ＊.nwc　　　　　　　　　　　D. ＊.ifc

E. ＊.pdf

7. 达索系统所提供的软件产品,在装饰 BIM 的应用能力上包括哪些方面(　　　)?

A. 异型大尺寸建模　　　　　　　B. 参数化设计

C. 施工现场复核　　　　　　　　D. 3D 效果展示

E. 碰撞检查

8. 移动平台上的 GRAPHISOFT BIMx 具有哪些功能(　　　)?

A. 测量　　　　　　　　　　　　B. 查看

C. 编辑　　　　　　　　　　　　D. 信息交互

E. 渲染

9. 以下哪种说法是正确的(　　　)?

A. Grasshopper 不是 Rhinoceros 的参数化插件。

B. Revit 是我国建筑业 BIM 体系中使用最广泛的建模软件之一。

C. 在建筑装饰装修设计过程中,可借助 Navisworks 软件解决多专业协同及碰撞检查问题,做到可视化及实时漫游,最终达到无错设计。

D. GRAPHISOFT 公司是 IFC 标准制定者,ARCHI CAD 是 IFC 的先行者。

E. AECOsim Building Designer（简称 ABD）是基于 Microstation 开发的面向建筑行业的多专业的 BIM 建模软件。

10. 以下哪些是 BIM 协同平台(　　)?

A. 协筑（广联云） 　　　　　　　　 B. AutodeskBIM 360

C. Trimble Connect 　　　　　　　　 D. Bentley Projectwise

E. Bentley Microstation

参考答案

一、单项选择题

1. A　　 2. A　　 3. B　　 4. B　　 5. D　　 6. D　　 7. B　　 8. B　　 9. C　　 10. D

二、多项选择题

1. ACDE　　 2. CD　　 3. ABC　　 4. ABDE　　 5. CD

6. ABCD　　 7. ABCDE　　 8. ABD　　 9. BCDE　　 10. ABCD

第 3 章 建筑装饰项目 BIM 应用策划

本章导读

对需要应用 BIM 技术的项目，在实施之前，都应该先进行应用策划，然后依据策划方案对整个 BIM 应用过程进行管理和控制，以达到良好的应用效果。本章内容针对装饰项目的 BIM 应用全过程进行策划，包括：装饰项目 BIM 实施策划、BIM 应用需求分析、BIM 应用目标制定、建立组织架构、制定应用流程、确认信息交换内容和格式、软硬件及资源库配置，制定保障措施、协同管理计划，最后分析应用效益，总结项目经验教训。

本章要求

熟练的内容：BIM 实施策划的作用、BIM 应用需求分析、BIM 应用目标制定、软件和硬件配置。

掌握的内容：建立组织机构、制定保障措施、制定应用流程、确认信息交换内容和格式。

了解的内容：定性分析 BIM 应用效益、经验教训总结、协同管理计划。定量分析 BIM 应用效益。

3.1　建筑装饰项目 BIM 实施策划概述

3.1.1　建筑装饰项目 BIM 实施策划的作用

在 BIM 实施在开展之前，需要进行企业和项目两个层面的 BIM 实施策划，这是获得 BIM 实施期望效果的基础。本章主要介绍建筑装饰设计施工一体化项目的 BIM 实施策划。

项目 BIM 实施策划是指在项目运作之始，根据建设项目的总目标要求，从不同的角度出发进行系统分析，对 BIM 实施全过程作预先的考虑和设想，定义详细的应用范围和应用深度，以便在建设活动的时间、空间、结构三维关系中选择最佳的结合点，组织资源和展开项目运作，为保证项目在 BIM 应用完成之后获得良好的效益提供科学的依据。

项目 BIM 实施策划对项目的效益影响较大，如果应用经验不足，或者应用策略和计划不完善，项目应用 BIM 技术可能带来一些额外的实施风险。首先，实际工程项目中，确实存在过因为没有做好 BIM 实施策划，导致增加资金和时间投入、信息缺失、信息交换不畅而导致工程延误、BIM 应用效益不明显乃至增加了更多成本等问题。其次，现在建筑行业 BIM 的应用已远超技术范畴，BIM 实施具有跨流程、跨领域、多方参与的特征。据研究，在建设项目全生命期内涉及的阶段有：规划、设计、施工、运维、拆除等阶段，涉及专业领域有：建筑、结构、机电、装饰、造价及项目管理等专业领域，涉及应用的参与方包括业主、设计、施工、监理等。

综上所述，BIM 的实施是一个复杂的过程，必须事先与具体业务紧密结合，制定详细和全面的策划，只有这样才能在项目中成功应用 BIM 技术，为项目带来实际效益。

建筑装饰项目 BIM 实施策划的作用体现在：

（1）所有团队成员都能清楚地理解 BIM 应用的战略目标；

（2）相关专业、岗位的 BIM 应用人员能够明白各自角色和职责；

（3）能够根据各专业 BIM 团队的业务经验和组织流程，制定可以执行的计划；

（4）明确保证 BIM 成功应用所需的资源、培训等其他条件；

（5）BIM 策划为尚未加入项目团队的成员，提供可参考的标准；

（6）商务部门可以据此制定合同条款，体现工程项目的增值服务和竞争优势；

（7）在项目实施全过程中，BIM 策划为度量项目进展提供一个基准；

（8）通过组织策划，实施与后评价的参与，培养和锻炼企业的 BIM 人才；

（9）通过 BIM 应用总结，借鉴经验，改进新项目的 BIM 实施策划；

（10）BIM 试点和示范性的实施策划将成为企业 BIM 发展策划的基础资料。

3.1.2　影响建筑装饰项目 BIM 策划的因素

装饰项目都有其不同之处和共同之处，每一个项目在实施 BIM 之前都需要遵循"最大化效益，最小化成本和由此带来的影响"的原则进行相应的策划。影响装饰项目 BIM 实施策划的因素主要有以下几点：

（1）装饰项目 BIM 需求及工程重点和难点；

（2）总包方的 BIM 实施经验及其 BIM 应用要求；

（3）装饰项目 BIM 团队自身 BIM 应用经验和水平；

（4）装饰项目 BIM 应用成本；

（5）上游 BIM 应用成果及基础文件的质量，以及接收是否及时；

（6）装饰项目 BIM 应用的范围和深度、BIM 应用领域、应用阶段；

（7）业主是否支持。

上述七条影响因素中，业主的支持能够调动工程各参与方在项目全生命期应用 BIM 的积极性，可使项目参与者清楚地认识到各自责任和义务，项目团队能根据策划顺利地将 BIM 整合到相关的工作流程中，并正确实施和监控，是 BIM 效益实现最大化的关键。

3.1.3 建筑装饰项目 BIM 实施策划的主要内容

装饰工程项目 BIM 实施策划要考虑装饰总包和装饰分包两种不同的情况。其 BIM 策划主要包括下列内容（表 3.1.3-1）：

装饰工程项目 BIM 应用实施策划项及其主要内容　　　　　表 3.1.3-1

序号	策划项	主　要　内　容
1	BIM 策划概述	装饰分包项目根据项目整体 BIM 实施策划，阐述装饰专业 BIM 策划制定的总体情况，以及 BIM 的应用效益目标。装饰总包项目则需要考虑所有参与方与分包方，制定总体情况和效益目标
2	项目的关键信息	项目位置、交通条件、工程规模、主要工程内容、开工竣工日期等关键的时间节点，以及项目重点和难点
3	主要参与方信息	作为 BIM 策划制定的参考信息，应包含各主要参与方及其负责人信息，并明确 BIM 实施牵头方的信息
4	项目目标和 BIM 应用目标	对既有建筑改造装饰工程项目或装饰分包专业 BIM 应用进行需求分析，详细阐明应用 BIM 要到达的目标和效益
5	组织机构人员配备与分工责任	明确（或服从总包制定的）项目各阶段 BIM 策划的协调过程和人员分工及责任，确定制定计划和执行计划的合适人选
6	BIM 应用流程	既有建筑改造装饰的项目要以流程图的形式清晰展示 BIM 的整个应用过程；作为装饰专业分包的项目应遵守总体流程，并对总体流程中装饰专业的 BIM 应用流程进行细化
7	BIM 信息交换	既有建筑改造装饰的项目以信息交换需求的形式，描述支持项目全过程 BIM 应用信息交换过程，模型信息应达到的细度。而作为装饰专业分包则重点描述装饰专业信息交换过程及模型细度
8	基础资源配置	BIM 策划实施所需硬件、软件、网络等基础资源配置条件（具体内容参见 2.6 节）
9	BIM 协作规程	装饰总包项目制定模型管理规程（如命名规则、模型拆分、坐标系统、建模标准，以及文件结构和操作权限等），关键时间节点的协作会议，制定协同管理制度。装饰专业分包的项目要服从总包制定的 BIM 协作规程。具体内容参见第 6 章
10	模型质量控制	装饰总包项目要明确为确保 BIM 应用需要达到的质量要求，以及对项目参与者的管理控制的要求。装饰分包要服从总包的质量控制规定以及管理控制要求，同时按细化装饰专业的质量要求（具体内容参见第 4 章）

序号	策划项	主　要　内　容
11	项目交付需求	项目的运作模式会影响模型交付的策略，所以需要结合项目运作模式描述模型交付要求（具体内容见第 7 章）
12	保障措施制定	装饰总包项目要制定保障措施，保障项目 BIM 在实施阶段中整个项目系统能够高效准确运行，以实现项目实施目标。作为装饰专业分包的项目在遵守总包制定的保障措施之外，还要细化保障措施
13	项目总结计划	制定总结计划，定性或定量分析应用效益，对项目经验教训进行总结，评估项目 BIM 应用目标的实现情况

3.2　制定建筑装饰项目 BIM 应用目标

确定装饰工程项目 BIM 应用的总体目标，能明确 BIM 应用带来的价值高低。BIM 实施目标即在装饰项目中将要实施的主要价值和相应的 BIM 应用（任务）。

3.2.1　BIM 目标内容

一般来说 BIM 应用的总体目标离不开提升项目整体效益，如缩短设计或施工周期、更高的工作效率、生产效率和设计及施工质量、减少设计变更和工程变更、减少人力和物资材料的浪费、保障施工安全、为项目运营获取信息等。

BIM 应用目标也可以是提升项目团队的 BIM 技能，或者通过示范项目提升施工各分包之间，以及与设计方之间信息交换的能力。装饰企业或项目如能确定可评价的目标，就可以在项目结束后评估 BIM 应用效益。这些 BIM 目标必须是具体而且可衡量的，并且可以促进建设项目的规划、设计、施工和运营成功进行。

3.2.2　BIM 应用点筛选

确定 BIM 应用目标后，要根据项目实际情况，综合考虑项目特点、需求、团队能力、技术应用风险筛选将要应用的 BIM 应用点，例如：装饰深化设计建模、4D 进度管理、5D 成本管理、专业协调等。每一项 BIM 应用是一个独立的任务或流程，通过将它集成进项目的总体任务和流程，为项目带来收益。未来随 BIM 应用的范围和深度不断扩展，还会有新的 BIM 应用内容出现。项目目标策划应选择适合的对项目工程效益提升有帮助的 BIM 应用点。BIM 应用点筛选过程如表 3.2.2-1：

装饰项目 BIM 应用点筛选过程　　　　　　　　　表 3.2.2-1

序号	步　骤	内　容
1	罗列备选 BIM 应用点	根据项目的重难点和实际情况，罗列可能的 BIM 应用点
2	确定每项备选 BIM 应用点的责任方	根据参与方及其参与人的当前情况和经验，为每项备选 BIM 应用点至少确定一个责任方
3	标示每项 BIM 应用点各责任方应满足的条件	确定责任方应用 BIM 应满足的条件，这些条件包括：人员、软件、软件培训、硬件、IT 支持等。同时明确责任方应达到的 BIM 能力水平。如不能满足相关条件要说明并提出相应的购置计划、培训计划、外部支持等

序号	步 骤	内 容
4	标示每项 BIM 应用的额外应用点价值和风险	项目参与各方团队和参与人要清楚每项 BIM 应用点价值，也要清楚可能产生的额外项目风险。有可能发生的风险及造成的后果也要标示出来
5	决定是否应用 BIM	综合项目特点、成本、效益、风险，评判是否应用 BIM 的某个应用点

通过不同业态不同功能建筑的 BIM 应用具体分析，装饰 BIM 应用点汇总见表 3.2.2-2。

各业态装饰工程主要 BIM 应用点汇总表　　表 3.2.2-2

阶段	BIM 模型	应用点	项目所属业态			
			住宅类	公共建筑	幕墙	陈设
设计	装饰方案设计 BIM 模型	三维测量或三维扫描	▲	▲	▲	
		空间布局设计	▲	▲		▲
		方案参数化设计	▲	▲	▲	▲
		设计方案比选	▲	▲	▲	▲
		虚拟现实（VR）展示	▲	▲	▲	▲
		模型漫游	▲	▲	▲	▲
		视频动画	▲	▲	▲	▲
		效果图	▲	▲	▲	▲
		辅助方案出图	▲	▲	▲	▲
		方案经济性比选	▲	▲	▲	▲
	装饰初步设计 BIM 模型	性能分析		▲		
		结构受力计算分析	▲	▲	▲	▲
		碰撞检查	▲	▲	▲	
	装饰施工图设计 BIM 模型	碰撞检查	▲	▲	▲	
		净空优化	▲	▲	▲	
		出施工图	▲	▲	▲	▲
		辅助工程算量	▲	▲	▲	▲
施工	装饰施工深化设计 BIM 模型	三维扫描	▲	▲	▲	
		辅助深化设计	▲	▲	▲	▲
		样板应用	▲	▲		▲
		施工可行性检测		▲	▲	
		碰撞检查	▲	▲	▲	▲
		饰面排版	▲	▲	▲	▲
		施工工艺模拟	▲	▲	▲	▲
		辅助图纸会审	▲	▲	▲	▲
		工艺优化	▲	▲	▲	▲
		辅助出图	▲	▲	▲	▲
		辅助预算	▲	▲	▲	▲

续表

阶段	BIM 模型	应用点	项目所属业态			
			住宅类	公共建筑	幕墙	陈设
施工	装饰施工过程 BIM 模型	施工组织模拟		▲	▲	
		可视化交底	▲	▲	▲	▲
		设计变更管理	▲	▲	▲	
		智能放线	▲	▲	▲	
		预制构件加工	▲	▲	▲	▲
		3D 打印	▲	▲	▲	▲
		材料下单	▲	▲	▲	▲
		施工进度管理	▲	▲	▲	▲
		物料管理	▲	▲	▲	▲
		施工质量管理	▲	▲	▲	▲
		施工安全管理	▲	▲	▲	▲
		施工成本管理	▲	▲	▲	▲
		施工资料管理	▲	▲	▲	▲
		协同应用	▲	▲	▲	▲
	装饰竣工 BIM 模型	竣工图出图	▲	▲	▲	
		竣工资料交付	▲	▲	▲	
		辅助工程结算	▲	▲	▲	▲
运维	装饰运维 BIM 模型	日常运维管理	▲	▲	▲	▲
		设备设施运维管理	▲	▲	▲	▲
		装修改造运维管理	▲	▲	▲	▲
		辅助运维造价	▲	▲	▲	▲
拆除	拆除 BIM 模型	拆除模拟	▲	▲	▲	▲
		辅助拆除施工组织	▲	▲	▲	▲
		辅助拆除工程造价	▲	▲	▲	▲

在 BIM 应用点筛选过程中，强调模型信息的全过程应用，要从头开始为信息模型的使用者标示出 BIM 的应用方法，让项目团队成员能清楚认识和理解模型信息用途，BIM 应用点带来的价值高低、需要的条件以及有可能面临的风险高低。

3.2.3　BIM 目标实施优先级

一般用优先级表示某个 BIM 目标对该建设项目设计、施工、运营成功的重要性，对每个 BIM 目标提出相应的 BIM 应用，例如针对工期比较紧的项目就应当将提升现场生产效率放在最重要等级。对应于一个项目的 BIM 目标可以有多个 BIM 应用，如表 3.2.3-1 所示。

BIM 目标实施优先级统计表　　　　　　　　　　　　表 3.2.3-1

优先级（1~3，1 最重要）	BIM 目标描述	可能的 BIM 应用
2	提升现场生产效率	碰撞协调、设计审查
1	提升装饰设计效率	碰撞协调、设计审查
1	为物业准备精确的 3D 模型记录	二维码、RFID 配合 BIM 技术
1	施工进度跟踪	施工进度模拟
3	审查设计进度	设计审查
1	快速评估设计变更引起的成本变化	施工成本管理
2	消除现场冲突	碰撞检查
1	减少事故率和伤亡率	3D 协调、虚拟施工

3.3　建立建筑装饰项目 BIM 实施组织架构

3.3.1　建立建筑装饰项目 BIM 管理团队

BIM 组织架构的建立即 BIM 团队的构建，是项目是否能够顺利实施、目标能否实现的重要影响因素，是项目准确高效运转的基础。故企业在项目实施阶段前期应根据 BIM 技术的特点结合项目本身特征依次从领导层、管理层分梯组建项目级 BIM 团队，从而更好地实现 BIM 应用从上而下的传达和执行（图 3.3.1-1）。

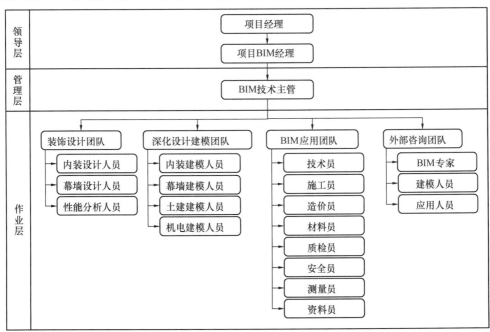

图 3.3.1-1　既有建筑改造装饰项目 BIM 团队组织架构示意图

因不同企业和项目具有不同特点，因此，在 BIM 团队组建时，企业可根据自身特点和项目实际需求设置符合具体情况的 BIM 组织架构。

图 3.3.1-1 示例的装饰总包项目 BIM 团队组织架构，领导层为项目经理和项目 BIM 经理，对这两个岗位人员的工程经验及领导能力等素质要求较高，项目经理为牵头人，项目 BIM 经理为 BIM 实施管理人，其主要职责参见 1.5.5 项目 BIM 经理职责。

管理层主要设置 BIM 技术主管，对该岗位人员的 BIM 技术能力和工程能力要求都较高。

作业层主要设置设计团队、深化设计建模团队、BIM 应用团队和外部咨询团队。装饰设计团队由专业设计人员组成，主要负责在项目前期根据项目要求进行方案设计和初步设计中的性能分析，出具施工图。深化设计建模团队由深化建模人员组成，主要任务是创建样板模型和 BIM 深化设计模型；BIM 应用团队除专职 BIM 技术人员外，由项目各部门各岗位人员组成，在 BIM 操作人员的指导下负责本专业本岗位的 BIM 应用工作。咨询团队是在装饰项目 BIM 团队无相关经验的情况下外部聘请，主要由有经验的咨询公司的专家和建模人员、应用人员组成，可以为项目提供 BIM 技术咨询服务，以准确满足项目需求。

图 3.3.1-1 示例的既有建筑改造装饰项目 BIM 团队组织架构，可作为装饰施工项目 BIM 团队组建的参考：该项目选择的 BIM 工作模式为在项目部组建自己的 BIM 团队，团队由项目经理牵头，项目 BIM 经理全面负责，BIM 技术主管具体负责，成员由项目部各专业技术部门、生产、商务、材料、质量、安全和专业分包单位组成，共同落实 BIM 应用与管理的相关工作，并在团队成立前期进行项目管理人员、技术人员 BIM 基础知识培训工作。该示例 BIM 实施团队具体成员、职责及 BIM 能力要求见表 3.3.1-1：

项目 BIM 团队 BIM 能力要求　　　　　　　　　　　表 3.3.1-1

团队角色	BIM 工作及职责	BIM 能力要求
项目经理	牵头 BIM 技术	了解
项目 BIM 经理	制定 BIM 实施方案，监督、检查项目执行进展、与其他各专业协调	熟练应用
BIM 技术主管	制定 BIM 实施及培训方案并负责内部培训和 BIM 模型审核、BIM 应用考核、评审	熟练应用
方案设计部	设计装饰设计并创建设计模型，进行设计阶段的 BIM 应用	熟练运用
深化设计部	现场复核尺寸并运用 BIM 技术展开各专业深化设计，进行碰撞检查并充分沟通、解决、记录；图纸及变更管理	精通
技术管理部	利用装饰 BIM 模型优化施工方案，编制可视化技术交底视频	熟练运用
BIM 工作室	预算及施工 BIM 模型建立、维护、共享、管理；各专业协调、配合；提交阶段竣工模型，与总包、业主等沟通	精通
施工管理部	利用 BIM 模型优化资源配置组织，进行质量、安全进度、成本等方面的管理	熟练运用
机电安装部	优化机电专业工序穿插及配合	熟练运用
商务管理部	确定预算 BIM 模型建立的标准；利用 BIM 模型对内、对外的商务管控及内部成本控制，三算对比	熟练运用
测量负责人	采集及复核测量数据	熟练运用

3.3.2　装饰项目 BIM 工作岗位划分

装饰项目 BIM 工作岗位参见章节 1.5 中 1.5.5。

3.3.3　BIM 咨询顾问

在 BIM 技术应用初期，BIM 咨询顾问多由软件公司和 BIM 技术咨询公司担当，装饰企业在 BIM 实施初期，需要聘请 BIM 技术顾问来辅助和指导本企业 BIM 的实施。主要有两种类型的 BIM 咨询顾问：

第一类是"BIM 战略咨询顾问"，可以当做企业自身 BIM 管理决策团队的一部分，职责是帮助企业决策层决定 BIM 应该做什么、怎么做、找谁做的问题。通常 BIM 战略咨询顾问只需要一家。装饰企业应要求 BIM 战略咨询顾问其对项目管理实施规划、BIM 技术应用、项目管理各阶段工作、各利益相关方工作内容，均要精通且熟练。

第二类是"BIM 专业服务提供商"，是根据需要，帮助装饰企业完成企业尚不能完成的各类具体 BIM 任务。一般情况下企业需要多家 BIM 专业服务提供商，可以得到性价比更高的服务。

目前，BIM 咨询顾问尚无资质要求，装饰企业需要根据 BIM 咨询顾问的人员技术背景、人员技术实力、企业业绩，选择合适的 BIM 咨询顾问合作。

3.4　制定建筑装饰项目 BIM 应用流程

3.4.1　流程确定的步骤

在确定 BIM 应用目标后，要进行项目的 BIM 应用流程的制定。这项工作从 BIM 应用的总体流程设计开始，明确 BIM 应用的总体顺序和信息交换全过程，使团队的所有成员清楚地了解 BIM 应用的整体情况，以及相互之间的配合关系。

BIM 应用流程按照层级分为两种，即：总体流程、分项流程。总体流程确定后，各专业分包团队就可以详细地制定分项流程了。总体流程显示的是总体顺序和关联，而细化的 BIM 应用流程图显示的是某一专业分包团队（或几个专业分包团队）完成某一 BIM 应用所需要完成的各项任务的流程图。同时，详细的流程图也要确定每项任务的责任方，引用的信息内容，将创建的模型，以及与其他任务共享的信息。

通过这两个层级的流程图制作，项目团队不仅可以快速完成流程设计，也可作为识别其他重要的 BIM 应用信息，包括：合同结构、BIM 交付需求和信息技术基础架构等。

3.4.2　总体流程

BIM 在工程项目全过程中的总体工作流程可以划分为三个阶段：

规划阶段：基于传统的工程项目建议书和可行性研究报告，在此阶段定义项目应用 BIM 的目标，确定 BIM 应用，并规划整体 BIM 应用流程。

组织阶段：在设定项目 BIM 应用目标、应用点和流程后，根据 BIM 对各方信息协同的要求，确定 BIM 参与方并定义各方职责，定义各方协作的流程。

实施阶段：在此阶段，根据项目进行阶段和参与人员职责划分，建立每阶段 BIM 应用和信息共享流程。

BIM 应用流程总图的设计可参考如下过程：将所有应用的 BIM 加入总图；根据项目进度调整 BIM 应用顺序；确认各项 BIM 应用任务的责任方；确定支持 BIM 应用的信息交换。如图 3.4.2-1 装饰项目 BIM 应用总体工作流程。

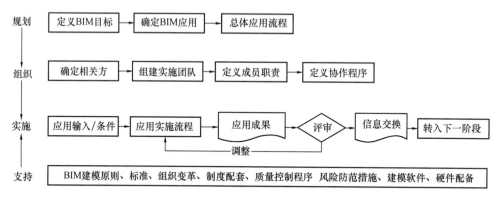

图 3.4.2-1　装饰项目 BIM 应用总体工作流程

3.4.3　分项流程

BIM 应用流程总图创建后，应该根据项目的具体情况和 BIM 实施目标，为每项关键 BIM 应用环节创建分项流程图，清晰地定义完成 BIM 应用的任务顺序。流程详图涉及三类信息，即参考资料信息、BIM 应用任务、信息交换，在流程图中用"横向泳道"的形式将对应的信息包含在各自范围内。

参考资料信息：来自项目内部或外部的结构化信息资源，支持工程任务的开展和 BIM 应用；业务流程或流程任务：完成某项 BIM 应用的多项流程任务，按照逻辑顺序展开；信息交换（输入和输出信息）：BIM 应用的成果，作为资源支持后续 BIM 应用。

BIM 应用分项流程图的制作可按下列过程：以实际工程任务为基础将 BIM 应用逐项分解成多个流程任务；定义各任务之间的依赖关系；补充其他信息；添加关键的验证节点；检查、精炼流程图，以便其他项目使用。分项流程图详见第 5 章各节。

装饰 BIM 实施管理的涉及面相当广泛，不同业态的项目、根据不同承发包模式，装饰项目的 BIM 应用目标、技术路线、实施模式、交付需求等都会有所不同。根据不同的项目类型，各单位在项目的不同阶段需要把 BIM 的应用点分解到某一个具体的需求上去，再通过合理的技术路线选择，才能根据具体的应用点解决具体的问题。

3.5　明确 BIM 信息交换内容和格式

制定 BIM 应用流程设计后，应在项目的初期定义项目参与者之间交换的内容和细度要求，让团队成员信息创建方和信息接收方了解信息交换内容。应采用规范的方式定义信息。装饰专业 BIM 应用受上游 BIM 应用产生信息的影响，如果装饰专业分包需要的信息在上游没有创建，则必须在本阶段补充。另外，在现阶段，既有建筑改造装饰工程的项目，由于没有上游模型，需要创建相关模型。所以，项目组要分清责任，根据需要定义支持 BIM 应用的必要模型信息。

每个项目可以定义信息交换定义表，内容有信息创建方和接收方、交换日期、交换格式、软件版本、模型细度、责任人等相关信息。也可以根据需求按照责任方或分项 BIM 拆分成若干个，但应该保证各项信息交换需求的完整性、准确性。信息交换需求的定义可参考如下过程：

信息交换需求的定义步骤和内容　　　　　表 3.5-1

序号	步　骤	内　容
1	从流程总图中标示出每个信息交换需求	标注每个信息交换需求及交换时间并按顺序排列。要特别注意不同专业团队之间的信息交换，确保项目参与者知道 BIM 应用成果交付的时间
2	确定项目模型元素的分解结构	确定信息交换后，项目组应该选择一个模型元素分解结构
3	确定每个信息交换的输入、输出需求	由信息接收者或由项目组集体确认每项信息交换范围和细度。应该从输入和输出两个角度描述信息交换需求，同时需要确认的还有模型文件格式，指定应用的软件及其版本，确保支持信息交换的互操作可行性。例如："深化设计模型"是"施工建模"的输出，是"专业协调"的输入
4	为每项信息交换内容确定责任方	每次信息交换都应指定一个责任方。负责信息创建的责任方应该是能高效、准确创建信息的团队。此外，模型输入的时间应该由模型接收方来确认
5	对比分析输入和输出内容	信息交换需求确定后，要逐项查询信息不匹配（输出信息不匹配输入需求）的问题并作出相应调整

3.6　建筑装饰项目 BIM 实施保障措施

3.6.1　建立系统运行保障体系

建立系统运行保障体系主要包括项目组建系统人员配置保障体系、编制 BIM 系统运行工作计划、建立系统运行例会制度和建立系统运行检查机制等方面。从而保障项目 BIM 在实施阶段中整个项目系统能够高效准确运行，以实现项目实施目标。

1. 统一工作标准

为了保障 BIM 的顺利实施，需保持工作的统一性和连贯性，因此应制定或服从统一的工作标准。主要统一工作标准内容有：统一集中办公地点；统一规划 BIM 软件和版本；统一 BIM 模型拆分原则和方法，并作出具体方案；统一 BIM 轴网；统一 BIM 模型文件的定位；统一项目模版、族模版及相关参数的设定；规范三维表达方式，平面表达方式尽量沿用现有规范；数据文件的唯一化管理；统一的应用共享参数、项目参数；统一族库的建立和共享标准；统一项目模型文件格式的传递及储存标准。统一标准的部分内容参见第 4 章。

2. 建立系统人员配置保障体系

项目应按 BIM 组织架构表成立 BIM 系统执行小组，由项目 BIM 经理全权负责。经业主审核批准，小组成员立刻进场，最快速度投入工作。既有建筑改造装饰项目成立 BIM 系统领导小组，装饰项目 BIM 经理积极参与并协调土建、机电、钢结构、幕墙、内装分包等专业，定期沟通，及时解决相关问题。装饰专业分包的项目各职能部门设专门对口 BIM 小组，根据团队需要及时提供现场进展信息。根据项目特点和工期要求，配备相应能力的工种人员，满足上述组织架构。

工程部需配备 1～2 名业务骨干；配备至少一名 BIM 能力和协调能力俱佳的专业人士；技术部根据项目需求配备 4～8 名具有三年以上工作经验的专业技术人员；根据 BIM 实施内容配备至少 1 人专业审核所有工作成果；资料部门至少配备 1 人负责资料收集与整理；行政部门至少配备 1 人负责服务项目团队的正常运行。

3. 建立 BIM 培训制度

装饰企业的技术部门应负责制定 BIM 培训计划、跟踪培训实施、定期汇报培训实施状况，并给予考核成绩，以确保培训得以顺利实施，达到培训质量的要求。项目管理团队需在进场前进行 BIM 应用基础培训，掌握一定的软件操作及相应的模型应用能力。

1）培训对象

应用 BIM 技术的装饰项目全体管理人员（包括劳务及各分包主要管理人员）都需要进行培训，包括：项目高级管理层、项目各专业、部门主管；相关的总包和分包各岗位人员，如设计人员、项目工程师、施工员、预算员等。

2）培训要求

基本 BIM 培训的内容是渐进的，要求如下：

（1）进场前 1 个月，用 1～2 小时学习 BIM 普及知识、企业 BIM 发展状况及定位、项目 BIM 目标及策划。

（2）进场前半个月，用 4～10 小时学习 BIM 软件介绍，结构、建筑、机电等模型的创建及常规 BIM 应用。

（3）进场前半个月，用 2～3 小时学习和熟悉项目模型的应用。

3）培训方式

主要培训和培养方式如下：

（1）内部授课培训

授课培训即集中学习的方式，授课地点统一安排在计算机房，每次培训人数不宜超过 30 人，为每位学员配备计算机，在集中授课时，配助教随时辅导学员上机操作。

（2）导师带徒培训

企业人力资源从内部聘任一批 BIM 技术能手作为导师，采取师带徒的培养方式。一方面充分利用企业内部员工的先进技能和丰富的实践经验，帮助 BIM 初学者尽快提高业务能力，另一方面可以节约培训费用，也能很好地解决集中培训困难的问题。

（3）外聘讲师培训

外聘讲师具有员工所不具备的 BIM 运用经验，能够使用专业的培训技巧，容易调动学员学习兴趣，高效解决实际疑难问题。在请外聘讲师培训时，事先调查了解员工在学习运用 BIM 技术过程中遇到的问题和困惑，然后外聘专业讲师进行针对性的专题培训，可以达到事半功倍的效果。

（4）网络视频培训

对于时间地点不能满足集中培训要求的情况，可以选择网络视频培训。网络视频培训将文字、声音、图像以及静态和动态相结合，能激发员工的学习兴趣，提高员工的思考和思维能力。是非常重要、有效的手段。培训课件内容丰富，从 BIM 软件的简单入门操作到高级技巧运用，并包含大量的工程实例。

（5）借助专业团队培养人才

管理人员在运用 BIM 技术之初，由于缺乏对 BIM 的整体了解和把握，可能会比较困惑。引进工程顾问专业团队，实现工程顾问专业化辅导，可帮助学员明确方向，避免走更多弯路。

（6）结合实战培养人才

对刚参加过培训的员工，尽快参加实际项目的运作可以避免遗忘，而且能够检验学习成果。可以选择难度适中的 BIM 项目，让员工将前期所学的技能运用到实际工程中，同时发现自身不足之处或存在的知识盲区，通过学习知识→实际运用→运用反馈→再学习的培训模式，使学员迅速成长，同时也积累了 BIM 运用经验。

4. 建立 BIM 交底制度

1）BIM 启动交底

由项目经理牵头，项目部全体人员参与，针对 BIM 模型、BIM 系统平台的基本操作等入门级及相关业务内容进行交底，提高项目部各部门人员 BIM 使用水平。

2）BIM 日常交底

由 BIM 团队进行，BIM 相关管理人员参与，针对 BIM 模型维护、信息录入、阶段协调情况等进行工序交接。

5. 各专业动态管理制度

无论是装饰分包还是装饰专业总协调的项目，项目各专业参与方需都编制 BIM 运行工作计划，各专业应根据总工期以及深化设计出图要求，编制 BIM 系统建模以及分阶段 BIM 模型数据提交计划、进度模拟提交计划等，由 BIM 实施牵头单位审核，审核通过后正式发文，各专业配合参照执行。各方按规划及计划完成本专业 BIM 模型后，交由 BIM 总协调单位或指定单位进行整合，根据整合结果，定期或不定期进行审查。由审查结果反推至目标模型，图纸进行完善。典型检查内容、要点及频率如下：

（1）定期审查设计或施工模型更新情况：是否按照进度进行模型更新，模型是否符合要求。

（2）定期审查设计变更执行情况：设计变更是否得到确认，相关模型是否更新并符合要求。

（3）定期审查设计变更工程量的统计情况：设计变更相关工程量是否正确，模型是否符合要求。

（4）定期复核专业深化设计，查看建模进度，同时查看深化设计模型是否符合要求。

（5）各参与方依据管理体系、职责对信息模型进行必要的调整，并反馈最新的信息模型至 BIM 总协调单位。

6. 总包与甲方、监理互动管理制度

1）业主主导

如果业主对 BIM 应用起主导作用，业主可提出工作要求，总包 BIM 负责人协助召集各方共同参与制定 BIM 实施标准和 BIM 计划，接收 BIM 成果并验收，对参与方的 BIM 应用全过程进行管理。

2）BIM 总协调单位负责

如装饰企业是项目 BIM 总协调单位，需负责 BIM 实施的执行，按照相关要求，设立专门的 BIM 管理部，制定行之有效的工作制度，将各分包 BIM 工作人员纳入管理部，进行过程管理和操作，最终实现成果验收。如装饰企业是分包单位，则配合总包单位，按照工作制度执行相关任务，按规定进行 BIM 应用。

3）监理监督

监理单位在 BIM 实施过程中，对总包单位的实施情况进行监督，并对模型信息进行实时监督管理。

7. BIM 例会制度

项目 BIM 应用实施牵头单位必须定期定时出面组织召开项目 BIM 协调会；项目 BIM 团队所有参与方，必须配合参加每周的工程例会和设计协调会，及时了解设计和工程进展情况。

（1）与会人员要求：业主、监理应各派遣至少一名技术代表参与，项目经理、项目总工、项目 BIM 经理、BIM 技术主管、各专业分包代表及其他 BIM 管理部所有成员应到场。

（2）会议主要内容：汇报和总结上一阶段工作完成情况，各方对遇到的问题和困难进行研讨，总包 BIM 负责人协调未解决问题，并制定下一阶段工作计划。

（3）会议原则：参会人员要本着发现问题、解决问题、杜绝问题的再度发生为原则。

（4）应对优秀工作予以奖励，如：能定期完成任务，同时模型质量达标；能提出建设性建议和意见等。

（5）应对落后工作予以惩罚，如：未能如期完成应用；模型质量不高，未能遵守信息保密规定等。

3.6.2　建立模型维护与应用保障机制

建立模型维护与应用保障体系主要包括建立模型应用机制、确定模型应用计划和实施全过程规划等方面，从而保障模型创建到模型应用的全过程信息无损化传递和应用。

1. 确定 BIM 模型的应用计划

确定 BIM 模型的应用计划，主要保障 BIM 应用目标的实现。具体体现在以下几个方面：

根据设计进度、施工进度和深化设计及时更新和集成 BIM 模型，进行碰撞检查，提供具体碰撞的检测报告，并提供相应的解决方案，及时协调解决问题；基于 BIM 模型，探讨短期及中期施工方案；基于 BIM 模型，及时提供能快速浏览的如 DWF 等格式的模型和图片，以便各方查看和审阅；在相应部位施工前 1 个月内，根据施工进度表进行 4D 施工模拟，提供图片和动画视频等文件，协调施工各方优化时间安排；应用网上文件管理协同平台，确保项目信息及时有效地传递；将视频监视系统与网上文件管理平台整合，实现施工现场的实时监控和管理。

2. 建立模型维护和应用机制

建立模型维护与应用机制，主要保障 BIM 应用的及时、准确、优化，具体表现在：

在装饰项目进行过程中维护和应用 BIM 模型，按照要求及时更新和深化 BIM 模型，并提交相应的 BIM 应用成果；运用相关进度模拟软件建立进度计划模型，在相应部位施工前 1 个月内进行施工模拟，及时优化施工计划，指导施工实施；同时，按业主所要求的时间节点提交与施工进度相一致的 BIM 模型；在相应部位施工前的 1 个月内，根据施工进度及时更新和集成 BIM 模型，进行碰撞检查，提交包括具体碰撞位置的检测报告；对于施工变更引起的模型修改，在收到确认的变更单后应在 14 天内完成；在出具完工证明以前，向业主提交真实准确的竣工 BIM 模型、BIM 应用资料和设备信息等，确保业主和物业管理公司在运营阶段具备充足的信息；集成和验证最终的 BIM 竣工模型，按要求上传并提供给总承包方。

3. 实时全过程规划

为了在项目期间最有效地利用协同项目管理与 BIM 计划，先对项目各阶段中团队各方利益相关方协作方式进行规划：对项目实施流程进行确定，确保每项任务能按照相应计划顺利完成；确保各人员团队在项目实施过程中能够明确各自相应的任务及要求；对整个项目实施时间进度进行规划，在此基础上确定每个关键节点的时间进度，以保障项目如期完成；BIM 工作的技术电子资料和文档资料从服务一开始，就需要有专人按照规范管理与更新，直至工程竣工资料提交相关各方。

3.7 建筑装饰项目 BIM 实施工作总结计划

3.7.1 BIM 实施工作总结的作用

BIM 技术只有能创造出效益才能被更快地推广使用。因此，在项目工作总结中对 BIM 应用效益进行定性和定量测量评估，一方面为企业评价某项 BIM 技术是否实用，能否带来效益，可以验证装饰企业对于项目中 BIM 技术是否应该实施、应该如何实施、是否能创造效益的各种疑问；另一方面，在已经实施 BIM 的项目中总结经验，进行知识积累，可以汲取经验中的精华，提升 BIM 应用水平，提高工作效率；同时，总结教训，能在未来项目中减少失误，避免发生同类损失。项目 BIM 实施总结还能够为今后项目实施应用 BIM 技术的项目策划、可行性研究、方案比选、实施评价提供科学依据；能为开发研究提供宝贵的建设性意见；对于改进软件和硬件功能、改进实施标准、促进 BIM 技术的应用和发展等有巨大的作用。所以，项目 BIM 技术的实施工作总结是一个相当重要的工作。

3.7.2 BIM 效益总结计划

BIM 在装饰工程的应用能提高工程效率、节省资源，从而使各参与方都能获益。BIM 效益总结可以从经济效益、质量效益、组织效益、社会效益、环境效益 5 个方向总结 BIM 在装饰项目中起到的作用以及对项目整体的影响，并提供装饰项目 BIM 效益的定性结合定量的分析方法。

1. BIM 效益分析

BIM 技术效益分析评价的意义具体体现在以下几个方面：

对 BIM 技术带来的效益进行有效量化，能让人们看到 BIM 的价值：装饰项目对 BIM 技术实施的成本效益进行评价，可以有效量化项目的效益；可以帮助企业其他装饰项目进行 BIM 技术应用实施的决策；BIM 技术能产生直接或间接的各种效益；可以加深企业员工对 BIM 技术的了解，并提高使用 BIM 技术的信心，从而有利于 BIM 技术的推广使用；可对已有的 BIM 技术应用进一步优化；BIM 效益评价可以帮助现有的项目识别 BIM 技术在不同项目、不同参与方、不同阶段应用的效益特点，以及 BIM 应用需要改进的方向，促进 BIM 技术的改进和优化。

1）经济效益分析

运用 BIM 技术在装饰施工过程中产生出高质量文件，可避免因修改造成的往返作业时间，且模型中各项信息可直接传递使用，不需重复输入数据，减少人为过错，提升工作效率。同时施工前的检查碰撞工作能避免施工阶段才能够发现的各类问题，可降低变更产生的费用增加，增进施工管理成效，降低施工成本。

BIM 应用能帮助管理人员控制造价，基于 BIM 的成本管理可将建设项目进行不同的分级，每一层级都有相应的造价信息、招投标信息，从而明确相关造价指标，便于招投标、动态成本监控工作的进行。在 5D 模型中，项目实施过程的进度信息与成本信息能同步变化与表现，对于统计成本信息、进度款审核、变更价款审核、工程结算均能产生很大的帮助。

2）质量效益分析

采用 BIM 进行装饰工程的设计，通过协同碰撞检查能快速找出碰撞问题，同时性能分析可以提升建筑性能，其参数化联动特性可以减少设计错误发生，提高装饰设计质量。施工中应用 BIM 技术，通过 BIM 模型预先进行碰撞分析、施工模拟、防灾规划等应用，可以在项目未进入施工阶段时，及早发现问题，进行变更与讨论修正，以避免进入到施工阶段才发现问题造成返工，提高装饰施工质量。

3）组织效益分析

项目运用 BIM 技术可以促进团队沟通与合作、辅助无经验员工的专业学习，应用 BIM 技术后由 3D 模型呈现，团队之间可相互沟通便于讨论项目面临的问题，特别是对于一些没有受过专业训练的人员，直接以可视化检视 3D 模型，能更容易了解团队讨论成果。因此，BIM 应用对于团队人才培养功不可没。

BIM 应用可以为组织提高审核效率。通过构件 BIM 模型，可为不同层级、不同程度的管理人员提供工程管理工具，支持科学决策。可视化、易理解的三维模型有利于项目参与方之间、施工方案的交底与审核，促进项目理解以及各方共识的达成。

4）社会效益分析

由于 BIM 技术为近年来建筑装饰行业的最新兴技术，能提供最新的技术服务、BIM 技术的优势与特性渐渐为公众熟知，应用 BIM 可以全面提升企业专业能力，塑造良好的企业形象，可以吸引更多建设单位重视，从而获得更多的项目中标。

5）环境效益分析

装饰项目运用 BIM 技术可以对建筑物进行性能分析，参考其计算分析结果，能帮助既有建筑更节能、更合理科学；可以有效缩短工期，从而减少对周边环境的噪声污染的时间；同时，碰撞检测、材料统计可以显著减少材料浪费，对于节约资源具有重大意义；另外，采用 BIM 技术的精细化施工，能提高房屋品质，延长建筑使用寿命，从而缩减了建筑垃圾产生的周期。

2. 项目效益评价

在项目实施完工之后，BIM 效益测量评价可以采用类似项目与项目之间对比试验、评价数据。对同一项目相同环境情况下，应用传统工艺技术与应用 BIM 技术进行对比分析，通过实际测量数据评价 BIM 应用的效益，具体包括以下步骤（表 3.7.2-1）：

BIM 应用效益评价步骤

表 3.7. 2-1

序号	评价步骤	评价内容
1	项目情况分析	收集项目信息，包括项目在未实施 BIM 技术情况下的数据，及项目设计、成本管理、进度管理等方面技术指标
2	确定 BIM 应用技术方案	针对项目情况，选择 BIM 技术实施方案
3	选取评价指标与方案	建立评价指标与评价方案，为测量 BIM 使用效益做准备
4	收集评价指标对应数据	在 BIM 应用过程中，针对所选择的评价指标，实施调研，进行数据收集，并根据项目前期运行情况，收集传统模式数据
5	根据指标分析数据	根据评价指标与方案，分析项目应用 BIM 技术的效益，并与 BIM 方案中效益预测进行对比分析，评价 BIM 技术应用产生的效益情况
6	效益测算评价	根据 BIM 效益计量结果，对项目 BIM 技术应用后评价，反馈项目 BIM 技术实施的情况，并根据具体效益情况对 BIM 实施提出建议，为后续项目提供决策依据

根据表 3.7.2-2 装饰项目 BIM 应用效益评价表中 BIM 应用的效益层面（经济层面、质量层面、组织层面、战略层面、环境层面）对整个项目进行打分，由于项目类型的不同，BIM 技术应用效益测算评分肯定是不同的，因此需要对 5 个效益层面打分后依据总体得分判断该项目 BIM 应用的效益。

装饰项目 BIM 应用效益评价表

表 3.7. 2-2

效益层面	效益指标层	子指标层	指标类型	测算方法
经济层面	财务	投资回报率	定量	净收益/投资
	生产效率	减少变更	定量	变更次数、金额
		节约劳动率	定量	人工消耗变化
	工期	工期节约效率	定量	节约工期/总工期
	风险	风险控制	定性	调查打分

效益层面	效益指标层	子指标层	指标类型	测算方法
质量层面	质量	合格情况	定量	合格品率
	安全	事故率	定量	事故数量减少情况
		伤亡率	定量	伤亡人数/总人数
	产品结构	可持续性	定性	调查打分
		可视化	定性	调查打分
组织层面	人力组织	人力使用效率	定性	调查打分
		员工培养	定性	调查打分
		沟通合作	定性	调查打分
	企业组织	组织架构提升	定性	调查打分
	沟通	信息沟通效率	定性	调查打分
		返工减少率	定量	返工比率
社会层面	竞争优势	技术应用增长和效率	定性	技术再应用情况评分
	合同方满意度	合同履约率	定性	项目交付率
环境层面	设计节能	节约能源	定量	节能总量
	施工减排	减少排放	定量	减排总量

3.7.3 项目 BIM 经验教训总结计划

1. 经验总结计划

在项目过程中和结束之后，要总结项目 BIM 技术解决方案实施过程中获得的宝贵经验，这些经验可以由其他项目直接借鉴。这些经验包括：

1）各类软件应用经验总结计划

总结装饰项目 BIM 软件的应用经验，包括：软件学习的难易程度、软件初级功能和高级功能、软件的稳定性、对硬件的要求、建模能力、模型信息交换能力、不同情况下数据处理速度、对国家规范的支持程度、专业能力、应用效果等；另外，还有在软件集成应用中各软件之间的数据传递情况等。比如：用 Rhinoceros 建立的模型导入 Revit 后体量大，会造成模型卡顿，运转速度慢等情况，需要运用综合性轻量化的整合软件如 Navisworks 整合到一个模型中；又如用 SketchUp 建立工程体量较大的模型，最好将圆形设置为 8 边以下以减少数据量避免影响计算机运行速度等。这些应用经验由于是日常应用过程中随时得出的，比较琐碎，需要项目应用人员及时总结，最后分类汇总形成文字分享或通过授课培训随时发布，快速提升项目组和企业 BIM 技术人员软件应用水平。

2）BIM 应用点应用经验总结计划

总结项目所有 BIM 应用点每一项的应用经验，包括：运行条件（包括软件及其版本、硬件设备型号要求、应用时机、操作人及具备的能力、物资）、操作步骤、技术措施、配合情况、应用的重点难点、投入（人力、物料、时间、资金等）、产出（节约的时间、节省的人力、资金、物料、减少的工作流程、工艺步骤等）、注意事项等，同时配上直观的图片和视频便于后续应用人理解。如智能放线这个应用点，要写清需要什么品牌，哪种型号的设备和哪些物料，采用软件名称版本，在工程哪个阶段进行；操作人员应该具备什么能力，是否需要外援指导；描述操作过程从头至尾的步骤，需要什么技术措施、什么单位协同配合、应用的关键点是什么，投入了多少，产出了多少，要注意什么。以上所有BIM应用点可以用列表打分的方式进行评估，评出相应的推荐等级，并给出推荐意见，方便企业和其他项目做出BIM应用的策略调整。

　　3) 项目 BIM 应用管控经验总结计划

　　BIM 技术是装饰行业具有重大变革特征的全新技术，在推广应用过程中，难免遇到各种各样的问题；加上因无相关 BIM 的管控经验，管理层和 BIM 人员都有可能预见不足，影响着 BIM 应用效果。所以，在 BIM 项目实施过程中，需要及时发现这类问题并随时调整相关的制度、标准和计划：为不同参与单位在统一的工作标准之下工作，要制定和完善适合项目的 BIM 应用标准、规程、流程；为弥补应用的不足之处，制定和补充 BIM 应用的管控措施，保障实施过程流畅顺利进行；对不同参与单位协同配合方面的工作，随时找出协同过程中的困难之处，制定协同工作制度并提出改进措施；为预防应用的消极问题和阻碍的发生，要在订立参与人员应用考核标准的基础上随时增补修改意见，对所有参与人的工作按阶段进行考核，奖励参与 BIM 应用的优秀单位和个人，激励所有参与人积极实践；另外，对于不可避免的问题，一般都是人员及应用环境等客观原因引起的，存在不可抗因素，也要进行评估总结并在后续工程作相应应对措施，降低由此带来的损失。

2. 教训总结计划

　　教训是指从错误或挫折中得到的经验。和经验相比，得到教训的代价常常更加昂贵。本质上，教训是本来可以避免的问题。在项目 BIM 应用中，教训常常指耗费了金钱、时间、人力、物力等却没有效果，或发生了其他消极的影响。如在装饰项目 BIM 应用的教训可能会有：装饰 BIM 建模用其他专业 BIM 工程师，出来的模型不美造成返工；没有规定好统一的模型样板和统一的建模标准，各参与方各自为政，建立的模型五花八门无法整合；深化设计建模人员不参照现场尺寸，建立的模型与现场脱节；又如，BIM 审核周期过长，导致跟不上建设进度；在项目 BIM 应用中没有使用正版软件，被业主方、软件商追责等。在项目 BIM 应用教训总结过程中，可以将教训具体整理出来，分析主客观成因，列举实施过程中不足之处和阻碍；项目和企业要针对教训的发生，提出对应的预防方案，为其他项目提供借鉴，避免此类问题的再次发生。

课　后　习　题

一、单项选择题

1. 关于 BIM 应用实施策划，以下哪项说法是错误的（　　　）？

A. 相关专业参与人能够理解各自角色和责任

B. 能够根据各专业设计团队的业务经验和组织流程，制定切实可行的执行计划

C. 未来加入团队的成员应该自己制定标准，不应该按 BIM 策划时制定的应用标准执行

D. 通过计划，保证 BIM 成功应用所需额外资源、培训等其他条件

2. 下列哪一项不是装饰工程项目 BIM 应用实施策划的主要策划项（　　　）？

A. 项目目标和 BIM 应用目标

B. BIM 应用流程

C. 组织机构人员配备与分工责任

D. BIM 软件研发

3. 下列哪一项不是装饰工程施工阶段的 BIM 应用点(　　)。

A. 设计变更管理　　　　　　　　B. 建筑性能分析

C. 施工工艺模拟　　　　　　　　D. 辅助工程结算

4. 下列不属于在装饰工程设计阶段应用的 BIM 应用点是(　　)。

A. 设计方案比选　　　　　　　　B. 效果图

C. 漫游动画　　　　　　　　　　D. 可视化施工技术交底

5. 确定信息交换的要素是(　　)。

A. 输入需求、输出需求、责任方

B. 软件版本、文件格式、交换时间

C. 输入需求、输出需求、责任方、软件版本、文件格式、交换时间、模型细度

D. 责任方、软件版本、文件格式、交换时间、模型细度

6. 对于设计变更引起的 BIM 模型修改,在收到变更单后应在(　　)天内完成。

A. 7　　　　　　　B. 10　　　　　　　C. 14　　　　　　　D. 5

7. 下列说法错误的是(　　)。

A. 装饰工程的协同作业开始于项目装饰招投标阶段

B. 装饰专业设计从方案到施工图的过程中,基本都是使用同一种软件进行设计及分析

C. 通过在变更过程中引入 BIM,可以有效验证变更方案的可行性,并对变更可能带来的风险进行评估

D. 装饰 BIM 的效益评价可以从经济、质量、组织、社会、环境层面对整个项目进行打分

8. 下列正确的说法是(　　)。

A. BIM 策划应有整个项目期间直至竣工的 BIM 应用整体构想与实现细节

B. 制定 BIM 应用总体流程应独立完成,并在完成后分发各参与方要求各方实施

C. 装饰 BIM 管理团队的管理层主要设置建模团队、应用团队和咨询团队

D. 项目 BIM 应用不需要总结

9. 下列哪项不是效益总结主要方面(　　)?

A. 经济　　　　　　B. 社会　　　　　　C. 组织　　　　　　D. 个人

10. 以下(　　)不是经验教训总结计划的内容。

A. 项目软件应用经验总结计划

B. 项目 BIM 应用点应用经验总结计划

C. 项目经济效益分析总结计划

D. 项目 BIM 应用管控经验总结计划

二、多项选择题

1. 关于装饰 BIM 项目应用实施策划,以下哪种说法是正确的(　　)?

A. BIM 应用实施策划只要应用 BIM 的项目策划就可以了,企业不需要策划

B. BIM 应用实施一定要在项目开始之前就做好

C. BIM 应用实施策划在项目施工队伍进现场做就可以了

D. 如果项目 BIM 应用实施是总包单位主导，装饰分包无需做 BIM 应用实施策划

E. 装饰企业在既有建筑改造装饰项目中可以取得 BIM 应用的主导地位，所以有主导 BIM 应用实施策划的机会

2. 装饰工程项目 BIM 应用目标包括(   )。

A. 缩短设计或施工周期　　　　　B. 提高工作效率和生产效率

C. 提升设计和施工质量　　　　　D. 减少设计变更和工程变更

E. 减少人力、物资材料的浪费

3. 装饰工程项目 BIM 应用实施策划的过程包括(   )。

A. 明确 BIM 应用为项目带来的价值目标

B. 保障项目运营维护的顺利进行

C. 以 BIM 应用流程图的形式表述 BIM 应用流程

D. 定义 BIM 应用过程中的信息交换需求

E. 明确 BIM 应用的基础条件

4. 装饰项目 BIM 团队一般由项目经理牵头、项目 BIM 经理负责，团队成员由(   )组成。

A. 生产部门　　　　　　　　　　B. 质量部门

C. 预算部门　　　　　　　　　　D. 安全部门

E. 专业分包单位

5. 关于 BIM 项目的 BIM 培训对象，应该包括(   )。

A. 应用 BIM 技术的装饰项目全体技术人员

B. 劳务及各分包主要管理人员

C. 项目高级管理层

D. 项目各专业、各部门主管

E. 相关的总包和分包各岗位人员，如设计人员、项目工程师、施工员、预算员等

6. BIM 的培训主要方式有(   )。

A. 导师带徒　　　　　　　　　　B. 参加竞赛

C. 网络视频　　　　　　　　　　D. 外聘讲师

E. 内部授课

7. BIM 实施的保障措施有(   )。

A. 统一工作标准　　　　　　　　B. 建立 BIM 培训制度

C. 建立 BIM 交底制度　　　　　　D. 各专业动态管理制度

E. BIM 例会制度

8. 项目 BIM 应用流程按照层级分，包括(   )。

A. 施工流程　　　　　　　　　　B. 总体流程

C. 分项流程　　　　　　　　　　D. 工作流程

E. 设计流程

9. 下列哪些项是装饰项目 BIM 必备的硬件配置(   )。

A. 云服务器　　　　　　　　B. 个人电脑

C. 激光测距仪　　　　　　　D. 服务器

E. 三维扫描仪

10. 关于不同业态的装饰项目 BIM 应用可以选择的软件和插件，正确的说法有（　　）。

A. 住宅装饰项目可以选用 Tekla、Rhinoceros、Catia、Navisworks、MagiCAD、Bentley Projectwise

B. 住宅装饰可以选择 Revit、ARCHI CAD、SketchUp、3ds MAX、V-Ray、Lumion

C. 大型公建类项目可以选择 SketchUp、Rhinoceros、Revit、ARCHI CAD、Catia、Tekla、ODEAN、3ds MAX、V-Ray、Navisworks、Fuzor、Navisworks、Project、Primavera

D. 幕墙项目可用 BIM 软件有：Tekla、Revit、Dynamo、Rhinoceros、Grasshopper、Catia、Navisworks、Fuzor

E. SketchUp、Catia、Rhinoceros、Revit 都有强大的曲面功能，所以可以用在大型公建类装饰项目和异形幕墙工程

参考答案

一、单项选择题

1. C　　2. D　　3. B　　4. D　　5. C　　6. A　　7. B　　8. A　　9. D　　10. C

二、多项选择题

1. BE　　　2．ABCDE　　3. ACDE　　4. ABCDE　　5. ABCDE

6. ACDE　7. ABCDE　　8. BC　　　9. BCD　　　10. BCD

第 4 章　建筑装饰工程 BIM 模型创建

本章导读

　　建筑装饰 BIM 模型是装饰专业 BIM 应用的基础。BIM 模型是随着建筑全生命期不断演进的模型。在装饰项目的每个阶段，会从 BIM 模型中导出并建立不同用途的模型，如施工阶段施工过程模型包括施工模拟、进度管理、成本管理、质量安全管理等模型。本章从建筑装饰专业的建模准备、建模规则、模型整合、模型审核等整个建模的过程介绍建筑装饰 BIM 基础模型的创建原理。其中，重点介绍内容包括：模型样板、命名、材质、色彩、模型拆分、细度等建模规则，建筑装饰模型整合方式，以及模型质量标准和审核方法。

本章要求

　　熟悉的内容：装饰工程 BIM 建模规则。

　　掌握的内容：装饰工程 BIM 模型整合。

　　了解的内容：装饰工程 BIM 建模准备。

　　创新的内容：装饰工程 BIM 模型的审核。

4.1　建筑装饰工程 BIM 建模准备

4.1.1　原始数据的作用

由于建筑装饰工程类别多,包含住宅装饰、公共建筑装饰、幕墙、陈设等不同的业态方向及细分专业,而且很多工程造型复杂多样、模型信息量巨大、文件组织和协同关系复杂;此外,工程施工中各相关参与方在装饰工程各阶段对模型数据的需求和关注点不同,利用 BIM 技术更注重空间、图纸以及模型数据之间的关联,所以需要传递的数据信息也是不同的。因此,在连续变化的需求中,装饰专业需要不断采集本专业和其他专业原始数据,对前期相关资料进行整理,制定辅助说明文档,从而理清装饰专业和其他专业建筑信息模型的逻辑关系。

获取原始数据对装饰工程 BIM 模型创建有着重要的意义,主要体现在:

设计方面:可以快速提供支撑装饰工程 BIM 模型所需要的数据信息,形成重要的建模参考依据,在此基础上可以研究空间形态,辅助装饰模型创建,有效提升装饰工程 BIM 模型创建的效率与质量;对于复杂的构造节点,利用上游 BIM 模型数据作为参考,进行深化设计和方案优化,使得构造节点更具可操作性和经济适用性。

施工方面:可以利用原始数据进行协同管理和数据共享,通过数据的汇总、拆分、对比分析,为装饰施工工作提供参考依据,对项目决策起到重要作用;测量获得的原始数据还可以提供精准的现场数据,用来比对设计和纠偏,为保证工程质量提供了基础;获取原始数据及相关工程信息后,通过装饰工程 BIM 模型与相关专业模型进行对比分析,检查是否碰撞,施工方案是否满足要求,保证装饰模型的有效性、精确度。

造价方面:从原始数据中选取相关数据作为参考依据,可以比对造价,辅助计算工程量,提升施工预算的精度与效率;可以快速准确地从上游模型获得其他专业工程基础数据,为装饰施工的人、材、机等资源计划提供有效参考,显著减少资源、物流和仓储环节的浪费;材料的原始数据为实现限额领料、消耗控制提供数据支撑,实现物料的精准调度与成本的有效管控。

4.1.2　原始数据的获取

1. 装饰工程 BIM 原始数据的种类

装饰工程原始数据有:上游各专业模型数据、建筑设计文件数据、工程现场几何数据、现场图片、合同数据、材料数据、构件库数据、施工组织设计、设计变更、进度计划、评审意见等,上游模型数据主要指装饰工程开工前其他参与单位建立的 BIM 模型数据;建筑设计文件数据主要是建筑设计机构所提供的二维施工图数据;工程现场几何数据主要是现场测得的数据;合同数据主要指与工程承发包有关的各类合同;材料数据除了建模设计需要的材质图片,还有材料的物理和性能数据以及与供货有关的各种数据;此外建模时必须用到的构件库数据以及施工必用的施工组织设计、进度计划等也是应收集的对象。

2. 装饰工程 BIM 原始数据的收集

原始数据收集，不仅仅是在项目前期收集，在建筑装饰的不同阶段，在项目过程中也要随时随地收集。同时，不仅要及时收集，还要及时地反映在模型中，并注意所选取数据的准确有效。另外，不同阶段收集的数据侧重点不同。如，在装饰工程的深化设计环节，建模时要参考施工组织设计中的进度计划。到了施工阶段，还要随时根据设计变更和工程进展来调整，收集和整理变化中的进度计划，将信息及时加入 BIM 模型，便于在验收交付时完整交付。

3. 装饰工程 BIM 原始数据的格式

由于装饰工程涉及的数据种类繁多，数据的格式也多种多样。获取原始数据的文件格式，应使用项目级统一的软件版本。常用的模型文件格式如表 4.1.2-1 所示。

装饰工程原始数据格式

表 4.1.2-1

序号	内容	软件	格式	备注
1	模型文件	Autodesk-Revit	*.rvt	依据所采用的 BIM 软件格式，转换为项目统一的通用格式
		ARCHCAD	*.pln/.pla	
		Catia	*.stp/*.igs	
		Tekla	*.db1	
		SketchUp	.skp	
		Rhinoceros	.3dm	
		Digital Project	.CATPart	
		3ds MAX	.3ds	
		Maya	.ma/.mb	
		BIM5D（广联达）	.igms	辅助算量，集成管理
		THS-3DA2（斯维尔）	.jgk	
		鲁班 BIM	.lbim	
		iTWO（RIB）	.rpa/.rpd	
2	性能分析	Ecotect	.eco/.mod	模型档案
		PKPM Sun	*.t/*.out	图形文件/计算参数文件
		ANSYS Fluent	.cas	数据库文件
3	点云处理	FARO	.fls/.fws	
4	浏览文件	Navisworks	*.nwd/.nwc	
		Bentley	*.dgn	
		3dxml	*.3dxml	
5	视频文件	Audio Video Interactive	*.avi	原始分辨率不小于 800×600，帧率不少于 15 帧/秒，时间长度应能够准确表达所体现的内容
		Windows Media Video	*.wmv	
		Moving Picture Experts Group	*.mpeg	

序号	内容	软件	格式	备注
6	图片文件	Photoshop	*.jpeg/*.png/.tif/.jpg	分辨率不小于 1280×720
7	办公文件	Office Word	*.doc/*.docx	
		Office Excel	*.xls/*.xlsx	
		Office PowerPoint	*.ppt/*.pptx	
		Adobe Acrobat	*.pdf	
		Project	.mpp	主要应用进度管理
		VISIO	.vsd/.vsdx	流程图反映
8	图纸文件	AutoCAD	.dwg/.dxf	
9	虚拟渲染	FUZOR	.che/.fzm	
		Lumion	.SPR/.SVA	
		V-Ray	.vrimg	

4. 装饰工程 BIM 原始数据的获取途径

装饰工程 BIM 的原始数据主要可以从以下途径获取：

1）上游建筑设计院 BIM 模型及 CAD 施工图纸

装饰工程 BIM 建模前期，项目建模人员要向业主、设计院、总包等参与单位收集各专业建筑设计 BIM 模型，包含前一阶段已有的各专业建筑信息模型及二维施工图纸，如建筑、机电、结构等专业的模型和图纸，为装饰方案阶段设计建模做好准备。

2）本单位的技术文件、合同等

装饰项目建模人员要向设计单位和本单位技术部门收集装饰工程相关技术文件，主要包括：施工图纸、施工组织设计、技术方案、施工工艺、装饰材料的材质图片、技术指标参数等；向商务部门收集招标文件、合同、清单等；向材料部门收集材料的价格、质量信息等。

3）工地现场测量数据

装饰项目技术人员需根据工程项目总包方提供的基准定位标高、轴线和其他定位点，参照《工程测量规范》进行施工现场的放线和定位工作。工地现场测量数据包括建筑、结构的墙体、地面、天花、门窗洞口等平面立面的几何尺寸以及空间标高等；以及灯具位置、开关插座位置、给排水管道等，不同阶段和环节测量的目的不同，测量对象会随之变化。工地现场数据的获取，可以采用激光测距仪、三维激光扫描仪结合传统测量方式开展，并将有效数据应用于模型当中。

4）网络 BIM 资源库与协同平台数据

从互联网下载资料，是网络时代装饰工程项目获得原始数据的重要途径。网络数据主要是从 BIM 资源库下载的构件、材料材质、产品信息等；协同平台数据的获取，主要是从项目各参与方获得与工程有关的各类原始数据和信息，这些信息的及时获取能够保证项目各参与单位和各专业协作的顺利进行，保证项目效益的实现。

4.1.3 原始数据的处理

原始数据的处理需应用规范的方式，根据项目初期确定的信息交换的内容、数据的格式和细度，以及软件版本等要求进行处理，保证数据在传递、转换和整合过程中满足要求。

1. 工地现场数据的处理

在工程现场利用先进技术手段测量获取的现场数据（如三维扫描获得的点云模型）基础上，建立装饰设计的基础空间模型。将获取的现场数据与装饰工程 BIM 模型进行对比分析，找出现场尺寸与设计模型的尺寸是否存在偏差，并通过调整模型或修正现场偏差值，保证设计模型与现场实际情况的一致，保证装饰模型的精确有效。

2. 各专业 BIM 模型的处理

装饰专业对于原来没有 BIM 模型的项目，首先要根据 CAD 施工图建立完整建筑、结构和机电模型。对已有上游模型的项目，获取各专业模型后，应根据工程实际情况进行数据整理，对建筑、结构、机电"错、漏、碰、缺"等问题进行分析；对所有房间和空间逐一进行检查，并查看建筑及结构，查询模型提供的施工、项目进度与成本信息，对不合理和不符合规范的部分，及时上报业主、监理，反馈给设计方，提出修改方案或设计变更，提前做好技术方案确认，作为装饰工程 BIM 建模的重要依据；对某些重点大型复杂空间的模型从建筑整体模型中分专业拆离，并对拆分模型进行修整以作好装饰建模的准备。

3. 技术、合同等文件信息筛选

装饰企业的项目部获取技术和合同等文件后，相关技术人员要对技术文件进行数据分析，了解整个工程的整体概况、设计方案、技术重难点、施工部署、进度计划、技术规范等；同时，确定针对项目需要单独建立装饰工程 BIM 模型的内容，进一步论证技术方案和施工部署的可行性，为项目施工决策提供依据，对重大、复杂节点技术问题进行研究，落实技术方案，获取文字说明和适应装饰施工需要的图表资料等。

4.2 建筑装饰工程 BIM 建模规则

在 BIM 建模的准备工作做好之后，装饰项目需根据建模规则来建模。这些建模规则包含了以下方面：

4.2.1 模型命名

1. 模型命名目的

一个大型的装饰工程 BIM 项目，包含的模型文件及模型元素的数量是非常庞大的。为了能清晰地识别协同管理过程中的装饰工程 BIM 模型文件以及装饰工程 BIM 模型文件中涉及的各类模型元素，需要遵循一定原则对相关文件、元素进行命名，以便设计师能及时准确地查找使用所需文件，提高 BIM 设计的工作效率。

2. 模型命名原则

装饰项目模型命名原则应包括模型文件命名原则、模型构件分类原则以及模型材料编码原则等。

1) 模型文件命名原则

当处于设计协同工作的模式中时，应根据总包方BIM团队和合同要求，对模型文件命名规则进行统一规定和要求。如无明确要求，则根据工程项目名称、公司名称、专业编号、部位及实施阶段进行模型文件命名，以便于模型文件的识别和协同管理。例如："某项目—某公司—装饰—5F—深化设计"。

在协同平台文件夹里的模型文件名称采用工程项目统一规定的命名格式，在个人工作文件夹里的模型文件命名可通过增加个人文件夹层级来减小文件名长度。

示例：某办公楼三层多功能厅方案设计模型、某商业综合体二层共享空间深化设计模型、某酒店一层大堂施工过程模型等。

2) 模型构件分类原则

对模型构件命名也应进行统一规定和要求，其名称可以由"构件部位（楼层位置）—模型构件分类—模型构件类型描述—模型构件尺寸描述"组成。

（1）按照行标《建筑产品分类和编码》分类

构件的分类可结合行业标准《建筑产品分类和编码》JG/T 151—2015中的分类方法选择合适的分类维度将模型构件一级类目"大类"，二级类目"中类"，三级类目"小类"，四级类目"细类"。比如空心砖可以按照"墙体材料—砖—烧结砖—空心砖"的原则来分类。详见附录2—附表1为从《建筑产品分类和编码》JG/T 151—2015摘录的常用建筑装饰产品分类类目和编码表。

建筑产品应具备以下条件：有明确的型号、规格、等级等规定和标识方法；有完整的技术资料，包括技术说明书、图、检验规则和适用的标准体系等；只有规格尺寸和颜色的差别，而其他基本技术条件都相同时，为一种产品；建筑配件，无论其是否组成整体，为一种产品。

（2）按照建筑工程分部分项工程命名

按照建筑工程分部分项工程划分的原则来进行模型元素命名，以便于分部分项工程量归集和统计。模型构件分类依据《建筑工程施工质量验收统一标准》GB 50300—2013中分部工程、子分部工程和分项工程划分的原则进行分类。装饰工程模型元素类别可划分为建筑地面、抹灰、外墙防水、门窗、吊顶、轻质隔墙、饰面板、饰面砖、幕墙、涂饰、裱糊与软包、细部等模型类别，详见表4.2.1-1。

命名示例：地面—板块面层—CT01-50、抹灰——般抹灰—砂浆—20、吊顶—整体面层—轻钢龙骨主龙骨—50、饰面板—石板安装—ST02—20等。

装饰工程模型元素类别及模型构件名称 表4.2.1-1

序号	模型类别	模型构件名称
1	建筑地面	基层铺设、整体面层、板块面层、卷材面层
2	抹灰	一般抹灰、保温抹灰、装饰抹灰、清水砌体勾缝
3	外墙防水	外墙砂浆防水、涂膜防水、透气膜防水
4	门窗	木门窗安装、金属门窗安装、塑料门窗安装、特种门窗安装、门窗玻璃安装
5	吊顶	整体面层吊顶、板块面层吊顶、格栅吊顶
6	轻质隔墙	板块隔墙、骨架隔墙、活动隔墙、玻璃隔墙

序号	模型类别	模型构件名称
7	饰面板	石板安装、陶瓷板安装、木板安装、金属板装、塑料板安装
8	饰面砖	外墙饰面砖粘贴、内墙饰面砖粘贴
9	幕墙	玻璃幕墙安装、金属幕墙安装、石材幕墙安装、陶板幕墙安装
10	涂饰	水性涂料、溶剂型涂料、防水涂料
11	裱糊与软包	裱糊、软包
12	细部	橱柜制作与安装、窗帘盒和窗台板制作与安装、护栏和扶手制作与安装、花饰制作与安装

（3）装饰行业常用材料代码规则

模型材料代码可根据材料类别进行模型材料代码的编制，如采用英语单词或词组进行字母组合缩写，以便于材料代码标注和检索。材料代码规则由"材料类别＋编号－规格型号"组成。通用模型材料代码规则详见附录 2—附表 2，为《建筑装饰装修工程 BIM 实施标准》T/CBDA3—2016 摘录的装饰行业常用的材料部品代码表，项目可以根据实际情况定义适合的代码规则。

4.2.2 模型拆分

1. 模型拆分的目的

1）提高硬件运行速度

作为工程项目交付使用前的最后一道环节，装饰专业往往是各专业分包协调的中心，其涉及的构件和材料种类繁多，细节复杂，风格和表现形式多样，因此，模型数据量也非常大。当前，简单的装饰 BIM 模型文件，其大小一般为 10MB～100MB 数量级，而大型的、复杂的装饰设计项目，其整个 BIM 模型大小可以达到 1GB～10GB 数量级。模型文件越大，对计算机硬件配置要求越高，为了能流畅应用，一般需要进行模型拆分。

2）提高协同工作效率

为了提高大型项目操作效率、不同专业间的协作效率、BIM 模型的管理效率，装饰专业模型应按照一定原则对模型进行拆分，一般按照自上而下的原理进行模型拆分，不同的专业或者区域在不同的模型文件中建立，然后由总协调单位负责统一整合，保证模型结构装配关系明确，以便于数据信息检索。

2. 装饰项目模型拆分原则

当处于设计协同工作的模式时，装饰专业模型的拆分应考虑三方面的需求：一是按照总包单位确定和要求的整体拆分原则执行，以满足多用户访问、提高大型项目操作效率、不同专业间协作的目的。二是考虑合同约定的作业界面、专业系统和装饰分包的要求，避免丢项落项或重复建模和统计；三是为了满足本企业自身项目标准化需求，根据自身企业标准进行模型拆分，一般模型大小不宜超过 200MB，以避免后续多个模型操作时过于卡顿，影响协同效率。

通常情况下，装饰项目模型可按以下几种方式进行拆分：

1）按楼层划分

普通工程各专业模型按照楼层进行划分，一个楼层或者几个楼层的所有模型拆分为一个文件。例如：1～5F 为一个文件，5～10F 为一个文件。

2）按空间划分

较复杂的楼层，在按照楼层划分的基础上，再按照建筑空间功能分区空间的名称划分模型文件，如大堂、餐厅、电梯厅、办公室、卫生间、楼梯间等空间划分，适用于多人分区域合作的大型项目或者模型精细的项目。

3）按分包区域划分

各专业分包工程根据施工分包区域划分模型文件，便于模型建立及管理。例如：某层装饰工程的钢结构转换层为一个文件，装饰面层为另外一个文件。

4）按房间部位划分

对于做法极其特殊、造型设计复杂、模型数据量较大的空间，可以继续按照房间部位进行细部划分模型文件，如天花、地面、墙面、门窗、陈设等。对于整体工程，因无法在建模过程中发现墙顶地交接之间的问题，不建议全部按照墙顶地来划分。

4.2.3　模型样板

模型样板是为项目开展提供合适起点，并按照固定的格式快速启动，使用同一样板的项目可以按照统一标准开展工作。常用 BIM 建模软件都会提供样板或模板，用于不同的建模制图规则和建筑项目类型。这些样板文件中包含视图样板设置、视图组织、过滤器设置、对象样式、线样式、常用的模型元素载入等内容。在一些 BIM 建模软件中，为了最大化满足用户的要求，挖掘 BIM 建模软件的功能和性能，软件服务商也特别制作了对应的模板给用户作为系统参考，包含视图映射、布图图册、线型、填充和图层等。但是，在装饰工程 BIM 模型创建过程中，默认样板往往不能满足项目需求，为提高团队工作效率及满足出图规范的要求，创建自定义模型样板是一个很好的选择。

1. 模型样板的作用

装饰项目的 BIM 设计建模工作，通常都是由一个设计团队多人同时参与协作完成的。在方案设计阶段和施工图设计阶段，总是会存在一些固定不变的工作，具有共性特点的内容，例如门窗表、建筑面积的统计、装修材料表、图纸目录等。如何保证 BIM 文件的统一性、设计文件的标准化，减少重复工作量，保证 BIM 模型的质量，这在团队协同设计工作中是非常重要的。

通过模型样板文件的制作，可以为项目建模中的标准化工作提供很好的基础，保证各参与建模人员所制作的 BIM 模型标准统一，大量减少建模中出现重复工作的情况，便于设计协同及管理，显著提高工作效率。

2. 模型样板创建原则

装饰项目模型样板的创建需遵循以下原则：

1）根据国家地区及行业标准规范设置

我国现已编制出台包括《建筑信息模型施工应用标准》GB/T 51235—2017 等在内的一系列国家级 BIM 标准，与各地区及行业相关标准及规范、共同组成了较为完整的标准序列。其中对于 BIM 的各种操作规范及交付成果均有较为清楚的定义。在装饰项目模型样板的创建时必须结合这些标准规范的相关要求进行设置。另外，为使建筑图纸规格统一，图面简洁清晰，符合施工要求，利于技术交流，我国针对不同专业的施工图中常用的图纸幅面、比例、字体、图线（线型）、尺寸标注等内容都作了具体规定，比如与装饰行业密切相关的《建筑制图标准》GB/T 50104—2010 等。因此，在项目开始的时候也需要充分考虑项目建模之后的出图要求，并根据这些标准等文件来创建装饰项目模型样板。

2）根据已有项目标准设置

装饰工程项目部作为工程项目的专业分包之一，往往进场施工较晚，且需服从项目总承包单位的统一管理。所以，一般情况下业主或总承包单位会结合项目情况对项目的模型样板有相应的标准与规定，装饰项目部在创建装饰模型样板的时候需要充分考虑这些项目标准，以达到与相关单位更好协同的目的。

3）根据企业 BIM 实施标准设置

每个企业会在满足国家相关标准的情况下，制定企业自身的 BIM 实施标准，以满足企业的更多自主应用的需求，在创建模型样板的时候，这也是需要遵循的原则之一。装饰企业在既有建筑改造装饰等承担总协调角色的工程中，要设定项目模型样板。在遵循前述原则的情况下，所有基本设置应统一要求，一旦创建实施，为了保证项目模型成果的一致性，应用者不宜随意修改，如确有必要修改，应经过各方协调，统一修改。

3. 模型样板创建内容

创建模型样板的方法多种多样，一般分为三种：第一种是基于现有样板文件来创建新的模型样板；第二种是使用现有项目文件来创建模型样板；第三种是导入样板设置参数来创建模型样板。可以根据项目特点及工作情况，选择适合自己的方式来进行模型文件的设置。模型样板文件创建的具体内容有：

1）项目基点

项目基点是在模型文件中设置的统一的原点。在一个项目中，不同软件及不同专业制作的模型如果没有基于相同的项目基点制作，在需要链接到一起进行各种应用时会非常复杂。因此，在项目的模型样板文件里，一般首先需要预先统一设置好项目基点，以保证各模型文件中建筑的位置及建筑的设计图元相关定位的一致性。

模型样板文件项目基点的设置一般可以参照土建模型的基点来设置，以便于后期模型文件的整合。在确定好项目基点后，为了防止因为误操作而移动了项目基点，可以在选中点后，进行锁定操作来固定其位置。

2）线型图案

线型图案是其间交替出现空格的一系列虚线或圆点。装饰模型材料众多细节丰富，创建较为复杂，为了更好地区分不同的构件或者材料轮廓，往往需要设置很多种不同的线型图案。线型图案的外观应符合《建筑制图标准》GB/T 50104—2010 中的相关要求及通用的制图习惯，不宜随意定制。

3）线宽设置

线宽是指从模型导出二维图纸时的线条宽度，装饰模型和图纸需要多种线宽来表达设计内容的层次，丰富制图表现效果，区分不同深度和材料的物体，因此需要设置不同的线宽。线宽设置标准参考《建筑制图标准》GB/T 50104—2010、《房屋建筑制图统一标准》GB/T 50001—2010 等相关国家标准进行设置，同时也应当根据图面表达清晰美观的原则进行调整。如图 4.2.3-1 为 Revit 的线宽设置界面。

4）填充样式

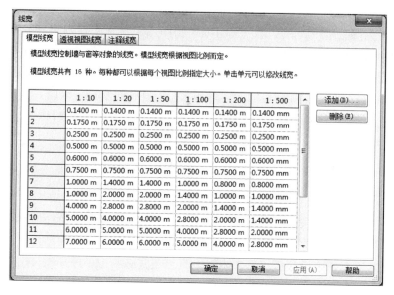

图 4.2.3-1　Revit 的线宽设置界面

填充样式是为了控制模型在投影中剪切或显示的表面的外观，而设置的不同填充图案。装饰工程材料复杂，因此其填充样式也是需要创建装饰模型样板时重点关注的一项内容。

以 Revit 为例，"填充图案"分为两类："绘图填充图案"和"模型填充图案"。绘图填充图案为二维注释线，以符号形式表示材质，绘图填充图案的密度与相关图纸的关系是固定的。模型填充图案为三维模型线，代表建筑物的实际图元外观（例如，墙上的砖层或瓷砖），且相对于模型而言它们是固定的。这意味着它们将随模型一同缩放比例，因此只要视图比例改变，模型填充图案的比例就会相应改变。

绘图填充图案和模型填充图案一般都可以通过 CAD 格式的填充文件来导入，但需要设置好合适的形状和比例，并且载入模型中查验是否正确表达，并且需符合项目对于材料图例的统一要求，如图 4.2.3-2、图 4.2.3-3。

图 4.2.3-2　Revit 的绘图填充图案

图 4.2.3-3　Revit 的模型填充图案

5）尺寸标注

装饰图纸中的标注种类和数量都很多，因此在装饰模型样板中，也需要合理设置尺寸标注的属性，便于在进行尺寸标注时方便快捷地选择统一的标注样式。其中最主要的就是调整尺寸标注、高程点、高程点坡度、高程点坐标的外观以使其满足企业需求并符合行业标准。

6）字体设置

根据国标制图规范的规定，在装饰模型样板中应使用长仿宋、黑体等字体。常用的字高有：3.5mm、5mm、7mm、10mm、14mm、20mm 等，宽度系数需要设置为 0.7。如 Revit 字体设置如图 4.2.3-4。

图 4.2.3-4　Revit 的字体设置

7）视图样板设置

装饰专业的视图类型主要有平面图、立面图、剖面图、大样图、节点图、三维视图等，而且各种视图的比例比较多，为了满足不同视图的出图效果，需要进行较为复杂的视图样板的设置。以 Revit 为例，包括视图比例、可见性设置、视图范围等。根据装饰专业需求，一般需要设置地面铺装、天花平面图、家具布置图、隔墙定位图等不同的视图样板。例如，隔墙定位图无需显示天花板投影平面，地面铺装图则不需要显示各种家具造型。

8）构件类型

创建装饰模型样板时，如果使用的基准样板是软件默认样板，其中的构件类型并不能满足项目实施需要，需要对各构件进行命名和归类，使之达到项目实施构件需求。装饰专业中，构件类型主要包括常用的墙体、门窗、柱子、地面、天花、屋顶、楼梯、家具等。以 Revit 中墙体类型为例，为创建项目级样板，需要对默认的墙体进行修改，包括墙体命名、构造类型等设置，定制成为各类型装饰墙面，比如乳胶漆墙面、瓷砖墙面等。

9）详图设置

装饰工程 BIM 模型细节丰富，复杂程度高，因此在进行装饰工程 BIM 建模时，如果把每一个构件的细部特征都用三维的方式来表达将会花费大量的精力。而借助标准详图，同样可以将设计信息准确地表达出来。所以在软件自动生成的基本视图达不到项目实施的细节要求时，需要在此基础上进一步用各种详图工具进行深化设计。

例如，在 Revit 中，根据详图创建的方式不同，详图分为详图视图与绘图视图。详图视图是由模型的平面、立面、剖面等视图剖切或索引而创建的详图。例如用"剖面"工具创建的墙身大样。绘图视图是指在详图设计中创建的与模型不关联的详图，比如手绘的二维详图、从外部导入的 CAD 详图等。模型线属模型图元，在各个视图都可见；而详图线则属于详图视图专有图元，只能在创建的视图中可见。因此，在详图处理的时候需要根据需求来选择对应的工具。

10）明细表

能通过模型来比较精确地统计材料工程量是 BIM 设计很大的一个优势，一般的 BIM 软件都可以辅助项目的成本管理工作。但是在利用这些功能的时候需要清楚地认识这些软件统计的原则，并且根据这些原则来进行一些变通设置。比如，Revit 中统计"墙"面积为单边面积，在计算墙面的抹灰面积时，使用"计算值"命令为"墙"赋予内外两边墙面统计参数公式，并且需要注意项目中各种不同单位的换算及公式的使用。

11）项目视图组织

对设计人员来说，项目视图组织尤为重要，合理的视图组织能够帮助设计人员更好更方便地在项目中开展工作：包括建模、出图、展示、管理等。项目视图的建立应根据项目需要进行，模型搭建初期，对于各平、立、剖视图依赖较大，为方便查看，需要对建模视图单独分类，建立视图组织子类别。比如划分为建模、出图、三维展示、管理四个板块，可以明确模型搭建，规定出图格式，方便后期展示，规范施工管理。Revit 中的"浏览器组织"、ARCHICAD 中的"视图映射"，Rhinoceros 中"工作视窗配置"都是类似这样的情况，如图 4.2.3-5Revit "浏览器组织"界面。

图 4.2.3-5 Revit "浏览器组织"界面

4.2.4 模型色彩

1. 模型色彩定义的作用

模型色彩定义在 BIM 的工作流程中是非常重要而且必不可少的环节。可以让人很直观地区分开不同类型的模型图元，清楚高效地了解不同构件交接处的构造关系；在某些 BIM 软件的三维视图显示系统中，还可以看到装饰项目模型中接近材质的色彩；另外，在不同用途的 BIM 模型中，通过最简单快捷地"着色"，将不同的色彩赋予不同属性和性质的物体，能直接明了地将各类物体加以区分。例如，ARCHICAD 在建立施工进度模拟模型时，用各种颜色代表不同时段，对同一施工时段的各类构件赋予同一色彩，可以及时直观地了解施工进度。

2. 装饰项目模型色彩定义原则

在定义装饰项目模型色彩的过程中，不宜将颜色设置过多而不便记忆，应遵循"简单清晰有差异"的原则和"装饰设计一致性"的原则。"简单清晰有差异"即不需要将每个构件赋予不同的色彩，可参照传统 CAD 制图中，对色彩管理的要求并结合项目实际特点，按照不同构件类别、不同模型的不同用途来制定装饰工程 BIM 模型色彩方案，然后在项目中通过 BIM 建模软件色彩定义相关的功能。

4.2.5 模型材质

1. 模型材质的作用

装饰模型中的材质，代表的就是实际的材质，例如混凝土、木材、玻璃、阳极氧化铝型材、布艺陈设等。这些材质可以应用于设计的各个部分，使模型对象具有真实的外观和行为。在装饰工程中，装饰的外观形态是重点，因此材质还需要具备详细的外观属性，例如反射率、表纹肌理等；另外，在建筑性能分析中，材质的物理属性又更为重要，例如屈服强度、热传导率。因此，在装饰工程 BIM 模型创建中，材质是不可忽视的一环。

装饰工程项目根据各工作阶段的不同要求，可以制定符合相应需求的材质信息深度标准。在前述的模型色彩定义之后，如果要进一步更真实地反映设计效果，则可以采用贴图等方式，赋予模型更为真实的外观，呈现出更为接近最终装饰效果的画面，尤其是结合 VR 等技术，设计师和业主可以身临其境地感受室内空间的装饰设计效果。

2. 材质贴图的原则

基于项目定位，分阶段建立项目材质，如方案环节材质、施工图环节材质、施工阶段样板材质和深化设计材质。项目贴图应放置于统一固定的位置，确保在模型文件传递的过程中贴图文件易于定位。另外鉴于模型文件的通用性，为方便后续渲染工作以及其他软件读取相关数据，材质的贴图命名要具有可读性和唯一性。

3. 材质库

材质库即材料资源库是建筑装饰信息模型中非常重要的资源库。材料资源库的建立，有助于设计师方便快速地获取各种材料的信息，能有效地对设计方案进行决策。材料库中的信息不仅需要包括样式、色彩、纹理、贴图等，还应该包括材料中各种有害物质的含量、使用寿命等相关信息。

例如，Revit 默认材质库包括 Autodesk 材质库及 AEC 材质库，其中分别包含玻璃、瓷砖等十几个材质分类，如图 4.2.5-1。单个材质参数包括标识、图形、外观、物理性能等属性．装饰专业主要通过图形、外观属性控制构件的可视化显示。

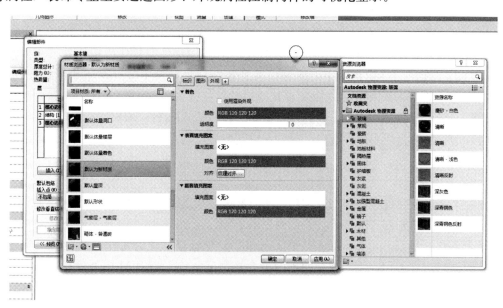

图 4.2.5-1　Revit 默认材质库

4.2.6　模型细度

1. LOD 的概念

LOD（Level Of Development），即信息模型细度，是指模型构件及其几何信息和非几何信息的详细程度。用来描述建筑信息模型构件单元从最低级的近似概念化的程度发展到最高级的演示级精度的过程。美国建筑师协会（AIA）为了规范 BIM 参与各方及项目各阶段的界限，在其 2008 年的文档 E202 中定义了 LOD 的概念，被分为 5 个等级，分别为：LOD100-Conceptual（概念化）、LOD200-Approximate geometry 近似构件（方案及扩初）、LOD300-Precise geometry 精确构件（施工图和深化施工图）、LOD400-Fabrication（加工）、LOD500-As-built（竣工）。这些定义可以根据模型的具体用途进行进一步的发展扩充。LOD 的定义可以用于两种途径：确定模型阶段输出结果（Phase Outcomes）以及分配建模任务（Task Assignments）。

1）模型阶段输出结果

随着设计的进行，不同的模型构件单元会以不同的速度从一个 LOD 等级提升到下一个。例如，在传统的项目设计中，大多数的构件单元在施工图设计阶段完成时需要达到 LOD300 的等级，同时在施工阶段中的深化施工图设计阶段大多数构件单元会达到 LOD400 的等级。但是有一些单元，例如墙面粉刷，它的造价以及其他属性都附着于相应的墙体中，模型层面的信息可能大部分时候不会超过 LOD100 的层次。而像成品家具，设计阶段就被设计完成了，因此可能在一开始就有比较高的 LOD 等级。虽然每个项目的过程略有不同，但项目通常在这些主要阶段都有进展。所以了解并定义每个阶段需要的正确类型和信息级别来指导增加相应的值是非常重要的。

2）任务分配

除三维表现之外，一个装饰 BIM 模型构件单元还能包含非常多的信息，这个信息可以是多方来提供。例如，一面三维的墙体或许最初是建筑师创建的，但是最后总承包方要提供造价信息，暖通空调工程师要提供 U 值和保温层信息，一个隔声墙体承包商要提供隔声值的信息等。为了解决信息输入多样性的问题，美国建筑师协会文件委员会提出了"模型单元作者"（MCA）的概念，该作者需要负责创建三维构件单元，但是并不一定需要为该构件单元添加其他非本专业的信息。

2. 装饰项目各阶段模型细度

装饰工程信息模型细度由模型构造的几何信息和非几何信息共同组成。几何信息一般指模型的三维尺寸，而其余的一些工程相关信息为非几何信息。比如工程项目信息中的工程项目名称、建设单位、勘察单位、设计单位、生产厂家、施工方案以及运营维护信息中的配件采购单位、联系方式等这些文本格式的信息，甚至包括相关的一些网址链接，文档扫描件、多媒体文件等信息。

根据《建筑装饰装修工程 BIM 实施标准》（T/CBDA3—2016）规定，装饰工程信息模型细度可划分为 LOD200、LOD300、LOD350、LOD400、LOD500 五个级别。信息模型细度分级见表 4.2.6-1：

建筑装饰信息模型细度分级表　　　　　　　　　　表 4.2.6-1

序号	级别	建筑装饰信息模型细度分级说明
1	LOD200	表达装饰构造的近似几何尺寸和非几何尺寸，能够反映物体本身大致的几何特性。主要外观尺寸数据不得变更，如有细部尺寸需要进一步明确，可在以后实施阶段补充
2	LOD300	表达装饰构造的几何信息和非几何信息，能够真实地反映物体的实际几何形状、位置和方向

149

序号	级别	建筑装饰信息模型细度分级说明
3	LOD350	表达装饰构造的几何信息和非几何信息，能够真实地反映物体的实际几何形状、方向，以及给其他专业预留的接口。主要装饰构造的几何数据信息不得错误，避免因信息错误导致方案模拟、施工模拟或冲突检查的应用中产生误判
4	LOD400	表达装饰构造的几何信息和非几何信息，能够准确输出装饰构造各组成部分的名称、规格、型号及相关性能指标，能够准确输出产品加工图，指导现场采购、生产、安装
5	LOD500	表达工程项目竣工交付真实状况的信息模型，应包含全面的、完整的装饰构造参数及其相关属性信息

装饰工程信息模型细度根据实施阶段，可分为方案设计模型细度、初步设计模型细度、施工图设计模型细度、施工深化设计模型细度、施工过程模型细度、竣工交付模型细度和运营维护模型细度七个等级，模型细度包含信息见表 4.2.6-2。

装饰建筑信息模型细度包含信息表   表 4.2.6-2

序号	分类	模型细度包含信息
1	装饰工程方案设计模型细度	模型仅表现装饰构件的基本形状及整体尺寸，无需表现细节特征，包含面积、高度、体积等基本信息，并加入必要语义信息
2	装饰工程初步设计模型细度	模型表现装饰构件的相近几何特征及尺寸，表现大致细部特征基本基层做法，包含规格类型参数、主要技术指标、主要性能参数与技术要求等
3	装饰工程施工图设计模型细度	模型表现装饰构件的相近几何特征及精确尺寸，表现必要的细部特征及基层做法，包含规格类型参数、主要技术指标、主要性能参数与技术要求等
4	装饰工程施工深化设计模型细度	模型包含装饰构件加工、安装所需要的详细信息，满足施工现场的信息沟通和协调
5	装饰工程施工过程模型细度	模型包含时间、造价信息，满足施工进度、成本管理要求
6	装饰工程竣工交付模型细度	模型包含质量验收资料和工程洽商、设计变更等文件
7	装饰工程运营维护模型细度	模型根据运维管理要求，进行相应简化和调整，包含持续增长的运维信息

建筑装饰信息模型各阶段模型细度要求详见表 4.2.6-3，需要注意的是，对装饰工程，按照模型拆分原则中的承包范围，不同的模型拆分方式有可能会影响到表中所列的细度。

建筑装饰信息模型各阶段模型细度要求表   表 4.2.6-3

序号	模型构件名称	方案设计模型	初步设计模型	施工图设计模型	深化设计模型	施工过程模型	竣工交付模型	运营维护模型
1	建筑地面	LOD200	LOD200	LOD300	LOD350	LOD400	LOD500	LOD300～500
2	抹灰	LOD200	LOD200	LOD300	LOD350	LOD400	LOD500	LOD300～500
3	外墙防水	LOD200	LOD200	LOD300	LOD350	LOD400	LOD500	LOD300～500

序号	模型构件名称	方案设计模型	初步设计模型	施工图设计模型	深化设计模型	施工过程模型	竣工交付模型	运营维护模型
4	门窗	LOD200	LOD200	LOD300	LOD350	LOD400	LOD500	LOD300~500
5	吊顶	LOD200	LOD300	LOD300	LOD350	LOD400	LOD500	LOD300~500
6	轻质隔墙	LOD200	LOD200	LOD300	LOD350	LOD400	LOD500	LOD300~500
7	饰面板	LOD200	LOD200	LOD300	LOD350	LOD400	LOD500	LOD300~500
8	饰面砖	LOD200	LOD200	LOD300	LOD350	LOD400	LOD500	LOD300~500
9	幕墙	LOD200	LOD300	LOD300	LOD350	LOD400	LOD500	LOD300~500
10	涂饰	LOD200	LOD200	LOD300	LOD350	LOD400	LOD500	LOD300~500
11	裱糊与软包	LOD200	LOD200	LOD300	LOD350	LOD400	LOD500	LOD300~500
12	细部	LOD200	LOD300	LOD300	LOD350	LOD400	LOD500	LOD300~500

4.3 建筑装饰工程 BIM 模型整合

同一专业根据模型拆分原则建立的模型，或者不同参与方分别建立的模型，按照规定或标准链接成为一个叠加模型，并进行一致性和实用性调整，用来反映模型之间的对应关系，即为模型整合。模型整合后可以寻找模型存在的问题，做不同专业间模型的碰撞检查等。

4.3.1 模型整合内容

为了满足装饰工程 BIM 应用不同阶段的成果交付要求，需根据项目模型统一标准整合 BIM 模型。实际上，模型整合即为一种协同工作模式，其工作方式具有多样性，每种方法各有优劣。如 Autodesk 的 BIM 解决方案采用文件链接、文件集成、中心文件三种方式较多（表 4.3.1-1），而 Revit 的工作集，ARCHICAD 的 Teamwork 所提供的功能即为中心文件整合方式。中心文件的使用是提高模型建立速度、准确性、协调性的关键手段。

模型整合方法

表 4.3.1-1

序号	整合/协同方式	特点	方法
1	文件链接	外部参照，最容易实现的数据级整合的协同方式，模型性能表现较好，软件操作响应快。模型数据相对分散，协作的时效性稍差。适合大型项目、不同专业间或设计人员使用不同软件进行设计的情况。链接的模型文件只能"读"而不能"改"，同一模型只能被一人打开并进行编辑	仅需要参与协同的各专业用户使用链接功能，将已有 RVT 数据链接至当前模型即可，可以根据需要随时加载模型文件，各专业之间的调整相对独立
2	文件集成	采用专用集成工具，数据轻量级，便于集成大数据支持同时整合多种不同格式的模型数据，但一般的集成工具都不提供对模型数据的编辑功能，所有模型数据的修改都需要回到原始的模型文件中去进行	将不同的模型数据文件都转成集成工具的格式，之后利用集成工具进行模型整合。可将整合模型用于可视化的浏览、漫游、冲突检测，添加查阅后的标记、注释等，直观的在浏览中审阅设计

序号	整合/协同方式	特点	方法
3	中心文件	更高级的协同整合方式，数据交换的及时性强，对服务器配置要求较高，参与的用户越多，管理越复杂，适用于相关设计人员使用同一个软件进行设计。对团队的整体协同能力要求高，实施前需要详细策划，一般仅同专业团队内部采用	允许用户实时查看和编辑当前项目中的任何变化，需注意模型的搭建规模和模型文件划分的大小

模型整合需遵循一定的规则：包括项目统一版本、文字、数据、命名及材质等相关信息。与更新模型文件同时提交说明文档中必须包含模型的原点坐标描述、模型建立所参照的图纸类别、版本和相关的设计修改记录、引用并以之作为参照的其他专业图纸或模型。整合前，需对整合内容进行以下检查：数据是否经过审核及清理，避免过度建模或无效建模导致的数据价值不高；数据需经过相关负责人最终确认；数据内容、格式符合需整合互用标准及数据整合互用协议。

4.3.2　模型整合管理

模型整合主要分为同一专业模型整合、不同专业间模型整合、不同阶段和环节的模型整合。作为装饰工程，主要分为装饰专业内部模型整合以及不同专业间的模型整合。在本书 4.2.2 中，介绍了装饰工程 BIM 拆分的原则与必要性，因此装饰专业内部模型需要进行阶段性整合。同时，装饰工程涉及多种工种二次深化设计配合工作，也需要进行阶段性整合。阶段性整合主要在施工图设计阶段、深化设计阶段、施工阶段等关键环节进行。上述的 BIM 模型交付成果要求进行整合，同时应当进行必要的建模标准及深度审核工作。

模型整合时，应保证数据传递的准确性、完整性和有效性。数据传递的准确性是指数据在传递过程中不发生歧义，完整性是指数据在传递过程中不发生丢失，有效性是指数据在传递过程中不发生失效。模型整合时应考虑整合的顺序，以便于展示及修改为准，一般应以待检查修改模型作为基准模型，将其他模型分别整合进来。例如：将装饰专业模型作为基准模型，土建和机电模型作为链接模型载入，检查出装饰模型有问题的，可以便于调整。同时，在整合模型时，应建立数据安全协议，防止任何数据崩溃，病毒感染以及其他因素破坏，整合成果应及时保存在服务器中。

1. 装饰工程内部 BIM 模型整合

装饰工程 BIM 模型整合主要考虑 BIM 团队如何整合共同完成装饰工程的建模工作，宜采用中心文件整合方式。BIM 团队成员按照模型的拆分情况，独立负责创建各自的模型，基于中心文件整合装饰模型。BIM 模型的整合与拆分相对应，即按楼层、分包范围、空间、房间部位等拆分的，就在中心文件按拆分原则进行整合，并由项目 BIM 管理组审核是否符合模型规划的要求。为了避免装饰 BIM 模型在整合过程中避免模型重复或缺失，应明确规定并记录每部分数据的责任人。

装饰工程 BIM 模型整合管理方面，一般需要遵循以下原则：BIM 负责人或指派专人，建立并负责管理中心文件；尽量减少 BIM 团队工作交叉，并合理设置权限；BIM 模型文件应定期备份保存；BIM 模型较为复杂，应将不使用的元素和数据释放权限，以方便团队成员共享访问。

2. 跨专业 BIM 模型整合

1）阶段定时整合

跨专业 BIM 模型的整合，一般以链接或集成各专业中心文件方式进行专业整合，将其他专业模型链接到本专业模型中进行检查，形成最终模型。也可以采用专业集成整合工具，将不同专业模型转成集成整合工具的格式进行协调检查。

这种整合一般为阶段性的，模型可尽量拆分到足够小的级别，便于不同区域不同专业的整合。各专业应共享坐标和项目原点，达成一致并记录在案，不得随意修改这些数据。若采用不同的软件建模，链接整合前须统一各专业模型文件的原点。若采用不同的建模工具，也就是原始模型文件格式不同时，专业间需先进行数据转换。

2）过程实时整合

另外一种为过程实时整合，各专业需基于统一格式的 BIM 模型数据，一般采用中心文件或文件链接方式整合。各专业分别建立本专业模型，根据需求链接其他专业模型，在自己模型进行标记提资，接收资料的专业通过链接更新查看提资内容。最终以链接各专业模型形成全专业完整模型。

若采用中心文件整合时，各专业间应建立最小的协同工作权限，确保既能实时共享数据，又能避免非授权修改。如果项目采用了中心文件，相互链接时必须链接服务器上的中心文件，不要链接自己或他人的本地工作文件，以保证所有成员可以看到完整文件。

如采用文件集成的整合方式，在集成软件中打开主模型后，附加、合并与来自其他设计工具的已转换为集成软件可接收格式的模型和信息，整合成轻量化的三维整合模型并供第三方使用。集成整合中需要注意各专业模型文件都需要设置好统一的项目基点，以便于文件集成有效定位。

3）模型修改

各专业在创建各自的单专业模型时，项目成员应当与其他项目成员定期整合共享模型，供相互参考。当整合模型中数据有修改和变更时，应及时通过工程图发布，变更记录及其他通知方式传达给其他项目团队；当模型全专业整合时，相关责任人要对不同专业模型进行协调，解决各参与方协调不一致的问题，从而达成一致修改模型。

模型整合完成后，会形成各类审核及修改报告，此时应由各方模型制作者对在整合过程中形成的意见进行修改调整。通过 BIM 模型整合修改，形成竣工模型，与施工过程记录信息相关联，甚至能够实现包括隐蔽工程资料在内的竣工信息集成，不仅为后续的物业管理带来便利，并且可以在未来进行的翻新、改造、扩建过程中为业主及项目团队提供有效的历史信息。

4.3.3　模型整合应用

模型整合后，可形成单一专业的完整模型、全专业模型、整合检查报告、漫游记录报告、净空检查结果、碰撞检查分析、工程量统计、成本量统计、竣工模型等成果，以模型、报告、纪要等形式，反映存在的问题类型、位置、说明及修改意见等内容。

具体整合成果如下：

当装饰模型的建模精细度不低于 LOD300 时，项目应进行碰撞检查。利用建筑信息模型进行整合，碰撞检查有硬碰撞和软碰撞之分，硬碰撞是基于空间模型的实体与实体之间的物理碰撞；软碰撞是实体之间实际并没有碰撞，但间距和空间无法满足相关施工要求（安装、维修等）。碰撞检查出模型中的各类碰撞问题，可以避免设计变更与拆改，导出碰撞检查结果并整理为编制碰撞检查报告。碰撞检查报告应列为专业协同文件，也可作为有效交付物。装饰模型同其他各专业模型进行碰撞检查，出具检查报告，报告宜包含问题类型、碰撞位置、问题描述、修改责任人等内容。

（1）导出二维图纸：BIM 模型直接导出二维图纸，确保三维 BIM 模型与二维图纸之间的信息关联，便于之后的修改调整。

（2）虚拟漫游：通过虚拟漫游审查模型精度、设计缺陷、专业协调等问题，同步记录漫游审查结果，提出相应修改意见。

（3）净空分析：通过整合后的模型构建之间的空间位置，研究空间布局和形态，判断装饰空间净高是否满足规范和业主要求，同步记录净空检查结果，提出相应调整意见。

（4）预留洞口检查：通过对装饰模型中预留洞口的检查，判断预留洞口是否满足施工要求，记录预留洞口检查结果。

（5）三维交底：充分利用 BIM 模型的可视化以及方便简单的三维标注，直接利用电脑进行直观地三维交底，不仅可以提高交底效率，还能有效避免因操作人员理解不当而造成的返工现象。

4.4　建筑装饰工程 BIM 模型审核

4.4.1　模型审核的目的

审核主要是指对建筑信息模型的符合性、有效性和适宜性进行的检查活动和过程，具有系统性和独立性的特点。系统性是指被审核的所有要素都应覆盖；独立性是为了使审核活动独立于被审核部门和单位，以确保审核的公正和客观。

BIM 模型质量优劣是 BIM 应用是否成功的一个极为关键的因素。优质的装饰工程 BIM 模型，信息完整、数据准确、效果美观、方案优化，能够大幅提高效率，节约材料、人工等；反之劣质的装饰工程 BIM 模型，可能会因为模型不可用造成重大的不可挽回的损失。因此，要获得高质量的模型，必须在项目策划之初，从首批制作 BIM 模型的设计团队，就关注这一项工作。在装饰工程 BIM 应用的各阶段，都应有各参与方的不同岗位的人员对模型进行审核评价，形成审核报告及评价结果。

装饰工程 BIM 模型审核的主要目的，是检查模型信息与业已掌握的和客观存在的信息是否对应。通过检查和审核，尽量减少错误，使模型成为高质量的 BIM 模型，也就意味着设计阶段和现场施工阶段浪费在纠错上的时间明显减少，从而精确地指导未来的建设。因此 BIM 技术应用的全过程的各个阶段中，每个关键环节的 BIM 模型都要由工程各参与方审核，经修改通过后才能进入下一阶段。

4.4.2　模型审核的原则

装饰工程不同阶段创建 BIM 模型应符合以下四条原则：即信息是否完整、数据是否准确、效果是否美观、方案是否优化。即：全不全、对不对、美不美，优不优。

1. 信息是否完整

为了更方便精确地计算构件数量和指导施工，需要获得全面的模型信息。因此，需要检查构件数量和信息是否够用。在对 BIM 模型进行审核之前，在不同的阶段都需要及时收集和了解各种数据和信息，如业主要求、建筑设计图纸、各种规范、现场尺寸、施工组织设计、设计变更等。之后要依据这些信息检查 BIM 模型的内容是：第一，模型的构件数量是否足够；第二，检查数据信息、参数、属性是否全面；第三，构件和信息是否能满足当前阶段的应用需求；第四，文件数量，尤其是否有外部参照文件。

2. 数据是否准确

装饰工程 BIM 模型构件的准确性是保证模型质量和施工质量的最基本内容。主要审核内容，首先要检查构件尺寸和位置是否准确；其次还要看模型是否符合各种建筑设计规范；第三，要看文件、构件的命名是否符合要求。

3. 效果是否美观

装饰工程的最重要功能是保护建筑结构和美化建筑。为了保证设计的效果和施工的质量，模型是否美观是一项极为重要的指标。在检查时，首先要看建筑空间装饰的整体效果，而且要检查每个装饰构件的材质、色彩、造型等是否符合美学要求；此外，还需要检查 BIM 文件的画面质量，构图、视点、标注等设置是否美观合理。

4. 方案是否优化

优化是为了得到更合理的设计和施工方案，节省场地、材料、能源、时间、提高效率、节约资金、保护环境。优化是在满足全面、准确、美观之后，对 BIM 模型更高的要求。这部分审核的内容有：第一，BIM 模型体现的建筑空间的功能、构造、施工组织、造价等是否是最优化的方案；第二，BIM 模型本身的一些设置如样板、分区是否能有助于实现高效建模；第三，BIM 模型是否能够实现高效协同。

4.4.3　模型审核方法

装饰工程 BIM 模型的审核方法有：①浏览检查：保证模型反映工程实际；②拓扑检查：检查模型中不同模型元素之间相互关系；③标准检查：检查模型与相应标准规定的符合性；④信息核实：复核模型相关定义信息，并保证模型信息准确、可靠。目前最通用的碰撞检查即拓扑检查，是 BIM 模型审核中的最重要手段之一。

装饰工程 BIM 模型碰撞检查的顺序是否正确十分重要：在内部碰撞检查之后，再先后与建筑结构、机电专业碰撞检查。同时，审核工作还需要将审核人员的工程经验和计算机软件的使用经验相结合。

4.4.4　模型审核流程

基于装饰标准化建模、标准数据格式的装饰 BIM 模型及其信息应用的模型审核常规流程如图 4.4.4-1。审核者在接收模型时，首先要检查模型文件的版本和格式是否符合要求，再继续审核流程。装饰专业首先要在专业内部进行审核，然后再提交总包检查，各专业整合模型后协调校审。

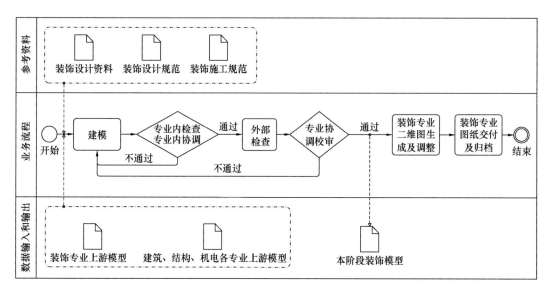

图 4.4.4-1　装饰工程 BIM 审核流程图

4.4.5　模型审核参与者

由于大部分装饰工程是专业分包的，因此需要有多方参与审核工作，需要做大量协调工作。装饰工程 BIM 的审核分为内部和外部审核，其参与者也随着不同的阶段发生变化：外部审核基本上由业主、监理、建筑设计院和其他专业分包来承担；内部审核由项目内部 BIM 管理人员审核，另外还应有一些审核参与人，如装饰施工企业还应有造价员、材料员、质检员等项目相关部门和岗位的人员参与。

4.4.6　模型审核内容

装饰工程在不同阶段 BIM 的审核对象不同、内容不同、标准也不一样，详见表 4.4.6-1。

建筑装饰工程 BIM 的审核内容　　　　　　　　　　　　　　　　表 4.4.6-1

阶段	审核对象	审核内容	细度标准	审核成果
前期原始数据获取	上游各专业 BIM 模型	空间检查：是否能形成有利于装饰设计的空间；上游模型是否提供了有利于装饰方案设计的条件	建筑方案设计模型，细度级别 LOD100～300	上游 BIM 模型审核报告
装饰方案设计	装饰专业设计方案 BIM 模型	空间检查：方案是否有利于功能的实现，是否有利于施工；效果检查：是否符合业主的要求	建筑装饰设计方案 BIM 模型，细度级别 LOD200	装饰设计方案 BIM 模型审核报告
装饰初步设计	装饰专业初步设计 BIM 模型	效果检查：是否做了各种分析，建筑性能指标是否符合规范要求；是否做了优化修改	建筑装饰设计方案 BIM 模型，细度级别 LOD200～300	装饰初步设计 BIM 模型审核报告

续表

阶段	审核对象	审核内容	细度标准	审核成果
装饰施工图设计	装饰专业施工图设计 BIM 模型、各专业的施工图设计 BIM 模型	空间检查：是否有错漏碰缺，是否已经修正；是否符合施工图报审的规范和条件	建筑装饰施工图设计 BIM 模型，细度级别 LOD300	装饰施工图设计 BIM 模型审核报告
装饰深化设计	装饰专业深化设计 BIM 模型、各专业的深化设计 BIM 模型	细部检查：主要检查装饰表皮细化部分和隐蔽工程，是否可以实现设计方案的效果并指导施工；工业化的构配件加工模型是否合理	深化设计 BIM 模型，细度级别 LOD350，预制构件 LOD400	装饰深化设计 BIM 模型审核报告
装饰施工过程	装饰专业施工 BIM 模型、各专业的施工 BIM 模型	是否把所有设计变更在模型中进行了准确的修改；是否补充并完善了施工信息	装饰施工 BIM 模型，细度级别 LOD400，预制构件 LOD400	装饰施工 BIM 模型审核报告
竣工阶段	装饰专业竣工 BIM 模型、各专业的竣工 BIM 模型	是否对模型作为竣工资料完善了信息；是否比对竣工现场修正了模型	装饰竣工 BIM 模型，细度级别 LOD500	装饰竣工 BIM 模型审核报告
运维阶段	各专业的运维 BIM 模型	根据使用情况修改的模型是否符合要求	装饰运维 BIM 模型，细度级别 LOD300～LOD500	运维 BIM 模型审核报告

注：上述表格中的审核内容除表格中特别强调之外还包含：
① 格式检查：格式是否符合要求；
② 版本检查：模型的版本是否是本阶段的版本；
③ 命名检查：模型所有需要命名的部分是否按规定命名；
④ 样板检查：样板文件是否符合专业要求；
⑤ 外部参照和导出文件：材质贴图附件、导出文件、链接的文件有没有缺失；
⑥ 效果检查：模型的构件的色彩、材质、肌理、造型等是否美观；
⑦ 规范功能检查：是否符合建筑设计规范及功能要求；
⑧ 碰撞检查：是否与其他专业有碰撞，碰撞检查是否符合要求；
⑨ 细部检查：尺寸是否正确，构造、构件是否合理、标注是否齐全，属性、参数是否全面；
⑩ 设置检查：是否遵守设置规范，设置是否便于各方利用和协同工作；
⑪ 明细表检查：明细表内容是否齐全准确；
⑫ 优化检查：分区是否合理，能否用于控制各个阶段造价，造价是否经济合理，是否有利于施工和维修。

以上各阶段的装饰工程 BIM 质量审核工作，实际上是在 BIM 技术实施环境比较理想的状态下的流程。但是，在实践中常常达不到理想的状况，流程很难全部实施。在我国，装饰工程 BIM 模型质量审核工作尚存在以下障碍：第一，当前的软件及硬件条件下，审核工作量巨大；第二，拥有审核能力的人很少，审核工作往往滞后，成为推进 BIM 技术应用工作的一个重要瓶颈；第三，在实践中缺乏成熟的、统一的审核规范；第四，与其他单位的协同审核工作涉及众多单位和人员，使审核工作复杂化。但是，如果从 BIM 应用之初就能考虑到以上因素，并重视装饰工程 BIM 模型的质量及其审核工作，将成为成功应用 BIM 的重要保障。

课 后 习 题

一、单项选择题

1. 下列哪项不是装饰项目模型拆分的原则(　　)?

A. 按楼层拆分　　　　　　　　　　　B. 按分包区域划分

C. 按空间、部位划分　　　　　　　　D. 按建模人员拆分

2. 下列不是基于 Revit 的 BIM 模型整合的方式的是(　　)。

A. 中心文件整合　　　　　　　　　　B. 文件链接整合

C. Teamwork　　　　　　　　　　　D. 文件集成整合

3. 下列哪项不是装饰项目模型命名原则(　　)?

A. 模型细部命名原则　　　　　　　　B. 模型构件分类原则

C. 模型材料代码原则　　　　　　　　D. 模型文件命名原则

4. 在开始建模时,不正确的做法是(　　)。

A. 基于现有样板文件来创建新的模型样板

B. 即使没有模型样板也没关系,直接建模即可

C. 使用现有项目文件来创建模型样板

D. 导入样板设置参数来创建模型样板

5. 下列哪种说法是正确的(　　)?

A. 装饰工程 BIM 建模只需收集一次原始数据就可以了

B. 详图视图是指在详图设计中创建的与模型不关联的详图

C. 材料库中的信息仅包括样式、色彩、纹理、贴图

D. 信息模型细度 LOD350 能够真实地反映物体的实际几何形状、方向,以及给其他专业预留的接口

二、多项选择题

1. 在装饰 BIM 的审核内容中,包括(　　)。

A. 命名检查　　　　　　　　　　　　B. 碰撞检查

C. 细部检查　　　　　　　　　　　　D. 样板检查

E. 格式检查

2. 装饰工程 BIM 模型审核的原则是(　　)。

A. 信息是否全面　　　　　　　　　　B. 数据是否准确

C. 效果是否美观　　　　　　　　　　D. 方案是否优化

E. 以上都不是

3. 运营维护模型的细度主要为:(　　)。

A. LOD200　　　　　　　　　　　　B. LOD300

C. LOD350　　　　　　　　　　　　D. LOD400

E. LOD500

4. 下列哪种说法是正确的(　　)?

A. 在装饰工程的不同阶段 BIM 的审核对象不同,但审核内容是一样的

B. 施工过程模型细度必须包含时间、造价等信息

C. 建筑信息模型细度是指模型构件及其几何信息和非几何信息的详细程度

D. 模型色彩定义时，必须每种构件都赋予不同色彩

E. 填充样式是为了控制模型在投影中剪切或显示的表面的外观，设置的不同填充图案

5. 关于装饰工程 BIM 模型的审核方法，下列哪种说法是正确的(　　)?

A. 拓扑检查检查模型中不同模型元素之间相互关系

B. 浏览检查保证模型反映工程实际

C. 拓扑检查和碰撞检查没关系

D. 标准检查检查模型与相应标准规定的符合性

E. 信息核实复核模型相关定义信息，并保证模型信息准确、可靠

参考答案

一、单项选择题

1. D　2. C　3. A　4. B　5. D

二、多项选择题

1. ABCDE　2. ABCD　3. BCDE　4. CE　5. ABDE

第 5 章　建筑装饰工程 BIM 应用

本章导读

　　本章系统介绍了装饰工程各阶段主要环节需要建模的内容，及装饰工程项目全生命期中的主要 BIM 技术应用，包括：在方案设计环节的参数化设计、方案设计比选、可视化表达和经济性比选；在初步设计环节的采光、通风、声学、疏散分析；在施工图设计环节的碰撞检查及净空优化、施工图设计出图和统计分析、辅助工程算量；施工深化设计环节的现场测量、样板 BIM 应用、施工可行性检测、饰面排版、施工工艺模拟、辅助图纸会审、工艺优化、辅助深化设计出图；在施工过程环节的施工组织模拟、可视化施工交底、智能放线、构件预制加工、材料下单、进度管理、物料管理、质量与安全管理、成本管理；在竣工交付环节进行竣工信息录入、竣工图纸生成、工程结算；以及运维阶段、拆除阶段的 BIM 应用等。

本章要求

　　熟练的内容：装饰 BIM 的覆盖阶段的关键环节。

　　掌握的内容：方案设计、施工图设计、施工深化设计、施工过程和竣工交付中的 BIM 常规应用。

　　了解的内容：初步设计、运维 BIM 应用、拆除阶段的 BIM 常规应用。装饰工程 BIM 的最新扩展应用。

5.1 概述

中国建筑装饰协会标准《建筑装饰装修工程 BIM 实施标准》（T/CBDA3-2016）中提出，装饰装修工程 BIM 实施宜覆盖装饰工程各阶段，也可根据工程项目合同的约定应用于某些阶段或进行单项的任务信息模型。因此，装饰 BIM 工作应以工程项目专业及管理分工为基本框架，建立满足项目全生命期工作需要的任务信息模型应用体系，实施建筑信息模型应用。

基于建筑装饰项目特点装饰 BIM 应用点进行划分，并在每一个装饰实施阶段中分解项目实际需求的基本应用，形成 BIM 主要应用分布表，参见表 3.2.1-2。装饰项目全生命期 BIM 应用流程参见图 1.3.3-1。本章将对其中重要应用内容逐一介绍。

5.2 方案设计 BIM 应用

装饰方案设计是装饰设计师在建筑结构的基础上进行空间设计的过程，主要设计内容是空间布局设计，包含室内空间功能划分、室内交通流线规划、空间形态的把握，另外还有装饰造型、色彩、材料的设计及陈设的搭配，目的是形成最初的方案效果，对满足建筑的实用性、美观性、经济性的要求起到重要作用。过去，装饰方案设计除了用手绘来表达设计成果，一般要用 CAD 来绘制平立面，还要用 3ds Max 来建模，用渲染器进行渲染，最后用 Photoshop 等图像软件做后期处理，有多个工作流，过程比较复杂漫长。

应用 BIM 后，方案设计工作任务主要是：建立装饰方案设计模型，并以该模型为基础输出效果图和漫游动画，清晰表达装饰设计意图，同时为装饰设计后续工作提供依据及指导性文件。方案设计 BIM 应用主要体现在：空间布局设计、参数化方案设计、方案设计比选（装饰设计元素形态设比选、装饰材料比选、陈设艺术品比选）、方案经济性比选、可视化方案设计表达等方面。应用 BIM 技术，可以将装饰方案设计工作的多个工作流合而为一；参数化功能利用参数可以实现构件自动修改；另外，各种方案比选功能，能让设计师专注于设计本身。本环节流程如图 5.2-1。

5.2.1 方案设计建模内容

在本阶段，首先要有上游的建筑 BIM 模型以及结构和机电模型，并在此基础上建模。但在既有建筑改造装饰工程中，一般没有原有建筑设计 BIM 模型，这就需要参考原有二维图纸呈现的建筑物信息，或到现场测量尺寸（5.5.2 施工现场测量），利用这些原始数据提供的信息建立现有建筑的现状模型，同时将其他专业的现状模型创建出来。在新建、改建、扩建工程的建筑装饰项目中，装饰设计师可以利用上游建筑设计 BIM 模型，在现状 BIM 模型的基础上，依据装饰设计要求，在三维环境中划分室内空间，做好模型拆分，在各类建筑空间内按照室内的不同部位，分别建立墙体饰面、地板装饰面、天花等装饰表皮，将其围合成一个或多个整体空间，另外添加门窗装饰、栏杆扶手、家具、灯具、织物、饰品、电器、绿化等，形成装饰方案的大致效果。本阶段对图纸深度要求不高，因此对 BIM 模型细度要求也不高，为 LOD200 以内。

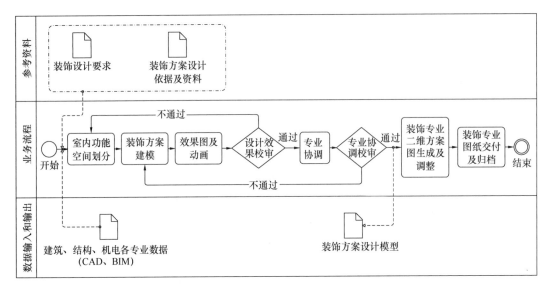

图 5.2.1-1　基于 BIM 的装饰方案设计流程

5.2.2　参数化方案设计

参数化设计是一个选择参数建立程序、将建筑设计问题转变为逻辑推理问题的方法，它用理性思维替代主观想象进行设计，它将设计师的工作从实现意象设计推向了推理设计，探讨思考推理的过程，提高了运算量；另外，它使人重新认识应用用计算机 BIM 软件辅助设计规则的可能性和可变性，为装饰设计师丰富了设计手段。

参数化设计在建筑装饰辅助设计上可以实现通过局部变量的修改完成对设计意图的全局变更。例如，Grasshopper 是 Rhinoceros 的一款编程插件，它具有节点式可视化数据操作、动态实时成果展示、数据化建模操作等特点，如 Rhinoceros 的参数化建模功能。

5.2.3　装饰方案设计比选

装饰设计师利用 BIM 技术，可以在设计过程中，在 BIM 方案模型上直接观察建筑的原始空间形态和空间尺度，在此基础上进行可视化设计，分析研究空间的功能分区和联系以及交通流线，有利于设计师对功能设计的合理性推敲和调整、完善；同时，可以对空间内设计方案的设计元素形态、材料、陈设等进行比选，为装饰方案评估提供了多种设计比选形式，协助业主、设计师选出最优方案。

1. 空间设计元素形态比选

设计师利用 BIM 技术，可以比对室内空间设计元素的形态。如利用 Revit 的设计选项功能，可以在一个建筑空间内或在同一部位，建立多种形状的装饰构件族，加载设计选项，可以切换选项方案来比对一个室内空间内装饰构件的多个形态，找出最适合该空间或该部位的造型选项。利用 BIM，在空间设计中，形态设计比选快速、方便（图 5.2.3-1）。

2. 装饰材料比选

利用 BIM 技术，基于室内外空间模型和 BIM 设计软件丰富的色彩和材质库，装饰设计师可以设置和修改所有建筑空间内外构件表皮的装饰材料，对其呈现的质感、形状、色

图 5.2.3-1 柱式比选

彩、光泽、肌理、纹理等各种效果进行比选配置，营造出符合设计师追求的空间品质，塑造出环境的个性特征（图 5.2.3-2）。

图 5.2.3-2 装饰材料设计比选（坚硬的和柔软的）

3. 陈设艺术品比选

装饰设计师利用 BIM 技术，在室内外空间模型环境中，自己设计制作或载入各类构件库、资源库中制造商提供的装饰产品 BIM 元素，对家具、灯具、织物、饰品、绿化等陈设艺术品进行规划和模拟，进行合理化分析布局，反复比较选择，使空间陈设最终更符合设计方案的风格定位，更加真实可实现。

5.2.4 方案经济性比选

方案经济比选是寻求合理的经济技术方案的必要手段，也是项目可行性评估的重要环节。BIM 模型是包含了设计相关信息的参数化信息模型，一个 BIM 模型就是一个整体的数据库，所有统计表等都从数据库中提取，可以做到快速、准确地从 BIM 模型导出明细表等相关信息。利用 BIM 模型，在装饰设计方案满足设计功能和采用合理先进技术的条件下，装饰造价员可以对多个装饰设计方案都导出相关的工程量数据，对不同方案进行数据参数对比，选出更经济更合理的方案，满足业主的不同需求（图 5.2.4-1）。

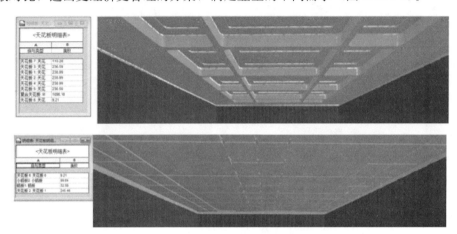

图 5.2.4-1　不同造型天花设计方案经济性比选

5.2.5　设计方案可视化表达

可视化是创造图像、图表或动画来进行信息沟通的各种技巧，基于 BIM 模型的可视化表现，内容更加丰富。可视化设计减少了可视化重复建模的工作量，而且提高了模型的精度与设计（实物）的吻合度。应用 BIM 方案模型，装饰设计师可进行面积指标分析、视觉效果分析，直接输出三维视图、制作场景漫游视频动画（图 5.2.5-1），或直接在场景中进行虚拟漫游，与业主等项目各方参与者进行更有效的方案验证和外部沟通；同时，利用 BIM 方案模型，对空间环境、陈设、材质等进行仿真渲染，可以得到真实呈现装饰设计效果的效果图。

图 5.2.5-1　装饰方案设计漫游动画

在传统工作流中，装饰设计方案还要制作彩色的方案平立面展示图。传统的做法效果图建模的同时用 CAD 二维图纸结合平面设计软件出方案图，是两条工作流的方式。用

BIM 软件建立 BIM 模型，模型还可以输出彩色的二维图纸，彩色平面立面方案图、各角度剖切图、还能导出彩色三维透视图（图 5.2.5-2），并可以拥有多种显示方式和效果。

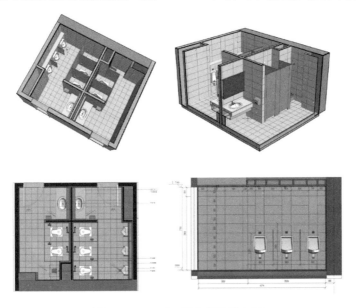

图 5.2.5-2　卫生间方案设计出图

目前，BIM 模型可以达到模拟的效果，但与虚拟现实（VR）相比在视觉效果上还是有一定差距，VR 能弥补 BIM 视觉表现真实度的短板。BIM 与 VR 主要是数据模型与虚拟影像的结合，在虚拟表现效果上进行更为深度的优化与应用。BIM 模型为 VR 提供了极好的表现内容与落地应用的真实场景。虽然当前 VR 还处于发展中，但已经被迅速应用于装饰工程的设计方案体验：可以让人在方案设计过程中，进入虚拟空间，直观感受空间的设计效果，如图 5.2.5-3。

图 5.2.5-3　VR 体验装饰方案设计效果

5.3　初步设计 BIM 应用

初步设计是在方案设计基础上进行初步技术设计的过程。主要工作内容是对装饰方案进行室内性能分析、根据分析结果调整方案等工作，其目的是论证装饰方案的技术可行性和经济合理性。以往在装饰行业的既有建筑改造装饰工程中，除了极个别企业，装饰企业一般不使用软件进行建筑物的性能分析，不仅难以满足建筑功能和性能的要求，而且很少考虑利用自然条件节能。由于功能不合理、性能达不到使用要求而导致建筑物及内装饰返工拆改，资源浪费严重。另外，新建改建扩建工程的装饰项目，虽然在建筑设计阶段已经进行了建筑性能的初步分析，但进入装饰设计阶段，装饰设计方要根据之前分析的结果和实际需求在装饰方案确定后进行进一步的分析调整。因此，对有重大改造的建筑、一些特殊和重要的空间，有必要应用 BIM 技术进行方案的室内性能分析和技术可行性论证。

初步设计 BIM 应用工作任务主要是：在方案设计模型的基础上，利用当前的分析工具（表 2.1.2-2）进行室内性能分析，包括：自然环境（采光、通风、热环境、空气质量等）分析、人工照明分析、声学分析、疏散分析、人体工程学分析、使用需求量分析、结构受力计算分析等；协调装饰与其他各专业之间的技术矛盾，依据成果修改调整方案，使室内设计成果符合绿色建筑的要求，满足室内使用功能，让人们的生活居住环境更节约资源、健康可控、安全环保、科学合理。本环节流程如图 5.3-1。

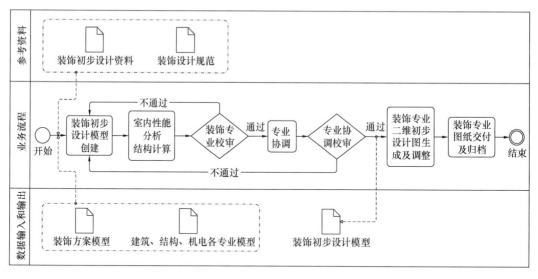

图 5.3-1　基于 BIM 的装饰初步设计流程

5.3.1　初步设计建模内容

装饰初步设计阶段，BIM 的建模内容主要是依据方案设计模型，将其按照各类分析软件的分析需求将其调整、修改或转为各类格式的、可顺利进行性能分析的子模型。同时，在得出分析结果后，要修改和细化方案设计模型，得到初步设计模型。初步设计模型的模型细度一般 LOD200～LOD300。

5.3.2 室内采光分析

自然采光决定了建筑室内环境的质量。它关系到人体的健康和生活的舒适，并有助于减少人工照明，从而间接减少能源的消耗。《绿色建筑设计标准》《绿色建筑评价标准》都涉及建筑采光的量化要求。采光分析已经成为绿色建筑设计的一项重要手段。采光设计参考采光分析的成果，充分利用天然光，创造良好的光环境，这在我国电力紧张的情况下，对于节约能源有重要的意义。

室内采光分析软件有很多，通常采用 Ecotect 建筑生态辅助设计软件。室内采光分析可以帮助设计师了解室内采光情况，分析每一个功能房间的自然光环境，帮助设计师调整建筑形体，以及室内功能区的分布，将非主要功能区如楼道、走道、厕所等设置在自然光照不足的区域。甚至可以帮助设计师思考如何通过适当的措施，如在材料选择上增加增强采光材料或在室内设计时设置光反射的墙和顶棚等，改善室内自然光环境。同时可以在能耗模拟中更准确地估计灯具的使用率，计算照明能耗。图 5.3.2-1 图为处于我国第IV类光气候区的珠海的某项目一层自然采光分析结果。图中色彩越深，代表得到的自然光越少。浅色显示，主要采光区域靠近外围护幕墙，这部分布置办公区域较为适宜。

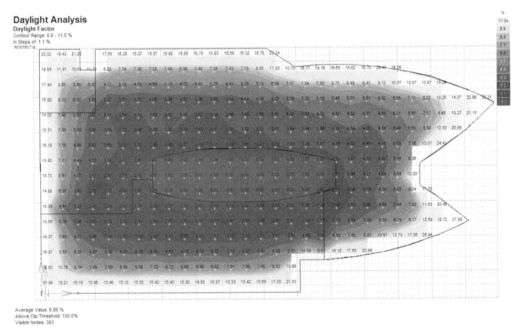

图 5.3.2-1　项目一层室内自然采光分析结果

5.3.3 室内通风分析

自然通风是一种经济实用的通风方式，自然通风分析是绿色建筑设计时的重要参考，尤其是在夏热冬暖和夏热冬冷地区，它既能满足室内舒适条件，改善室内空气品质，降低新风使用量和空调的使用时间，达到节约能源目的。最佳的自然通风设计是使自然风能够直接穿过整个建筑，或通过风井或者中庭热空气上升的烟囱效应作为驱动力，把室内热空气通过风井和中庭顶部的排气口排向室外。在某些地区可以通过自然通风设计和模拟分析，把建筑的底层打造成无空调区域，既能满足室内舒适条件，改善室内空气品质，又能实现有效被动式制冷，达到节约能源目的。

本书例举的室内自然通风分析软件为计算流体力学 PHOENICS 软件。PHOENICS (Parabolic Hyperbolic Or Elliptic Numerical Integration Code Series) 是世界上第一套计算流体与计算传热学商业软件，PHOENICS 软件推出的 FLAIR 模块是英国 CHAM 公司针对建筑及暖通空调专业设计的 CFD 专用模块，具有较强的专业性。图 5.3.3-1、图 5.3.3-2 为位于珠海的项目评估项目室内利用自然通风分析模拟图。

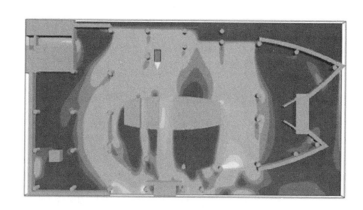

图 5.3.3-1　东北风工况下首层人员活动高度风速色阶图

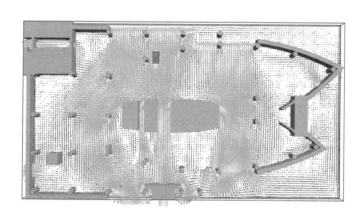

图 5.3.3-2　东北风工况下首层人员活动高度风速矢量图

由模拟结果可知，在南北侧门窗都开启的情况下，由于室内的隔断较少，开敞区域较大，使得室内风速分布较为均匀，室内靠近电梯井周围风速较大，平均速度大约在 0.7～1.1m/s 之间。还可以看出，室内在自然通风情况下，进风口为北面的两扇门，室内风速分布均匀，平均换气次数约为 22 次/h，整体舒适性较好。结论是室内自然通风效果良好，能够提供舒适的室内通风环境。

5.3.4 室内声学分析

室内声学分析是分析、研究声音在室内空间的传播以及仿真模拟室内的音质效果。分析对象主要包括室内空间的体型、室内界面几何形状及尺寸和界面材料的声学特性等，其目的是为室内空间营造良好的音质效果。音质效果的评价标准分为主观感受、客观参数两类。音质设计的标准需根据空间的功能使用需求来确定。

随着计算机科学技术的发展，室内建筑声学计算机仿真模拟分析成为一种声学分析的高效、全面、直观的分析工具。其中，声学模拟软件 Odeon 因为其可靠的计算模拟结果和简便的操作，在全世界范围内已经得到了声学行业的广泛认可。Odeon 模拟的基本思路是通过一定的方法模拟声场的脉冲响应，以求得任意点或区域的声学参数，基于室内几何和表面性质，可预测、图解并试听室内声学效果。该软件结合了虚源法和声线追踪法。利用 Odeon 软件进行模拟分析，首先要对待模拟的建筑进行三维建模，模型的建立可以用 Rhinoceros 和 SketchUp，也可以用 Odeon 软件自带的 CAD 接口直接导入 CAD 图纸文件。为了提高工作效率以及模拟仿真的科学性、真实性，声学模拟软件以 Rhinoceros、SketchUp 等软件建立的模型结合使用，可以做到无缝对接。

利用 BIM 技术辅助建筑装饰声学分析，BIM 模型中的装饰造型（包括天花造型、墙体造型等）、材料信息、座位布置等都可以为装饰声学分析提供相关数据。某主题秀场的建筑声学仿真模拟分析，在该秀场声学设计过程中，对观众厅的体型及界面声反射特性进行了分析，如图 5.3.4-1、图 5.3.4-2 所示。图 5.3.4-1 反映的是剧院观众席吊顶中央屏首次反射声的覆盖范围，用以调整中央屏的高度、角度。图 5.3.4-2 放映的是主音箱系统在观众厅的声能分布情况，用以分析、调整观众厅界面的形状以及声学特性。根据声学分

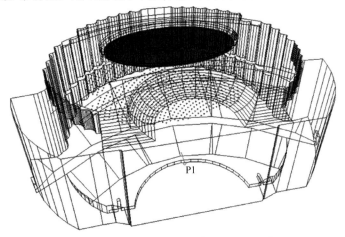

图 5.3.4-1 某剧院观众席吊顶 LED 屏
一次反射声覆盖范围体型分析

析结果，可以对设计方案进行优化调整，使音质趋于完美。

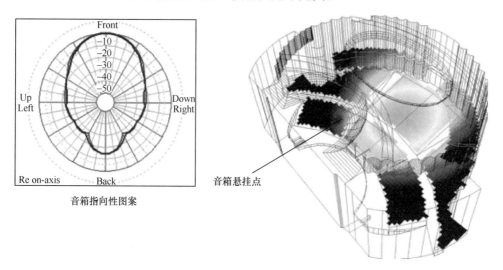

音箱指向性图案　　　　　　　　音箱悬挂点

图 5.3.4-2　主音箱系统在主题秀场观众厅的声能分布图

5.3.5　安全疏散分析

疏散分析是建筑设计评估的重要组成部分。其分析对象人员疏散时间及疏散通行的状况。工作内容是通过对建筑物的具体功能定位，确定建筑物内部特定人员的状态及分布特点，并结合紧急情况和具体位置设计，计算分析得到不同条件下的人员疏散时间及疏散通行状况预测。其目的是制定最优的疏散预案，保障人们的生命安全。

例如，通过 BIM 模型结合应急疏散预案软件 PathFinder，可生成最优应急疏散方案，通过高品质 3D 效果模拟现场情况。PathFinder 是一套智能人员紧急疏散逃生评估系统，与 Revit 模型 dxf 格式文件交换无障碍，并可导入 Revit 出的模型效果图、平面、剖面图等，不会发生部分模型丢失的状况。Pathfinder 具有运动仿真、3D 可视化效果，结合 BIM 模型能展示真实的图形效果。Pathfinder 可根据定制人群、更真实模拟现实情况。每个模型中的角色类型代表了真实的一类人（如不同大小和不同的行走速度）及其不同行为（如出口退出、等待、航点等）。每个人可以根据自身特点和本地环境中的路径做出决定。PathFinder 分析多方因素后，依照现实情况设定相应选项，形成最优疏散路线，生成各楼层、各房间应急疏散路线图。

图为某学校项目利用 PathFinder 生成的各楼层各房间应急疏散路线图（图 5.3.5-1）。PathFinder 还可以生成各楼层、各房间人员疏散 3D 效果展示动画，可以据此进行应急疏散培训（图 5.3.5-2）。疏散模拟动画结合了疏散所耗时间，能够展示意外发生后，不同时间段楼层内和楼梯间的疏散情况，能够让人们快速判断楼层内人员分布情况。室内设计师可以通过疏散模拟动画，判断室内设计方案的疏散条件是否满足建设消防设计规范要求，及时变更设计平面布局方案。

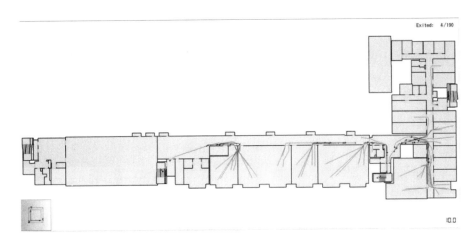

图 5.3.5-1　某学校各房间应急疏散路线图

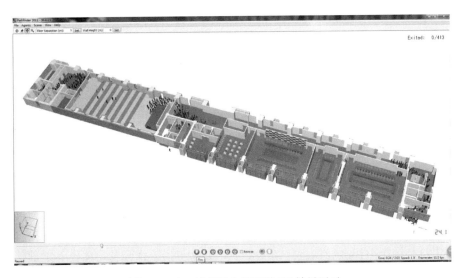

图 5.3.5-2　某项目人员疏散 3D 效果展示

5.4　施工图设计 BIM 应用

装饰施工图设计是传统装饰设计非常重要的阶段，其目的是对初步设计成果深化，解决施工中的技术措施、工艺做法、用料、为工程造价预算等提供初步依据，表现装饰设计的可实施性，同时达到施工图报批和招投标的要求。主要工作内容是依据各方批准的设计方案图进行深化设计，细化出图内容，解决与相关专业的交叉问题，制作可以指导施工和造价统计工作的二维图纸。在过去，施工图设计人员在设计过程中要耗费大量的时间与其他专业沟通，修改频繁仍难以杜绝"错漏碰缺"；造价员需要手工算量，工作量巨大。

应用 BIM 技术后，装饰施工图设计工作任务主要是：在初步设计模型基础上，进一步细化并创建关键部位构造节点；同时整合建筑、结构、装饰、机电各专业模型，相互协同，进行碰撞检查及净空优化、修改、调整模型，形成装饰施工图设计模型。然后，利用形成的装饰施工图设计模型，导出能够指导施工的施工图，输出主材统计表、工程量清单，辅助工程造价预算。应用 BIM 技术进行施工图设计，节约了设计制图的时间，各专业协同工作将"错漏碰缺"提前发现并控制在设计阶段；同时，利用 BIM 进行造价统计算量工作，将造价员从繁重的手工算量中解放出来。本环节流程如图 5.4-1 所示。

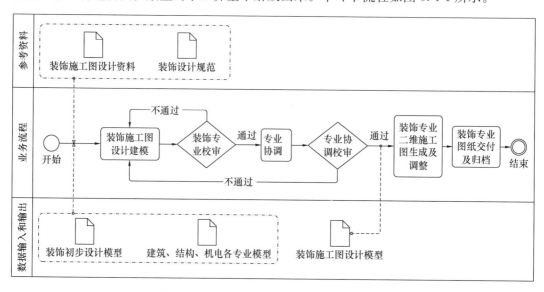

图 5.4-1　基于 BIM 的装饰施工图设计流程

5.4.1　施工图设计建模内容

装饰施工图设计是在初步设计基础上的进一步细化工作（图 5.4.1-1）。本阶段建模内容主要是：承接初步设计阶段的 BIM 模型，遵循制定好的项目模型建模规则及模型非几何信息的记录标准，准确表达装饰构造的近似几何尺寸和非几何信息，反映构件几何特性。根据建筑装饰相关标准、规范及细度要求，细化包括装饰天花、墙面、地面等一系列与装饰施工图设计相关的各类构件，如各专业的设备末端建模和定位、墙体、吊顶、地面、固定装饰品、陈设等的定位，充分反映装饰施工图设计内容和设计深度。施工图设计建模内容与传统二维装饰施工图设计相比，更加深入地把部分装饰材料供应、施工工艺、设备等工程施工的具体要求反映在 BIM 信息模型及相关数据库上。本阶段模型细度为 LOD300。

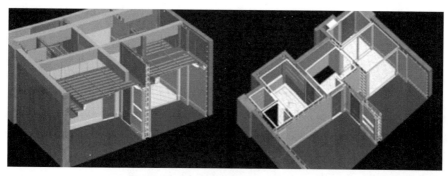

图 5.4.1-1　装饰施工图设计 BIM 模型

5.4.2 碰撞检查及净空优化

建筑工程项目设计阶段，建筑、结构、装饰、幕墙及机电安装等不同专业的设计工作往往是独立进行的。而建筑装饰构件与各种管道、设备之间的冲突碰撞是经常遇到的棘手问题。传统二维设计方式中，建筑、结构、设备、装饰等设计和施工分别进行，这种工作模式，使各专业之间的碰撞冲突不可避免。在引用 BIM 技术后，碰撞检查成为其最重要的应用内容之一，通过设置碰撞对象，检测出冲突问题及位置，为模型发生硬碰撞和软碰撞之后的优化调整，保存好数据依据以便预留出足够空间。

碰撞检查离不开整合模型。整合施工图设计 BIM 模型，首先要对装饰模型内部进行碰撞检查：检查装饰模型内部是否存在位置尺寸不合理的部位，检查装饰面层间的收口关系是否妥当。在检查优化的过程中，可能会遇到装饰基层空间不足的问题，此时需要及时与设计师沟通，作出设计变更或其他的调整优化措施。之后，利用 BIM 技术，整合与装饰相

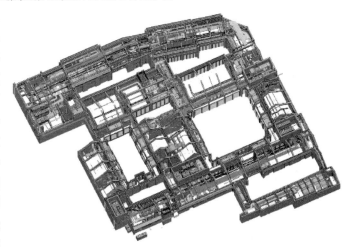

图 5.4.2-1　模型整合与碰撞检查

关的各专业模型，对各专业间进行碰撞检查后进行调整、对净空优化，可以确保满足建筑装饰要求（图 5.4.2-1）。在整个装饰工程中，一些装饰构件需要有向外的扩展空间或施工安装空间，这些空间不存在于物体上，传统的设计工具不能够进行有效的处理，因此容易造成软碰撞。利用 BIM 模型，可以对这些空间进行自定义，预留出空间信息，检测软碰撞的存在，减少软碰撞对工程的影响。

应用 BIM 技术进行碰撞检查及净空优化，发现位置碰撞点（图 5.4.2-2），优化隐蔽工程排布，以及安装设备的末端点位分布，对室内净高进行检查并优化调整（图

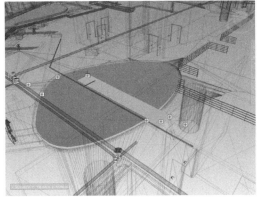

图 5.4.2-2　Navisworks 碰撞检查成果查询示意图

5.4.2-3），可以提高施工图设计效率，有效避免因碰撞而返工的现象。

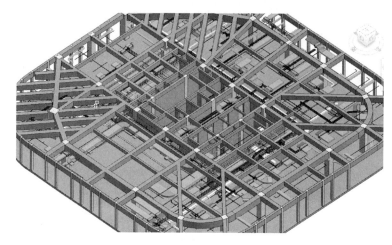

图 5.4.2-3　装饰天花空间优化

5.4.3　施工图设计出图与统计

施工图 BIM 设计与传统二维施工图设计相比较，设计的规范性与图形信息的联动性是关键，每一个数据都可以追踪到与之相关联的各个方面。施工图 BIM 设计主要基于信息模型的数据集成，当设计优化修改时能够集成联动；同时，以 BIM 建筑信息模型为设计信息的载体，将设计信息归总为数字化、数据库，利用模型生成二维图纸，并对二维图纸进行版面优化、经济指标统计和设计错误排查；根据 BIM 模型承载的几何以及非几何信息输出主材统计表、工程量清单，为装饰施工图设计阶段的工程造价预算提供指导依据。

快速生成明细表进行统计分析是 BIM 数据功能的优势，通过明细表视图能够统计出项目的各类信息对象，如装饰的物料清单明细表、照明设备明细表、门图表、窗图表和图纸目录。明细表的字段提取与 Excel 表格数据相关联，不仅可以统计项目中各类图元对象的量的信息、材质信息及标志信息等，并且其统计分析与模型的数据实时关联。

装饰施工图设计出图与统计包括以下步骤：

1. 装饰施工图生成及调整

设计师利用 BIM 软件的视图系统根据图纸规划需要进行视图组织，生成一整套图纸，包括：设计说明、平面图、立面图、剖面图、大样图和节点详图、透视图。首先根据图纸体系创建相应的视图，设置对应的视图样板，主要体现在视图范围设置、线型设置与图元类别设置。最后利用标记工具进行图纸标注，注意尺寸说明、文字说明、图元说明与图纸美学四要素（图 5.4.3-1）。

2. 图例及明细表生成

新建隔断、天花灯具及强弱电设备设施都需设置相关图例到对应图纸上。装饰物料表与照明设备等明细表需要根据项目实际需求，分部分项提取模型字段信息，设置模板表格界面，充分利用装饰 BIM 模型的信息集成，得到不同需求的明细表格，添加到完整图纸中（图 5.4.3-2）。

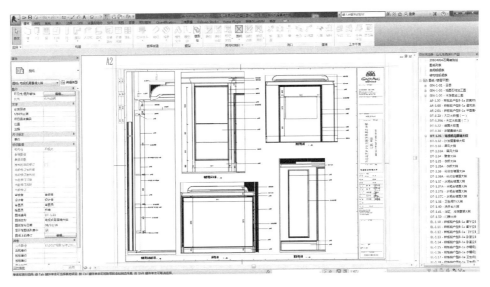

图 5.4.3-1 装饰施工图 BIM 出图

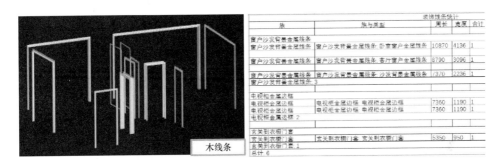

图 5.4.3-2 木线条明细表生成

3. 装饰专业图纸交付及归档

根据工程项目实际要求，交付装饰专业图纸与 BIM 模型。生成的二维图纸应当能够完整、准确、清晰地表达设计意图与具体的设计内容，重点在立面图、剖面图、透视图等原始 CAD 绘图难度较大而 BIM 技术可以有效解决问题体现价值之处。图模同时交付能够保持图纸与模型良好的关联，保证后续更改的图模信息一致性，提高出图管理效率。

5.4.4 辅助工程预算

传统的装饰工程算量，需要以造价员人工计算工程量为基础，而人工计算过程繁琐，容易造成错算、漏算，影响工程量清单计算的准确性。BIM 技术由于其高效的工程量计算效率和准确的工程量自动计算功能，使工程量计算工作摆脱人为因素的影响，得到更加客观的数据并形成有效的可追溯功能，保证每一笔工程量计算过程都能够清清楚楚；同时，节约更多的时间和精力投入到风险评估及市场询价过程中，提高造价数据的精确性，同时降低工程成本。

BIM 模型算量的核心在于创建一个符合算量规则的模型，提供细部构件的各种属性参数与参数值，将造价的各种信息同 BIM 模型中相应部位进行链接整合，并且能够按设定的清单和定额工程量计算规则自动计算出构件工程量，从而实现建筑信息模型快速出量的要求。基于 BIM 的辅助工程算量即利用 BIM 模型提供的信息进行工程量统计和造价分析。

现阶段 BIM 技术辅助装饰工程造价算量，要利用模型进行工程量清单输出与物料清单的统计，涉及前期工程设置、装饰模型建立、模型映射及分析统计及报表输出。

1. 算量的步骤

1）工程设置

工程设置主要指计量模式及算量选项的设置。计量模式包含清单模式与定额模式，清单模式即同时按清单与定额两种计算规则计算工程量；定额模式仅按定额规则计算工程量。在清单模式下可对构件进行清单与定额条目的关联，而定额模式则只能对构件就定额条目关联，输出工程量时也同此规则。算量选项设置涉及五个方面：工程量输出、扣减规则、参数规则、规则条件取值与工程量优先顺序。

2）装饰算量模型

按照清单或者定额计价规则建立装饰算量模型，建模的关键在模型构件管理上。构件的建立按照面积、长度、个数等计价规则建立，信息也依照清单或定额计价规则录入。同样装饰的算量模型也要进行多专业协同与碰撞检查，保证模型的准确性。

3）模型映射

装饰模型建好之后要与清单或定额进行关联，模型映射即将 BIM 模型中的构件根据类型名称进行识别，而算量软件系统会根据构件的材料、结构、面积等信息自动匹配算量属性，即将模型构件转化为可识别的构件，便于较为精准地计算工程量。

4）分析统计与报表输出

BIM 算量模型转化完成并且对构件进行关联之后，就可进行工程量的分析与统计。在分析统计工程量时可把实物量与做法量同时输出，也可分部分项统计工程量。输出工程项目实际需求分析统计相应的参数数据，例如实物量汇总表、做法明细表等（图 5.4.4-1）。

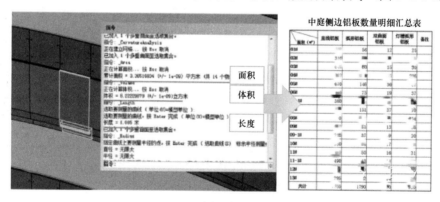

图 5.4.4-1　装饰工程量数据统计

2. 算量的方法

算量的方法需综合考虑装饰工程的分项工程及不同材料的统计方式，进行分类别、分区域有步骤地算量工作。

1）分区核对

分区核对数据是第一阶段，主要用于总量比对，根据项目特点进行工程量区域划分，方便进行小范围内的数据统计，并将主要工程量分区列出，形成对比分析表。利用 BIM 软件，快速输出区域工程量，在相关信息调整时，及时更新并重新输出计算数据，快速、准确地进行主要工程量的横向核对分析（图 5.4.4-1）。

2）分项核对

分项清单工程量核对是在分区核对完成以后，确保工程量预算数据在总量上差异较小的前提下进行的。可通过 BIM 建模软件的导入数据，快速形成对比分析表，进行 BIM 数据和手工数据分项对比。

3）数据核对

数据核对是在前两个阶段完成后的最后一道核对程序，项目的管理人员依据数据对比分析报告，可对项目预算报告作出分析，得出初步结论后分析造价的可实施性。

5.5 施工深化设计 BIM 应用

装饰施工深化设计的目的是为了编制详细施工方案、指导现场施工，优化施工流程，解决施工中的技术措施、工艺做法、用料问题，准确表达施工工艺要求及施工作业空间，确保深化设计基础上的施工可行性，同时为进行全面的施工管理提供完整详细的数据。本阶段主要工作内容是依照室内深化设计相关规范，结合现场实际情况，整合建筑、结构、机电等专业设计资料和相关设计要求，对装饰工程的分项工程细部、装饰专业隐蔽工程等进行深化设计。在过去，应用 CAD 做装饰深化设计，耗时较长，且设计深度常做得不足，设计变更多，难以全面、深入地指导施工。

应用 BIM 后，在施工图设计模型和现场数据的基础上，根据现场测量数据和现场施工条件创建装饰深化设计模型，为后续的图纸会审、样板房和材料样板管理、施工组织模拟、施工工艺的模拟，施工交底、预制构件加工与安装、材料下单、工程成本控制、工程实施管理等提供相关数据和工作基础。应用 BIM 技术进行深化设计，获得的模型成果精准、详细，指导性强。本环节流程如图 5.5-1 所示。

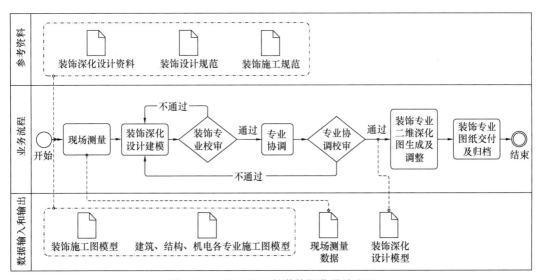

图 5.5-1 基于 BIM 的装饰深化设计流程

5.5.1 施工深化设计建模内容

施工深化设计即施工工艺深化，是在施工图纸确认后，根据现场数据和施工条件，或部分节点做法无法满足现场需要，有些部位的施工工艺在现场无法实现的情况下，由现场技术人员进行完善、补充图纸的环节。该环节模型由现场施工团队完成。其工作内容主要有：在核对现场尺寸、充分了解现场施工条件，在施工图设计模型的基础上，首先建立样板模型，以能导出施工节点详图、导出加工图纸为标准，确认通过后，然后再大面积深化设计。深化设计应制定设计流程，确定模型校核方式、校核时间、修改时间、交付时间等。

本环节建模需增加装饰工程的隐蔽部分，如吊顶内的龙骨吊挂件系统，轻质墙体内部龙骨等构件，地面铺装的垫层、地板支撑结构等；添加各种装饰面材料的详细分割、进行饰面排版，便于进行块料面层的排布指导、材料统计及下单；补充各种装饰预制构件及装饰物内部构造中需现场安装制作的构件；按分项工艺完善装修细部、收口和构造做法；施工地面吊顶平面尺寸定位深化设计、立面装饰定位深化设计；定制预制构件深化设计，包括定制金属构件、预埋件等，例如幕墙工程的龙骨、支架等。本阶段模型细度为 LOD350。

装饰专业按分项工艺的 BIM 深化设计的重点内容见表 5.5.1-1。

装饰深化设计主要内容

表 5. 5. 1-1

分项工程	装饰工程施工工艺深化建模内容
楼地面工程	块料楼地面饰面层排版； 整体面层楼地面铺装构造节点； 块料面层楼地面铺装构造节点； 木地板面层楼地面铺装构造节点； 架空地板地面铺装构造节点； 防腐面层楼地面铺装构造节点； 楼梯踏步安装构造节点； 踢脚板安装构造节点； 木地板与踢脚线收口节点地毯铺装节点； 地毯与踢脚线收口； 施工节点地面设备设施安装末端收口构造节点
门窗工程	成品门窗套安装构造节点； 成品门窗安装构造节点； 窗台板安装构造节点
吊顶工程	吊顶饰面板排版，内部支撑结构定位排布； 纸面石膏板吊顶内部构造节点； 矿棉板吊顶内部构造节点； 金属板吊顶内部构造节点； 隔栅吊顶内部构造节点； 木质吊顶内部构造节点； 发光灯膜内部构造节点；

分项工程	装饰工程施工工艺深化建模内容
吊顶工程	叠级吊顶构造节点； 窗帘盒构造节点； 暗光槽构造节点； 吊顶灯具安装构造节点； 检修口、空调风口、喷淋、烟感、广播等设备设施安装构造节点； 吊顶伸缩缝节点； 阴角凹槽构造节点
轻质隔墙工程（非砌块类）	轻质隔墙饰面板排版，内部支撑结构定位排布； 轻质隔断板安装构造节点； 纸面石膏板轻质墙体内部构造节点； 木龙骨木饰面板隔墙内部构造节点； 玻璃隔墙安装构造节点； 玻璃砖隔墙安装构造节点； 活动隔墙安装构造节点； 异型墙饰面安装构造节点； 其他轻质隔墙内部构造节点； 墙面设备设施安装收口构造节点
饰面板工程	饰面板排版、支撑结构定位排布； 干挂石材墙面构造节点； 金属板材墙面构造节点； 墙面石材阴阳角收口构造节点； 墙面直板木饰面安装构造节点； 瓷板饰面安装构造节点； 墙面石材干挂开槽排版构造节点； 各类饰面板设备设施安装收口构造节点
饰面砖工程	瓷砖饰面排版； 马赛克饰面排版； 陶板饰面排版； 饰面砖阴阳角收口构造节点； 各类饰面砖设备设施安装收口构造节点
幕墙工程	框支撑构件式玻璃幕墙构造节点； 单元式玻璃幕墙构造节点； 点支撑玻璃幕墙构造节点； 石材幕墙构造节点； 金属幕墙构造节点； 双层幕墙构造节点； 光伏幕墙构造节点； 智能幕墙构造节点； 植物幕墙构造节点； 玻璃雨檐构造节点； 天窗构造节点； 幕墙设备设施安装收口构造节点

续表

分项工程	装饰工程施工工艺深化建模内容
涂饰工程	涂饰艺术墙面面层分割
裱糊与软包工程	壁纸壁布饰面排版； 软包饰面排版
细部工程	固定家具深化设计； 活动家具深化设计； 各类装饰线条安装构造节点； 胶黏剂粘贴（木基层）施工节点； 伸缩缝做法； 卫生间洗面台柜安装构造； 卫生间厕浴隔断安装构造节点； 卫生间成品淋浴房、洗脸盆、坐便器、蹲便器、小便器、浴缸安装构造节点； 卫生间门槛石铺装构造节点； 镜子玻璃安装施工节点； 卫生间电器设备安装构造节点； 卫生间无障碍设施安装构造节点； 卫生间设备设施收口安装构造节点； 地漏安装节点； 厨房橱柜安装构造节点； 厨房抽油烟机、灶具、水槽等安装构造节点； 厨房设备设施收口安装构造节点； 厨房卫生间五金设施安装构造节点

5.5.2　施工现场测量

在深化设计之前，需要测量工地现场获取相关数据。传统的工作方法是运用传统测量仪器核对现场尺寸，装饰施工测量现场主要工作有长度、角度、建筑物细部点的平面位置的测定，建筑物细部点的高程位置的测定及侧斜线的测定等。测角、测距、测高差是测量的基本工作，传统测量方式较为繁复，记录数据量大，且测量工作耗时长，容易产生误差。应用 BIM 相关的硬件设备，采集现场实际数据并进行相应处理，为深化设计模型搭建提供原始数据及原始数据模型，同时与设计数据进行复核比对，以便为深化设计提供真实、精准的现场信息，为预制构件的加工生产提供准确的设计依据。采集、处理现场施工数据的方法主要有以下几种方式：

1. 量房工具测量

量房工具是激光测距仪（见章节 2.5.2）的一种，是由一个手持的小型测量设备和智能手机 APP 联合使用的测量工具，适用于小型装饰工程，如住宅装饰工程。这种工具可以在手机上绘制草图，输入测量数据，也可以利用测量工具自动生成测量数据。完成草图测量后，一键生成 CAD 平面图、立面图、3D 户型模型（obj 格式）、Excel 面积清单（图 5.5.2-1）。特殊地方可通过拍照记录，在照片上标注测量数据及备注。数据可同步到云端，用户可以从 PC 端进入后台，了解量房数据以及下载所需图形。整个房屋档案可通过微信、QQ、短信等方式分享。

2. 三维激光扫描

三维激光扫描技术是一门新兴的测绘技术，能够重建扫描实物数据。该技术可以做到直接从实物中进行快速的逆向三维数据采集及模型重构，其激光点云中的每个三维数据都是直接采集目标的真实数据，使得后期处理的数据较为可靠（图 5.5.2-2）。由于技术上突破了传统的单点测量方法，其最大特点就是精度高、速度快、接近原形。对于新建装饰工程，可以应用三维扫描技术复核现场尺寸；对既有建筑改造装饰工程，直接扫描可以生成现场尺寸数据，逆向建立 BIM 模型，可节省原始数据获取的时间、人力及物力。

通过三维扫描仪可以在短时间内测量原有建筑尺寸，获取彩色点云数据模型。此时点云数据的数据量大且不规整。若直接导入常规建模软件中则无法生成可行性高的实用模型。故需要通过点云数据处理软件 Pointsense、

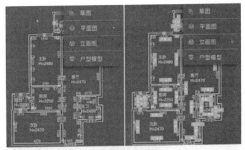
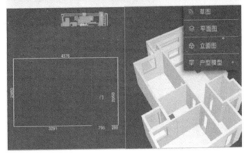

图 5.5.2-1　量房工具一键生成
平面图、立面图、模型

Edgewise 等对点云进行加工整合，并利用插件导入 BIM 建模软件生成模型。三维激光扫描技术采集的三维激光点云数据还可进行各种后处理工作如：测绘、计量、分析、仿真、模拟、展示、监测、虚拟现实等，它是各种正向工程的对称应用即逆向工程的应用工具。然而点云处理软件的数据拟合存在一定的误差，且对后期校准的精度要求较高，对操作者仪器的使用技能要求较高，故现存的点云处理软件依然存在一定的不足，具体应用方可按照需求的

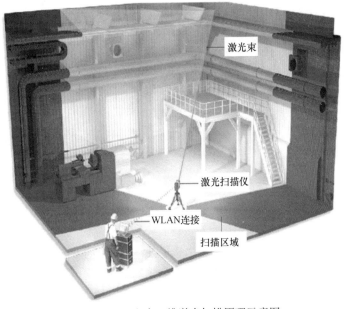

图 5.5.2-2　室内三维激光扫描原理示意图

不同进行软件二次开发，来提高的点云数据的实用价值。图 5.5.2-3 为点云数据。

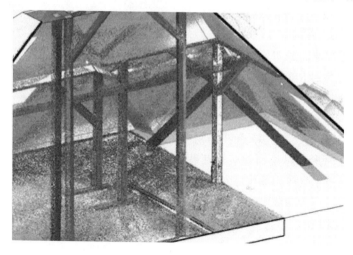

图 5.5.2-3 三维点云数据

3. 自动全站仪测量

在过去，全站仪较少用于装饰工程。当前，利用自动全站仪的现场数据采集功能，能够快速采集现场施工成果的三维信息，通过分析这些数据优化装饰设计图纸，确保施工图纸质量。该项技术利用自动全站仪的坐标采集功能实现了 BIM 平台内的现场施工和设计模型的三维数字信息交互（比对、判断、修正、优化），以此来实现 BIM 在实际施工中综合装饰安装施工工作的指导作用，通过利用自动全站仪复核现场结构完成面数据（图 5.5.2-4）。以现场精确数据建立实用的 BIM 模型，以三维坐标数据形式导入自动全站仪中，后续在施工过程中可以实现装饰表面及龙骨等结构在施工现场的高效、精确定位。

图 5.5.2-4 装饰工程自动全站仪现场测量

5.5.3 样板 BIM 应用

为了更好地控制整个装饰施工质量，在进行大面积施工前，需要先行依据装饰工程的传统做法，根据事先编制的施工方案，在小范围内选择某一个特定部位或空间先行建模和施工，提前做出装饰效果供业主决策，为后续大面积建模和施工做出示范。此种做法一方面能够及时发现问题，一方面让操作人员熟悉工序，称之为装饰施工样板制作。由于 BIM 应用的样板管理要先行建立样板材料库，并利用材料库的真实材料的材质来建立样板模型，因此，样板管理必须在深化设计的同时进行。通过运用 BIM 技术进行施工样板管理，能够在过程中对样板材质管理、操作工序协调、样板后期应用等工作起到预演和优化作用，为后续大面积施工做铺垫。应用 BIM 技术进行装饰施工样板制作的具体工作包含四个方面。

1. 创建样板材料库

装饰工程材料品种繁多，某些主要材料的观感、质量、单价，对整个工程的装饰效果、质量、造价以及项目实施采购的标准起着非常重要的作用。为确保工程质量和装饰效果，在工程施工或招标过程中由设计师和业主共同指定确认的主要材料实物，称之为样板材料。为了便于样板材料的管理，数据信息的准确收集、保存，便于后期大面积建模和施工利用，除了收集已确认的可以作为材质利用的材料产品二维图片，还可以用虚拟三维图形创建工程材料样板模型，这种做法能够快速运用于项目的样板模型建模，方便各方对主要材料的检查审核。汇总材料样板可将不同的样板材料按需分类、建模，对所有材料起到完整把控，便于储存和远距离的信息传递。

项目应根据工程样板封样材料的实际内容创建材料样板模型，按照样板库的分类标签进行分类管理，模型名称由"项目名称＋使用部位＋样品编码＋样品名称＋供应商信息"组成，以便于模型文件的识别与管理。根据材料的分类及命名，对所有材料编写目录，按照大类到小项的不同层级，梯级罗列，便于快速搜索和使用。一般样品的模型深度根据项目对装饰的总体深度来定，从 LOD300 至 LOD500 不等，分为几何信息与非几何信息，几何信息包括样品的长、宽、高、面积、体积等；而非几何信息则包含样品的特征、技术信息、厂家信息、制造信息、价格信息、存放地信息、确认时间、确认单位、本项目常用规格等，便于项目开展时工程整体模型的应用。

2. 样板材料封样

对业主及设计师指定或得到其认可的重要材料的样品，经过设计人员签字确认填写日期后，都作为样板封样材料，封样材料须详细注明使用部位以及详细的材料信息。样板封样材料管理应包含以下工作流程：①样品编码：对样品统一实行编码管理，按照样品种类、名称、材料规格进行分类；②材料入库：样品入库填写书面登记表，经批准后样品登记入库，入库后由管理员拍照，建立材料的电子信息模型录入至样板材料库中，便于建立样板区域模型和大面积深化设计建模时利用相关材质和材料数据；③样品变更——涉及样板材料变更的，变更应在施工前进行，经业主、设计、成本等部门会签同意后，进行审批，未经审批同意的材料施工中不应变更；完成变更的材料需及时更新材料库中的信息。

3. 创建样板模型

为了便于项目整体的开展，做到样板先行的作用，需要在每个项目大面积深化设计开展前进行 BIM 样板模型的创建，BIM 样板模型是提前将工程的一部分具有重难点代表性的内容建立模型，整合和优化后为整项工程做示范。BIM 样板模型创建的目的：通过虚拟状态查看样板模型的外观效果；对工程的可实施性提前预估，及时弥补不足之处；建立研究相关施工工艺步骤和方法；便于提前做好技术交底，便于对项目快速修改。通过样板模型为整体的施工模型制定标准，包括材质、文字样式、显示样式等，建模深度必须深于整体模型，便于在建立样板模型的时候发现问题，解决问题，提高整体模型的质量和效率。

4. VR 样板间看房

通常装饰样板间需要花费开发商和业主不少资金和时间来实现。通过 BIM 深化设计

图 5.5.3-1　VR 样板房虚拟展示

的样板模型和 VR 技术，开发商和业主不需专门实地做样板房，只需通过虚拟现实体验设备即可实际感知各地房源装饰工艺和效果，让客户提前感受身在其中的感觉，了解施工工艺和可能达到的质量，而无需实地看房。VR 技术打破了传统的地产营销方式，可以制作多套装饰样板模型，客户的选择余地更大，不仅可以感知效果还可以选择详细的施工工

艺；节约了大量做样板房的资金和时间（图 5.5.3-1）。

5.5.4　施工可行性检测

施工可行性检测及优化的目的是为了使深化设计模型与现场施工对接，在已建立的深化设计模型的基础上，整合各专业模型，基于现场施工条件和实际工序情况，利用 BIM 碰撞检查、净空分析控制等手段，优化施工工艺、施工顺序，以提高施工的可行性。

碰撞检查在 BIM 技术中具有非常重要的作用。由于模型是演进的，一个项目中不同专业、不同系统之间在不同阶段不同环节都会有各种新增的构件交错穿插，影响施工进度、增加成本。在深化设计时，由于各专业都增加了很多详细构件，为避免本环节的"错漏碰缺"，利用 BIM 技术的碰撞检查功能，进行可视化分析，及时发现设计漏洞并调整、反馈，提早解决施工现场问题，以最迅速的方式解决问题，提高施工效率，减少材料、人工的浪费，取得良好效益。可行性检测及优化工作内容主要包括：

硬碰撞：在本环节新增加的各类构件与其他专业深化设计模型新增加的构件进行碰撞检查，如吊顶内的龙骨、吊杆、支架与机电专业设备的吊杆、支架等；轻质隔墙内龙骨与机电设备管线，机电各专业设备与综合天花；饰面板与基层构件；专用设备与饰面材料等的装饰相关硬碰撞等。深化设计师要协调并优化解决硬碰撞问题，保证房间净空要求，确保装饰面层工作基础上的基层做法的空间位置、尺寸及细部构造的合理性等。

软碰撞：对天花、墙面等施工空间进行施工可行性检测，装饰相关机电设备的安装操作空间检测及装饰设备的安装路径可行性检测，同时考虑装饰施工工艺、施工可行性的软碰撞检查。如图 5.5.4-1 左图对龙骨内的管线安装，右图对天花板与风机盘管间的给水、

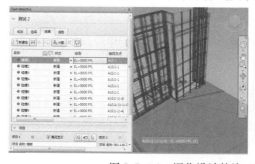

图 5.5.4-1　深化设计的施工可行性碰撞检查

回水、热水管的安装间隙，进行施工可行性检测。

　　虚拟漫游：施工深化设计阶段，利用 BIM 技术进行漫游展示，可使各参建单位了解深化设计构件的外部构造、材料效果，同时可以进行工艺展示，还可以直观地发现一些设计问题（图 5.5.4-2）。

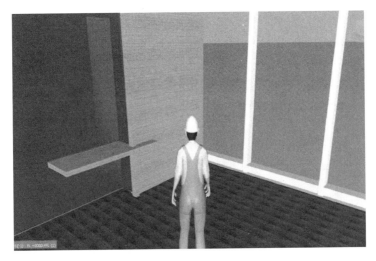

图 5.5.4-2　装饰施工深化设计虚拟漫游浏览

5.5.5　饰面排版

　　装饰深化设计过程中要对各类块料面层和整体饰面进行分割排版，找出更节约材料、不易受力破损更美观、更易于运输、搬运和施工的排版方案。在应用三维设计建模软件以前，设计师只能通过二维设计软件对块料装饰面层手工排版，或利用填充图案的方式排版，这两种方式都不能产生物料表，还需人工统计；对于造型比较复杂的装饰面，只能手工做展开图，效率低、易出错，经常在材料下单、加工环节耽误工期。

　　利用 BIM 技术饰面排版，是将装饰块料如石材等装饰面层按照有利于视觉美观、施工安装运输和节约材料的方法进行分割的过程。在进行排版时可以兼顾墙顶地的交接等对应问题。一旦排版完成，可以直观地观察墙、顶、地的对应关系，在造型复杂的部位不会出现排版缺失，尺寸错误的问题。同时，饰面排版与后续施工过程的材料下单密不可分，减少了工程提料方面的失误。

　　利用 BIM 技术饰面排版，能快速放出详细准确的铺装大样，提高了与其他专业的沟通效率，设备末端能够快速精准定位，自动统计饰面材料工程量，生成料单对接工厂 CNC（计算机数字控制机床）等设备进行生产作业，既方便快捷地为现场排版施工提供标准与参考图，又减少了传统下单图与加工工厂对接存在的问题，效率高、不易出错，节约了工期、人工。

　　使用 BIM 技术可以采用不少于两种参数化方式对饰面排版：①采用 Revit 装饰插件，如金螳螂的慧筑装饰模块、鸿业 BIMspeace 装饰模块、isBIM 装饰模块；其中，慧筑装饰模块可以实现墙、顶、地装饰完成面的参数化分割并能联动生成相应基层构件，适用于公共建筑装饰工程（图 5.5.5-1）；BIMspace 装饰模块可以对区域内集成吊顶、墙面、地面块料面层，如吸音板吊顶、墙砖、墙纸、地砖等，按照一定的规律采用各种铺贴方法如：平铺、斜铺、镶边铺、组合铺等方式，块料面层的长宽厚度都可以变化，能取得各种不同的排版效果，并可以统计材料，适用于住宅装饰饰面排版；②针对曲面造型，采用 Rhinoceros Grasshopper、CATIA 参数化建模，生成相应料单，更多适用于幕墙工程。

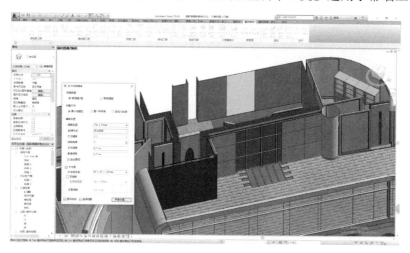

图 5.5.5-1　慧筑装饰模块饰面排版

5.5.6　施工工艺模拟

深化设计阶段的施工工艺模拟是基于 BIM 施工深化设计模型，利用 BIM 技术辅助完成项目重难点专项方案或新工艺、新材料模拟方案，在虚拟环境中进行推演。在施工工艺模拟 BIM 应用中，可基于深化设计模型和施工组织、施工图等创建施工工艺模型，并将施工工艺信息与模型关联，可以在施工过程中输出资源配置计划、施工进度计划等，指导模型创建、视频制作、文档编制和方案交底。用于施工工艺模拟模型是基于现场数据、已经确定的样板材料，即将定制的预制构件制作的，数据更加真实，切实反映装修构件的造型、尺寸、材质，还可用于新工艺、新材料的展示，虽是"虚拟展示"，却真实有效。

通过这种模拟，分析不合理安装工艺环节，对预制件、加工件进行合理优化，指导现场工作人员安装施工、工厂加工人员加工及预拼装，并在实际施工前及时进行调整、完善。同时，能在施工时让装修工人了解并在操作过程中深化设计师的设计意图，了解常规施工工艺、特色施工工艺的正确操作流程与安装方式，弥补了现场施工由于现场管理人员和施工人员的能力、经验参差不齐导致的施工误差。

1. 重难点施工工艺模拟

重难点施工工艺模拟，主要是对项目中的不容易实现的重难点部位，综合考虑施工工序、安装、用料、场地等因素，提前模拟体验设定不同的场景及施工方法，查找存在的设计缺陷，对施工方案的调整优化。如专用设备设施施工方案模拟和某些在施工过程中难以解决的施工问题的模拟。

2. 施工工序模拟

装饰工程工序复杂，为了保证施工质量，有的构件设施的安装就位必须按照一定的顺序来进行。这些构件设施常常与机电设备安装存在先后施工的工序问题。为了顺利组织施工，有时有必要对关键施工工序进行模拟，找到最经济、快速的施工方案。如图 5.5.6-1。

3. 装配式预制件预拼装模拟

主要针对项目定制的装配式预制件的安装模拟，通过模拟鉴定预制件尺寸或安装方式的可实施性，并以此为基础进行预制件二次深化设计，优化预制件造型及尺寸，提高定制件实用性。例如吸音挂板安装施工模拟等（图 5.5.6-2）。

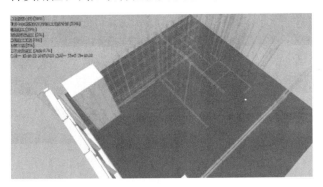

图 5.5.6-1　某工程隔墙龙骨施工工序模拟　　　　图 5.5.6-2　吸音挂板墙面安装施工模拟

4. 新工艺、新材料施工模拟

主要针对新工艺、新材料的实施方案模拟，鉴定新工艺的可实施性以及新材料的使用效果，并对多个方案进行模拟、比选，从而选择出最优方案，偏向于技术方案的论证。

5. 产品加工流程模拟

现代装饰工程常常随着各种新材料、新产品的使用而衍生出大量新工艺新工法，装饰施工工艺模拟不应只考虑施工现场，应同时包含部分装饰材料及构件的产品生产加工流程。这类模拟主要模拟工厂流水线对装饰构件的加工流程，以指导工厂工人加工生产。

5.5.7　辅助图纸会审

图纸会审是指装饰工程各参建单位（建设单位、监理单位、施工单位、设计单位、各种设备厂家等）在施工图设计文件完成后，对图纸进行全面细致地熟悉，审查出施工图中存在的问题及不合理情况并提交设计院进行处理的一项重要活动。图纸会审由建设单位负责组织并记录（也可请监理单位代为组织）。通过图纸会审可以使各参建单位特别是施工单位熟悉设计图纸、领会设计意图、掌握工程特点及难点，找出需要解决的技术难题并拟定解决方案，从而在施工之前就避免设计缺陷在施工过程中出现。

通过施工深化设计的 BIM 模型，可以直观地进行图纸审查，及时发现构件尺寸不清、标高错误、特别是结构复杂部位详图与平面图不对应等图纸问题；各专业模型整合后进行碰撞检查和模型漫游，可快速发现专业间的碰撞或设计不合理。图纸会审时，以模型作为沟通的平台，直观、快捷地与业主、设计监理单位进行图纸问题沟通，以确定优化方案。

5.5.8　工艺优化

在施工可行性检查、饰面排版、施工模拟、图纸会审各项工作完成后，根据提交的检查报告和会审文件，在例会上有关各方要对项目存在的工艺技术问题进行讨论，提出最完善的解决方案，并且根据现场条件进行改进，最终采用成本低、用工少、耗时少、能耗低、效果更美观的施工方案来优化设计，减少二次返工带来的成本增加及质量下降的问题，提升设计方案施工的可行性。

如图 5.5.8-1 左图为某艺术中心项目不规则的变截面双曲面幕墙，石材板块为超规格板，材料成本高，加工安装难度大，建筑设计师原设计方案石材板块规格为 144 种，过多的规格给石材加工、堆放、安装带来的巨大的难题，且按照传统的二维 CAD 方式无法完成加工图。项目部利用 Rhino＋Grasshopper 参数化设计进行幕墙板块的深化设计，将幕墙石材安装单元的中部的 4 列板块设定为同样规格，将所有尺寸变化排在了每个安装单元两侧，并且验证了面板间的夹角最大的仅为 1.28°，将板块规格减少到 37 种，找出了石材和玻璃的综合损耗最低、最便于施工、最有利于结算的方案（图 5.5.8-1 右图）。

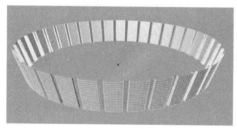 

优化前　　　　　　　　　　　　　　　　优化后

图 5.5.8-1　某艺术中心石材幕墙排版优化

5.5.9　辅助出图

深化设计辅助出图，是在施工图设计模型的基础上，沿用原设计模型的规程、子规程、过滤器，结合现场实际对原设计调整、进行施工工艺深化并优化后形成的深化设计模型出具的图纸，辅助现场后续的生产加工及现场施工。装饰 BIM 出图内容见表 5.5.9-1，部分图样如图 5.5.9-1～图 5.5.9-3。

BIM 装饰工程 BIM 辅助深化设计出图常用内容　　　　　　　　　　表 5.5.9-1

出图内容	举　　例
平面图	用于指导施工的各类平面图，如平面布置图、隔墙尺寸定位图、地面铺装图天花综合平面图、强弱电点位布置图，完成面放线图等
立面图	室内各向立面图
剖面图	表达复杂空间位置、特殊造型等的剖面
大样图	各类放大表现局部的详图，如石材排版大样图、木饰面大样图、门套窗套大样图、背景墙大样图、各类收口和交界面构造大样图等
轴测图或效果图	用于表达空间位置关系及效果的三维轴测图
加工图	各类预制装饰材料、部品构件加工图，如金属踢脚加工图、预埋件定制加工图、木门加工图、窗帘盒定制加工图、叠级吊顶暗光槽加工图、镜子加工图、固定家具加工图等
安装图	各类需要安装的装饰构件安装构造详图，如卫生间洗手台组装图、木饰面挂板安装图、特殊造型吊顶安装图、厨房橱柜安装图、固定家具安装图等
数据表	各类装饰施工用成品材料构件的统计数据表，如地砖、墙砖、墙纸龙骨石膏板预埋件、线管、线管配件等数据表

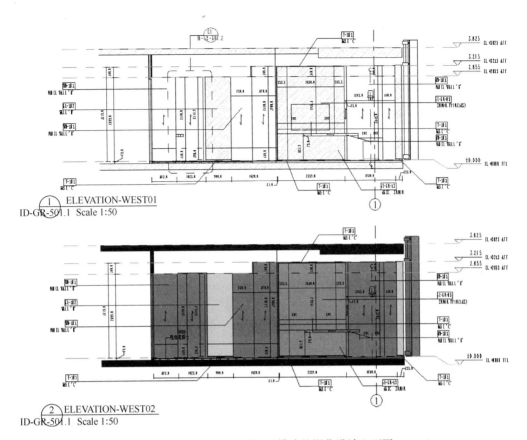

图 5.5.9-1　Revit 两种显示模式的深化设计立面图

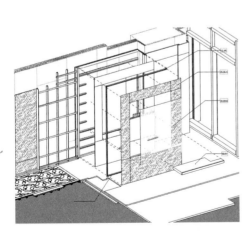

图 5.5.9-2　BIM 辅助施工深化
设计电视镜安装图

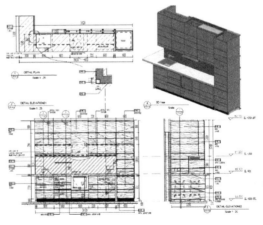

图 5.5.9-3　BIM 辅助施工
深化设计橱柜大样图

5.6　施工过程的 BIM 应用

在装饰工程施工过程中，项目部需要对建设项目进行施工全过程的施工管理，同时就项目最终成果向业主负责。施工过程工作内容主要是施工方按深化设计图纸组织施工，并配合业主进行全面管理，包括施工技术、物料供货、进度、成本、质量、安全、商务、劳务分包等方方面面进行全过程指导和控制。在过去，基于 CAD 图纸施工，软件工具与网络环境都不成熟，各项目参与方之间沟通困难，各项管理千头万绪，各专业各工种相互影响，责任难以分清，容易发生工程延期、质量、安全、环境等问题，同时造成成本增加。

应用 BIM 后，装饰施工过程 BIM 应用的工作内容主要是：基于施工深化设计模型应用 BIM 技术，辅助施工全过程各方面管理：施工方案模拟、设计变更管理、可视化施工交底、智能放线、预制构件加工与材料下单、施工进度管理、物料管理、质量安全管理、工程成本管理、商务合同管理等。应用 BIM 技术，基于 BIM 的项目管理具有众多优势：BIM 基础数据准确、透明、共享，方便统计、方便协同和沟通，不仅可以规避大部分管理问题，为项目决策创造良好条件，还能为项目创造效益。本环节流程如图 5.6-1。

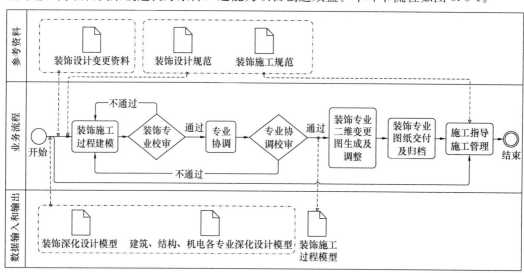

图 5.6-1　基于 BIM 的装饰施工过程应用流程

5.6.1　施工过程建模内容

在深化设计 BIM 模型的基础上，对发生设计变更的部分修改，细化模型，对有可能发生碰撞的部分仍然需要进行碰撞检查并修正，形成过程模型；同时，在施工过程中，基于深化设计模型和施工过程模型，制作施工过程应用的子模型如进度管理模型、预制构件模型、放线模型、交底模型、质量安全管理模型、结算模型等。另外，增加用于施工管理的方面、建筑材料部品的价格、厂家、联系方式、型号等其他要素信息。本阶段模型细度为 LOD400。

5.6.2　施工组织模拟

装饰工程的施工组织模拟是指施工组织中的工序安排、资源组织、平面布置、进度计划等应用 BIM 技术进行推演,辅助工程的顺利进行。这部分工作是基于上游模型和施工图、施工组织设计文档等创建施工组织模型,并应将工序安排、资源组织和平面布置等信息与模型关联,输出施工进度、资源配置等计划,用于指导和支持模型、视频、说明文档等成果的制作与方案交底。基于 BIM 的施工组织按照施工计划对项目施工全过程进行模拟,在模拟的过程中发现并解决相关问题,如装饰构造设计、安全措施、场地布局等各种不合理问题,剔除影响实际工程顺利进行的重要问题,并在施工组织设计中做相应的修改,达到优化施工组织设计的目的。

运用 BIM 技术进行装饰施工组织模拟能够通过直观真实、动态可视的施工全程模拟和关键环节的施工模拟,展示多种施工计划和工艺方案的实操性,择优选择最合适的方案。利用模型对建筑信息的真实描述特征,进行相关专业碰撞检查并优化,对施工机械、场地的布置进行合理规划,在施工前尽早发现设计中存在的矛盾以及施工现场布置的不合理,避免"错、缺、漏、碰"和方案变更,提高施工效率和质量。

5.6.3 设计变更管理

装饰工程营造的是建筑物内外表皮及围合空间内的陈设,其设计变更较其他专业工程更为频繁。这是由于:装饰工程很少牵涉重大的结构和设备安全的质量安全责任,很多业主对设计师的审美意图没有形成认知,或对建筑装饰工程设计方案无法理解彻底,仅凭效果图来认识将要建成的装饰效果,而非 BIM 的效果图一般难以达到真实呈现未来工程效果。过去,设计变更多导致工期拖延、压缩工期、造成人力物力浪费,成本增加。

采用 BIM 技术后,由于模型可以真实呈现设计效果,完美表达设计师意图,能很大程度上减少设计变更的发生。但在装饰施工过程中,尤其是既有建筑装饰改造工程中现场不可预见的情况较多,对此,仍然需要进行设计变更的管理。在工程参建单位(可能为行政主管部门、发包人、监理、设计、材料/设备供应商、施工分包)提出的变更申请,要根据变更情况,创建"变更模型"并确定其影响范围。如果引起其他专业的变更,其他专业也要同时建立本专业的"变更模型",按照流程进行变更部位的模型整合,并进行专业协调和修改,通过设计、业主、监理、施工方的审核。然后,由总承包方根据变更审批的意见,下发"变更指令",将"变更模型"整合进"中心模型"进行校审,之后完成"设计变更通知单"。采用 BIM 技术,能够让设计变更管理直观有序进行,并随时把变更内容加入到深化设计模型中,形成施工过程模型,始终保持数据准确可靠。

5.6.4 可视化施工交底

传统装饰项目项目管理中的技术交底通常以文字描述为主,施工管理人员以口头讲授的方式对工人进行交底。这样的交底方式存在较大弊端,不同的管理人员对同一道工序有着不同的解释,口头传授的方式也五花八门,很难直接表达装饰面及其相关构造,以及材料、材质、光泽、灯光环境等信息,工人在理解时存在较大困难,尤其对于一些抽象的技术术语,没有经验的工人不熟悉,交流过程中容易出现理解错误的情况。工人一旦理解错误,就存在较大质量和安全隐患。

运用 BIM 技术进行可视化施工交底是一种利用 BIM 技术,在软件的三维空间中,以坐标、点、线、面等三维空间数据表达三维空间和物体,并能在形成的模型上附加其他信息数据，最终以图像、动画、虚拟漫游、VR 虚拟体验等方式进行三维交底为主的施工交底形式。通过这样的交底方式，将难以表达的装饰面和结构层的关系表现得十分清晰，设计师想达到的造型、材料、材质等要求，工人通过直观观察会更容易理解，交底的工作也会进行得更透彻。从现场实际实施情况来看，既保证了工程质量，又避免了施工过程中容易出现问题而导致返工和窝工等情况的发生。如图 5.6.4-1 为动画形式的施工工艺模拟交底。

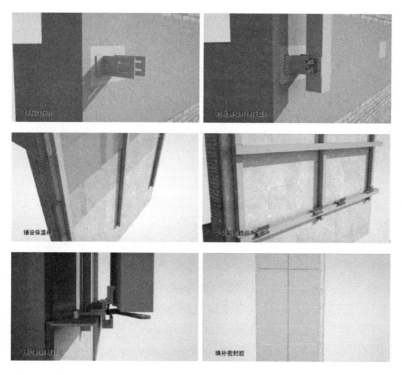

图 5.6.4-1　外立面石材干挂体系施工模拟动画

施工交底一般直接使用施工图深化 BIM 模型进行可视化交底，讲解项目设计概念、材质要求和最终效果等。但在一些特殊的专业节点，仍需要建立更加精细的模型来达到可视化交底的要求。可直接在一些 BIM 专业软件中完成简单渲染，其优点是不用转换模型，容易制作剖切面，减少工作流程。为了方便对项目模型进行可视化交底，方便清晰地了解项目实施效果，在完成建模与输入参数后需要对模型进行渲染，如果专业 BIM 软件的渲染效果达不到要求，可使用 ifc、fbx、dwg 等通用格式进行转换后导入专业渲染软件进行下一步工作。同时，根据图像视频的实际用途，考虑到施工中一些图像视频资料的更新需要，可以按需求选择渲染效果。

5.6.5　智能放线

在施工现场，装饰专业的放线工作种类繁多，所放线条不仅为装饰专业自己使用，也是其他专业的参考的基准线。但装饰施工分项工程多，造型复杂多变，依据装饰工程工序的特点，还需要重复进行二次放线。传统方式现场放线，效率低、易出错，还容易拖延工期。利用自动全站仪智能放线，解决了上述问题，能显著提高放线和放样效率，节省了工期和人工。

装饰专业智能放线，是采用装饰 BIM 深化设计模型轻量化后制作的放样模型与三维扫描、测量成果，将模型坐标调整与现场吻合，利用自动全站仪，将放线关键点用激光打到相应位置并标示的过程。使用自动全站仪进行放线的前提是模型与现场实际应当是吻合的，否则自动全站仪的原始坐标点一旦出现问题，将会造成很大的损失。智能放线可以将准确的装饰 BIM 模型几何尺寸数据放到施工现场，形成的交付文件，直接交给工人使用；利用装饰 BIM 模型，把放样基础工作在电脑上完成，缩短了施工准备阶段的时间；基于放线文件能生成准确的工业化加工部品构件定制文件，加工工期得到保障。智能放样准确、高效、便捷，大幅度节约了人工成本和工期成本。

自动全站仪智能放线有以下 4 个步骤：①设计数据准备：即根据现场校核的建筑结构信息，完成装饰 BIM 模型的调整、合理优化，解决碰撞问题，并使排布最为优化；②放样点位选取：从 BIM 模型建立简化的放样模型，提取重要的放样定位点坐标并分类；③坐标数据处理及导入：利用软件处理放样数据，将选取的放样点位以三维坐标形式导出并储存，根据点位特征分类整理放样数据，将导出的三维坐标结合模型底图形成放样文件载入放样管理器，完成测量数据处理工作。④利用自动全站仪进行装饰施工放样，通过仪器设站、点位放样、点位标注、放样数据记录 4 个步骤完成现场放样工作（图 5.6.5-1）。放

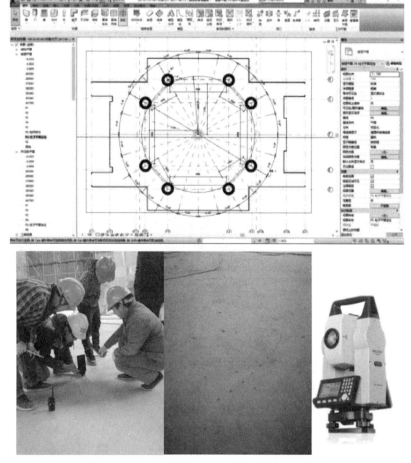

图 5.6.5-1 自动全站仪基于 BIM 模型现场放样

样数据记录是进行施工放样检查复核的重要资料，是确保放样准确的有力保障，完成施工放样后应及时记录。形成的"每日放样汇总记录"与"放样点位精度统计报告"，及时归档保存。

5.6.6　构件预制加工与材料下单

在过去，预制构件的加工是技术人员在核对工地现场尺寸后，用细化二维图纸的方法来制作预制构件加工图，用时长还容易出现人为失误；对某些复杂造型的装饰部品构件项目无法制作加工，还必须找到专业化的生产厂家并依赖熟练工人，增加了施工周期和造价。装饰材料部品预提与材料下单，装饰工程称之为"工程提料"，是项目前期生产阶段的重要工作。在过去，材料员依赖工程合同造价清单采用加备用量的方法，提料量常不准而造成浪费，并影响工期和成本。

采用 BIM 技术利用工程算量辅助统计真实所用的材料准确，减少了现场材料浪费。还可以用其他几种方法：预制装配式构件加工、复杂装饰部品 3D 打印，饰面排版材料下单、可以解决过去存在的问题。

1. 预制构件加工

预制装配式建筑项目传统的建设模式是设计→工厂制造→构件运输→现场安装，相较于设计后直接到现场施工模式来说，已经节约了时间，但这种模式推广起来仍有困难，从技术和管理层面来看，一方面是因为设计、工厂制造、运输安装三个阶段相分离，设计成果可能不合理，在安装过程才发现不能用或者不经济，造成变更和浪费，甚至影响质量；另一方面，工厂统一加工的产品比较死板，缺乏多样性，不能满足不同客户的需求。BIM 技术的引入可以有效解决以上问题，它将装饰设计与生产加工工艺衔接，把装饰构件的设计方案、制造需求、安装需求集成在 BIM 模型中，在实际建造前统筹考虑设计、制造、安装的各种要求，把实际制造、运输、安装过程中可能产生的问题提前解决。

基于 BIM 技术的装饰构件预制加工工作流程分为：①设计阶段：建立预制构件 BIM 模型过程中，将预制构件主体的各个零件、部件、主材等信息输入到模型中，并进行统一分类和编码。制定项目制造、运输、安装计划，输入 BIM 模型，同时模拟运输安装并规范校核，通过三维可视化对设计图纸进行深化设计，进而指导工厂生产加工，实现部品构件生产的工厂化。②生产阶段：根据设计阶段的成果，分析构件的参数以及模数化程度，并进行相应的调整，形成标准化的零件库，实现从零件库到数控加工的参数化的信息传递。③运输阶段：在构件加工完毕后，充分利用物联网技术、追踪技术，与装饰工程的进度计划的配合，可以提高效率。④装配阶段：通过 BIM 技术对构件合理定制装配计划，可视化装配流程模拟和指导，利用二维码和芯片信息，VR/AR 等等技术，向技术工人交底，以指导施工安装工作的展开。⑤竣工阶段：对前序阶段的信息进行集成整合，总结各个阶段的计划与实际差别的原因，分析归纳出现的问题并找出解决方法，从而形成基于产业链的企业信息数据库，为运维做好基础工作，为以后工程项目的开展提供参考。

2. 复杂装饰部品 3D 打印

建筑装饰的造型、风格多样，传统的复杂造型的装饰部品通常由设计师设计、熟练工种的人工加工完成。尤其是需要成批制作模具的特殊造型部品，制成品之前需要制作底模，开模费成本很高，制作周期长。有些造型部品，还不能使用模具加工，只能手工完成，人工费用很高。

新出现的 3D 打印技术解决了一些造型复杂的装饰部品构件制作难的问题。通过电脑控制 3D 打印机把 3D 打印材料一层层叠加起来，把计算机上的装饰模型构件变成实物，还可以直接打印不易制作的模具。目前在装饰行业主要应用 3D 打印技术辅助项目投标、设计方案展示、批量加工造型复杂异型构件。利用数字化 3D 模型，导出 3D 打印机可识别的 STL 格式，利用专业软件进行参数设置，可打印出建筑模型或者设计方案中造型复杂的装饰面，辅助方案讲解与论证。打印成按比例缩小后的实体模型，为业主和设计师展示最直观的效果，解决了复杂造型装饰构件制作周期长、制作难、成本高的问题，丰富了表现手法，提高了效率。

3. 材料下单

材料下单是将 BIM 深化设计模型分解生成的构件，利用 BIM 技术的统计功能进行分类汇总，并生成能与工厂直接对接的数据清单、数据模型或能直接传递给商家的产品需求单的过程。材料下单过程是根据深化设计模型信息统计数据表，并配合饰面排版、大样图、详图、节点等图纸，进行材料提料及工厂加工生产。利用 BIM 技术，对同规格材料进行统一加工生产，对于特殊规格、形状的材料，采用信息模型接入工厂加工设备的方式直接生产，保证了高效加工生产的同时还解决了边料、角料的制作和管理，优化加工生产流程。图 5.6.6-1 为某项目金属封边造型下单图。

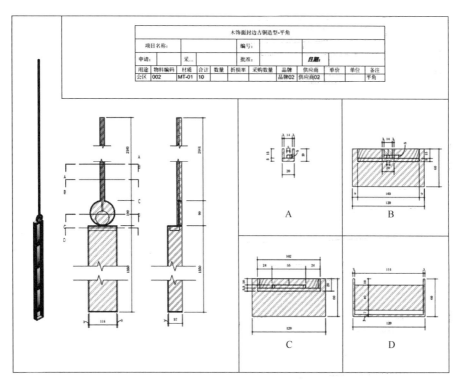

图 5.6.6-1　木饰面封边金属下单图

5.6.7　施工进度管理

在传统装饰项目的施工进度管理中，通常以工程总体进度计划为基础，以甘特图或电子表格的形式将装饰分部分项工程名称及设计、施工起止计划时间反映出来。传统进度管理只能通过网络图或线形图表示计划，过于抽象，非计划编制人员理解困难，进度计划协调工作也难免错漏；将进度计划使用文档进行流转并由总包整合需要较长时间，进度计划更新效率低下；施工过程中，难以将实际施工进度，与计划进度进行对比分析，不利于工程分析。基于 BIM 采用进度管理工具 Project、excel、Primavera、Navisworks 等进行施工进度计划和进度模拟，能够较好解决上述问题。

1. 施工进度模拟

基于 BIM 的施工进度管理，可以依托施工进度模拟来进行。进度模拟一般是基于 4D 环境的，即三维模型（3D）加上时间维度，将传统的施工甘特图中的内容，整合入三维模型中，使三维模型随着时间轴逐步显现，模拟出按时间推移项目逐步建造完成的过程。因为整个模拟过程在 4D 环境中完成，所以 BIM 施工进度模拟包含大量传统施工组织中各类进度表中所不具备的优势。而且基于 BIM 模型生成的施工进度模拟修改时十分便利，只要将数据进行修改后再次输出即可，减少工作量的同时也减少了人工操作可能出现的错误。另外，基于施工组织模拟的模型，可以同时进行施工进度模拟。并在进度计划中进行相应的修改，达到施工进度可行性优化的目的。

2. 施工进度模拟工作流程

一般而言，装饰行业的 BIM 施工进度模拟主要包括以下几个工作流程：①数据收集：这里的数据不仅包括装饰 BIM 模型和施工进度计划和施工组织计划等项目信息资料，同样也包含与装饰施工相关的土建、机电等专业的 BIM 施工进度计划及其进度模拟文件，并需要确保数据的准确性；②数据录入：将进度计划与三维建筑信息模型进行链接，设置基于时间的 BIM 模型进度信息，可以手动输入数据，也可以通过 Project 等的管理软件直接导入数据，最终生成于时间关联的施工进度管理模型；③分析及优化：在施工前对施工进度进行预估，调整资源配置，优化施工组织计划，施工中反复对比分析施工进度计划与实际施工进度，根据实际情况不断调整优化施工进度、施工组织和施工方案。这个过程将贯穿从施工准备阶段到竣工阶段的全部过程。④成果输出：施工进度模拟的成果一般由一两部分组成，一是视频动画、VR、AR 等形式的图像内容，二是各类数据表单及文字的书面报告。如图 5.6.7-1。

3. BIM 技术模拟施工进度的注意点

应用 BIM 技术进行施工进度模拟需注意：①越早进行施工进度模拟，收益越高：BIM 施工进度模拟贯穿整个施工过程，尤其是其对资源调配效率提高的帮助，对整个工程影响巨大，对项目资源使用的预估也比传统管理方式效率和精度更高，所以应尽早进行整体及各分部分项工程的施工方案模拟；②准确的模拟结果需要准确的 BIM 模型：BIM 施工进度模拟的价值取决于它实行的时间和结果的准确性，而结果的准确性则取决于 BIM 模型及其录入信息的准确性。所以在进行施工进度模拟前，要确保 BIM 模型的准确完整，每个阶段需要对 BIM 模型及其附带的信息及时更新调整，否则模拟结果没有实际参考价值；③施工进度模拟需多方协同：由于施工进度模拟能够提高施工方及业主对整个

图 5.6.7-1　装饰施工进度模拟

项目施工进度的掌控力，所以施工方案模拟的受益方应该是包括业主、代业主、总包与专业分包，而在实施过程中需要的数据也需要由多方提供，施工进度模拟的实施需多方协作，缺少任何专业的进度模拟的实效都会大打折扣。④在施工过程中要随时对模拟进行实际情况的调整，对实际进度情况进行人、材、机、财的纠偏，只有这样才能对施工进度起到指导性的作用。

5.6.8　施工物料管理

物料管理，是指从企业整体角度出发，根据合同需求和施工进度，依照适时、适量、适价、适地原则对物料进行管理。物料管理是施工项目成本管理的重要组成部分，装饰物料成本占工程造价的 70% 左右，物料库存对流动资金产生很大影响。此外，装饰装修单个项目物资种类繁多，各类物资材料成千上万种，在材料部品采购环节，容易发生采购管理松散、信息滞后、采购需求分散、成本高、效率低、过程控制不严谨、监督体系不完善等弊病；另外材料部品交付配送模式、入库出库、现场存放、二次搬运、施工安装等环节都容易造成资源浪费和成本增加。

1. 装饰物资集中采购网络交易平台

装饰行业利用集中采购网络交易平台，可对供应商和物资采购进行统一管理；基于交易平台工料机专业标准编码规范的电子商务系统，可以解决企业集中业务管控和集中物料采购的问题；在施工现场，项目部对装饰材料进行分类编码，建立材料信息管理系统，可对材料部品物资进行统一管理；此外，利用二维码等技术构建自身的供应链管理，成为增强企业竞争力、适应未来的必要手段。利用以上信息化手段，最终能达到下列效果：议价能力加强，减少资金占用；简化采购流程、避免重复劳动；降低采购成本、提高采购效率；建立起合格供应商的供应链管理体系，进行有序的管理；采购过程透明，能提高采购物资的质量；审计监控相对容易。

2. 项目物料管理

除了在深化设计阶段，对选中的材料进行样板管理（5.5.3），项目物料管理在以下三个阶段发挥作用：

1）采购阶段物料管理

BIM 技术改变了二维图信息割裂的问题，建筑信息模型能多方联动，一处变更时，明细表等都会相应发生改变。此外，根据 BIM 模型可直接计算生成工程量清单，既缩短了工程量计算时间，又能将误差控制在较小范围之内且不受工程变更的影响，采购部门依据实时的工程量清单制定相应的采购计划，实现按时按需采购。基于 BIM 技术的物料采购计划，既避免了在不清楚需求计划情况下的采购过量、增加物料库存成本和保管成本，又避免了物料占用资金导致资金链断裂或物料不按时到位对项目产生的影响。

2）运输阶段物料管理

从物料出库到入库的运输阶段，可以将 BIM、GIS（Geographic Information System 或 Geo－Information system，地理信息系统）、二维码、RFID 结合应用，优化运输入境、实时跟踪检测等，通过新技术的整合，实现产品运输跟踪、零库存、即时发货，改善运输过程物料管理。随着物联网技术的发展，可以针对企业具体情况制定专用交互界面支撑整个物流运转系统，实现资产和库存的跟踪。

3）施工阶段物料管理

在施工现场平面布置时，就要考虑对原材料、半成品存储进行统筹规划，如果物料堆场规划不当，很可能造成物料的损耗以及二次搬运。在传统条件下，为了保证项目的正常进行，建筑物料的提前采购不可避免，同时，物料库存的资金损失也不可避免，这已成为施工方的两难选择。借助 BIM 施工场地布置，融入 GIS 地理数据对建筑施工现场模拟，合理规划物料进出场路线、各类物料堆场、设备位置，统一调配人员，通过虚拟场地再现，科学规划有限的施工现场空间，满足施工需求，减少二次搬运造成的成本增加。另外，合理安排物料管理人员，责任划分落实到个人，利用二维码或 RFID 技术，录入出入库信息、物料信息、责任人信息，可以规范现场物料管理。

5.6.9　质量与安全管理

质量和安全管理要落实到施工现场，如何提升现场的质量和安全管理水平一直以来都是装饰工程的技术难题。由于施工环境的复杂性、施工过程的动态性、工期压缩和工程的大规模，给装饰工程质量和安全管理造成了诸多的困难。BIM 技术的快速发展为上述技术难题的解决提供了全新的途径。BIM 技术在装饰建筑工程质量安全管理中的应用可以对现存的很多质量安全问题进行针对性解决。

BIM 技术已经逐渐融入装饰质量管理中，从质量问题检测、质量问题分析、质量问题处理到质量验收等多个环节，BIM 技术已经发挥了越来越明显的辅助管理价值。通过 BIM 技术，对施工现场所有的生产要素及其状态进行创建和控制，将有助于实现危险源的自动辨识和动态管理；能够使施工过程中的不安全行为、不安全状态得到显著减少和消除，实现不引发事故，确保工程项目的管理目标得以实现。质量和安全管理中的 BIM 应用可以细化为以下 3 个等级，如表 5.6.9-1 所示。

质量和安全管理 BIM 应用等级列表　　　　　　　　表 5.6.9-1

应用等级	应用内容	应用特点
1级	图纸会审管理	应用较成熟，相对易于实现
	施工方案模拟及优化管理	
	技术交底管理	
	碰撞检测及深化设计管理	
2级	危险源辨识及动态管理	应用较复杂，相对难以实现，需要多种 BIM 软件的共用来实现
	安全策划管理	
3级	基于全站仪、三维激光扫描仪的质量管理	需要配置多种 BIM 软件和硬件，积累较多经验

1. 质量管理

在装饰项目中，质量管理主要由技术部门和生产部门共同负责。质量控制的系统过程包括：事前控制、事中控制、事后控制。但由于装饰工程工种多、材料多、工艺多、人员多且操作水平不一，加上经常要在工期压缩的情况下赶工期，项目常难以全面控制工程质量，质量管理较为粗放。

装饰项目质量有关 BIM 的应用，主要体现在事前控制和事中控制。应用 BIM 的碰撞检查、图纸会审、施工方案模拟、三维四维技术交底、数字化加工等，可以对质量进行事前控制。事中控制，需要管理方能持续创造条件，提供稳定适宜施工的环境。对于事后控制，首先是成品保护管理，除了采用 BIM 模型分片责任到位进行管理，还可以在现场采用监控技术，将破坏成品的情况记录并可追溯。另外对于已经实际发生的质量问题，可以在 BIM 模型中标注出发生质量问题的部位或者工序，从而分析原因，采取补救措施，并且做好记录，积累对相似问题的预判经验和处理经验，对以后做到更好的事前控制提供基础和依据。BIM 技术的引入更能发挥工程质量系统控制的作用，使得这种工程质量的管理办法能够更尽其责，更有效地为工程项目的质量管理服务。

1）施工方案模拟

通过模拟施工过程，对工程项目的建造过程在计算机环境中进行预演，包括施工现场的环境、总平面布置、施工工艺、进度计划、材料周转等情况都可以在模拟环境中得到表现，从而找出施工过程中可能存在的质量风险因素或质量控制重点，对可能出现的问题进行分析，提出整改意见，反馈到模型中修改并再次进行预演。反复几次，工程项目管理过程中的质量问题就能得到有效规避。用这样的方式进行工程项目质量的事前控制比传统的事前控制方法有明显的优势，项目管理者可以依靠 BIM 的平台做出更充分、更准确的预测，从而提高事前控制的效率。

2）交底质量控制

施工技术交底的质量是保证整个建筑产品合格的基础，工艺流程的标准化是企业施工能力的表现，尤其当面对新工艺、新材料、新技术时，正确的施工顺序和工法、合理的施工用料将对施工质量起决定性的影响。BIM 的标准化模型为技术标准的建立提供了平台。通过 BIM 的软件平台动态模拟施工技术流程，由各方专业工程师合作建立标准化工艺流程，通过讨论及精确计算确立，保证专项施工技术在实施过程中细节上的可靠性。在这个基础上对施工操作人员做三维和四维交底，由施工人员按照仿真施工流程施工，确保施工技术信息的传递不会出现偏差，避免实际做法和计划做法不一样的情况出现，减少不可预见情况的发生。

3）数字化加工技术

在一些特殊造型装饰部品构件的生产中，可以与 BIM 技术相结合，将 BIM 模型进行格式转换，成为可以供三维打印机或雕刻机等先进数控设备读取的模型文件，直接生产出装饰部品构件，这种方式相比于传统的翻模法，虽然在经济上几乎持平，但却可以节省大量的加工时间，大大缩短工期。同时，可以克服传统翻模法的人工误差问题，使装饰部品构件质量更高。

4）其他控制手段

通过 BIM 模型与其他先进技术和工具相结合的方式，如：激光测绘技术、RFID 射频识别技术、智能手机传输、数码摄像探头、增强现实、360°全景设备等，对现场施工作业进行追踪、记录、分析，能够第一时间掌握现场的施工动作，及时发现潜在的不确定性因素，避免不良后果的出现，监控施工质量。

2. 安全管理

为了减少施工过程中事故的发生，需要实时准确完整地反映和了解工程进行状况。传统的方式，大多依赖安全管理人员的经验对施工现场的危险源进行辨识和评价。但安全管理人员对设计图纸的理解如果不彻底，就不容易辨识出危险源；另外，随着施工的持续进行，危险源也会发生变化。不同的分项工程进行时期，危险源的种类和数量不同。由于危险源辨识难度较大，所以在实际工作中，通常只是对危险源进行一次总体的辨识和评价，并不利于进行动态的安全管理。

在 BIM 技术条件下，需要依据施工过程的变化，对危险源进行动态管理。基于 BIM 的建筑装饰信息模型，项目要对施工现场所有的生产要素及其状态进行创建和控制。结合施工模拟分析的结果，安全管理人员能据此提前对施工过程中潜在的可能引发人员伤害、设备设施损坏的危险源进行辨识、评价和动态管理，辅助完成施工安全管理中的基础性工作，降低施工安全隐患，增强管理人员对安全施工过程的控制能力。基于 BIM 技术，装饰项目可以在以下几方面做到安全管理预控：

1）装饰临时设施优化

在建筑装饰工程中，装饰专业分包入场需要建立装饰专业的临时设施；既有建筑改造装饰工程的装饰项目需要通盘考虑所有临时设施。装饰临时设施的布置影响到施工安全质量和生产效率，是装饰项目工地安全管理的重要内容之一。

创建 BIM 临时设施模型，能对装饰项目实现临时设施（如脚手架、起重机、临边、洞口防护等）的布置、统计及运用，帮助装饰项目事先准确地估算所需要的资源，还可以评估临时设施的安全性，是否便于施工，以及发现可能存在的设计错误。根据所做的施工方案，将安全生产过程分解为的维护和周转材料等建造构建模型，将其尺寸、重量、连接方式、布置形式直接以建模的形式表达出来，来选择施工设备、机具、确定施工方法，配备人员，通过建模，可以帮助施工人员事先有一个直观的认识（图 5.6.9-1）。

2）施工场地布置优化

图 5.6.9-1　脚手架搭建方案模拟

施工现场临时设施、临时道路、材料堆放场地、加工场地等临时设施和道路不仅多，而且复杂，在施工过程中会根据工程的进展发生变化。在新建改建扩建的项目中，装饰施工队伍进场时，往往没有场地，会出现很多前期布置不合理之处，后期修改或者挪动、往往会造成很大的工期延误及经济损失，这是很多项目都很难解决的事情。这种情况和施工现场平面布置仅仅用 CAD 来完成，图面简单，信息量少不无关系。

通过 BIM 软件将各个施工阶段施工现场所有临时设施及材料堆放场地、加工场地全部建立模型，模型包含施工临时设施、辅助结构、施工机械、质量安全、绿色环保等信息，以满足施工进度、成本、质量安全、绿色环保管理的需求。同时，考虑各个施工阶段临时设施及道路的更改，通过 BIM 模型可以直观地发现不合理布置并修改，这样不仅可以减少因为前期考虑不周而造成的工期及经济损失，还可以为装饰专业进场后，与其他参建单位协同创造必要条件。另外，要充分考虑绿色施工的要求，用三维模型体现现场临建的位置与空间变化，根据总包提供的土建平面场地布置模型，将装饰装修施工过程中管线、配套临建设施数据输入模型。各模型通过数据处理模块进行叠加处理，并进行合理性检查并随时根据情况变化调整修正。施工过程中，施工总平面布置严格按设定施工，这样不仅能达到直观、快捷的效果，同时也提高施工效率。

3）施工方案模拟优化

装饰施工方案模拟可以对整个工程的施工过程中的安全情况进行可视化管理，利用 BIM 模拟重难点施工方案的同时，特别注意构件吊装和运输路径、危险区域、车辆、设备进出现场状况、装货、卸货、搬运情况等；施工人员在施工前清楚要做的工作及自己的职责，确保在安全施工过程中进行有序管理。按照施工方案进行有组织的管理，能够了解现场的资源使用情况，把控现场的安全管理环境，增加过程管理的可预见性，促进施工中的有效沟通，对施工方法做出评估和决策、发现问题、解决问题，真正的运用 PDCA（plan、do、check、action，计划、执行、检查、处理）循环来提高工程的安全管控能力，提高安全管理水平。

4）施工安全疏散模拟

在建筑装饰施工过程中，很多工程由于物料临时堆场多、设备设施多、各方人员众多，施工人员安全疏散成为重要问题。在施工开展前期，可以利用 BIM 模型导入各类人员疏散模拟软件（如 Pathfinder），将 BIM 模型转换为疏散模型，根据对意外灾情在疏散软件中进行人员安全疏散分析，并将分析结果与各类模拟时间对比，优化装饰施工方案，如脚手架摆放位置、逃生通道路线、出口疏散宽度等，尽可能避免在紧急情况下产生人流拥挤、疏散不均等问题，以达到安全施工要求。将 BIM 模型运用到装饰施工过程安全疏散管理中，充分体现其数据化、可视化的特点，对装饰工程的安全管理具有重要指导意义。

5）现场施工人员的管理

装饰行业属于传统的劳动密集型产业，一些大型项目现场施工人员众多，装饰施工高峰时期工地施工人员多达数万人，现场劳务管理和安全管理极为复杂。采用信息化的施工现场门禁管理系统、智能化移动终端劳务管理系统是解决现场人员劳务管理和安全管理问题的有效途径。一些企业综合考虑工地现场和劳务工人实际情况，将面部考勤机、身份证识别器、智能手机、电脑、数据存储等终端设备利用互联网和移动互联网技术联通，利用场内定位技术，结合模型可以对场内的作业人员进行实时的管理。如，将定位设备安装在现场人员的安全帽上，或者通过安装手机 App，对所有现场人员进行动态的安全管理和劳务管理。

6）基于 VR 的安全教育体验

基于 VR 安全教育体验是采用成熟的 VR、AR、3D 技术，结合 VR 设备、电动机械，以三维动态的形式全真模拟出工地施工真实场景和险情，实现施工安全教育交底和培训演练的目的。一般通过定制的成品的 VR 体验馆来体验。体验者可通过 VR 体验"亲历"施工过程中可能发生的各种危险场景，并掌握相应的防范知识及应急措施。基于 VR 的安全教育体验能够激发工人参加安全教育的兴趣，工人对安全事故的感性认识会增强很多，可以让施工人员提高安全意识，减少伤亡事故。

5.6.10　工程成本管理

工程成本管理是承包人为使项目成本控制在计划目标之内所做的预测、计划、控制、调整、核算、分析和考核等管理工作。成本管理要依靠制定成本管理计划、成本估算、成本预算、成本控制四个过程来完成。传统的工程成本管理方式是：工程投标做概算，工程开始做预算，工程结束后做结算。结算完成才能了解到工程的各项成本信息。主要工作集中在工程施工过程和结算中，工作量大、细度不足、效率低下，具有很大局限。

通过 BIM 数据模型进行工程造价管理，具有保证造价信息的实时性、准确性、完整性的特点，可以精确地控制施工实际成本，对施工全过程的工程造价进行有效的管理。由于 BIM 技术在数据存储、调用上具有高效性，可以对海量的造价信息进行存储、积累，进而实现对项目数据的共享，节约了工作时间，提升了工作效率。在此基础上可以使项目各方快速、准确地获取工程造价数据，在同一个造价平台上进行造价管理和成本控制，降低了各参与方核对工程量的时间，为项目进度报量提供数据支持。采用 BIM 技术进行成本管理的主要优势见表 5.6.10-1。

BIM 技术在装饰成本管理的优势表　　　　　　　　　表 5.6.10-1

序号	管理效果	内　容
1	快速	建立基于 BIM 的 5D 实际成本数据库，汇总分析能力明显加强，分析速度快、工作量小、效率高

序号	管理效果	内　　容
2	准确	成本数据动态维护，准确性大幅提高，通过总量统计的方法，消除累计误差，数据随进度推进准确度越来越高；达到 LOD350 以上的模型细度，可以快速提供支撑项目管理所需的各类数据信息
3	精确	通过实际成本 BIM 模型，可以进行检查项目实际成本数据、监督项目提供实时数据
4	分析能力强	可以多维度（时间、空间、分包方）汇总分析各种种类、更多统计分析条件的成本报表；直观地确定不同时间点的资金需求，模拟并优化资金措施和使用分配，实现收益最大化

　　工程成本管理关系到是否能取得良好的经济效益。基于 BIM 技术，针对不同企业和不同施工内容，需要结合企业定额前期建立数据库和开发专用的成本管理程序。装饰企业建立成本的装饰 5D（3D 实体、时间、成本）模型和关系数据库，以各分包方的工程量人机料单价作为主要数据进入成本 BIM 模型中，集动态的造价数据变化与实体工程进度信息于一体，与图形及清单价表形成联动的整体，能够快速实行多维度（空间、时间、分包方）成本分析，从而实现对项目成本进行动态控制。

1. 快速精确的成本核算

　　BIM 是一个强大的工程信息数据库。进行 BIM 建模所完成的模型包含的二维图纸中所有位置尺寸材料等几何和非几何信息，而这些的背后是数据库的支撑。因此，通过识别装饰模型中的不同构件及模型的几何物理信息（时间维度，空间维度），对各种构件的数量进行汇总统计，通过选择模型的构件直接组成所需的造价信息，节约造价人员的工作时间、降低人为计算误差、提高工程量计算的效率及准确性，这种基于 BIM 的算量方法，针对不同阶段的工程造价分析结果，有效进行成本控制。将算量工作大幅度简化，减少了因人为原因造成的计算错误，大量节约了人力的工作量和花费时间。

2. 限额领料与进度款支付管理

　　通过 BIM 模型计算工程量，可以按照企业定额或统一规定的施工预算，编制整个装饰工程项目的施工预算，作为指导和管理施工的依据。BIM 技术基于 BIM 软件，在管理多专业和多系统数据时，能够采用系统分类和构件类型等方式对整个项目数据方便管理，为视图显示和材料统计提供规则（图 5.6.10-1），为限额领料提供了技术数据支撑。对生产班组的任务安排，必须签收施工任务单和限额领料单，并向生产班组进行技术交底。要

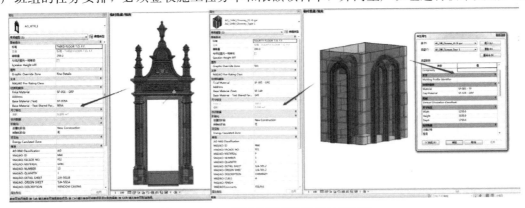

图 5.6.10-1　BIM 模型参数显示材料用量

求生产班组及时根据实时完成的工程量和实耗人工、实耗材料做好原始记录，作为施工任务单和限额领料单结算的依据。传统模式下工程进度款申请和支付结算工作较为繁琐，基于 BIM 技术能够快速、准确地统计出各类构件的数量，减少预算的工作量，且能形象、快速地完成工程量拆分和重新汇总，为工程进度款结算工作提供技术支持。

5.7　竣工交付 BIM 应用

工程竣工交付，是按要求提交工程资料的过程。工程过程资料及竣工资料涵盖了工程从立项、开工到竣工备案所有内容，包含立项审批、设计勘察、招投标、合同管理、监理管理、施工技术、施工现场、施工物资、施工试验、竣工验收、竣工备案等。主要工作内容是将工程所有资料按要求整理、通过审核并提交。过去，装饰工程竣工交付的资料交付工作较为繁琐，虽然由专人负责但往往存在滞后现象。

基于 BIM 的工程管理注重工程信息的及时性、准确性、完整性、集成性，项目的各参与方需根据施工现场的实际情况实时反映到施工过程模型中，以保证模型与工程实体的一致性，并对自己输入的数据进行检查并负责，进而形成 BIM 竣工模型。基于 BIM 的竣工验收，所有验收资料以数据的形式存储并关联到模型中，记录施工全过程的信息，并根据交付规定对工程信息进行过滤筛选，不包含冗余的信息，以满足电子化交付及运营基本要求。竣工交付模型能够实现包括隐蔽工程资料在内的竣工信息集成，不仅为后续的物业管理带来便利，并且可以在未来进行的翻新、改造、扩建过程中为业主及项目团队提供有效的历史信息。本环节流程如图 5.7-1。

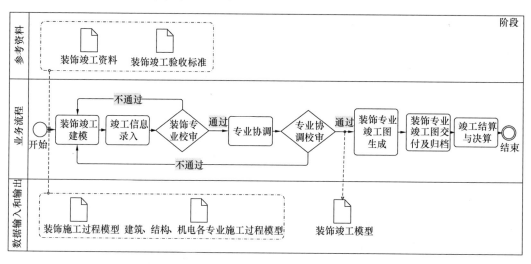

图 5.7-1　基于 BIM 的装饰竣工应用流程

5.7.1　竣工交付建模内容

竣工交付阶段，首先要有完善的施工过程模型，在此基础上录入竣工需要的信息形成竣工交付模型。BIM 竣工模型，是真实反映建筑专业动态及使用信息，是工程施工阶段的最终反映记录，是运维阶段使用重要的参考和依据。本阶段竣工交付模型对模型细度要求较高，为 LOD500。需要注意的是，由于当前法律规定竣工图纸的深度要求并不高，竣工交付时的二维图纸可以有两种方式：一种是依据装饰工程的竣工图纸交付要求，在施工图设计模型的基础上添加设计变更信息，形成竣工交付图纸；另一种是从竣工交付模型中输出竣工交付图纸。

工程验收及竣工交付工作流程：隐蔽工程验收→检验批验收→分项工程验收→分部（子分部）工程验收→单位（子单位）工程验收→竣工备案→工程交付使用→竣工资料（包括竣工图）交付存档。从流程可以看出，竣工信息录入工作从施工过程中就开始了。进入到竣工阶段时，将竣工验收信息添加到施工过程模型，并根据项目实际情况进行修正，以保证模型与工程实体的一致性，进而形成 BIM 竣工模型。竣工模型信息量大，覆盖专业全，涉及信息面广，形成一个庞大的 BIM 数据库。

装饰竣工交付模型应准确表达装饰构件的外表几何信息、材质信息、厂家制造信息以及施工安装信息等，保证竣工交付模型与工程实体情况的一致性。同时，须完善设备构件生产厂家、出厂日期、到场日期、验收人、保修期、经销商联系人电话等。对于不能指导施工、对运营无指导意义的内容，不宜过度建模。在工程项目整合完成，项目竣工验收时，将竣工验收信息添加到施工作业模型，并根据项目实际情况进行修正，形成竣工模型，以满足交付及运营要求。

5.7.2 竣工图纸生成

项目竣工后，需要整合反映了所有变更的各专业模型并审查完成，根据施工图结合整合模型，生成验收竣工图。理论上，基于唯一的 BIM 模型数据源，任何对工程设计的实质性修改都反映在 BIM 模型中，软件可以依据 3D 模型的修改信息，自动更新所有与该修改相关的 2D 图纸，由 3D 模型到 2D 图纸的自动更新将为设计人员节省大量图纸修改的时间。因此，实际上竣工图纸是在施工过程中一步一步完善到最后竣工时形成的。

生成竣工图纸步骤包括：

（1）资料收集：收集设计阶段装饰模型、其他专业模型、装饰施工图设计相关规范文件、业主要求等相关资料，并确保资料的准确性。

（2）创建深化设计模型：在装饰设计模型的基础上，创建深化装饰模型，使其达到装饰深化设计模型深度，并且采用漫游及模型剖切的方式对模型进行校审核查，保证模型的准确性。

（3）传递模型信息：把装饰专业深化设计模型与建筑、结构、机电专业深化设计模型整合，与这些专业进行协调、检查碰撞和净高优化等，并根据其他专业提资条件修改调整模型。

（4）设计变更：根据变更申请建立变更模型，同时与涉及变更的其他专业整合变更模型，审批确认后，各专业将变更模型整合到深化设计模型，形成施工过程模型。

（5）竣工模型生成：将集中了施工过程所有变更的施工过程模型，添加与运行维护相关的信息，进行全面整合，修改有问题的内容，并通过专业校审，最终形成可以交付的竣工模型。

（6）图纸输出：在最终的装饰竣工模型上创建剖面图、平面图、立面图等，添加二维图纸尺寸标注和标识使其达到施工图设计深度，并导出竣工图。

（7）核查模型和图纸：再次检查确保模型、图纸的准确性以及一致性。

（8）归档移交：将装饰专业模型（阶段成果）、装饰竣工模型、装饰竣工图纸保存归档移交。

5.7.3　辅助工程结算

工程竣工结算是指施工企业按照合同规定的内容全部完成所承包的工程，经验收质量合格，并符合合同要求之后，向发包单位进行的最终工程价款结算。它分为单位工程、单项工程结算和建设项目竣工总结算。但竣工结算作为一种事后控制，更多是对已有的竣工结算资料、已竣工验收工程实体等事实结果在价格上的客观体现。在过去，传统的工程资料信息交流方式，人为重复工作量大，效率低下，信息流失严重。结算准确率不高、比对困难、过程漫长，是工程结算的通病。通过完整的、有数据支撑的、各方都可以利用的可视化竣工 BIM 模型与现场实际建成的建筑进行对比，建立基于 BIM 技术的竣工结算方式，可以更加快速地进行查漏，核对工程施工数量和施工单价等信息，能提高竣工结算审核的准确性与效率，可以较好地解决结算的通病，提高造价管理水平，提升造价管理效率。

结算阶段，核对工程量是最主要、最核心和最敏感的工作，其主要工程数量核对形式依据先后分为分区核对、分项核对、整合查漏、数据核对四个步骤，其中整合查漏主要是检查核对设计变更以及其他专业影响等引起的造价变化。从竣工结算的重点环节来看，工程资料的储存、分享方式对竣工结算的质量有着极大影响。基于 BIM 三维模型，同时将工期、价格、合同、变更签证信息储存于 BIM 数据库中，可供工程参与方在项目生命期内及时调用共享，可准确、可靠地获得相关工程资料信息。在竣工结算中对结算资料的整理环节中，审查人员同样可直接访问 BIM 数据库，调取全部相关工程资料。因此，工程实施过程中的有效数据积累，可以缩短结算审查前期准备工作时间，提高了结算工程的效率及质量。

5.8　运维 BIM 应用

建筑物的运营维护一般指对建筑物整体能够正常运行的维护管理工作。运营维护包含结构构件与装饰装修材料维护、给水排水设施运行维护、供暖通风与空调设施运行维护、电气设施运行维护、智能化设施运行维护、消防设施运行维护、环境卫生与园林绿化维护等任务，要求所有资产设施能被正常有序利用。机电设备设施通常包括监控、通讯、通风、照明和电梯等系统，发生故障都可能影响建筑的正常使用，甚至引发安全事故，所以保证机电设备正常运转是运维工作中极为重要的。对装饰专业，其运维的工作目标是保证建筑项目的功能、性能满足正常使用或最大效益的使用。在过去，装饰专业的运维工作除了装饰改造工程，主要是维修和修缮，一般管理粗放，浪费严重。

装饰运维阶段的 BIM 应用是基于 BIM 信息集成系统平台，将整个工程的 BIM 竣工模型包含设备设施参数、模型信息、非几何信息等，同时结合管理运维平台形成一套内容丰富、体系完整的运维管理信息系统，发挥 BIM 对于业主方最大效益的运维应用。运用 BIM 技术，业主和物业可以基于 BIM 运维模型和运维管理系统对机电专业的维修、装饰专业的维修进行统一的井然有序的操作管理，及时发现和处理问题，能对突发事件进行快速应变和处理，准确掌握建筑物的运营情况，从而减少不必要的损失。装饰专业的 BIM 运维基本内容装饰构件维护和装饰装修改造运维管理。本阶段流程如图 5.8-1。

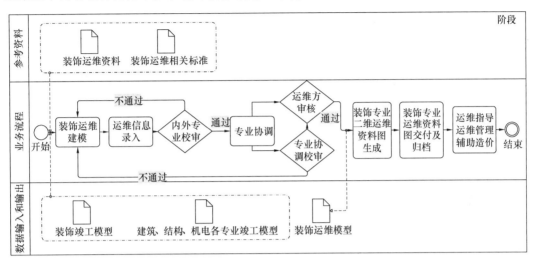

图 5.8-1　基于 BIM 的装饰运营维护应用流程

5.8.1　运维 BIM 建模内容

运维 BIM 模型是在竣工模型基础上，在计算机中建立的一个综合专业的虚拟建筑物，同时通过运维平台管理系统形成一个完整、逻辑能力强大的建筑运维信息库。运维管理系统当前更多的产品是针对机电专业，少量装饰设施维修。运维 BIM 建模主要内容是根据业主需求进行运维模型的转换、维护和管理、添加运行维护信息等，根据使用功能与运维模块不同，建模内容有所不同。该运维信息库所具有的真实信息，不仅只是几何形状描述的视觉信息，还包含大量的非几何信息，如材料的强度、性能、传热系数、构件的造价、采购信息等，其信息运维包括运维数据录入与运维数据存储管理。

5.8.2　日常运行维护管理

运维模型创建应不仅仅局限为一个虚拟建筑物的表现，而应该具备相应的运维功能如：运维计划、资产管理、空间管理、建筑系统分析、灾害应急模拟等。一、运维计划是因建筑结构、设备、设施需要得到维护才能正常使用而制定的计划。好的维护计划将提高建筑物性能，降低能耗和修理费用，进而降低总体维护成本。二、运维资产管理是对建筑项目由专业机构提供保洁、维修、安全保卫、环境美化等一系列运维活动的服务。内容有：①资产管理：日常管理、资产盘点、折旧管理、报表管理、保洁管理等；②空间管理：运维阶段为节约空间成本、有效利用空间、为最终用户提供良好工作生活环境而对建筑空间所做的管理，包括空间规划、空间分配、租售管理、统计分析等；③建筑系统运维分析：照业主使用需求及设计规定来衡量建筑性能并采取措施提高。④灾害应急模拟：是利用 BIM 及相应灾害分析模拟软件，可以在灾害发生前，模拟灾害发生的过程，分析灾害发生的原因，制定避免灾害发生的措施，以及发生灾害后人员疏散、救援支持的应急预案（图 5.8.2-1）。

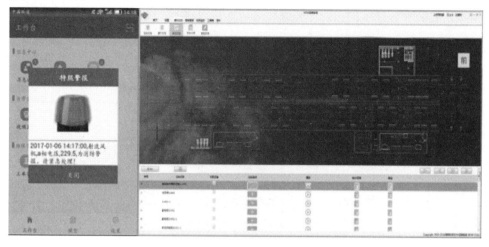

图 5.8.2-1　灾害应急模拟

5.8.3　设备设施运维管理

设备设施运维管理是在建筑竣工以后通过继承 BIM 设计、施工阶段所生成的 BIM 竣工模型，利用 BIM 模型优越的可视化 3D 空间展现能力，以 BIM 模型为载体，将一系列信息数据，以及建筑运维阶段所需的各种设备设施参数进行一体化整合，同时，进一步引入建筑的日常设施设备运维管理功能，产生基于 BIM 运行建筑空间与设备运维的管理。内容包括财务管理、用户管理、空间管理、运行管理。

设备设施运行管理是运维管理的重要内容。主要包括：维护人员信息、建筑外设施、建筑环境和建筑设备，如图 5.8.3-1、图 5.8.3-2。运行维护人员信息主要来源于运维过程，包括运行维护人员的培训情况，以及运行维护人员的运行维护记录。建筑外设施、建

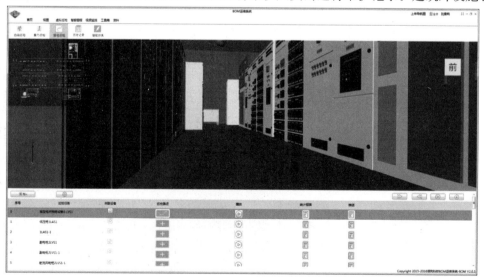

图 5.8.3-1　设备设施运行管理

筑环境以及建筑设备，信息来源包括移交前数据和新生数据两部分。移交前数据包括建筑设备设施的基本信息，如设备型号、名称、制造商认证，供应商信息等建筑设备设施基本信息。整体建筑的设备设施部署情况，包括建筑室内外，以及设备设施位置和设备设施的工作面，运行维护空间等，该建筑的应急安全通道服务信息，还有需要进行维护的相关知识。设施和建筑材料，建筑性能数据，了解建筑维护周期。移交前数据，是建筑工程数据与建筑运维知识库数据的综合。运维阶段数据，主要包括建筑及设备设施的预防性维护，设备设施的故障维修，设备设施替换零件以及新配件信息，设备设施升级时，更新后的新数据，和设备设施故障应急抢修内容等。

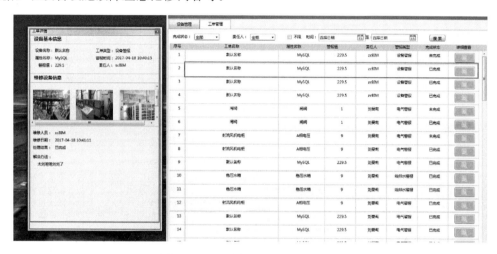

图 5.8.3-2 设备设施运行管理查询

5.8.4 装饰装修改造运维管理

装饰装修改造运维管理是在运维阶段，根据建筑装饰工程的特点通过运维平台管理系统进行综合，有效并充分发挥建筑装饰功能和性能的运维管理。运维管理内容包括建筑物加固、外立面翻新改造、局部空间功能调整、内部改造装修、安全管理等方面；目的是使建筑更适合当前的使用需求，涉及设计、施工两个方面。BIM 技术在本阶段的应用管理，涵盖设计阶段和施工阶段的 BIM 应用范围，也具有本阶段特有的 BIM 应用特征。

装饰装修改造运维管理应用内容：依据基础数据源如运维 BIM 模型、竣工 BIM 模型、现场三维扫描数据、二维图纸等，根据业主的改造计划，制定维修改造实施方案，并依据基础数据创建项目改造实施方案 BIM 模型；利用改造实施方案的 BIM 模型进行方案可实施性讨论；同时对比现场三维扫描数据与改造实施方案 BIM 模型，分析改造实施方案的风险预警、改造实施时间及成本、对比不同施工工序的实施时间及成本，确认最优改造实施方案。在实施方案制定后，进行招投标，并制定 BIM 应用策划方案，按照既有建筑改造工程的 BIM 实施进行一系列的 BIM 应用，最终实现装饰装修运维改造的全过程 BIM 应用。

5.9 拆除 BIM 应用

建筑装饰物的拆除比建筑物的整体拆除更为常见。一般情况下，既有建筑改造装饰工程会伴随建筑物的系统改造。对于大型公共建筑物，建筑装饰的使用期在十到二十年左右。每个使用期结束，都会对装饰物进行拆除并重新装修。到目前为止，装饰工程中的拆除工程都是最不被重视的部分，管理极不科学，浪费极其严重，还常常出现安全问题。

在拆除阶段，基于 BIM 的模型与运维数据可以为拆除工程提供丰富的数据支撑，不但能够查询原始的材料数据和设备明细，能够为拆除施工提供合理的可视化策划手段，将可以再利用的装饰材料信息公布出来二次销售，做到物尽其用，还能通过安全策划降低事故的发生率，让拆除工程更加合理高效、安全节约。本阶段流程如图 5.9-1。

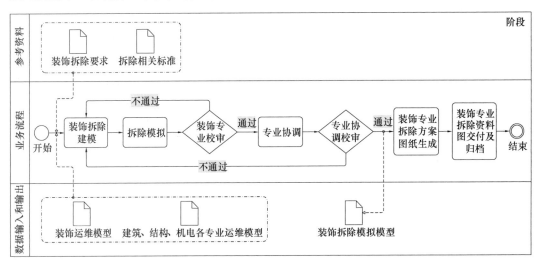

图 5.9-1　基于 BIM 的装饰拆除应用流程

5.9.1 拆除 BIM 建模内容

拆除 BIM 模型是在竣工模型和运维模型的基础上，建立的综合专业的模型，模型具有真实信息，准确描述装饰物拆除前建筑的整体情况，不仅只是几何形状描述的视觉信息，还包含大量的非几何信息。利用拆除前的模型，建立拆除前和拆除后两阶段，因此，需要对即将拆除的构件模型元素赋予拆除阶段信息。利用拆除模型，有利于拆除施工的工作量统计和拆除方案模拟。

5.9.2 拆除模拟

拆除工程有位于人口或商业密集区域，也有超高层区域，建筑装饰的尤其是外立面装饰拆除工程难度高，且有一定的社会影响，不但要制定详细的拆除计划，重点部位和区域还需要方案比选和论证，保证拆除项目的顺利实施。利用 BIM 模型三维可视化的特点，将难以实施的拆除部分使用 BIM 模型进行可视化模拟，可以达到拆除方案的最优化。

拆除模拟的主要工作内容包括三方面，第一，收集现场数据，制作拆除模型。首先要熟悉被拆建筑物内部的概况和周围环境，弄清建筑物的结构情况、建筑情况、水电及设备管道等隐蔽设施情况。与此同时，规划重点拆除的区域，收集现有模型进行拆除模型的创建，模型主要以突出拆除部位的简单形体和环境设置。如果没有相关模型，就需要重新测绘并建立模型。第二，制定拆除方案，对重点拆除方案模拟论证。针对现场条件推敲拆除方案并进行模拟并比选，考虑安全、经济、环保、避免扰民等多方面因素，找出最佳实施方案；第三，将 BIM 模型与企业修缮定额相关联，合理安排各种资源。通过模型关联修缮定额的拆除各项，进行计划安排，包括人员及机械的合理布置，实现拆除的经济性、合理性的造价控制目标；第四，利用拆除模拟模型交底。利用模型将拆除施工组织设计的内容充分表达出来，着重表现难以理解的部分，力求表现出方案的经济、快速、安全、环保的特点。最后，根据模拟内容比选出的最优方案，向参加拆除的工作人员进行详细交底。

5.9.3 拆除工程量统计及拆除物资管理

利用拆除模型统计拆除的工程量时，分类统计出保留、需要外运及可回收部品构件或材料，并按照相关要求来实施，可以有效达到环保、经济的目的。统计的主要工作内容包括两方面，第一，调出模型工程量，对建筑已有模型的工作量进行提取，通过统计构件数量计算拆除工作量，外运物料、保留物料资产等，据此制定人员、机械工作计划和运输计划。第二，对可回收利用的物料进行统计和价值计算，对可回收部件如金属等进行构件信息的提取及查看。

在很多改造装饰工程中，不少旧的装饰部品和构件仍具有较高艺术价值和利用价值，可以回收利用。更高的拆除物利用率对于建筑构件和材料的属性信息有更高的要求，这也正是 BIM 集成属性的优势所在。一方面，通过拆除模型信息能够更方便地存取装饰材料信息，并能进行有效筛选，有利于对旧的装饰构件分类并有序拆除以及出售和再利用的信息发布；另一方面，根据模型中显示的装饰构件耐久性信息以及功能信息，能够更有效地评估拆除物的使用价值，并将部分耐久性高的构件加以二次利用。这样可以明显减少建筑装饰垃圾的产生，同时降低了工程成本，将工程效益提升到最大化。

课 后 习 题

一、单项选择题

1. 以下不属于装饰设计阶段的是（　　）？
A. 方案设计环节　　　　　　　　　　B. 初步设计环节
C. 深化设计环节　　　　　　　　　　D. 施工图设计环节
2. 研究项目功能需求和美观性需求属于哪个环节的工作（　　）？
A. 方案设计环节　　　　　　　　　　B. 初步设计环节
C. 深化设计环节　　　　　　　　　　D. 施工图设计环节
3. 验证室内设计方案在紧急情况下的疏散能力和安全性，属于哪个阶段的工作（　　）？
A. 方案设计环节　　　　　　　　　　B. 初步设计环节

C. 深化设计环节　　　　　　　　　　　D. 施工图设计环节

4. 利用三维激光扫描技术直接获取的数据为（　　　）。

A. 文本信息　　　　　　　　　　　　　B. 点云数据

C. 二维图纸　　　　　　　　　　　　　D. 模型数据

5. 一个项目中不同专业、不同系统之间会有各种构件交错穿插，影响施工设计、增加成本。利用 BIM 技术的（　　　）功能，及时发现设计漏洞并调整、反馈，提早解决施工现场问题，以最迅速的方式解决问题，提高施工效率，减少材料、人工的浪费。

A. 碰撞检查　　　　　　　　　　　　　B. 三维可视化

C. 多功能协调　　　　　　　　　　　　D. 信息共享

6. 基于 BIM 技术的装饰构件预制工厂加工工作是从哪个环节开始的（　　　）？

A. 方案过程　　　　　　　　　　　　　B. 施工图过程

C. 施工过程　　　　　　　　　　　　　D. 深化设计

7. 三维扫描主要用于哪个环节（　　　）？

A. 初步设计　　　　　　　　　　　　　B. 施工深化设计

C. 施工过程　　　　　　　　　　　　　D. 运维阶段

8. 深化设计环节进行的 BIM 应用是（　　　）。

A. 安全管理　　　　　　　　　　　　　B. 性能分析

C. 工程结算　　　　　　　　　　　　　D. 饰面排版

9. 施工过程环节进行的 BIM 应用是（　　　）。

A. 可视化施工技术交底　　　　　　　　B. 设计方案比选

C. 工程决算　　　　　　　　　　　　　D. 施工图出图

10. 装饰运维模型创建是在（　　　）基础上，在运维阶段通过数字化技术，在计算机中建立的一个综合专业的虚拟建筑物，同时通过运维平台管理系统形成一个完整、逻辑能力强大的建筑运维信息库。

A. 竣工交付模型　　　　　　　　　　　B. 方案设计模型

C. 施工深化设计模型　　　　　　　　　D. 施工过程模型

二、多项选择题

1. 建筑装饰设计施工一体化项目的 BIM 应用环节有哪些（　　　）？

A. 方案设计　　　　　　　　　　　　　B. 初步设计

C. 施工过程　　　　　　　　　　　　　D. 竣工交付

E. 施工深化设计

2. 以下哪些为图纸会审的内容（　　　）？

A. 图纸问题审核　　　　　　　　　　　B. 现场问题审核

C. 企业资质审核　　　　　　　　　　　D. 施工可行性审核

E. 施工工艺审核

3. 施工模拟的主要内容有下列哪些（　　　）？

A. 重难点施工工艺模拟　　　　　　　　B. 专用设备施工方案模拟

C. 装配式预制件预拼装模拟　　　　　　D. 施工工序模拟

E. 新工艺、新材料施工模拟

4. 施工阶段的 BIM 应用主要包含（　　）。

A. 施工可行性检查　　　　　　　　　B. 施工进度管理

C. 质量管理　　　　　　　　　　　　D. 安全管理

E. 物料管理

5. 基于 BIM 技术的装饰构件预制加工工作流程主要有哪些（　　）？

A. 设计　　　　　　　　　　　　　　B. 生产

C. 运输　　　　　　　　　　　　　　D. 安装

E. 3D 打印

6. 竣工图生成流程应包括以下（　　）方面。

A. 模型整合　　　　　　　　　　　　B. 资料收集

C. 各专业实施步骤　　　　　　　　　D. 模型专业校审

E. 图纸输出

7. 初步设计的 BIM 应用包括（　　）。

A. 室内采光分析　　　　　　　　　　B. 室内声学分析

C. 安全疏散分析　　　　　　　　　　D. 室内通风分析

E. 结构计算分析

8. 施工深化设计环节应用 BIM 技术具体包括（　　）。

A. 施工现场测量　　　　　　　　　　B. 样板 BIM 应用

C. 施工可行性检查　　　　　　　　　D. 辅助图纸会审

E. 工艺优化

9. 以下哪种说法是正确的（　　）？

A. 当前基于 BIM 模型的竣工图只能从竣工交付模型中输出

B. 利用 BIM 技术进行设计比选时，可以比选装饰元素的形态、材料

C. 用 BIM 技术进行辅助工程算量，可提高造价数据的准确率，让造价员节约更多的时间和精力，投入到风险评估及市场询价过程中

D. 搭建施工图设计模型之前，只需收集已有的装饰方案设计模型，不需要原有的建筑设计和机电专业模型

E. 深化设计建模之前不需要现场测量

10. 以下哪种说法是正确的（　　）？

A. 深化设计模型建模的内容可包含装饰工程的隐蔽工程

B. 一般情况下，利用 BIM 技术制作的效果图，仅适用于工程招标阶段，在设计、深化及竣工阶段并不适用

C. 采用 BIM 三维模型展示的方式进行图纸会审，可使各参建单位更加直观、快捷地就图纸问题进行沟通

D. 在施工阶段利用 BIM 技术进行物料成本管理，可满足施工需求的同时科学规划有限的施工现场空间，减少二次搬运造成的成本增加

E. 基于 BIM 的运维阶段不含装饰专业的内容

参考答案

一、单项选择题

1. C　　　2. A　　　3. B　　　4. B　　　5. A　　　6. C　　　7. C

8. D　　　9. A　　　10. A

二、多项选择题

1. ABCDE　2. ABDE　　3. ABCDE　4. ABCDE　5. ABCD　　6. ABCDE　7. ABCDE

8. ABCDE　9. BC　　　10. ACD

第6章　建筑装饰工程 **BIM** 应用协同

本章导读

　　BIM 的一个重要特征是可协同。本章首先从协同工作意义、协同工作计划概要阐述建筑装饰 BIM 的协同；其次，介绍基于 BIM 的设计协同的几个方面：协同设计方法、内部设计协同、各专业协同、各阶段的协同、各方协同；第三介绍基于 BIM 的施工协同：施工协同方法、施工组织模拟协同、变更管理的协同、施工—加工一体化协同等。最后，从职责管理、信息管理、流程管理几个方面对基于 BIM 协同平台的协作进行了介绍。

本章要求

　　熟悉的内容：协同工作的意义。

　　掌握的内容：设计阶段 BIM 协同、协作策略、协作过程、软硬件环境。

　　了解的内容：施工阶段 BIM 协同。

　　创新的内容：协同平台协同。

6.1　建筑装饰项目 BIM 应用协同概述

6.1.1　基于 BIM 协同工作的意义

协同即协调两个或者两个以上的不同资源或者个体，协同一致地完成某一目标的过程或能力。BIM 协同是在 BIM 应用过程中协调与合作。参与方各自之间的协调、协作形成拉动效应，推动项目 BIM 应用共同前进，协同的结果使各方获益，整体加强，共同发展。工程建设行业从 CAD 的二维图纸时代到 BIM 时代，协同工作方式方法发生了巨大变化。

CAD 二维图纸时代的协同方式一般的流程是：各参与方将本专业的信息条件以电子版和打印出的纸质文件的形式发送给其他参与方，其他参与方将各文件落实到本专业的工程文件中，然后再进一步将反馈资料提交给原提交条件的参与方，最后会签阶段再检查各方的文件是否满足相关要求。这些过程都是单向进行的，并且是阶段性的，故各方信息数据不能及时有效地传达。虽然一些信息化设施比较好的企业利用内部的局域网系统和文件服务器，采用参考链接文件的形式来保持过程文件的及时更新，但这仍然是一个单向的过程，如机电、土建反馈条件仍然需要提供单独的文件。

BIM 时代的协同方式是基于 BIM 技术创建三维可视化高仿真模型，各参与方的工作内容都以实际的形式存在于模型或平台上。各参与方在各阶段中的数据信息可输入模型中，所有参与方可根据权限和模型数据进行相应的工作任务，且模型可视化程度高，便于各参与方之间的沟通协调，同时也利于项目实施人员之间的技术交底和任务交接等，减少了项目实施中由于信息和沟通不畅导致的工程变更和工期延误等问题的发生，提高了项目实施管理效率，从而实现项目的可视化、参数化、动态化协同管理。另外，基于 BIM 技术的协同平台的利用，实现了各信息、人员的集成和协同，大幅提高了项目管理的效率。

装饰项目管理中涉及参与的专业、工种、工艺较多，各专业工种各自职责不同，但各自负责的工作内容之间却联系紧密。其最终的成果是各专业成果的综合，项目在实施过程中各参与方尤其是与机电各专业参与方的配合较多，这个特点决定了在装饰项目管理中必须密切地配合和协作。实际工程中，由于参与装饰项目的人员因专业分工或项目经验等各种因素的影响，经常出现因配合未到位而造成的工程返工，甚至工程无法实现而不得不变更设计和工程计划的情况，导致延误工期、浪费人力物力、增加成本。基于 BIM 的协同工作的意义在于，协同工作能够推进项目顺利进行，显著提高效率和效益，优化项目各相关专业承包方之间的协作方式和工作流程，并且协助工作人员现场管理，解决项目实际问题。

6.1.2　基于 BIM 的协同工作策划

装饰项目要对项目协同的进行策划。经过策划，应用 BIM 技术协同工具，各方按照策划的标准和流程工作，项目各方之间的协同合作有利于各自任务内容的交接，避免不必要的工作重复或工作缺失而导致的项目整体进度延误甚至工程返工，对在各阶段进行信息数据协同具有重大意义。

一般基于 BIM 技术的各参与方协同应用主要工作包括基于协同平台的信息、职责管理和会议沟通协调等内容。每个装饰项目团队应该在项目尚未开始时就制定协同工作计划，建立协同工作机制：首先在项目提出协同工作目标，其次确定符合自身团队特点的协同工作范围和形式以及协同工作流程，最后建立支持协作过程的软硬件环境以及成果交付协作计划。

1. 制定协同工作目标

建立协同工作的目标，首先要对项目各方提出满足 BIM 协同工作的要求，提出制定各专业 BIM 协同工作的目标，给予支持数据共享、协同工作方式的环境和条件，并结合项目相关参与方的职责分工进行权限控制。这是协同工作的前提条件。

2. 确定协同工作范围与形式

确定符合自身团队特点的协同工作范围与形式：即确定协作任务、沟通方法、协作过程文档的传递和记录存储管理方法。具体的协作任务包括：确定 BIM 协作任务的工作范围，如：模型管理（模型检测、版本发布等）；确定协作的时间节点和频率。如：方案设计、初步设计、施工图设计、深化设计等的交换数据、提资节点，明确发送人、接收人等；各环节的协同时间节点安排；确定协作的会议地点和议程，以及必要的组织者和参与者。

3. 确定协同工作流程与职责

工作流程是指企业内部发生的某项任务从起始到完成，由多部门、多岗位、经多环节协调及顺序工作共同完成的完整过程。流程决定效率并影响效益。因此，设计建立科学严谨的工作流程并保持这些流程得到执行控制和管理至关重要。项目 BIM 实施过程中，所有参与者都要了解具体工作任务和自己的职责并依据协同工作流程来协同工作，因此要制定协同工作流程。表 6.1.2-1 为主要任务流程与项目各方承担的职责。

装饰工程 BIM 应用牵头方主要协同任务流程和项目各方承担职责　　表 6.1.2-1

序号	流程	BIM 应用牵头方	装饰设计方	装饰施工方	装饰材料部品供应商	BIM 咨询（可选）
1	装饰设计建模	审定	建模	—	—	技术支持
2	现状建筑模型	审定	建模	—	—	技术支持
3	装饰设计评审	审定	配合	配合		参与评审
4	模型整合与协调	组织	3D 检查	配合		技术支持
5	施工图预算	审定	组织实施	配合	配合	技术支持
6	深化设计建模	审定	配合	建模	配合	技术支持
7	施工模拟	组织	配合	实施	配合	技术支持
8	设计变更建模	审定	配合	建模	配合	技术支持
9	施工管理	组织	配合	实施	配合	技术支持
10	竣工模型	确认	建模	配合	配合	技术支持

4. 支持协作过程的软硬件环境的建立

建立支持协作过程的软硬件环境。配置 BIM 协同的软硬件，支持在整个项目期内该环境能支持必要的协作、沟通和模型评审过程畅通无阻，提高 BIM 应用的效率。这部分工作内容有：软件、硬件配置、软件检测、模型管理、版本发布等。

5. 成果交付的协作计划

在 BIM 协同工作中，成果交付是最重要的协作过程，特别是装饰专业跨单位向业主、施工方等的模型交付。模型交付是信息交换的核心部分，项目需制定模型交付清单，定期发布模型交付更新的信息。协作重点包括：明确模型的发送人、接收人；明确模型交付的频率，是一次性的，还是周期性的，周期性的时间间隔；明确模型交付的开始和结束日期（或开始和结束的条件）；明确模型交付的类型和文件格式；明确模型创建的软件并注明版本号。

6.1.3　BIM 协同工作的文件管理

BIM 协同工作的协同文件有一些具体规定需要按照下列规则来管理。

1. 协同文件夹

装饰的总包项目应制定装饰装修工程 BIM 文件管理架构、具体的协同工作方式及其 BIM 技术应用的相关规定，满足工程项目各相关参与方进行信息模型的浏览、交流、协调、跟踪和应用。而作为专业分包就要遵守 BIM 应用牵头方制定的各项规定。

装饰工程 BIM 实施过程中，应基于"自上而下"的模型文件规则建立文件夹结构，使各相关参与方信息模型文件层次分明，管理有序。协同文件夹由 BIM 总协调方在其中心服务器统一建立，用于存放所有相关专业协同工作时所用的过程及成果文件，各分包单位及个人原则上不能自行建立文件夹，分包单位如确有需要建立的，应及时与 BIM 总协调方协商一致。图 6.1.3-1 为装饰专业作为 BIM 总协调方的既有建筑装饰改造工程协同文件夹结构。

2. 本地文件夹

项目应按照协同文件夹结构建立对应的本地文件夹结构，中心服务器中的模型文件应与本地用户模型文件定期同步更新。本地文件夹副本应保存在用户备份盘上，不应保存在系统盘中。项目应对 BIM 实施过程中所形成的文字、数据、表格，遵循文件资料的形成规律，保持文件之间的有机联系，区分文件的不同价值，进行妥善存档、保管和运用。

3. 权限设置

在文件管理工作中，应明确装饰装修工程 BIM 协同管理中各相关参与方的工作职责，并对各相关参与方进行权限管理，保证数据信息传输的准确性、时效性性和一致性。基于 BIM 协同平台的协同工作任务，协同工作开始前就应对参与者的身份信息进行权限设定，设置登录密码，便于统一管理。

4. 及时处理文件

项目应规定专人及时对协同文件内容进行检查和审批，避免文件数据丢失或错误风险。当协同中发现文件存在错误时，应形成书面记录并进行跟踪处理。

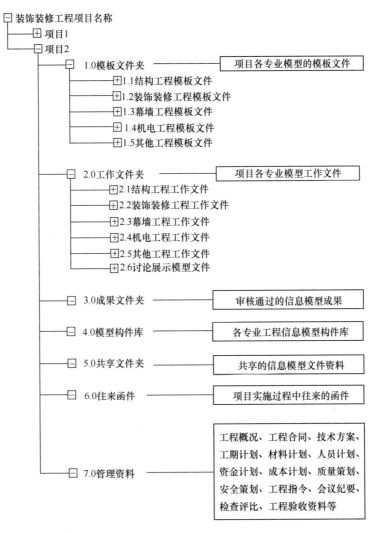

图 6.1.3-1 既有建筑改造装饰项目协同工作文件夹结构图

6.2 建筑装饰工程设计阶段的 BIM 协同

　　装饰工程的协同设计开始于项目装饰设计阶段，主要涉及业主、建筑设计方（含建筑设计各专业）、各专业分包方、监理、供应商等。在此阶段的协同重点是：装饰设计方充分了解业主的项目意图和要求，根据业主提出的外形、功能、成本和进度等相关的要求建立基本方案模型；初步设计阶段，此阶段包含对方案设计阶段协同工作的深化，对建筑物理性能分析，同时加入工程施工的成本、质量和工期的反馈意见；施工图设计阶段，此阶段协同重点是对施工图模型中的各专业间信息进行冲突检测，发现并解决潜在的问题。

　　传统装饰设计模式下，各专业独立设计，有些项目需要与其他设计单位协作，经常需要跨部门和跨专业，信息沟通以人为主，沟通较少或沟通不畅，通常装饰方案确定之后才能做机电方案设计，与业主、施工等的沟通也缺乏有效的可视化工具，往往造成设计周期长、设计错误、返工等问题。

基于 BIM 的装饰设计阶段协同是通过 BIM 软件和环境，以 BIM 数据交换为核心的协作方式，取代或部分取代了传统设计模式下低效的人工协同工作，使设计团队改变信息交流低效的传统方式，实现信息之间的多向传递。减轻了装饰设计人员的负担、缩短了设计周期，提高了设计效率、减少了设计错误，为 BIM 设计、施工应用奠定了基础。图 6.2-1 为基于 BIM 的装饰项目设计阶段主要工作流程图。

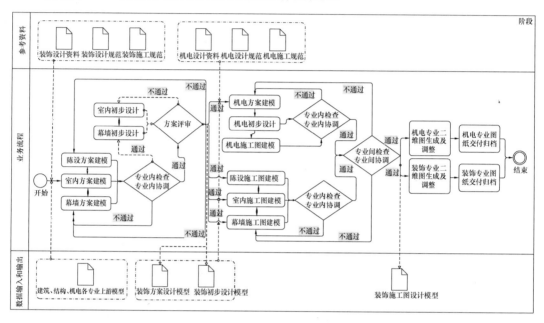

图 6.2-1　基于 BIM 的装饰项目设计阶段设计流程示意

对于装饰企业，基于 BIM 的装饰设计协同工作主要可分为以下几个方面：同一时期装饰专业的 BIM 协同；同一时期不同专业间的 BIM 协同；设计阶段不同时期的 BIM 协同。一般情况下可以把装饰设计的协同工作分为基于数据的设计协同和基于流程的管理协同两个层面。对于设计阶段，本书主要讲述基于数据的设计协同。

6.2.1　基于 BIM 的设计协同方法

1. 数据协同网络环境

当前，设计协同通常使用的两种网络环境，一是局域网内设计协同，另一种是局域网之间的设计协同。基于 BIM 的装饰项目的协同设计一般需要在局域网络环境下，实现实时或定时操作。由于 BIM 模型文件比较大，一般建议是千兆局域网环境，对于异地协同的情况，由于互联网带宽限制，目前不易实现实时协同，因此需要采用在重要设计环节内，同步异地中央数据服务器的数据，实现"定时节点式"的设计协同。

2. 数据协同方式

基于 BIM 的设计协同方法一般通过 BIM 相关软件和平台的协同功能来实现。以 Revit 为例，通常采用"链接模型"方式创建各自的单专业模型，通过内部协同或外部协同与项目其他成员共享模型、相互参考。在不同设计环节尤其是施工图设计环节，对不同专业的模型进行整合，提前干涉并解决存在问题，防止在施工阶段出现返工和工期延误。例如基于 Revit 的模型整合，即是一种协同工作，但基于不同的软件功能具有不同的工作方法。

装饰装修工程 BIM 协同工作方式可分为"中心文件"方式和"链接文件"方式，或者两种方式的混合协同工作。设计单位内部宜采用"中心文件"协同工作方式，与外部其他单位宜采用"链接文件"协同工作方式。在协同工程中，各相关参与方通过设计共享文件链接到本专业信息模型中，当发生冲突时应通知模型创建者，并应及时协调处理。

3. 协同要素

BIM 装饰设计协同的顺利实现需要控制协同设计要素，协同设计要素有：设计协同方式、统一坐标、定制项目样板、统一建模标准、工作集划分和权限设置、模型数据和信息整合（详见章节 4.3）。这些规定越细致，对协同设计工作的协同程度提升幅度就越大，因此协同设计要素及软件操作要点在 BIM 协同设计方法中也是不可或缺的重要环节。

6.2.2 内部设计协同

装饰专业内部设计 BIM 协同指的是同专业设计师可以基于同一个项目模型和构件数据，共享、操作、参照、细化和提取数据。装饰专业从方案设计到施工图的设计过程中，会涉及不同的软件，需要软件之间进行转换和配合使用，因此需要通过统一的协同方式，在协同平台上进行数据传输，协作设计。

装饰专业内部设计基于数据的协同，包括装饰应用软件与 BIM 设计软件间的协同，BIM 设计软件之间的协同，BIM 设计软件与出图软件间的协同。另外，由装饰、幕墙、陈设等各自创建专业模型，设计人员单独创建、修改、访问各自专业内的 BIM 成果，模型创建者不仅要对本专业模型内容负责，还要根据模型拆分情况与其他本专业模型创建者协同。

6.2.3 各专业间设计协同

各专业间的 BIM 协同指的是不同专业间，整合相关数据，查找专业间的冲突，在设计阶段解决专业间的冲突问题。装饰专业内部设计 BIM 协同工作期间，其他各专业的设计师可以基于统一的项目模型和构件数据，共享、操作、参照、细化和提取数据，在自己专业内部协同。在所有专业都经过了内部协同工作并通过内部审核后，共同进行各专业间的 BIM 协同。

实现专业间的设计协同需要各专业都具备 BIM 设计的能力，采用统一的数据格式，遵守统一的协同设计标准，项目所有专业团队组成高度协调的整体。在设计过程中，随时发现并及时解决与其他专业之间的冲突。当前，设计协作应用 BIM 的有效方法是阶段性重要环节节点的专业协调模式。这种模式需要规定设计过程的定时协同和连续协同，其中协同机制是关键：项目需要在制定装饰设计协同计划时，明确各参建单位层级和职责、协同工作组织方案，形成设计协同流程。

6.2.4 各环节设计协同

项目装饰专业的设计阶段可分为方案、初设、施工图三个主要环节。装饰设计阶段中的 BIM 协同主要是为了确保 BIM 模型数据的延续性和准确性，减少项目设计过程中的反复建模，减少因不同阶段的信息割裂导致的设计错误，提高团队的工作效率与准确率，提升设计产品质量。

根据装饰项目的特点，不同的装饰项目，设计阶段的 BIM 协同主要集中在方案和施工图设计阶段。装饰方案设计成果通过 BIM 模型可视化功能完成方案的评审及多方案比选（造型、材质、陈设、经济），需要与其他专业做初步的综合协调，满足方案概念表达的建模精度要求。装饰施工图设计成果主要用于设计阶段的深化，满足图纸报审要求、招投标要求并指导施工。此阶段需要进行专业间的综合协调，检查是否因为设计的错误造成无法施工的情况。因此，模型细度要求达到施工图的表达深度，还需要有明细表统计内容。

6.2.5　设计方与项目其他参与方协同

项目建设期内，装饰设计方与业主、建设主管部门、审图机构、监理、施工、加工制造、材料部品供应商以及各专项设计（包括机电、结构、建筑等）各相关方存在大量的信息交换需求，部分信息交换可通过 BIM 技术协同完成。根据不同的项目参与方及协同特点，制定协同规则、协同目标、分析协同技术、搭建符合项目规模和特点的 BIM 协同平台、制定协同沟通原则和协同数据安全保障措施等，使 BIM 技术在各参与方的协同中发挥最大价值。

6.3　建筑装饰工程施工阶段的协同

装饰项目的施工阶段的施工协同，是指施工中与业主、建筑设计方、各专业设计方、各专业施工方、监理等各方协同工作，保证装饰施工中各类信息的流通与传递。装饰工程项目施工阶段具有非常明显的动态变化特征，对施工现场进度管理、工程量核算、质量、安全等管理要求较高，是一项典型的需要协同工作，不同工种、不同职责的施工参与方之间需要及时进行信息交流与共享。

对装饰工程的施工阶段进行高效的管理，需要对现场的原始信息（人、材、物、料等施工资源）进行实时采集与处理，并在此基础上进行决策与控制。而当前在装饰施工过程中不同施工参与方之间信息交换割裂不畅，不仅阻碍了信息的共享，而且还导致了施工过程中的实时信息不能及时、准确、高效地交互与融合，最终导致工期延误和各种失误，增加工程成本。

要实现对装饰施工现场中各种管理活动的有效控制，其施工协同系统应该包括三部分功能：信息获取、信息处理与决策和计划实施。基于 BIM 的施工协同系统应包括：信息获取、信息融合、信息处理、施工决策、计划实施、系统应用接口等功能。在这些功能的基础上，针对不同施工参与方的业务需求进行定义和组合，就可以构建应用于整个项目的施工协同系统。其中，信息获取、信息处理与决策和计划执行是整个系统的核心组成部分，如图 6.3-1 所示。

当前，装饰工程施工阶段实现施工过程中的协同工作有效手段和方法，是及时收集现场实时信息，在信息融合的基础上，处理相关信息，强化施工中的信息集成与共享，并进行决策和计划执行，实行协同管理并实施有效的监管，提高各施工参与方之间信息交流和决策的效率。对于装饰施工阶段，基于流程的管理协同是重要研究内容。本书主要从流程管理层面介绍施工 BIM 的协同。

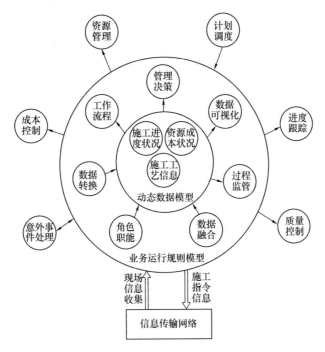

图 6.3-1 施工协同系统模型

6.3.1 基于 BIM 的施工协同方法

1. 施工协同网络环境

当前，基于 BIM 的装饰项目的施工的数据协同一般需要在局域网络环境下实现项目现场工程师对 BIM 模型等文件的实时或定时操作。当前，基于互联网的数据协同工作可以利用轻量化模型来实现，能明显提高显示速度，提升工作效率。

另外，施工中的管理协同利用基于互联网的 BIM 协同平台，参与各方需在互联网环境进行基于流程的管理协同。相关的 BIM 协同管理平台参见表 2.4-1。

2. 协同方式

在装饰项目设计阶段协同工作中用到的数据协同方式可以全部用在施工中。

施工阶段基于流程的协同管理，不同的装饰行业业态依据信息化发展的不同，有不同的工作方式。常用的协同工作方式是首先是利用 BIM 协同平台，其次是利用企业已有的 OA 企业办公自动化系统、ERP 企业资源计划系统、PDM 产品数据管理系统、互联网家装系统、项目管理系统等进行协同，依赖完善和细致的流程来完成协同工作。

3. 协同要素

在装饰工程深化设计中，继续沿用 BIM 设计协同控制的协同设计要素。装饰施工过程中需要对项目的施工各种要素进行协同管理。这些要素有：任务、合同、物料、进度、质量、成本、安全、人员等，同时，时间节点成为重要的要素之一。

对于装饰项目，基于 BIM 的装饰施工协同工作主要可分为以下几个方面：装饰专业深化设计的 BIM 协同、施工阶段不同专业间的 BIM 协同以及实施各种管理任务的协同等，本书整理了其中几条协同路线，见下文。

6.3.2 施工深化设计协同

装饰工程的施工深化设计协同即在装饰工程的施工图设计模型基础上，装饰专业在进行与现场实际情况相结合的深化设计时，与其他参与方和其他专业的协同设计工作。与设计阶段施工图设计环节的协同类似。

在装饰施工阶段，深化设计流程按先后分为三个工作任务：分别是现场数据采集、深化设计建模、模型审核。首先，必须实时采集现场数据，将现场尺寸和施工条件纳入到深化设计的过程中；其次，深化设计建模每一家参与方都需要建模并内部审核模型；第三，模型审核工作是内部审核通过后，再由总包整合模型，之后再提交业主审核，直到通过审核为止。深化设计阶段的协作单位主要有：业主、总包方、装饰分包方、机电分包方、设计方。在深化设计工作中，总包和业主按照合同约定起主导作用。流程参见图 6.3.2-1。

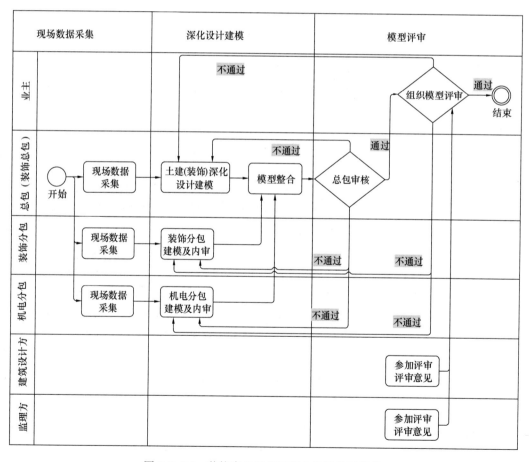

图 6.3.2-1 装饰专业是施工深化设计协同流程

6.3.3 施工组织模拟协同

建筑装饰施工是一个高度动态的过程。装饰施工组织模拟通过将 BIM 与施工进度计划相配合，将空间信息与时间信息整合在一个可视的 4D 模型中，可以直观、精确地反映整个装饰工程的施工过程。施工组织模拟协同是指基于虚拟现实技术，在计算机平台上提供一个虚拟的可视化的三维环境，按照施工组织对工程项目的施工过程先模拟，然后根据模拟对施工顺序与施工方法进行调整与优化，从而得到相对最优的施工组织设计方案。

施工组织模拟主要发生在施工阶段，涉及业主、土建总包方（或装饰总包）和装饰分包和各专业分包。是施工阶段重要的协同工作之一。通过 BIM 可以对项目的重点或难点部分进行可建性模拟，按月、日、时进行施工组织的分析优化。对于一些重要的施工环节或采用新施工工艺的关键部位、施工现场平面布置等施工指导措施进行模拟和分析，以提高计划的可行性；也可以利用 BIM 技术结合施工组织计划进行预演以提高复杂装饰工程分项工程的可施工性。借助 BIM 对施工组织的模拟，项目管理方能够非常直观地了解整个施工安装环节的时间节点和安装工序，并清晰把握在安装过程中的难点和要点，施工方也可以进一步对原有施工组织设计进行优化和改善，以提高施工效率以及施工方案的安全性。

施工组织模拟主要分两个阶段：施工组织设计编制、施工组织模拟。在每个阶段，都要进行审核工作。其参与方包括业主，总包方和设计方。各分包专业在完成组织方案施工组织编制或其他工作时，通过总包方递交给业主方。业主对总包方提出的施工组织设计进行审核，审核 BIM 环境下工程项目各参与方协同机制设计通过的施工组织设计，业主在 BIM 模型中定义模拟节点和精度，由施工方完成施工方案模拟（图 6.3.3-1）。

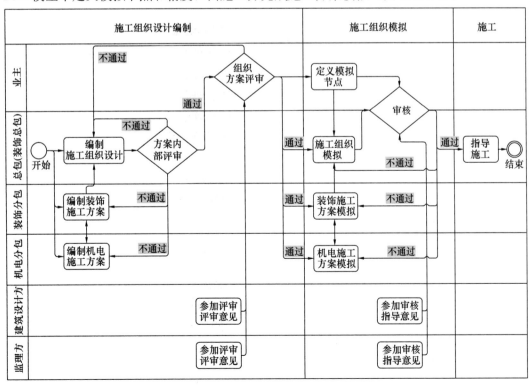

图 6.3.3-1 各参与方在施工组织模拟下的协同流程

6.3.4　设计变更管理协同

变更管理是指在施工阶段由项目特定参与方提出的对施工方案等的变更。通过在变更过程中建立变更 BIM，可以有效验证变更方案的可行性，并可以评估变更可能带来的风险。施工过程 BIM 模型随设计变更的通过而即时更新，能减少设计师与业主、监理、承包商间的信息传输和交互时间，从而使索赔经济签证管理更有时效性，实现变更的动态控制和有序管理。另外，通过 BIM 模型计算变更工程量，可有效防范承包方随意变更，为变更结算提供数据依据。

变更管理工作模式按照工程实际项目中变更从提出到完成的整体途径，设计各方的协同工作。变更流程划分为提出设计变更、论证设计变更、设计变更实施。变更管理包含的主要参与方有：施工总承包方（装饰总包）、业主和设计方。一般由总承包方提出变更申请，经 BIM 模型验证后，交业主和设计方共同评审。如果评审通过，设计方变更图纸，业主进行变更估算等工作。总包方在变更执行时更新 BIM 施工过程模型。通过如图6.3.4-1 的协作流程实现三方信息同步。

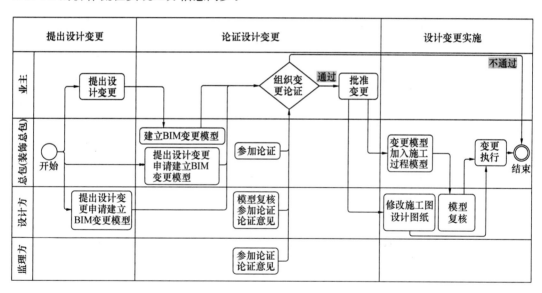

图 6.3.4-1　在变更管理下各参与方的协同流程

6.3.5　施工—加工一体化协同

装饰施工—加工一体化协同即装饰工程预制部品构件的设计、生产、加工、运输、安装的协同工作过程。

装饰工程中有许多异形构件，在加工过程中容易出错并造成损失。BIM 三维技术能够解决这一方面的问题。通过 BIM 模型与现场、预制构件加工厂建造生产系统的结合，实现建筑施工流程的自动化，通过三维图形直接与加工厂机械连接，导出相关参数模型，机械可根据模型图直接生产出参数化的构件和异形构件。通过三维模型的坐标系统控制现场放样和校核，把加工厂生产出来的参数化构件和异形构件通过三维技术的控制实现安装，全程实现无缝对接。这一生产系统能够快速安装，显著提高施工效率，实现协同工作（图 6.3.5-1）。

装饰施工—加工一体化的工作内容分为三段，分别是：深化设计建模（预制构件加工建模）、加工图审核、加工安装。参与单位分别是：装饰项目部、现场 BIM 团队、预制构件加工厂。预制构件加工 BIM 模型按合同约定一般由预制构件加工厂或现场 BIM 团队制作。模型通过深化设计的审核之后，要进行施工工艺即预制构件安装的模拟，并及时与加工厂沟通，发现问题及时优化并提交项目部审核。审核通过后，导出加工图和料单，进入第三个环节即加工安装。由加工厂负责加工，运输和现场安装。项目 BIM 团队负责可视化交底。

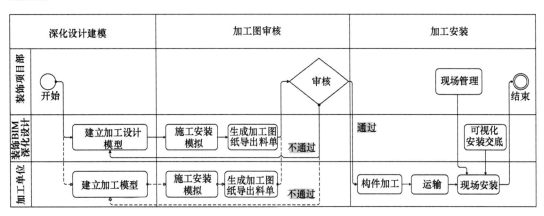

图 6.3.5-1 施工—加工一体化协同流程图

6.4 基于 BIM 协同平台的协作

在装饰项目的不同阶段，都有不同的工作任务，每项任务有不同的参与方，都可以基于 BIM 以不同方式展开内容和流程都不一样的协同工作。为了保证装饰项目各专业内和专业之间信息模型的无缝衔接和及时沟通，BIM 项目的工作任务需要在统一的平台上完成。这个平台可以是专门的平台软件，也可以利用 windows 操作系统实现。其中 BIM 协同平台是工程项目所有相关方为进行基于 BIM 技术应用而进行交流、协调、记录、跟踪所搭建的工作平台，是可以在项目范围内进行实时交流、可以追踪信息的开放式平台。

6.4.1 BIM 协同平台的功能

装饰企业可根据工程实际需要搭建和利用工程 BIM 协同平台，协同平台应具有良好的适用性和兼容性，应具有以下几种基本功能：

1. 信息存储功能

装饰工程项目中各部门各专业设计人员协同工作的基础是建筑信息模型的共享与转换，这同时也是 BIM 技术实现的核心基础。所以，基于 BIM 技术的协同平台应具备良好的存储功能。目前在建筑行业，大部分建筑信息模型的存储形式仍为文件存储，这样的存储形式对于处理包含大量数据，且改动频繁的建筑信息模型效率十分低下，更难以对多个项目的工程信息进行集中存储。而在当前信息技术的应用中，以数据库存储技术的发展最为成熟、应用最为广泛。其数据库具有存储容量大、信息输入输出和查询效率高、易共享等优点。当前，非保密工程利用云存储技术也可以有效解决信息来源分散、传输速度延迟等问题，将多角色、多场景、多阶段的信息进行整合，保证信息的整体性和一致性。以上两种基于 BIM 平台的存储方法，可以解决上述当前 BIM 技术发展所存在的问题。

2. 兼容各专业软件

建筑业是包含多专业的综合行业，如建筑设计阶段，需要建筑、结构、暖通、电气、给排水、装饰、景观等多个专业的设计人员在一个模型上进行协同工作，这就需要用到大量的专业软件。随着项目的不断开展，BIM 应用不断拓展、深化，不断整合的过程。所以，BIM 平台需要兼容不同专业软件，保证 BIM 的信息来源的一致性和完整性。

3. 集成终端应用功能

BIM 协同平台通过集成互联网＋技术、移动终端如手机、RFID、传感设备等信息收集设备收集信息，提高平台信息收集和共享能力，实现实时监控、智能感知、数据采集和高效协同，提升装饰项目管理水平。

4. 人员管理功能

由于在建筑全生命期有多个专业设计人员的参与，如何能够实施有效的管理是至关重要的。通过 BIM 平台可以对各个专业的设计人员进行合理的权限分配、对各个专业的建筑功能软件进行有效的管理、对设计流程、信息传输的时间和内容进行合理的分配，从而实现项目人员高效的管理和协作。

5. 标准的工作模块和工作流程

对装饰专业，BIM 协同平台工作模块应包括并不限于：项目模型库管理模块、族库管理模块、模型物料模块、样板管理模块、采购管理模块、统计分析模块、数据维护模块、工作权限模块、工程相关资料模块等。所有模块通过外部接口和数据接口进行信息的提取、查看、实时更新数据。同时，工作流程设定应合理而标准，操作人员能便于理解，利用其工作的过程快速、便捷、准确率高。

基于 BIM 协同平台的协同系统，给装饰工程的设计及施工过程提供了一个各项目参与方进行沟通与信息交流的渠道，保证模型文档、模型数据、模型操控、模型成果及其信息化功能得到有效应用，同时通过加强各项目参与方之间的联系，能够较好地解决传统建设工程施工中存在的部分缺陷。

6.4.2　基于 BIM 的协同平台管理

1. 基于 BIM 协同平台的职责管理

面对装饰项目工程分项工程多、工艺繁杂、工种多、专业图纸数量庞大的特点，利用 BIM 技术，将所有与项目相关信息集中到以模型为基础的协同平台上，依据图纸如实进行精细化建模，并赋予工程管理所需的各类信息，确保出现变更后，模型及时更新。同时为保证项目工程施工过程中 BIM 的有效性，对各参与单位在不同施工阶段的职责进行划分，让每个参与者明白自己在不同阶段应该承担的职责和完成的任务，与各参与单位进行有效配合，共同完成 BIM 的实施。

表 6.4.2-1 为装饰专业分包项目 BIM 实施从方案设计到竣工交付的各参与方职责划分表。

装饰专业分包项目 BIM 实施各参与方职责划分表　　　　表 6.4.2-1

参与方＼环节	业主	建筑设计方	施工监理	工程总承包	装饰分包	专业分包	供应商
方案设计	提装饰设计方案风格、功能、成本等设计相关要求	审查装饰设计方案			分析原始信息，建立装饰方案模型		
初步设计	审查装饰设计方案，提新设计要求 设计方案决策	审查装饰初步设计成果			进行建筑性能分析，修改装饰设计方案，完善装饰方案模型		
施工图设计	审查装饰设计图纸及造价等，图纸报审	提出设计变更 图纸会审			建立装饰设计施工图模型、输出装饰施工图		
施工深化设计	装饰深化设计审查，提出设计变更	提出设计变更 工程变更及时更改设计模型	监管装饰施工 图纸会审	主导 BIM 实施 图纸会审 各分包商模型整合 提出设计变更	现场装饰深化设数据收集、计模型建立、修改模型、施工管理、BIM 实施执行	专业深化设计模型建立、修改模型、施工管理、BIM 实施执行	
施工过程	监管装饰施工，提出设计变更		监管装饰施工、监管总包更新的各专业 BIM 模型整合工作、参加 BIM 协调会议	主导 BIM 实施整合各分包商更新的各专业 BIM 模型、召开 BIM 协调会议	依据装饰设计变更更新模型、施工管理、配合 BIM 实施	依据专业设计变更更新模型、施工管理、配合 BIM 实施	交付工程所需的要求和信息要求,配合 BIM 实施
竣工交付	审核承包商提供的竣工模型	竣工图交付	审核承包商提供的竣工模型、审查竣工资料	整合并提交全专业竣工阶段 BIM 模型、竣工资料交付	提交装饰专业竣工 BIM 模型、竣工资料交付	提交专业竣工 BIM 模型、竣工资料交付	交付运营维护阶段所需的信息要求

在对项目各参与方职责划分后，根据相应的职责，创建团队协作平台，项目组织中的 BIM 成员根据权限和组织架构加入协同平台，在平台上创建代办事项，创建任务并可以作任务分配，也可对每项任务创建一个卡片，可以包括：活动、附件、更新、沟通内容等信息。团队成员可以上传各自更新的模型，也可以随时浏览其他团队成员上传的模型，发表意见，进行更便捷的交流，并使用列表管理方式，有序组织模型的修改、协调，支持项

目顺利进行。

2. 基于 BIM 协同平台的信息管理

协同平台具有较强的模型信息存储能力，项目各参与方通过数据接口将各自的模型信息数据输入到协同平台中进行集中管理，一旦某个部位发生变化，与之相关联的工程量、施工工艺、施工进度、工艺搭接、采购单等相关信息都自动发生变化，且在协同平台上采用平台通知、短信、微信、邮件等方式统一告知各相关参与方，他们只需重新调取模型相关信息，便能轻松完成数据交互的工作，实现基于 BIM 协同平台的数据协同管理（图6.4.2-1）。

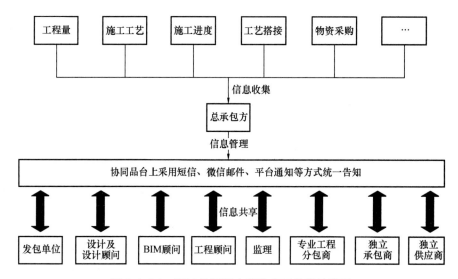

图 6.4.2-1　BIM 协同平台信息交互共享示意图

3. 基于 BIM 协同平台的流程管理

项目实施过程中，每个参与者都应该清楚各自的计划和任务，还应了解项目模型整体建立的状况，协同人员的动态，提出问题及表达建议的途径，从而使项目参与方能够更好地安排工作与进度，实现与其他参与方的高效对接，避免发生失误。

BIM 平台使来自上下游的建筑信息在 BIM 框架下得以高速运行，设计信息、施工信息、产品信息等信息会源源不断地反馈到 BIM 平台，这给各参与方提供了更多的决策机会，同时也改变了传统工作流程。BIM 平台的流程可以让每个项目参与者明确自己的工作任务的内容和范围、持续过程、先后顺序、协同工作的对象、协同人员以及相关职责等，同时，从平台可以了解整个项目与自己工作相关的其他参与者的进度和动态，模型建立的状况，提出的问题和建议，从而快速做出判断和决策，及时利用、提交和保存相关工作成果，避免因数据成果流动不畅而发生质量问题和工期延误。

课 后 习 题

一、单项选择题

1. 新建项目装饰设计阶段，下列哪项所列不可能是这个阶段的协同参与方（　　）。

A. 业主　　　　　　　　　　　　B. 机电分包方

C. 建筑设计方（建筑设计各专业）　　D. 城市规划设计方

2. 下列哪一项不是基于 BIM 的装饰设计协同工作主要方面(　　)。

A. 装饰设计与规划阶段的协同

B. 同一时期不同专业间的 BIM 协同

C. 设计阶段不同时期的 BIM 协同

D. 同一时期装饰专业的 BIM 协同

3. 装饰专业内部设计基于数据的协同不包括(　　)。

A. 装饰应用软件与 BIM 设计软件间的协同

B. 施工资料管理软件与 BIM 设计软件的协同

C. BIM 方案设计软件与 BIM 建模软件间的协同

D. BIM 设计软件之间的协同

4. 下列哪一项不是装饰与各专业间的 BIM 协同设计的工作内容(　　)。

A. 整合相关数据

B. 查找专业间的冲突

C. 物料管理

D. 解决专业间的冲突问题

5. 变更流程划分为(　　)。

A. 提出设计变更、建立设计变更模型、通过设计变更

B. 论证设计变更、设计变更实施、提出设计变更

C. 提出设计变更、论证设计变更、设计变更实施

D. 设计变更实施、提出设计变更、论证设计变更

E. 建立设计变更模型、提出设计变更、通过设计变更

二、多项选择题

1. 下列哪些项是 BIM 协同设计要素(　　)：

A. 设计协同方式　　　　　　　B. 统一坐标、定制项目样板

C. 统一建模标准　　　　　　　D. 模型数据和信息整合

E. 工作集划分和权限设置

2. 装饰设计方与下列哪些建设项目参与方存在大量的信息交换需求(　　)。

A. 业主、监理

B. 审图机构

C. 各专项设计（机电、结构、建筑等）

D. 装饰施工分包方

E. 加工制造、材料部品供应商

3. BIM 协同平台的功能有(　　)。

A. 信息存储功能　　　　　　　B. 标准的工作流程功能

C. 三维扫描　　　　　　　　　D. 人员管理功能

E. 兼容各专业软件

4. 下列哪些是深化设计的协同工作(　　)。

A. 模型内部审核　　　　　　　B. 建筑性能分析

C. 专业内部协同　　　　　　　D. 模型外部审核

E. 专业间协同

5. 装饰设计阶段中的 BIM 协同主要是为了(　　　)。

A. 确保 BIM 模型数据的延续性和准确性

B. 减少因不同阶段的信息割裂导致的设计错误

C. 减少项目设计过程中的反复建模

D. 提高团队的工作效率与准确率

E. 提升设计产品质量。

参考答案

一、单项选择题

1. D　　　　2. A　　　　3. B　　　　4. C　　　　5. C

二、多项选择题

1. ABCDE　2. ABCDE　3. ABDE　4. ACDE　5. ABCDE

第7章 建筑装饰工程 BIM 交付

本章导读

随着 BIM 技术的快速发展和应用，建筑装饰项目以二维图纸信息为主要载体的交付体系，将逐渐过渡到以 BIM 模型为主，并关联生成其他相关成果的交付体系，最终实现建筑产业链间的数字化移交。本章围绕装饰 BIM 的成果交付，系统介绍了装饰 BIM 交付物的概念、交付物的类型以及装饰 BIM 交付的程序；对 BIM 成果交付的共性要求、各阶段 BIM 交付的内容和要求做了梳理和重点介绍。

本章要求

熟练的内容：各阶段 BIM 交付。

掌握的内容：BIM 成果交付要求。

了解的内容：装饰 BIM 交付物、装饰 BIM 交付程序。

创新的内容：无。

7.1　建筑装饰工程 BIM 交付物

7.1.1　交付物概念

交付物，亦称为交付成果或可交付成果（Deliverables），是项目管理中的阶段或最终交付物，是达成项目阶段或最终目标而完成的产品、成果或服务。

装饰 BIM 交付物是装饰装修工程交付成果中的一部分，主要是指运用 BIM 技术协助项目实施与管理，由责任方向业主或雇主交付的基于装饰 BIM 模型的成果，包括但不限于各阶段信息模型、基于信息模型形成的各类视图、分析表格、说明文件、辅助多媒体文件等。

交付的成果根据不同的主体方，交付的依据也有所区别。

（1）满足业主项目要求，并以商业合同为依据生成的 BIM 交付物。

（2）满足政府审批管理要求，并以政府审批报建为依据形成的 BIM 交付物。

（3）满足企业知识资产形成的要求，并以企业内部管理要求为依据形成的 BIM 交付物。

7.1.2　交付物类型

装饰工程项目因需求不同、交付主体不同、阶段不同、合约形式不同，BIM 交付物也有所不同；但从交付物的文件类型来看，都可以分为建筑装饰信息模型、碰撞检查报告、基于 BIM 的性能分析成果、基于 BIM 的可视化成果、基于 BIM 的量化统计成果、基于 BIM 的工程图纸和 BIM 实施计划等七大类。

1. 建筑装饰信息模型

建筑装饰信息模型是装饰项目实施过程中，形成的各种基于任务的装饰专业信息模型。从时间维度分，它有各阶段的装饰工程信息模型，如方案设计模型、初步设计模型、施工图设计模型、施工深化设计模型、施工过程模型、竣工模型、运维模型等；从专业维度分，它有本专业的室内外模型、幕墙模型和用于多专业协调的整合模型；从形式维度分，它有用于创建编辑的模型和用于浏览或管理的轻量化模型。从任务维度分，它有用于特定任务的模型，如算量模型、进度模型等。

2. 碰撞检查报告

碰撞检查报告指的是基于碰撞检查结果生成的报告，包括碰撞冲突的部位、冲突的构件说明，以及问题解决之前与解决之后的方案对比。装饰工程的碰撞检查主要集中在装饰构件和机电管线交接的部位，通过 BIM 工具软件进行碰撞检查，进行房间的净空优化以及机电末端点位组织优化等工作。

3. 基于 BIM 的性能分析成果

基于 BIM 的性能分析成果指的是，将 BIM 模型导入到仿真软件进行建筑性能分析；基于仿真结果，生成建筑性能分析报告，用于方案的优化和决策，以提高装饰工程项目的性能、质量、安全和合理性。

装饰工程仿真分析主要集中在重点空间和复杂节点等部位，根据项目的需求进行绿色性能分析、安全疏散分析、消防性能分析、结构性能分析等各项建筑性能分析。

4. 基于 BIM 的量化统计成果

基于 BIM 的量化统计主要指的是利用建筑信息模型，提取装饰材料、构件、部品、配件信息，形成工程量清单。基于 BIM 的量化统计成果可以辅助进行技术经济指标测算；并能在模型修改过程中，发挥关联修改作用，实现精确快速统计。基于 BIM 的量化统计成果还包括房间装饰物料清单、面积明细表等。

5. 基于 BIM 的可视化成果

1）三维视图

从 BIM 模型中生成的项目重点部位的三维透视图、轴测图、剖切图等展示图片，可用于验证和表现建筑装饰设计理念。

2）效果图

从 BIM 模型中直接生成的渲染效果图，或将 BIM 模型在专业的渲染软件中处理得到的渲染效果图。

3）漫游动画

从 BIM 模型中直接生成的漫游动画，或将 BIM 模型导入到专业的可视化软件制作的高度逼真的动画效果。通过整合 BIM 模型和虚拟现实技术，对设计方案进行虚拟现实展示，用于项目重点位置的空间效果评估。成果形式主要为视频或 AR、VR 文件。

4）模拟视频

模拟视频主要指通过仿真软件对装饰工程项目中需要模拟的部分进行仿真形成的视频文件，如疏散模拟、施工进度模拟、施工工艺模拟等形成的视频。

5）三维激光扫描数据

三维激光扫描是一种新型的空间测量方式，多用于造型复杂的项目。三维激光扫描数据采集后需要做数据处理，如点云生成、数据拼接、数据过滤、压缩以及特征提取等。

6. 基于 BIM 的工程图纸

基于 BIM 的工程图纸指的是基于 BIM 模型生成或导出二维视图，形成的符合出图深度要求的工程图纸。基于 BIM 的工程图纸和基于二维 CAD 的工程图纸一样，可直接用于指导装饰工程的设计、加工、施工和评审工作。基于 BIM 的工程图纸通常包括平面布置图、天花布置图、立面图、剖面图、节点详图、加工图等。

7. BIM 实施策划书

BIM 实施策划书是项目 BIM 实施的纲领性文件。项目初期，业主应要求项目的设计方和施工方，根据业主为项目所制定的 BIM 方针，提出 BIM 实施计划，并将其列为重点交付项目，以利于能更有效地达成 BIM 方针中所制定的目标。

7.1.3　交付物数据格式

基于 BIM 交付的目的、对象、后续用途的不同，不同类型的模型应规定其适合的数据格式，并在保证数据的完整、一致、关联、通用、可重用、轻量化等方面寻求合理的方式。

1. 以商业合同为依据形成的设计交付物数据格式

建筑信息模型的交付目的，主要是作为完整的数据资源，供建筑全生命期的不同阶段使用。为保证数据的完整性，应保持原有的数据格式，尽量避免数据转换造成的数据损失，可采用 BIM 建模软件的专有数据格式（如 Autodesk Revit 的 RVT、RFT 等格式）。同时，为了在设计交付中便于浏览、查询、综合应用，也应考虑提供其他几种通用的、轻量化的数据格式（如 NWD、IFC、DWF 等）。

基于建筑信息模型所产生的其他各应用类型的交付物，一般都是最终的交付成果，强调数据格式的通用性，建议这类交付成果可提供标准的数据格式（如 PDF、DWF、AVI、WMV、FLV 等）。

2. 以政府审批报件为依据形成的设计交付物数据格式

这类设计交付物，主要用于政府行政管理部门对具体工程项目设计数据的审查和存档，应更多考虑其数据格式的通用性及轻量化要求。对于建筑信息模型及基于建筑信息模型的其他各类应用的交付物，建议提供标准的数据格式（如 IFC、DWF、PDF、AVI、WMV、FLV 等）。

3. 以企业内部管理要求为依据形成的设计交付物数据格式

企业内部交付的建筑信息模型，主要用于具体工程项目最终交付数据的审查和存档，以及通过项目形成标准模型、标准构件等具有重用价值的企业模型资源。

对于企业内部要求提交的模型资源的交付格式，重点考虑模型的可重用价值，提交应用中所使用 BIM 建模软件的专有数据格式、企业主流 BIM 软件专有数据格式以及可供浏览查询的通用轻量化数据格式。

装饰工程 BIM 交付物应尽量提供原始模型文件格式，对于同类文件格式应使用统一的版本。常用 BIM 工具软件和文件数据格式详见第 2 章相关章节内容。

7.2　建筑装饰工程 BIM 交付程序

装饰 BIM 成果交付是项目管理的重要环节。交付各方需要明确各方职责；交付需要按既定的交付流程进行。规范化的交付程序有助于交付的顺利完成。

7.2.1　BIM 交付责任划分

装饰工程各参与方应根据合同约定的 BIM 成果交付标准，按时间节点要求提交成果，并保证交付的 BIM 成果符合相关合同范围及相关标准规定。

（1）装饰工程项目合同中应对 BIM 成果交付标准进行约定，BIM 总协调方应向各参与方进行 BIM 任务交底，明确本项目 BIM 实施的目标及成果交付要求。

（2）分包根据合同要求和业主以及总包要求，整理交付内容，提出交付申请。进行 BIM 成果共享或交付前，项目 BIM 负责人应对 BIM 成果进行检查确认，保证其符合合同约定的要求。

（3）总包组织协调业主、运营方与分包方实施交付。BIM 总协调方应协助业主对各参与方提交共享或交付的模型成果及 BIM 应用成果进行检查确认，保证其符合相关标准和规定。

（4）业主、运营方核查交付内容，直至满足要求。

7.2.2 交付与变更流程

BIM 成果交付程序包括交付流程和变更流程，交付流程用于质量保证，变更流程用于整体协调（图 7.2.2-1）。

1. 交付流程

交付流程宜按以下节点顺序进行：

（1）发布前进行交付内容的质量验证。

（2）发布交付物并指定接收对象。

（3）接收方接收交付物并进行质量确认。

（4）对于存在质量问题的交付物，接收方记录并反馈。

（5）发布方确认、修改并再次发布。

（6）接收方确认修改后的内容并确认接收。

2. 变更流程

变更流程宜按以下节点顺序进行：

（1）变更发起方判断变更类型，明确变更要求并发起变更。

（2）变更管理方判断变更是否成立及影响范围，并选定变更的执行方。

（3）执行方确认变更要求后执行变更，并向变更影响范围内各方作变更后的质量确认，质量确认过程可按照交付流程进行。

（4）影响范围内各方确认变更执行方的变更内容，并根据确认的变更内容调整已方已交付内容。

（5）变更管理方确认变更执行并指导变更实施。

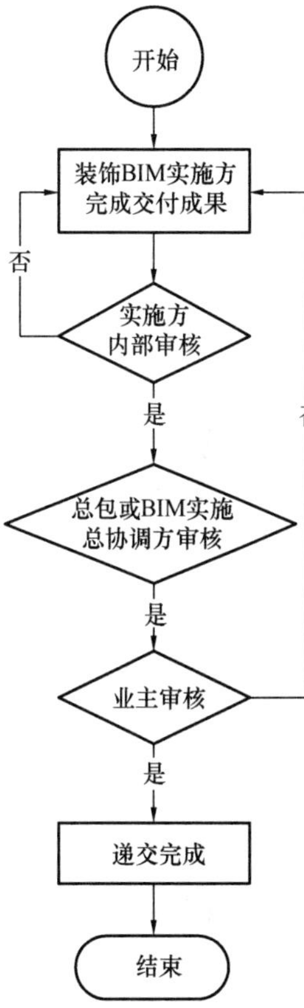

图 7.2.2-1 交付流程

7.2.3 质量记录与审查结果归档

1. 质量记录

装饰工程项目 BIM 交付，除了模型相关的交付物外，交付过程中的验收交付申请书、验收单、变更申请评审记录等质量记录文件也需要交付存档。

1）验收交付申请书

BIM 实施方根据项目进展情况和合同要求确定提请交付时机，提请交付时应向主管部门提交《验收交付申请书》，申请书应包括下列内容：

（1）项目说明

（2）验收交付时间

（3）验收交付地点

（4）验收交付内容（含交付清单）

（5）验收交付步骤

（6）参加人员

（7）验收交付方式

交付清单作为验收交付计划的附件，在交付清单中清楚无疑义地规定交付的每一项内容的名称、内容、依据、格式等内容。如系按合同的项目，交付申请单的内容应不与合同中的规定违背。

2）验收单

内部验收单与外部验收单作为验收交付计划的附件，在交付清单中注明验收内容及采取的方法、验收结论、验收后提出的改进建议以及验收依据清单。

3）变更要求评审记录

变更要求评审记录作为验收交付计划的附件，在变更要求评审记录中注明要求评审的理由、评审意见和建议、评审结论等。

2. 审查结果归档

1）审查结果意见

根据检查的内容，需要将最终的检查结果意见形成规范的格式文件并归档。审查结果中，应该以截图形式辅助说明模型（成果）中存在的问题，同时应准确描述模型（成果）问题的位置。

2）结果提交

形成的模型（成果）审核报告，应该转换为规定文件格式，统一由 BIM 总协调方提交业主，同时抄送给各参与方。

3）结果存档

模型（成果）审核文件，应该作为该项目的成果文件进行存档，由 BIM 总协调方整理保存，上传至项目管理平台归档。

7.3　建筑装饰工程 BIM 成果交付要求

BIM 成果交付是指 BIM 实施方在指定时间点递交符合合同或者各方约定的 BIM 交付物的行为。

7.3.1　交付总体要求

1. 管理要求

在项目 BIM 实施前期准备阶段，BIM 总协调单位方应根据项目 BIM 实施目标，制定项目 BIM 模型的应用实施方案并规定各阶段 BIM 应用成果交付标准，交予业主。

在项目各阶段实施前，BIM 总协调方应向各参与方进行 BIM 技术交底，明确本项目BIM 实施目标及成果交付要求。

项目各参与方在 BIM 工作实施前，应根据 BIM 总协调方的项目 BIM 模型与应用实施方案，制定本单位在合同范围内所定的 BIM 模型及分类资料的交付计划。

项目各参与方提交 BIM 成果的同时，应同时提交由该单位 BIM 负责人签发的 BIM成果交付函件、签收单等。

2. 成果一致性要求

各参与方应按规定选用项目 BIM 实施软件，并按规定提交统一格式的成果文件（数据），以保证最终 BIM 模型数据的正确性及完整性。

项目 BIM 应用在实施过程中，每个阶段提交的 BIM 模型成果，应与同期项目的实施进度保持同步。

交付物中的信息表格内容应与 BIM 模型中的信息一致。交付物中的各类信息表格，如工程统计表等，应根据 BIM 模型中的信息来生成，并能转化成为通用的文件格式以便后续使用。

3. 提交进度要求

各阶段项目各参与方的 BIM 模型及应用成果应根据项目实施阶段节点进行交付。项目各参与方根据 BIM 总协调方复查意见完成 BIM 模型的修改和整理后，应在规定的时间内重新提交成果。

4. 知识产权要求

装饰工程 BIM 成果的知识产权应受项目各参与方的合同条款保护。在项目实施过程中，未经允许不应向第三方公开或发布相关信息资料。

装饰工程 BIM 成果的知识产权主要涉及是否移交原始模型、参数化构件库、模型的格式以及业主及项目团队对于这些模型使用权限等问题。知识产权相关事项可结合招标契约，并以附件的形式，说明相关问题以及解决方案。

7.3.2 建筑装饰信息模型交付要求

1. 模型细度要求

交付物中 BIM 模型应满足各专业模型等级深度。不同专业、不同阶段的模型细度要求不一，BIM 模型细度应遵循"适度"原则，包括模型表达细度、模型信息含量和模型构件范围。在可满足 BIM 应用需求的基础上，应尽量简化模型。

交付物中 BIM 模型和与之对应的信息表格和相关文件共同表达的内容深度，应符合现行国家标准和装饰协会标准的要求。

建筑信息模型和构件的形状和尺寸及构件之间的位置关系准确无误，并且可根据项目实施进度深化及补充，最终反映实际施工成果。

具体项目的模型细度要求应当根据项目实施的实际要求而定。例如：对于建筑物的内墙饰面，在方案设计模型细度就能满足其设计表达要求时，不应机械地根据上述模型细度等级的定义，为其指定施工图设计细度等级的建模要求。

装饰 BIM 模型细度要求详见章节 4.2.6 内容。

2. 模型成果清理要求

模型交付前应做好清理工作，具体要求有：

（1）清理无用、冗余的模型族及信息。

（2）清理导入、链接的作为建模参考的 CAD 图。

（3）清理无用的视口、明细表图例纸等。

（4）清理无用、冗余的项目共享参数。

（5）清理无用的链接模型、视图。

（6）清理无用的视图样板、标注式过滤器设置等。

3. 模型轻量化要求

模型轻量化有两层意思，一是模型的轻量化处理，一是轻量化模型。

模型的轻量化处理就是压缩模型文件的大小以及删除不需要交付的信息。模型轻量化处理主要包含两个方面：一是清理外部链接文件，二是清理内部族构件、模板等文件。

轻量化模型是模型转化为轻量化格式（如 WebGL 格式的模型）的 BIM 浏览模型。轻量化模型应在模型清理之后转换，其文件名称、文件夹结构与模型文件一致。

轻量化模型文件体量小，对计算机配置要求不高，可以用于模型审查、批注、浏览漫游、测量打印等，但不能修改。BIM 浏览模型不仅可以满足校对审核过程和项目协调的需要，同时还可以保证原始模型的数据安全。

7.3.3　碰撞检查报告交付要求

当碰撞检查报告作为交付物时，应包含下列内容：

（1）项目工程阶段。

（2）被检测模型的精细度。

（3）碰撞检查操作人员、使用的软件及其版本、检测版本和检测日期。

（4）碰撞检查范围。

（5）碰撞检查规则和容错程度。

（6）交付物碰撞检查结果。交付碰撞结果需要有碰撞发生点的截图和说明，需要一并提交碰撞修改后的检查成果。对于未解决的碰撞发生点，交付方应说明未解决的理由。

7.3.4　基于 BIM 的性能分析交付要求

基于 BIM 性能分析交付物应包含性能分析方案、性能分析计算书，其中性能分析计算书中应包括 BIM 性能分析模型的创建方式、参数的选择和设定、分析软件的环境部署、软件分析结果、结果修订等内容。

室内装饰工程和幕墙工程的绿色性能分析要素应包括：地理位置、气候条件、光环境、风环境、声环境等参数内容；消防性能分析要素应包括：火灾场景、烟气流动、人员疏散、结构耐火性等参数内容；结构性能分析应包括：抗风等级、抗震等级、材料属性等参数内容。

BIM 性能分析应与项目各阶段的设计任务紧密关联，性能分析应与设计各阶段模型同步。性能分析宜基于模型数据开展，可以是模型数据的格式转换或信息导出，应避免在性能分析中另建模型；BIM 性能分析的参数设定应符合性能分析所要求的内容。

7.3.5　基于 BIM 的可视化成果交付要求

基于 BIM 的可视化成果交付应提交基于 BIM 模型的表示真实尺寸的可视化展示模型，及其生成的室内外效果图、场景漫游、交互式实时漫游虚拟现实系统、展示和模拟视频文件等成果。装饰工程对可视化成果的效果要求较高，需要展示模型能通过真实的材质、色彩、光环境，必要的场景配置表达真实可信的场景，能高效地传达设计意图。

7.3.6 基于 BIM 的量化统计成果交付要求

当工程量清单作为交付物时,工程量原始数据应全部由此项目建筑工程信息模型导出。清单内所包含的非项目建筑工程信息模型导出的数据应注明"非 BIM 导出数据"。

BIM 量化统计应采用针对模型数据分类统计的方法,不直接使用和计价相关的工程量计算规范、方法。量化统计的数据应直接从模型中提取。量化统计对象宜包括:装饰构件、幕墙等。

BIM 构件应根据工程算量和造价需求设置符合清单定额规范分类的相关属性。各阶段的模型应能满足辅助估算、概算、预算、结算、决算的计算及校对要求。

7.3.7 基于 BIM 的工程图纸交付要求

对于现阶段 BIM 技术下,模型生成的二维视图不能完全符合现有的二维制图标准,但应根据 BIM 技术的优势和特点,确定合理的 BIM 模型二维视图成果交付要求。BIM 模型生成二维视图的重点,应放在二维绘制难度较大的立面图、剖面图等方面,以便更准确地表达设计意图,有效解决二维设计模式下存在的问题,体现 BIM 技术的价值。

(1)模型制图应基于模型及其对应的视图内容,图纸的发布内容应与模型版本相一致。

(2)模型制图采用的文字、线型、线宽、符号、图例、标注等,应符合国家相关标准。

(3)图纸发布时宜附相关模型及模型说明文件,对于设计内容不易通过图纸清晰表达的情况宜在图纸上添加模型截图。

(4)图纸发布后,图纸的修改内容应及时反馈到模型中,并基于修改的模型进行后续的模型制图和发布。

(5)当模型工程视图或表格作为交付物时,应由项目建筑工程信息模型全部导出或导出基础成果,否则应注明"非 BIM 导出成果"。

(6)图纸深度应当满足《建筑工程设计文件编制深度规定》中各阶段的要求。

7.3.8 BIM 实施计划交付要求

BIM 项目执行计划内容应包括:项目的 BIM 执行范围、所有 BIM 应用项目的工作流程、各专业信息交换标准、交付内容细节及时程以及项目所需的设备等。下列为 BIM 项目执行计划书应包含(但不受限)的项目:

- BIM 项目执行计划概要
- 项目信息
- 项目主要联络人
- BIM 目标
- 人事配置与职责
- BIM 和设施信息之整合要求
- 协同作业流程
- 模型质量验收作业流程
- 软、硬设备需求
- 建模标准
- BIM 执行工作流
- BIM 信息交换
- 项目交付标准
- 交付策略与契约内容

7.4　建筑装饰工程各环节 BIM 交付

7.4.1　方案设计 BIM 交付

方案设计的 BIM 交付由设计方向业主或总包交付装饰方案设计模型附属成果，辅助方案决策，为下一步深化工作提供基础。交付内容与交付要求见表 7.4.1-1。

方案设计 BIM 交付基本要求　　　　　　　　　　　　　　　　表 7.4.1-1

交付物清单	交付要求
基于 BIM 的二维方案图	由 BIM 模型直接生成的二维视图，应包括应包括主要楼层和部位的平面图、天花平面图、立面图和剖面图等，保持图纸间、图纸与 BIM 模型间的数据关联性，达到方案图交付内容要求。 应符合现行的《建筑工程设计文件编制深度规定》所要求的方案设计深度；应符合现行的制图规范
基于 BIM 的可视化成果	应提交基于 BIM 设计模型的表示真实尺寸的可视化展示模型，及其创建的装饰效果图、场景漫游、交互式实时漫游虚拟现实系统、对应的展示视频文件等可视化成果。 展示内容应能表现工程主要或特殊部位的设计手法和效果，注重真实性
基于 BIM 的量化统计成果	此环节量化统计成果主要为工程量统计清单，为方案经济性比对和项目概算提供支撑

7.4.2　初步设计 BIM 交付

初步设计的 BIM 交付由设计方向业主交付装饰初步设计模型及其特殊空间的性能分析成果，辅助设计优化和决策，为下一步深化工作提供基础。交付内容与交付要求见表 7.4.2-1。

初步设计 BIM 交付基本要求　　　　　　　　　　　　　　　　表 7.4.2-1

交付物清单	交付要求
装饰初步设计模型	应与《建筑工程设计文件编制深度规定》所要求的初步设计深度相对应。模型构件仅需表现对应建筑实体的基本形状及总体尺寸，无须表现细节特征及内部组成；构件所包含的信息应包括面积、高度，体积等基本信息，并可加入必要的语义信息。 模型细度为 LOD200～LOD300，模型审核要求详见 4.4 装饰工程 BIM 模型审核
基于 BIM 的性能分析成果	根据项目的需要，对于特殊空间，应基于 BIM 模型进行仿真分析，提供必要的初级性能分析报告。如对于演播厅，一般会提供声学性能分析和报告
基于 BIM 的量化统计成果	此环节量化统计成果主要为物料选用统计表，为施工图设计工作提供支撑

7.4.3　施工图设计 BIM 交付

施工图设计的 BIM 交付由设计方向业主交付施工图设计 BIM 模型及其附属成果，为下一步施工图深化设计工作进行指定和细化。交付内容与交付要求见表 7.4.3-1。

施工图设计 BIM 交付基本要求　　　　　　　　表 7.4.3-1

交付物清单	交付要求
装饰施工图设计模型	应与《建筑工程设计文件编制深度规定》所要求的施工图设计深度相对应。模型构件应表现对应的建筑实体的详细几何特征及精确尺寸，应表现必要的细部特征及内部组成；构件应包含在项目后续阶段（如施工算量、材料统计、造价分析等应用）需要使用的详细信息，包括：构件的规格类型参数、主要技术指标、主要性能参数及技术要求等。 模型细度为 LOD300，模型审核要求详见 4.4 装饰工程 BIM 模型审核
BIM 综合协调模型	应提供综合协调模型，重点用于进行专业间的综合协调，及检查是否存在因为设计错误造成无法施工的情况
BIM 浏览模型	与方案设计阶段类似，应提供由 BIM 设计模型创建的带有必要工程数据信息的 BIM 浏览模型
基于 BIM 的性能分析成果	应提供项目需要分性能分析模型及生成的分析报告
基于 BIM 的可视化成果	应提交基于 BIM 设计模型的表示真实尺寸的可视化展示模型，及其创建的室内外效果图、场景漫游、交互式实时漫游虚拟现实系统、对应的展示视频文件等可视化成果
基于 BIM 的工程图纸	在经过碰撞检查和设计修改，消除了相应错误以后，根据需要通过 BIM 模型生成或更新所需的二维视图，如平面布置图、地面铺装图、天花布置图、立面图、剖面图、详图、索引图等。对于最终的交付图纸，可将视图导出到二维环境中再进行图面处理，其中局部详图等可不作为 BIM 的交付物，在二维环境中直接绘制。 应符合现行的《建筑工程设计文件编制深度规定》所要求的施工图设计深度；应符合现行的制图规范
基于 BIM 的量化统计成果	此环节主要为工程量统计清单，为项目预算提供支撑数据

7.4.4 施工深化设计 BIM 交付

施工深化设计的 BIM 交付由深化设计团队向业主或总包交付施工深化设计 BIM 模型及其附属成果，为下一步施工工作进行指导。交付内容与交付要求见表 7.4.4-1。

施工深化设计阶段 BIM 交付基本要求　　　　　　　　表 7.4.4-1

交付物清单	交付要求
装饰深化设计模型	与施工深化设计需求对应。模型应包含加工、安装所需要的详细信息，以满足施工现场的信息沟通和协调，为施工专业协调和技术交底提供支持，为工程采购提供支持。 模型细度为 LOD350，模型审核要求详见 4.4 装饰工程 BIM 模型审核
碰撞检查报告	报告中应详细记录调整前各专业模型之间的冲突和碰撞，记录冲突检测及管线综合的基本原则，并提供冲突和碰撞的解决方案，对空间冲突、管线综合优化前后进行对比说明。其中，优化后的管线排布平面图和剖面图，应当反映精确竖向标高标注。 报告应记录建筑竖向净空优化的基本原则，对管线排布优化前后进行对比说明。优化后的机电管线排布平面图和剖面图，应当反映精确竖向标高标注

续表

交付物清单	交付要求
基于 BIM 的工程图纸	平面布置图、地面铺装图、天花布置图、立面图、剖面图、饰面排版图、详图、材料加工清单与加工图、索引图应当清晰表达深化后模型的内容，满足施工条件，并符合政府、行业规范及合同的要求
基于 BIM 的可视化成果	包含能指导施工的施工方案模拟和重点部位的施工工艺模拟
基于 BIM 的量化统计成果	此环节主要为工程量统计清单，为项目预算提供支撑数据；应能为物料采购提供支撑数据

7.4.5　施工过程 BIM 交付

　　施工过程的 BIM 交付由施工方 BIM 团队向总包交付施工过程 BIM 模型及其附属成果，为施工管理提供指导，为竣工交付作准备。交付内容与交付要求见下表 7.4.5-1。

施工过程 BIM 交付基本要求　　　　　　　　　表 7.4.5-1

交付物清单	交付要求
装饰施工 BIM 模型	与施工过程管理需求对应。模型应包含施工临时设施、辅助结构、施工机械、进度、造价、质量安全、绿色环保等信息，以满足施工进度、成本、质量安全、绿色环保管理的需求。 模型细度为 LOD400～500，模型审核要求详见 4.4 装饰工程 BIM 模型审核
基于 BIM 的可视化成果	包含能指导施工的施工进度模拟和重点部位的施工工艺模拟
基于 BIM 的量化统计成果	此环节主要为工程量统计清单，为业主向施工单位，或总包单位向分包单位阶段性付款提供支撑数据；应能辅助施工单位合理安排工程资金计划和配套资源计划

7.4.6　竣工 BIM 交付

　　竣工的 BIM 交付由施工方向业主交付竣工模型和基于竣工模型的附属成果，为工程移交服务，为运维模型提供基础。交付内容与交付要求见表 7.4.6-1。

竣工 BIM 交付基本要求　　　　　　　　　表 7.4.6-1

交付物清单	交付要求
装饰竣工 BIM 模型	与工程竣工验收需求对应。模型应包含（或链接）相应分部、分项工程的竣工验收资料。竣工模型应准确表达建筑构件的几何信息、非几何信息、构件属性信息等，应保证模型与工程实体的一致性。 模型细度为 LOD500，模型审核要求详见 4.4 装饰工程 BIM 模型审核
BIM 竣工模型说明书	BIM 竣工模型说明书是针对交付的 BIM 竣工模型而编制的解释性图文资料。 应包含 BIM 竣工模型系统简介、BIM 竣工模型交付标准、信息深度交付标准、模型交付格式、模型查阅与修改方法等内容

7.4.7 运维 BIM 交付

运维的 BIM 交付由施工方 BIM 团队向业主或运维团队交付运维模型及其附属成果，为运维提供三维可视化和信息调度提供基础。交付内容与交付要求见下表 7.4.7-1。

运维 BIM 交付基本要求　　　　　　　　　　　　　表 7.4.7-1

交付物清单	交付要求
装饰运维 BIM 模型	模型应作相应的组织和调整，来匹配运维管理需求，如空间管理、设备管理、应急管理等。模型应可包含（或链接）持续增长的运维信息，作为运维效果评估分析的基础资料。 模型细度为 LOD300～LOD500，模型审核要求详见 4.4 装饰工程 BIM 模型审核
装饰运维模型说明书	应随同运维 BIM 模型，提供运维模型说明书

课 后 习 题

一、单项选择题

1. 交付物，亦称为交付成果或可交付成果（Deliverables），是项目管理中的阶段或最终交付物，是达成项目阶段或最终目标而完成的（　　）。

　A. 产品　　　　　　　　　　　　B. 成果

　C. 产品、成果　　　　　　　　　D. 产品、成果或服务

2. 基于建筑信息模型所产生的其他各应用类型的交付物，一般都是最终的交付成果，强调数据格式的（　　），建议这类交付成果可提供标准的数据格式（如 PDF、DWF、AVI、WMV、FLV 等）。

　A. 标准性　　　　　　　　　　　B. 通用性

　C. 合理性　　　　　　　　　　　D. 正确性

3. 当碰撞检测报告作为交付物时，关于碰撞检测报告应包括内容，错误的描述有（　　）。

　A. 被检测模型的精细度

　B. 碰撞检测操作人员、使用的软件及其版本、检测版本和检测日期

　C. 碰撞检测范围

　D. 被检测模型二维视图

4. 装饰 BIM 交付环节中，关于"发布前进行交付内容的质量验证"，错误的描述有（　　）。

　A. 这是必要环节

　B. 应提交第三方机构进行质量验证

　C. 质量验证标准应遵循合同约定

　D. 质量验证应遵循国家行业 BIM 标准

5. 装饰竣工 BIM 模型应准确表达建筑构件的几何信息、非几何信息、构件属性信息等，应保证（　　）。

A. 信息的准确性　　　　　　　　　B. 信息的通用性

C. 信息的标准性　　　　　　　　　D. 模型与工程实体的一致性

二、多项选择题

1. 交付的成果根据不同的主体方，交付的依据也有所区别。正确的说法有（　　　）。

A. 满足业主项目要求，并以商业合同为依据生成的 BIM 交付物

B. 满足政府审批管理要求，并以政府审批报建为依据形成的 BIM 交付物

C. 满足设计方管理要求，以《建筑工程设计文件编制深度规定》为依据形成的 BIM 交付物

D. 满足企业知识资产形成的要求，并以企业内部管理要求为依据形成的 BIM 交付物

E. 满足多方协同工作要求

2. 装饰工程项目因需求不同、交付主体不同、阶段不同、合约形式不同，BIM 交付物也有所不同；但从交付物的文件类型来看，都可以分为建筑装饰信息模型、碰撞检测报告、基于 BIM 的性能分析成果、基于 BIM 的可视化成果和（　　　）等几大类。

A. 基于 BIM 的量化统计成果

B. 基于 BIM 的工程图纸

C. BIM 咨询合约

D. BIM 实施策划

E. BIM 资源库

3. BIM 成果交付是指 BIM 实施方在指定时间点递交符合合同或者各方约定的 BIM 交付物的行为。交付总体要求包括：（　　　）。

A. 管理要求　　　　　　　　　　　B. 成果一致要求

C. 提交进度要求　　　　　　　　　D. 知识产权要求

E. 合约要求

4. 交付物中 BIM 模型应满足各专业模型等级深度。不同专业、不同环节和不同用途的模型细度要求不一，BIM 模型细度应遵循"适度"原则，包括（　　　）。在可满足 BIM 应用需求的基础上，应尽量简化模型。

A. 模型表达细度　　　　　　　　　B. 模型信息含量

C. 模型构件范围　　　　　　　　　D. 模型大小控制

E. 模型颗粒度

5. BIM 项目执行计划内容除了包括：项目的 BIM 执行范围、所有 BIM 应用项目的工作流程、项目所需的设备等，还应包括（　　　）。

A. 项目的预算　　　　　　　　　　B. 变更计划

C. 各专业信息交换标准　　　　　　D. 交付内容细节及时程

E. BIM 服务取费

6. 下列哪种说法是正确的（　　　）

A. 工程图纸属于传统的装饰设计交付物，不属于装饰 BIM 交付物

B. 综合协调模型重点用于进行专业间的综合协调，及检查是否存在因为设计错误造成无法施工的情况

C. 施工深化设计阶段的 BIM 交付由深化设计团队向业主或总包交付施工图设计 BIM

模型及其附属成果，为下一步施工工作进行指导

D. 碰撞检测报告中优化后的管线排布平面图和剖面图，应当反映精确竖向标高标注

E. BIM 竣工模型说明书应包含 BIM 竣工模型系统简介、BIM 竣工模型交付标准、信息深度交付标准、模型交付格式、模型查阅与修改方法等内容

参考答案

一、单项选择题

1. D   2. B   3. D   4. B   5. D

二、多项选择题

1. ABD   2. ABD   3. ABCD   4. ABC   5. CD   6. BCDE

第 8 章 建筑装饰工程 BIM 应用案例

本章导读

  本章主要介绍部分建筑装饰工程 BIM 应用的经典案例，案例选取范围涵盖了别墅、办公场所、商业店铺、大型会场、文化艺术中心、剧院、主题公园、综合大厦、地铁站点以及外装饰幕墙等各类项目，从这些案例的项目概况、BIM 实施策划、具体实施应用及成果、BIM 实施经验总结等方面，全方位地介绍了 BIM 技术在项目中的具体实施情况和效果，力求让读者全面了解 BIM 技术在现今装饰行业的应用现状。

本章要求

  熟练的内容：建筑装饰工程 BIM 典型应用点。

  掌握的内容：各类装饰 BIM 典型案例应用范畴和价值，重点技术使用效果。

  了解的内容：不同类型项目应用到的软硬件工作环境和工作流程。

  创新的内容：从装饰专业视角全面剖析 BIM 技术应用现状。

8.1 住宅装饰项目 BIM 应用案例

住宅装饰项目，也就是通常所说的家装项目，可谓是"麻雀虽小、五脏俱全"。家装项目小而精，BIM 技术更容易做到落地应用。该案例的住宅装饰项目基于 Revit 建立 BIM 模型与装饰企业已有的信息化平台 DIM＋系统结合应用，使 BIM 的价值在项目实施过程中得到充分发挥，切实做到了落地应用。

8.1.1 项目概况

1. 项目简介

该案例为独立式住宅的别墅精装修项目，位于北京市昌平区，由某装饰企业负责整体的室内设计和施工。该项目建筑设计为法式风格（图 8.1.1-1），建筑面积 430m²，共四层，地下一层、地上三层，项目装饰施工工艺复杂，除装饰分部分项工程外，涉及地暖、新风、空调、给排水、电气等相关专业设计及施工方。项目从 2016 年 9 月 20 日开始，工期 60 天。

图 8.1.1-1 某法式别墅效果图

2. 项目重难点

项目组通过前期分析研究，归纳出该项目的难点：

（1）项目建筑屋顶造型复杂不易测量，测量效率低。

（2）设计方案沟通难，缺少让客户切实体验设计方案的手段。

（3）工程增项不可控，整体预算难以把握，容易与客户造成价格争议。

（4）施工工期容易拖延，项目管理冗繁，产品供应链跟不上，施工进度缺乏有效管理。

（5）工程质量监控难，别墅装修涉及的施工工艺较多，标准化难以统一，施工质量难以把控。

以上既是该项目的难点，也是整个住宅装饰行业的难点，因此项目组计划使用 BIM 技术，试图解决这些问题。

8.1.2 项目 BIM 应用策划

为了解决此别墅项目的设计建造的难点，做好项目每个阶段的管理，项目依托 DIM＋系统平台制定了 BIM 实施目标和切实可行的规划。

1. DIM＋系统简介

DIM＋系统（DIM＋数字精装美居系统）是东易日盛家居装饰集团自主研发的装饰工程 BIM 管理系统平台。该系统包含网页平台和操作平台，集成了项目管理、知识管理、模型制作、专业协同等功能。DIM＋系统为设计师提供了丰富的素材资源，独有的东易族库云平台收录了上万种主材、辅材、软装配饰等模型，并包含详细的模型信息。DIM＋系统同时基于 Autodesk Revit 开发了高效的建模工具，可以实现一键铺贴墙地砖、一键铺设壁纸地板、一键排布吊顶龙骨等功能。DIM＋系统可以生成可视化的三维模型，让客户能够直观感受到未来的家的面貌。另外，通过三维模型，系统还实现了项目的精准报价，解决了客户对未知增项增量的后顾之忧。（图 8.1.2-1）

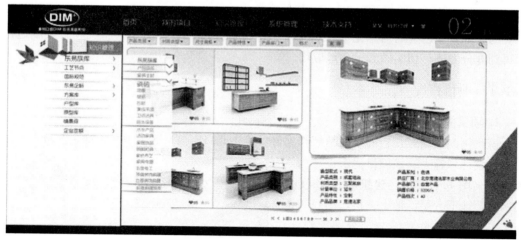

图 8.1.2-1　DIM＋系统平台主页

2. BIM 应用目标

实施此项目的项目部依托企业已形成的完善的管理系统和经营模式，制定了项目 BIM 实施目标，即：依托 DIM＋系统平台，为住宅装饰项目的工程管理提供可靠的数据依据。

3. BIM 应用内容

针对项目重难点，该项目的 BIM 技术运用计划主要在以下几个方面：

（1）运用先进的三维激光扫描技术进行精准测量。

（2）对 BIM 模型的数据信息进行充分完整的流转应用。

（3）为家装客户提供从方案洽谈到方案设计，再到可监控的施工和物料配送，全流程的 BIM 新体验。

4. BIM 实施流程

该项目提出基于 BIM 数字家装全应用流程见图 8.1.2-2。

图 8.1.2-2　基于 BIM 的数字家装全应用流程

住宅装饰项目面对的客户一般为个体用户，从客户信息的采集到录入客户管理系统，形成完善的订单信息跟踪。在设计阶段，设计师会记录每一个客户的需求和设计方案的基本信息，并通过 DIM＋系统完成模型搭建和数据再加工。之后，由 DIM＋系统输出 BIM 模型和数据，包括报价、工程量、主辅材数据、木作方案等会传递到订单管理系统中，客户会根据这些数据签字确认，订单系统便会自动派单给工队、库房和家具工厂。在施工阶段，在线监理系统会根据每一道工序进行工程监控，客户、工长、监理都可以在手机端查看最新的工程进度，最终确保按照工期给客户交付竣工模型和图纸。

5. BIM 软件配置

除了 DIM＋系统平台，项目软件配置为：Revit2014、2020Design、MagiCAD for Revit、Navisworks2014。

6. 项目 BIM 团队架构

根据项目 BIM 技术应用特点，建立了如图 8.1.2-3 的项目 BIM 团队。

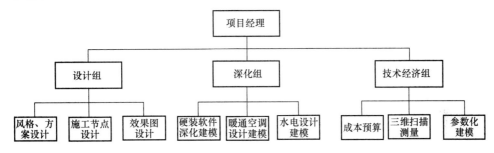

图 8.1.2-3　项目 BIM 团队架构

8.1.3　项目 BIM 应用及效果

1. 三维扫描测量室内空间

对于住宅装饰行业来说，设计的准确性基于量房的精准度，前期量房是装饰方案设计的第一个步骤，量房的尺寸精度直接关系着后期设计方案的效果以及项目报价的准确。由于该项目相对普通住宅面积较大，顶层屋顶形态不规则无法精确测量，项目组率先引入三维激光扫描技术量房。用三维激光扫描量房，尺寸误差在 2mm 以内，可比使用传统红外量房工具量房效率提高 50％。项目通过三维激光扫描仪对屋顶进行整体扫描，在房间多个位置架设测量基站，通过对不同空间的测量，形成最初的 xyz 格式的测量点云模型，然后将保存为 rcp 格式点云模型导入 Revit2014 中合并并依据点云模型数据创建出实体的原始户型模型（图 8.1.3-1）。通过三维扫描，项目组解决了异形空间的测量效率问题。

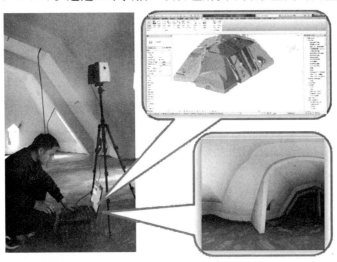

图 8.1.3-1　三维扫描测量

2. 模型搭建和数据处理

设计师在原始户型模型上开始方案设计，利用 DIM＋系统的高效建模工具首先创建原始量房模型，在原始量房模型上创建装饰模型，内容主要为各种附着于墙面、地面、顶面的不可移动的工艺做法层。模型建好后，陈设、机电、暖通、木作专业同时协同设计。木作设计师一般应用专业的木作设计软件 2020Design，其他专业设计师应用 Revit 和 MagiCAD for Revit 建模，利用 Revit 进行各专业的协同设计，经碰撞检查并修改确认设计模型。最后各专业将模型上传到 DIM＋系统中进行施工协同管理（图 8.1.3-2）。

图 8.1.3-2　DIM＋建模的模型

3. VR 虚拟现实技术应用

利用建好的装饰 BIM 模型，与 VR 虚拟现实技术相结合，可以给客户以身临其境的体验。模型完成后经过 VR 数据转换，客户通过 VR 眼镜可以观看和感知设计方案，体验的同时也可以对方案的材料、陈设进行替换对比，通过切身感受最终确定客户喜欢的设计方案（图 8.1.3-3）。采用 VR 虚拟现实技术，增加了客户切实体验设计方案的手段，解决了设计方案沟通难的问题。

图 8.1.3-3　虚拟现实体验

4. 一键报价与在线签约

BIM 模型的精准数据信息为订单报价提供了准确的依据，快速促成签约。设计方案确定以后，BIM 模型自动生成工程量和报价信息，直接传递到订单管理系统，在订单管理系统中完成报价单确认，以及在线签约与在线支付。同时，系统开始任务分配派单（图 8.1.3-4）。如果在后期，业主提出变更，也可以通过系统快速修改和变更报价，节约了设计变更的程序和时间。通过系统这样处理，工程增项变得透明可控，争议大为减少。

5. 材料下单与劳务派单

签订合约后，通过深化设计 BIM 模型的创建，项目组除了统计出精准的工程量和报

项目总价合计					¥			126,090.0	
税金		%	—	远程费		¥		—	

工程项目合计								¥			475.3	
	类别	编码	定额名称	项目类别	单位	计量规则	工艺材料说明	工程量	单价	小计	客户询价
一			客厅								
1	墙面工程	SM-QM066	80~100mm厚加气砖挂挤抹砂浆填充墙面	标准项	平米	1.规则,按平米计算。2.说明,如需要按施工图纸计算	1.工艺,人工测量定位→弹线→砂浆制备→加气砖绑墙砌筑（每400mm左右设置中6mm钢筋2道,长度>600mm钢条,特角处间隔加设钢筋）。2.加卫生间及地下室墙先刷防水120mm厚度的压制砖,再行砌筑加气砖	0.8		111.0	
2	地面工程	SM-DM057	地面找平砂浆辅贴过门石（宽度<300mm）	标准项	米	1.规则,按平米计算。	1.工艺,人工清理过门石基层→地面找平层检查→测量定位→材料预铺→过门石胃浆水泥砂浆制铺层→粘接敷平→养护。2.乙供,界面剂,水泥,中砂,人工费和机械费。3.甲供,过门石,勾缝剂。	0.1		30.0	
3	涂饰工程	SM-TS001	都芳亚光墙顶漆白色（可调深数个I型颜色）	标准项	平米	1.规则,按平米计算。2.说明,如需要按施工图纸算。	1.工艺,人工刷界面剂一遍→找刮平一遍易墙腻墙三遍→打磨砂纸→乳胶漆底漆一遍→乳胶漆面漆两遍。1.说明,(1)可配数墙漆,I型色个颜色,其它颜色需技基础报价费用另计。(2)如不找平,则墙面进行阴阳角找边角项目施工,中间凹凸不平墙面材料,需要贴挂纤网格布（网格布通数需现场确定）,按角,挂纤网格布费用另计	0.9		59.0	
	客厅小计							¥		111.00	

主材产品合计								¥	111.00	
	类别	SAP编码	位置	品牌	规格	单位	数量	单价	小计	客户询价
1	瓷砖	MX2006	墙面	陶师傅	200*200_042	片	6		5.0	15.0
2	插座	20000169罗格朗美淳16A三孔开关面板		三孔插座	罗格朗	个	15		15.0	169.0
3	壁纸	900-7014	大花	花香鸟语	0.686*9.14	卷	1		1050.0	1050.0

木作产品合计								¥	111.00	
序号	产品型号	产品名称	宽	深	高	单位	数量	单价	小计	客户询价
一		整体橱柜								
1	单元柜体	405宽单门左开吊柜柜体	0.45	0.50	0.72	件	1		405.0	405.0
2	单元柜体	450宽1:1:2抽屉柜体	0.66	0.66	0.72	件	1		995.0	405.0
	整体橱柜小计							¥		805.0	

注：此预算书之整价7天内有效。

家居顾问签字：　　　　　　　　客户签字：

图 8.1.3-4　自动报价系统生成的数据

价，还统计出辅材领料，例如吊顶龙骨、水管弯头、乳胶漆等。通过订单管理系统将这些数据传递到材料库房和项目组施工队，施工队按照领料单到库房领料，通过仓储物流系统运送到项目开始施工。通过 BIM 软件算量统计和订单系统，项目组解决了材料部品供应跟不上，供应周期长的问题。

6. 自动拆单与预制加工

住宅装饰行业中，木作专业必不可少。在木作家具工厂，家具设计师采用专业的木作 BIM 设计软件 2020Design 进行三维设计，DIM＋系统打通了 2020Design 和 Revit 的数据接口，能实现 DIM＋系统、木作订单系统、自动拆单系统、仓储物流系统的数据互通，设计方案自动生成工程图，直接在木作工厂下单生产，预制加工好后运输到客户家里组装（图 8.1.3-5）。通过木作设计软件建模统计、下单和专业化的木作加工、运输、安装，解决了装饰工程木作生产的标准化问题，使工程质量和工效大幅提升。

7. 在线监理与进度质量管理

住宅装饰工程工期延期历来是客户集中反映的问题。为此企业开发了在线监理系统，

图 8.1.3-5　木作流水生产线

为客户解决这一后顾之忧。利用 DIM＋系统的在线监理系统，可以提取模型信息，自动输出该项目施工日历，工长通过手机端在线监理系统直接扫码验货，按照施工日历安排施工进度计划，同时通过在线监理系统及时更新施工验收单。工长可以通过手机端上传现场施工照片，方便监理工程师监控施工质量。客户则可通过在线监理系统及时了解项目施工进度情况，并随时监督项目材料的使用情况，对工程质量进度状况了解体验良好。利用在线监理和监理工程师监控，解决了该项目质量监控问题；按照施工日历的进度计划安排施工，解决了工期延误问题（图 8.1.3-6）。

图 8.1.3-6　在线监理和进度质量管理系统

8. 实景对比验收与交付

最终版模型完成后会导入移动端，现场工长通过移动端实时查看模型与现场施工进行对比，确保施工与设计方案和施工方案的一致性。工程验收时，项目组参照模型与现场逐项进行验收。项目施工完成后，客户在 DIM＋系统调出方案文件，将合同中的效果图、材料清单与现场完成实景对比验收，做到了模型即现场，所见即所得。项目验收完毕后，项目组给客户一版竣工后的轻量化模型，客户可随时打开，便于日后的维护。实景对比验收与交付，超出了当前客户的预期，实现了客户对住宅装饰工程的完整体验。

8.1.4 项目 BIM 应用总结

项目通过 BIM 技术，结合企业已有的报价订单、供应链、项目管理系统应用，使 BIM 的价值在全项目周期内充分发挥，切实做到了落地应用。项目将住宅装饰的基础施工工艺集成到标准化的模型构建中，保证了施工工艺的标准化；结合在线监理系统和 DIM＋系统管理系统，有效地对工程进度和质量进行监督和管控，显著提高了施工质量，确保了工程按期完成。

本案例中 BIM 技术帮助住宅装饰行业实现了工程透明化，降低了企业运营管理成本，成功解决了材料浪费，工期滞后，后期增项等住宅装饰业的通病；BIM 技术深入到寻常百姓家，沉浸式的 3D 设计体验，让普通大众深刻体会到 BIM 技术给生活带来的便利。

8.2 商业店铺装饰项目 BIM 应用案例

该项目是基于 ARCHICAD 的工期较短的商业店铺 BIM 应用案例。项目通过现场实际测量，BIM 模型与现场高度保持一致，为项目提供效果展示、室外形象设计优化比选、工程量统计、商业道具装配加工生产、现场施工交底及方案模拟、质量进度管控、信息录入等应用，较好地实现了 BIM 的应用价值。

8.2.1 项目概况

1. 项目简介

该项目为某商业店铺 1～3 层的内部改造装修，总建筑面积为 800m²，装饰装修面积为 700m²，工程施工时间为 2015 年 10 月到 11 月，总工期为 38 天。项目为既有建筑改造装修，主要装修区域有卖场、试衣区、通道等。

2. 项目重难点

项目工期要求很紧，建筑提供图纸资料不全，现场复测尺寸数据较多；项目深化设计和模型细度要求高，精细模型建立较为困难；依据业主要求，项目室内商业道具大部分为工厂定制，实施时间紧迫；另外，业主对室内商业空间舒适度和美观度要求较高，尚有安装难度较大的大尺寸不锈钢、玻璃制品的制作安装。

8.2.2 项目 BIM 应用策划

该项目 BIM 实施前期根据项目特点制定了项目级 BIM 实施标准，包括明确项目 BIM 应用目标、软硬件配置、项目团队、项目应用点、成果交付形式等。主要内容如下：

1. 项目 BIM 应用目标

针对项目重难点，项目组制定了 BIM 应用目标：建立精细化的 BIM 模型全过程指导现场施工，按期完成合同，培养熟悉 ARCHICAD 应用的 BIM 人才，为企业树立店铺类工程 BIM 应用示范样板。

2. 项目 BIM 软件配置

项目软件配置为：

ARCHICAD19：内梅切克旗下图软公司出品的 BIM 设计软件，可建立信息数据于模型当中，并通过 IFC 数据文件可以与多种不同的 BIM 平台软件实现数据交互。

BIMx-PRO：ARCHICAD 配套的 BIM 移动应用端软件，主要功能是将 BIM 模型轻量化放置于 iPad 等设备中，可以实现对图纸、模型进行浏览、测量、批注，团队工作通信等功能应用。

CASD平台：建研科技与常宏装饰公司联合开发的装饰装修平台，可以实现石材干挂钢结构骨架计算，材料自动排版、自动算量功能。

3. 项目 BIM 团队架构

项目 BIM 实施团队构架如图 8.2.2-1。

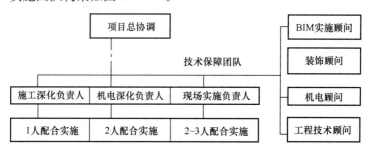

图 8.2.2-1　项目 BIM 实施团队构架图

8.2.3　项目 BIM 应用实施

1. 工程测量和复测

精确的工程测量对于 BIM 模型精准地服务于工程应用极为关键，尤其装饰工程更是对现场与 BIM 模型的一致性要求较高。由于该项目空间形态较为方正，项目主要运用激光测距仪、红外线水平仪卷尺完成现场的测量工作。通过运用中心辐射法、直线测量构件定位法、悬挑构件高度定位测量等方法来完成测量。

（1）中心辐射法

当场地面积较大，且中央柱网密集，可以先进行柱网的测定，然后由柱网定位线来测定周边的墙体；如果四周墙体不规则，而中央核心为规则平面，也可以采用先测定中央核心，再向四周定位的方法。

（2）直线测量构件定位法

这是一种已知两点测另一点的方法。如图 8.2.3-1，O、A 为已知点，B 为待测绘点，X、Y 为测量距离。其中 X、Y 为垂线的长度，实际测量时取多次测量的最小值，推出了准确的直角，最终根据给定的 Y_1 尺寸，确定 B 点位置。

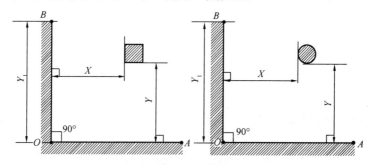

图 8.2.3-1　直线测量构件定位法

（3）悬挑构件高度定位测量法

在没有脚手架的现场，通过激光测距仪打点，将顶部构件位置引向地面并做好标记，按照平面定位的方法测量，从而实现间接测量（图 8.2.3-2）。

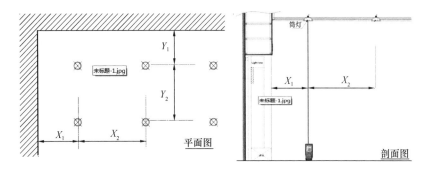

图 8.2.3-2　悬挑构件高度定位测量法

2. 建立装饰方案模型

BIM 模型创建是 BIM 应用管理的基础，项目采用 ARCHICAD 建立装饰 BIM 模型。ARCHICAD 的整体操作界面简约，在设计优化比选中，通过 ARCHICAD 进行快速体块推敲，直观体现方案的可行性和美观性（图 8.2.3-3、图 8.2.3-4）；但项目在方案设计阶段，就提出了模型精细程度要高，生成的数据要全面、精准的要求，对方案建模工作造成了一定的影响。设计团队除了需要考虑设计表现形式的建模外，还要考虑模型生成的数据要符合项目需求。通过不断调整建模思路，设计师通过熟悉软件各功能属性，灵活应用软件的命令，最终模型整体达到要求。

室外 BIM 模型　　　　　　　　　　　室内 BIM 模型

图 8.2.3-3　装饰方案 BIM 模型

一层效果图　　　　　　　　　　　二层效果图

图 8.2.3-4　快速生成效果图

3. 设计方案比选优化

在项目室外形象方案推敲过程中,设计师基于 ARCHICAD 快速建立了两套方案模型,进行可视化方案比选,发现方案 A、方案 B 因二层幕墙挑出,造成包柱无法统一进行装饰处理,玻璃挑出也存在结构安全隐患。通过 ARCHICAD 的幕墙参数化设计工具,对此进行设计优化,将幕墙原来挑出设计变更为竖向垂直设计,解决了问题也得到了客户的认同。(图 8.2.3-5)

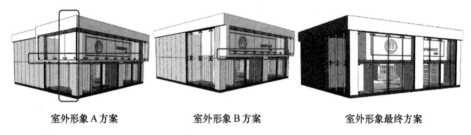

室外形象 A 方案　　　　室外形象 B 方案　　　　室外形象最终方案

图 8.2.3-5　多方案比选

4. BIM 深化设计出图

该案例中,由于工期较紧,在方案通过后,施工图设计和施工深化设计合而为一,同步进行。在项目施工图出图过程中,通过 ARCHICAD 的出图布图功能可以设置三维出图模式,这种三维出图模式能够代替传统二维 CAD 工具出图模式。三维模型具有一致性和完整性,模型更新时,由于软件参数化功能,任何一处修改,均可同步变更于平、立、剖和明细表上,保证了从始至终的平立面高度统一,减少错误率,实现施工图快速生成,节约了时间,提高了设计效率(图 8.2.3-6),在此基础上,实现了模型的精细化制作。

平面图　　　　　　平面图模联动　　　　　　立面图模联动

图 8.2.3-6　模型图纸联动

5. 导出装饰工程量

装饰装修工程的室内设计个性化突出,涉及材料种类繁多琐碎,通过传统手工算量的方式计算工程量不仅工作量大、耗时长,而且容易出现错算、漏算等计算失误情况,导致项目施工提料不准确造成浪费,增加成本。通过 BIM 技术可以一键导出所需主要工程量(图 8.2.3-7),数据准确及时,另外应用企业配套的 ERP 系统,为项目顺利施工提供了重要保障。

6. 饰面排版与材料下单

项目饰面排版主要通过 CASD 平台来完成,该平台操作简单容易上手,通过选项卡式的操作,完成不同种类材料的面板排版工作,平台还能对整块面板的余料自动分配(图 8.2.3-8、图 8.2.3-9)。利用 CASD 平台排版,节省材料,快速准确。

ARCHI CAD家具清单 · ARCHI CAD地面清单

图 8.2.3-7 工程量清单

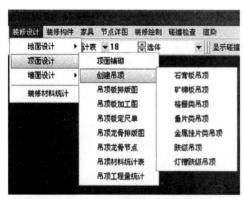 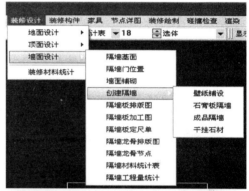

图 8.2.3-8 CASD 选项卡式的操作界面

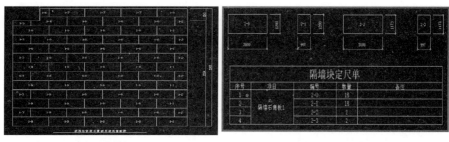

CASD块排版图	CASD加工图和定尺单

图 8.2.3-9　CASD 出排版加工图

7. 可视化、交互式施工交底

1）三维可视化施工交底

对项目工艺复杂的造型节点，传统的二维图纸表达的信息量有限，装饰行业施工操作人员一般对设计师意图很难完全理解，从而容易导致施工的错误，常需要返工由此造成损失。运用 BIM 模型，可以完成三维形式的可视化交底，指导施工操作人员现场施工，不容易出现错误，还提高了效率（图 8.2.3-10）。

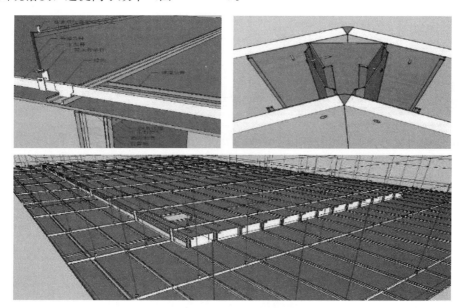

图 8.2.3-10　节点模型交底-1

2）预制构件加工安装交底

在项目的楼梯处，是一处大型的双面 12mm 厚的钢化玻璃墙，玻璃之间通过仿木纹不锈钢架作支撑，现场要求施工精度极高。项目组通过 ARCHICAD 的三维可视化功能，将该区域模型拆解，对现场施工人员进行直观的技术交底，保证了施工人员操作不出现失误。该钢化玻璃墙固定需要穿孔，而且孔隙间隔较大，穿孔少会影响安全，穿孔多会增加玻璃开裂的风险。项目组通过现场精细复测，用 ARCHICAD 将玻璃墙模型搭建完成，将开孔形式和开孔位置排布方案由项目组和厂家的双方技术人员完成结构受力计算，将模型方案提供给厂家，最终解决了玻璃安装问题（图 8.2.3-11）。

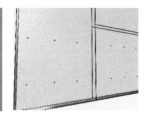

钢化玻璃安装　　　　　玻璃的一种开孔形式　　　　玻璃开孔排布

图 8.2.3-11　节点模型交底-2

3）虚拟漫游交互式施工交底

项目组将施工模型传到 ARCHICAD 配套的 BIMx-Pro 中，录制虚拟漫游动画，实现交互式施工交底。通过采用虚拟漫游这种交底形式，能更好地表现装饰设计效果及材质，更方便地展示施工模型中录入的标准、工艺、安全等信息，提升了现场施工人员培训效率和现场负责人员对现场的管控能力，较之前拿图纸交底，靠经验管理相比，规避了很多风险（图 8.2.3-12）。

图 8.2.3-12　虚拟漫游施工交底

8. 施工进度可视化管理

应用 BIM 模型对装饰装修项目的进度管理，主要是可视化展示项目施工进度，将装饰工程项目分成不同的进度区域，通过不同的色块来区分施工分项的进度，直观体现各区域的进度情况。在施工过程中，将区域模型发给相关方进行辅助进度管理，及时调整进度计划安排。如图（图 8.2.3-13）近处吊顶和墙面绿色代表正常计划进度，远处墙体红色代表滞后进度，地面色块黄色代表提前进度。另外，在施工阶段通过 ARCHICAD 配套的 BIMx-Pro 移动端设备，对现场施工项进行即时的信息查询，辅助现场进度管理。

9. 施工场地布置模拟

项目通过 ARCHICAD 将施工现场所有临时设施及材料堆放、半成品加工区、垃圾堆放区等全部建立三维模型，并规划各功能区动线图。通过 BIM 模型模拟施工现场场地布置，直观发现不合理的地方，调整功能区部署，减少因场地布置考虑不周造成的工期延期和经济损失等问题（图 8.2.3-14）。

图 8.2.3-13　进度模型展示

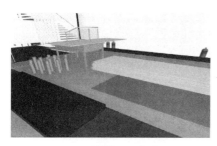

材料加工区布置

安全设备布置

图 8.2.3-14　场地与设备布置

8.2.4　项目 BIM 应用总结

1. BIM 项目实施经验

通过项目实践，项目组得出如下经验：BIM 项目实施首先要对实施目标、实施团队、模型细度等做好策划和规定。商业 BIM 项目实施对模型的细度和准确度要求都比较高，尺寸数据的准确性是对后续各阶段应用非常关键的一个先行条件；为了保证在施工时不出差错，无论是设计阶段或施工阶段，对现场数据都需要二次复测；要进行模型搭建内容的筛选，根据不同环节的管控需求来制定建模内容，对与施工关系不大的内容要善于取舍；最后，在项目实施过程中，要针对项目特点和需求来制定实施应用点，不建议为了应用而应用，避免变成项目的负担。

2. 不足之处和改进建议

1）不足之处和阻碍

通过项目的实施应用，一些难点和制约还是无法得到很好地解决，具体分享两点：

（1）BIM 软件装饰功能欠缺

目前市场上大多数 BIM 软件装饰功能不全，大多数对装饰功能的应用都是应用者基于对软件命令的认知而完成。在该项目中，实现某些项目需求需要灵活建模来完成，必须对软件各功能命令属性非常熟悉，如需要用墙命令去完成地面设计绘制，或者用板命令去完成墙面设计绘制等。项目组认为，需要进一步开发完善装饰工具和模块。工具不完善，建模方式和建模标准不统一，影响信息的有效传递，这是推广 BIM 应用的主要障碍之一。

（2）材料、工艺众多建模耗时

装饰项目虽然不如土建项目体量大，但是涉及的材料极多，装饰元素在室内空间的分布常常无规律可言，建模过程要考虑的问题千头万绪，建模时间过长，这是阻碍装饰项目 BIM 应用的另一因素。

2）改进措施建议

（1）政策标准先行：装饰企业需按照有关部门的推广政策制定各个层级的 BIM 实施计划，包括：企业 BIM 战略目标、组织机构、企业 BIM 资源库、建模标准等相关内容，并在项目中实际落实，通过实践，再建立相应的项目级应用规范，获得一线数据和实施经验，再结合国家标准完善和改进企业级 BIM 战略和标准，最终形成一套适合行业及企业自身的 BIM 标准体系。

（2）熟悉 BIM 工具：装饰设计师要强化软件的建模设计应用，熟悉软件各功能命令特点及属性，只有对软件功能了如指掌，才有助于 BIM 工程师开阔建模思维，才能对常规认定难以处理的问题，找到不同路径和方式来解决。

（3）二次开发：需要总结装饰行业面临的软件功能不足的共性问题，根据自身企业特点和项目需求，针对 BIM 软件，加大二次开发力度。

（4）培养人才：建立好人才培养体系和用人机制，从模型设计建模和落地实施两大方面展开工作，让 BIM 技术真正落实到项目应用中带来效益。

（5）总结经验：要不断地实践和总结，只有 BIM 技术在项目实际应用，才能总结出有价值的经验，从而实现持续改进。

8.3 办公楼装饰项目 BIM 应用案例

该项目是基于 Rhinoceros 模型、工期较短、施工环境复杂的预制钢结构异形旋转楼梯设计、加工、安装 BIM 应用案例。

8.3.1 项目概况

1. 项目简介

该案例为办公楼精装修项目，位于上海虹桥商务区核心地段，该项目一楼大堂的旋转楼梯是整个装饰工程的亮点，也是该案例重点介绍的内容。旋转楼梯连通一楼和二楼，旋转角度超过 360°，楼梯投影为一个椭圆，椭圆长轴 7.3m，短轴 5.4m，楼梯踏面宽 1.6m，楼梯净高 5.6m。整个楼梯的结构为钢结构，除楼梯踏面为石材外，其他面层材质是 GRG（预铸式玻璃纤维增强石膏制品，GlassFibre Renforcd Gypsum）。楼梯施工从 2016 年 4 月开始，实施时间为一个月（图 8.3.1-1）。

2. 项目重难点

（1）旋转楼梯设计结构采用钢结构，重量达 13.83t，因而钢楼梯的自重和变形问题都是施工的重点和难点。

（2）旋转楼梯造型特殊，涉及的材料中 GRG 装饰面、钢楼梯和梯梁都是双曲面造

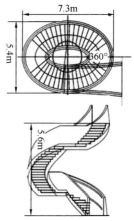

图 8.3.1-1　旋转楼梯示意图

型，下单和安装存在巨大困难。

（3）该楼梯从基层钢架下单到面层 GRG 完成安装仅有一个月时间，施工周期短。

（4）现场施工条件不足。在钢结构的施工策划阶段，大堂墙面的干挂石材已经开始大面积铺贴，二楼 GRG 栏杆也同步安装，现场布满双排脚手架，旋转楼梯现场施工相当困难。

为了应对上述困难和挑战，项目部引入了基于 BIM 的数字化施工技术。

8.3.2　项目 BIM 应用策划

1. 应用目标

针对项目重难点，为了优化施工资源配置，促进工程项目的精细化管理、达到提升品质、提高效益的目的，该项目希望通过应用 BIM 技术实现以下几个目标：①保证在一个月的工期内完成楼梯从基层钢构的下单到面层 GRG 安装；②能够实现特殊造型的精确下单、定位；③探索复杂造型建筑部件从设计深化、工厂生产、现场组装、完工验收等环节中的工业化操作流程。

2. 组织架构

项目 BIM 实施组织架构如图 8.3.2-1。

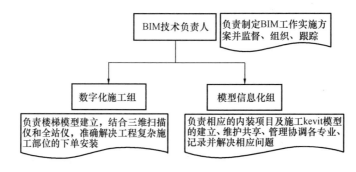

图 8.3.2-1　项目 BIM 实施组织架构图

264

3. 工作流程

（1）采用三维激光扫描技术精确采集施工现场实际情况信息。

（2）以 BIM 模型的三维表现方式展示设计和深化效果，更加直观地找到图纸问题，避免后期发生大的改动调整。

（3）以 BIM 模型直接对接数控机床，完成主材的快速精准下单。

（4）以自动全站仪智能放样技术为支撑现场组装钢构件，提高安装精度和速度。

数字化施工技术工作流程如图 8.3.2-2。

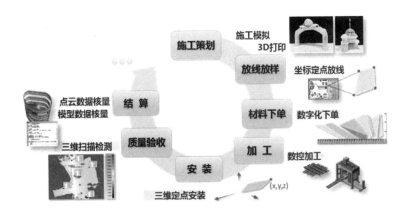

图 8.3.2-2　数字化施工技术工作流程

4. 软硬件配置

硬件配置如表 8.3.2-1。

项目硬件配置表　　　　　　　　　　　　表 8.3.2-1

序号	硬件名称	主要功能
1	FARO 整体式三维激光扫描仪	快速扫描大空间，快速获取扫描对象的空间几何信息
2	中纬 ZT20 全站仪	现场测量，定点放线

软件配置如表 8.3.2-2。

项目软件配置表　　　　　　　　　　　　表 8.3.2-2

序号	软件类型	软件名称	保存版本
1	点云拼接	SCENE	5.4.4.41689
2	点云处理	Geomagic Qualify	2013
3	三维建模	Rhinoceros5.0	5.0
4	模型整合和动画	Navisworks Manager	2016
5	二维绘图	AutoCAD	2016

8.3.3　项目 BIM 应用及效果

1. 现场扫描

为了准确地对旋转楼梯位置以及造型尺寸进行现场深化，项目组对正在施工中的现场进行了全方位的扫描工作。从而达到准确还原现场施工信息，真实还原现场的目的。采集的点云经过点云拼接和处理软件 SCENE、Geomagic Qualify 的拼接和处理，提取出基层平面图，指导设计和施工（图 8.3.3-1）。

图 8.3.3-1　现场点云模型

2. 结构计算

楼梯的钢结构方案经过专家论证，出具了严密的结构计算书，并对方案进行全面的信息分析，其中包括几何信息分析、受力荷载分析、材料下单信息分析、工程量信息分析和位置分析等。根据分析的结果及时调整方案更新三维实体模型，获得最佳的设计方案（图 8.3.3-2）。

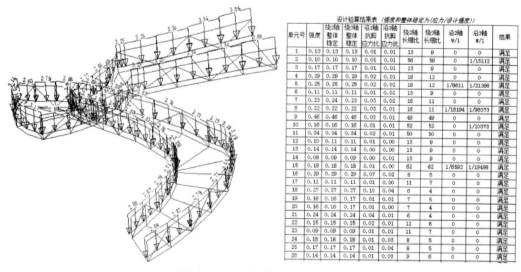

设计验算结果表（强度和整体稳定为(应力/设计强度)）

单元号	强度	绕2轴整体稳定	绕3轴整体稳定	沿2轴抗剪应力比	沿3轴抗剪应力比	绕2轴长细比	绕3轴长细比	沿2轴 W/l	沿3轴 W/l	结果
1	0.13	0.13	0.13	0.01	0.01	13	9	0	0	满足
2	0.10	0.10	0.10	0.01	0.01	56	56	0	1/15112	满足
3	0.17	0.17	0.17	0.01	0.01	13	9	0	0	满足
4	0.29	0.29	0.29	0.02	0.01	18	12	0	0	满足
5	0.25	0.25	0.25	0.02	0.02	18	12	1/8611	1/21386	满足
6	0.11	0.11	0.11	0.01	0.01	13	9	0	0	满足
7	0.23	0.24	0.23	0.03	0.02	16	11	0	0	满足
8	0.22	0.22	0.22	0.03	0.01	16	11	1/18194	1/98373	满足
9	0.46	0.46	0.46	0.03	0.01	49	49	0	0	满足
10	0.16	0.16	0.16	0.01	0.01	52	52	0	1/10373	满足
11	0.34	0.34	0.34	0.02	0.01	50	50	0	0	满足
12	0.10	0.11	0.11	0.01	0.00	13	9	0	0	满足
13	0.14	0.14	0.14	0.00	0.00	13	9	0	0	满足
14	0.08	0.09	0.09	0.00	0.01	13	9	0	0	满足
15	0.18	0.18	0.18	0.01	0.00	62	62	1/8592	1/19498	满足
16	0.29	0.29	0.29	0.07	0.02	8	5	0	0	满足
17	0.11	0.11	0.11	0.01	0.00	11	7	0	0	满足
18	0.27	0.27	0.27	0.10	0.04	6	4	0	0	满足
19	0.16	0.16	0.17	0.01	0.01	7	4	0	0	满足
20	0.16	0.16	0.17	0.01	0.00	7	4	0	0	满足
21	0.24	0.24	0.24	0.04	0.01	12	8	0	0	满足
22	0.15	0.15	0.15	0.02	0.01	12	8	0	0	满足
23	0.09	0.09	0.09	0.01	0.01	11	7	0	0	满足
24	0.18	0.18	0.18	0.01	0.01	8	5	0	0	满足
25	0.17	0.17	0.17	0.01	0.04	8	5	0	0	满足
26	0.14	0.14	0.14	0.01	0.03	9	6	0	0	满足

图 8.3.3-2　楼梯结构计算结果

3. 模型创建

为了实现旋转楼梯的一次钢结构、GRG 饰面以及踏步石材的设计方案，项目部根据设计提供的图纸，采用 Rhinoceros5.0 建立了旋转楼梯三维实体模型。通过三维可视化的表现形式全面地展现设计效果，通过 Navisworks 2016 立体直观地表现不同材料之间的设计碰撞问题，解决了深化设计时二维模式下不能兼顾的细节性和完整性的缺陷（图 8.3.3-3）。

图 8.3.3-3　模型楼梯碰撞检查

4. 模型优化

为了优化模型使之便于在复杂的施工环境中顺利安装，项目部首先整合了设计方案三维模型和现场三维扫描点云模型，借助全站仪赋予点云模型新的空间坐标，使得两个模型坐标合二为一（图 8.3.3-4），同时为实现后期数字化安装避免出现误差打下基础；其次，项目部模拟旋转楼梯现场安装情况进行虚拟建造，调整旋转楼梯安装位置和尺寸，确定了满足现场实际施工条件的楼梯材料尺寸及材料下单的最优方案；然后，项目部修改了碰撞检查的碰撞点，综合施工材料下单方案一并优化，调整后获得最终的模型（图 8.3.3-5）。最后，将调整好的模型按生产模数进行分解，并与数控加工机床对接（图 8.3.3-6）。

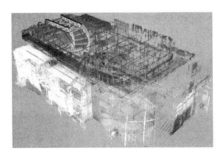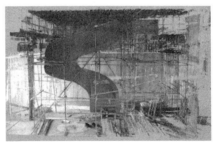

图 8.3.3-4　楼梯方案模型和现场点云整合

图 8.3.3-5　楼梯最终方案模型

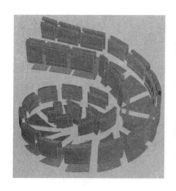

图 8.3.3-6 楼梯模型分件和加工设备

5. 工厂预拼装

由于工期紧张，项目部决定采用在工厂进行预拼装的方式进行生产，这样还能有效避免现场操作空间小、容易破坏墙面石材的问题。构件在按照模型尺寸加工出来以后，首先进行三维扫描，把生产出来的钢构件通过点云的格式输入到电脑，一方面用于检查生产质量，另一方面将钢构件的精确尺寸记录下来，在电脑中进行模拟拼装。这样，在工厂拼装时每段楼梯都是一次焊接成型，明显提高了工厂拼接的效率。

该项目采用装配式安装的理念，在工厂完成钢结构的预拼装工作。预拼装的关键是精确定位每一块钢板，需要先在模型中提取钢板连接处点位（图 8.3.3-7）。这样钢结构运到现场的不再是一块块钢材，而是完整的 4 段旋转钢楼梯（图 8.3.3-8）。

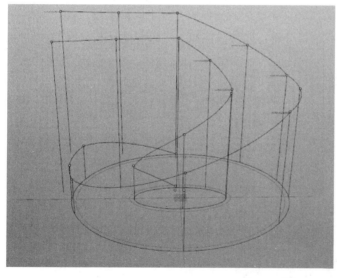

图 8.3.3-7 楼梯放线模型和数据

6. 现场组装

项目部采用自动全站仪的放样功能，在事先准备的一块场地地面上放出钢架外轮廓的控制线，同时选定钢板焊缝点的位置并标定标高。依照地面放的控制线搭建楼梯安装临时平台（脚手架操作平台），方便钢结构预安装。通过自动全站仪进行取点、放点，实现三

图 8.3.3-8 工厂拼装好的楼梯钢结构构件

维模型中的点位坐标与施工现场的位置的精确转换（精确到 0.5mm），达到施工方案尺寸与现场的高度一致（图 8.3.3-9）。

图 8.3.3-9 现场放样

预拼装好的钢楼梯，借助吊车在现场进行安装，安装前通过自动全站仪在旋转楼梯安装位置周围布设 5 个控制点，安装时，使用自动全站仪全程指导钢楼梯安装定位（图 8.3.3-10）。

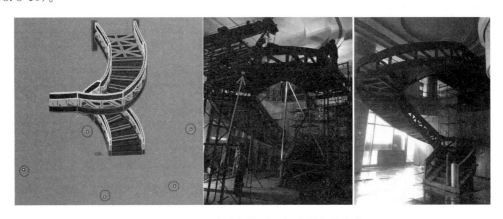

图 8.3.3-10 全站仪辅助现场楼梯构件安装

7. 数字化检测

本次工程的每一步骤都在项目部的严密检验下进行，GRG 和钢结构的下单材料，采用三维扫描技术将下单的数据与模型数据进行比对，检验材料的下单精度（图 8.3.3-11）。

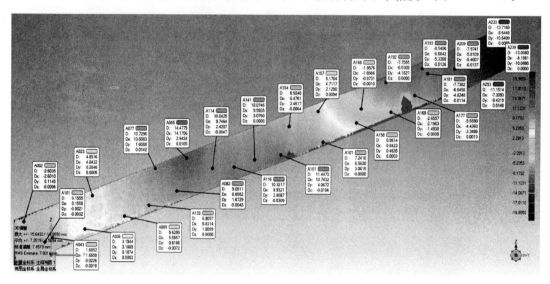

图 8.3.3-11　检验楼梯构件生产质量

现场旋转楼梯安装完成后，再次采用三维激光扫描仪对最终安装的旋转楼梯进行整体扫描，匹配扫描点云和三维模型，生成检验报告，对最终施工精度综合评价，给施工质量一个度量的标准，完成旋转楼梯的施工（图 8.3.3-12）。

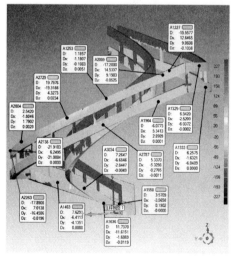

偏差分布

>=Min	<Max	# 点	%
-227	-193	54	0
-193	-158	91	0
-158	-124	151	0
-124	-89	230	0
-89	-55	299	0
-55	-20	8366	3
-20	20	252688	93
20	55	8598	3
55	89	1685	1
89	124	333	0
124	158	76	0
158	193	29	0
193	227	0	0
超出最大临界值		0	0
超出最小临界值		0	0

图 8.3.3-12　楼梯安装质量分析图

8. BIM 应用效果

项目团队在各方的积极配合下，充分利用 BIM 技术的可视化、协调性、模拟性、优化性和造价精确可控性等优势，结合三维激光扫描仪、数控机床和全站仪等高科技设备，成功在一个月内完成该旋转楼梯项目，赢得了业主和设计的认可。以下两张图是效果图和现场完工照片的对比（图 8.3.3-13）。

图 8.3.3-13 楼梯效果图与实景比对

8.3.4 项目 BIM 应用总结

该项目应用 BIM 技术辅助制定下单方案、放样方案和安装检验方案，将获得准确的工程量数据作为竣工结算的直接依据，将所有的问题提前规避，杜绝后期返工的各种可能，节约了成本，节省了工期。

应用 BIM 技术辅助制定最优的下单方案，搭配先进的数控加工技术，打造高精度下单成果。数控机床与三维模型数据的无缝对接确保下单精度的同时，还节省了生产周期。

BIM 技术优化了旋转楼梯施工流程，使得材料下单和现场放样同步进行，对节省施工周期贡献最大。现场放样则利用自动全站仪三维点位精确放样功能，完成图纸与现场的高度统一。

楼梯构件进场后，全站仪全程定点辅助指导和检验安装，保证局部安装精度，让工人的安装有章可循、有点可依；在安装工程中，采取定期扫描检测的方法，采集现场材料安装位置信息，并与模型数据比对，生成全方位的检验报告，从整体上检验安装精度，确保最终施工质量。

8.4 大型会场装饰项目 BIM 应用案例

该项目主要基于 CATIA 建立 BIM 模型，是一个工期极紧、装饰效果要求非常高、设计和施工技术难度非常大的某大型国际峰会会场 BIM 应用案例。项目围绕 BIM 技术在装饰工程的设计、加工、施工各阶段的应用展开，实现了参数化设计直接与加工的对接，解决了该项目的一系列难题，提升了建设质量与效率，节约了建造成本。

8.4.1　项目概况

1. 项目简介

峰会主会场位于杭州国际博览中心 4 楼，面积 $1866m^2$，主会议厅为 45m 边长的正方空间，整体设计为中式风格，体现"天圆地方"的理念。顶部是三层淡蓝色绢灯，点缀着花朵图案；外环是一圈薄膜灯，选用的是青花瓷图案。该会场使用了大量花窗和木雕，中心圆桌直径约 30m（图 8.4.1-1）。由于该项目应向世界各国展现中国的国际形象，所以无论是设计还是施工的要求都非常高。会场的施工在即将召开国际峰会前的短短 8 个月内进行，2015 年 8 月到 2016 年 4 月，为 2016 年的国内最重要的装饰项目之一。

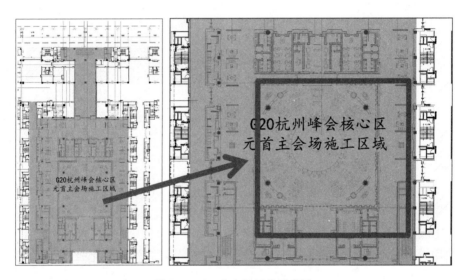

图 8.4.1-1　主会场区位示意图

2. 项目重难点

峰会的核心区工期紧、造型多变、工艺复杂、交叉作业突出，总体设计及施工难度非常高。尤其是主会场的现场与设计图纸尺寸出入较大，造型复杂难实现，发光膜吊顶安装困难。

8.4.2　项目 BIM 应用策划

1. BIM 应用目标

利用 BIM 技术在该项目的全过程实施，集中精力将 BIM 应用于主会场的设计深化与施工，以提升项目的重难点区域的设计与施工水平，最终实现高质、高效、可控的整体目标，树立一个非常规项目的 BIM 应用示范样板工程，塑造良好的企业形象。

2. BIM 技术应用方案

根据峰会主会场项目的特点与需求，承建单位 BIM 团队在项目初期制定了 BIM 技术方案，应用三维激光扫描分析现场、参数化建模推敲形体、精细化设计对接加工等一系列的 BIM 技术手段，协助设计师与项目部圆满完成此次任务（表 8.4.2-1）。

项目挑战和应对措施表	表 8.4.2-1

项目挑战	应对措施
现场土建、钢结构与设计不一致	利用三维激光扫描仪采集现场数据并逆向建模，装饰与机电直接在现状模型基础上设计与深化
造型多变，细节复杂	BIM 与设计直接配合，采用参数化设计进行造型推敲，确定方案。精细化与可视化设计辅助，改善细节表达
工期紧，交叉作业突出	多种施工方案模拟，对工序进行优化
大门超大超重，五金构件易变形	针对五金构件进行有限元分析，为采购下单提供依据
加工周期短，精度要求高	BIM 深化模型直接提前加工数据，提交加工厂，提升设计与加工对接的效率与数据精度

3. 项目 BIM 团队架构

为提升项目 BIM 实施与管理的水平，加快 BIM 应用与现场的协同配合速度，针对此项目特点，项目部设定 BIM 负责人，由项目经理直接领导；为方便 BIM 人员与设计人员、现场管理人员沟通配合，BIM 团队设定的人员架构如图 8.4.2-1。

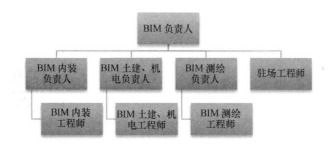

图 8.4.2-1　BIM 人员架构图

（1）BIM 负责人。负责对外的沟通、交流、协调以及 BIM 实施的策划、推进与 BIM 团队管理。

（2）专业负责人（内装、土建、机电）。辅助项目经理进行单专业的管理，完成本专业内的进度、质量、成本的控制。

（3）BIM 专业工程师（内装、土建、机电）。负责进行模型的搭建，编写针对项目问题的碰撞报告，辅助现场施工管理。

（4）BIM 测绘工程师。负责土建施工数据采集以及点云逆向处理等工作，为深化设计提供精准的现场数据；施工过程中，辅助现场施工定位。

（5）BIM 驻场工程师。驻项目现场办公，收集施工现场信息，辅助业主、设计院等单位解决各类设计深化、施工现场应用、模型移交及使用过程中出现的问题，并参加专项项目协调会。

4. 软硬件平台

1）软件配置如表 8.4.2-2。

软件配置表　　　　　　　　　　　　　　　　　　表 8. 4. 2-2

软件名称	应用分类	具体功能
ENOVIA	项目协作与数据管理	协同平台
RealWorks	数据分析	现场点云数据处理
Abaqus	数据分析	大门五金构件的受力分析
Catia	建模平台	点云逆向建模、精装参数化建模
Revit	建模平台	土建、机电、装饰精细化建模
Navisworks	模型汇总	多专业、多格式的模型整合
Digital Project	出图	处理 Catia 成品模型，输出加工相关图纸与数据

2）硬件配置如表 8.4.2-3。

硬件设备配置表　　　　　　　　　　　　　　　　表 8. 4. 2-3

硬件分类	型号	使用人员	用　途
固定工作站	Dell 7810	BIM 工作组成员	BIM 模型的创建、汇总、更新等主要工作任务
移动工作站	Dell M6500	BIM 工作现场协调员	各类会议演示，移动办公
移动终端设备	ipad	BIM 工作现场协调员、现场施工管理人员	基于云端技术的应用，对施工现场进行质量比对、问题沟通及管理等工作
测绘设备	FARO Focus 130	BIM 测绘组	采集现状数据，现场协助精确放线定位

5. 数据传递与维护

项目部制定了详细的 BIM 实施计划，规范了软件版本、数据格式以及模型切分标准，以保证后期数据库积累到一定量后，庞大的数据量仍能高效地整合与传递。BIM 团队将根据实施情况，寻求不同软件、平台之间的数据转换，制定了适合装饰专业的数据传递与维护方案（表 8.4.2-4）。

常用的 BIM 软件及其专有文件格式　　　　　　　　　　表 8. 4. 2-4

常用软件	专有格式	常用软件	专有格式
Autodesk Revit	RVT	Navisworks	NWC、NWD、NWF
RealWorks	RWP		
Geomagic	WRP	Catia	CATPart/DWG/IGES/STEP

该项目装饰专业采用达索 ENOVIA 平台进行项目管理。在项目管理平台中，对文件架构与权限进行合理规划，在施工准备阶段及后继施工过程中，所有产生的模型与文件都定期上传平台，设计调整与现场变更快速反映到 BIM 模型中，不同部门不同区域的项目成员都能及时使用最新版本的模型与文件，保证了项目协同的及时性与施工辅助的准确性（图 8.4.2-2）。

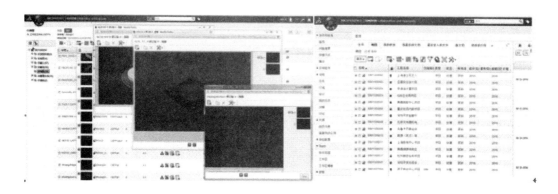

图 8.4.2-2　ENOVIA 协同管理平台

8.4.3　项目 BIM 应用及效果

1. BIM 与三维激光扫描技术的配合应用

装饰工程是建设项目的最后一道工序，土建、钢结构、机电等的施工质量与误差会对装饰专业设计与施工造成极大影响。在该项目中为消除这类问题，装饰项目部采用了三维激光扫描技术，使用激光扫描仪，对已竣工的土建、钢结构进行现场扫描采集数据，然后逆向建模还原现场，与 BIM 设计模型进行比对，快速、直观、准确地发现现场与设计图纸之间的误差。

1）现场数据采集与逆向建模

项目一进场，建设单位首先对现场已竣工的土建钢结构进行校核。使用三维激光扫描仪进行现场扫描测绘，采集土建钢结构完整的竣工数据，精度控制在 ±2mm 以内，效率比人工测量提升 80%。扫描作业完成后开始对采集的点云数据进行拼接、降噪、抽稀等处理，形成一个完整的主会场现状钢结构点云模型。为方便现状数据与设计数据的交互，BIM 团队在点云模型的基础上利用 Catia 逆向建模，完整地在电脑中还原了竣工现场三维数据模型（图 8.4.3-1～图 8.4.3-4）。

图 8.4.3-1　现场测绘作业照

图 8.4.3-2　主会场现场扫描数据成像图

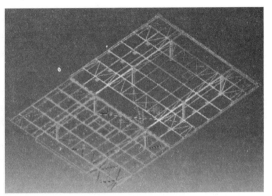

图 8.4.3-3　现场钢结构点云数据图　　　　图 8.4.3-4　钢结构逆向建模展示图

2）基于逆向模型的设计分析

在扫描现场数据和搭建逆向模型的同时，项目部开始建立精装设计模型。有了现场数据后，该项目的装饰深化设计直接在与现场一致的逆向模型上展开。精装设计模型被安放到逆向现场模型中，发现了逆向的现场钢结构模型与施工图设计的钢结构不符，导致精装修设计的吊顶与现场钢结构模型冲突严重，整个吊顶几乎都嵌入了钢结构模型中，四个角的挑檐造型超出了钢结构约 1m，按照原设计的吊顶，将无法施工安装。项目各方的设计、施工人员经过紧急磋商寻找解决方案，由于项目工期太紧，已经无法再对钢结构进行调整，最终多方协商后确定，依据现场钢结构去重新修改吊顶造型并适当降低高度。（图8.4.3-5、图 8.4.3-6）

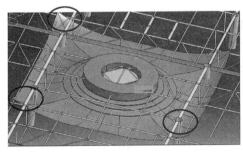

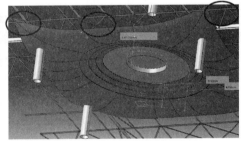

图 8.4.3-5　逆向钢结构模型与吊顶冲突展示图

2. 基于 BIM 的设计优化与深化

有了上述的测量文件和方案设计模型文件作为基础，项目直接进行三维深化设计与出图。项目在原设计方案的基础上，搭建了土建、钢结构、室内装饰全专业 BIM 模型，以直观的三维场景全方位推敲方案，真正实现可视化设计，如空间关系、透视效果、门窗等复杂造型优化等所见即所得，让设计师做出最优的决策。

1）可视化设计

该工程吊顶为中式挑檐造型，由于现场钢结构南高北低，而原吊顶方案为北高南低，项目建筑设计师担心吊顶方案影响整体效果。装饰项目部利用 Catia 参数化建模技术，多次针对吊顶曲面形状进行调整，经过数轮方案视觉效果的对比，最终放弃北高南低的方

图 8.4.3-6 依据现场钢结构调整设计模型示意图

案，确定四个檐角一起降低，然后通过增加吊顶曲度，在保证净空高度前提下，做到几乎不影响整体视觉效果，此方案得到了项目设计师与业主的一致认可（图 8.4.3-7～图 8.4.3-10）。

图 8.4.3-7 吊顶表皮曲线造型调整过程示意图

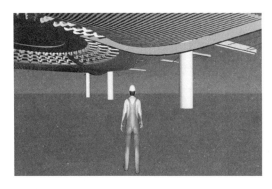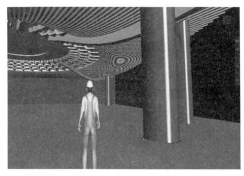

图 8.4.3-8 不同弧度的吊顶造型对比选择示意图

图 8.4.3-9　吊顶最终方案图

图 8.4.3-10　吊顶现场实拍照片

2）精细化设计

该项目形成的 BIM 设计流程能够让多个设计师在同一个模型中工作，相关专业的信息也能够全部集成到模型中，多专业之间协调更直接更流畅，设计师之间沟通也更顺畅，少走了很多弯路。该项目把工程设计人员从无休止的改图中解放出来，把更多的时间和精力放在方案优化、改进和复核上，如花窗，创建三维模型后发现原造型线条柔和但缺乏立体感，修改了造型使窗户形态与室内空间其他元素形态更加整体协调，实现了项目的精细化设计（图 8.4.3-11～图 8.4.3-13）。

图 8.4.3-11　原窗
造型示意图

图 8.4.3-12　优化
后窗造型示意图

图 8.4.3-13　现场实拍
窗造型图

　　主会场的中式挑檐设计共有四根大梁，原设计方案为 600mm、宽 900mm 高弧形梁，但项目主设在浏览 BIM 深化模型时觉得大梁过于凸显，整体效果不太协调。于是 BIM 团队在整体模型中创建不同大小的角梁方案进行效果对比，最后经过几次讨论与调整，最终确定改为 600mm 宽、600mm 高的角梁。另外，对斗栱排列的位置也有针对性地进行了调整，效果更显均匀、美观（图 8.4.3-14～图 8.4.3-17）。

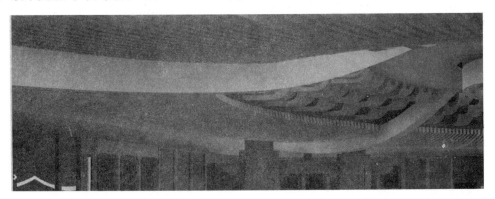

图 8.4.3-14　原方案 600mm×900mm 角梁效果示意图

图 8.4.3-15　最终方案 600mm×600mm 角梁效果示意图

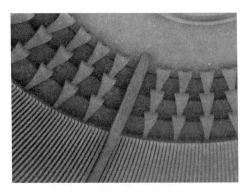　　　　　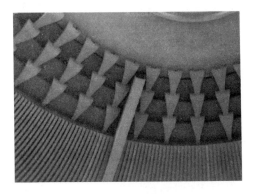

图 8.4.3-16　原角梁与斗栱方案图　　　　　图 8.4.3-17　优化后角梁与斗栱方案图

　　在会场装饰使用紫铜斗栱为国内首创，斗栱每重 90kg，为异形 5 曲面造型，共 108

个。为优选斗栱造型方案，共经过三轮的 BIM 建模推敲确定形体。方案一，造型未达到斗栱应有的气势和效果，尺寸比例与角梁、椽子显得不协调；方案二，根据模型效果显示，单个效果较佳，但是整体与吊顶效果不协调；最终方案，单体细节完美，整体视觉效果亦佳（图 8.4.3-18～图 8.4.3-21）。

图 8.4.3-18　斗栱方案一示意图

图 8.4.3-19　斗栱方案二示意图

图 8.4.3-20　最终方案示意图

图 8.4.3-21 角梁与斗栱现场实拍照片

3. 发光膜吊顶施工方案模拟

该项目工期非常紧张，如何合理地安排材料采购与及时供现场用料是一大难点。比如吊顶区域，发光膜定制就需要 3 个月时间，而且材料珍贵易损、造价高昂，所以在安装时成品保护非常关键（图 8.4.3-22）。传统方案首先把吊顶发光膜先安装好，然后安装每只重 90kg 的斗栱，这个过程很容易碰到发光膜，一碰轻则污染，重则破损；其次发光膜先安装好后，在吊装每根约重 2t、长 21m 的角梁时一定会碰到发光膜，破损的可能性极大。

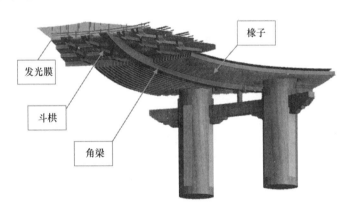

图 8.4.3-22 发光膜吊顶与斗栱角梁位置示意图

BIM 团队配合项目管理人员提前预演多种施工方案，结合材料采购进度，最终制定了更为契合该项目特点的方案。合理利用发光膜定做周期，定做发光膜时斗栱、角梁、椽子等先安装，当发光膜安装时其他部分已经安装完毕，提升了项目进度。而且，发光膜安装时，由于斗栱、角梁已经安装完成，不用担心其他工序影响成品的保护问题。但发光膜后安装，对施工工艺要求较高，现场管理难度大。BIM 团队利用与现状一致的模型进行安装模拟分析，排查发光膜与现有吊顶容易碰撞的地方，在施工时着重避免碰撞发生，顺利地完成了这项工作（图 8.4.3-23～图 8.4.3-26）。

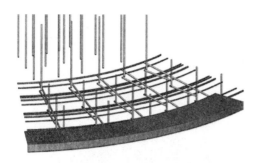

图 8.4.3-23　安装吊杆与龙骨

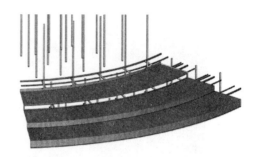

图 8.4.3-24　安装板材与灯槽

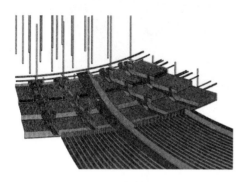

图 8.4.3-25　安装角梁与橡子

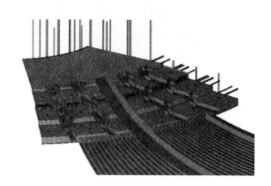

图 8.4.3-26　安装发光膜

4. 辅助装饰施工放线

该项目大量的构件都是工厂预制，现场安装或吊装，对安装放线的精度有很高的要求，如果装饰放线精度不够，将导致无法安装或者安装效果不佳。为加快施工的效率，提高安装精度，项目 BIM 测绘团队将复杂部位的定位控制数据从 BIM 模型中简化处理并提取出来，处理成一个个点坐标，输入自动全站仪进行现场打点放样工作，放线的效率是传统方法的 3 倍以上（图 8.4.3-27、图 8.4.3-28）。

图 8.4.3-27　提取模型数据现场打控制点示意图

图 8.4.3-28　现场描点放线示意图

5. 有限元分析支持采购比选

该项目会场的木门超高、超宽、超重，给安装带来一系列难题。装饰项目部对木门的合页进行了有限元受力分析，使用 Abaqus 进行 3D 实体及 2D 板单元组合建立有限元仿真模型。固定门一侧 5 个合页，单扇门计算重量约 1.5t，加载竖向 9.8m/s² 重力加速度，计算木门与不同规格合页的受力变形，得出数据作为采购比选依据（图 8.4.3-29、图 8.4.3-30）。

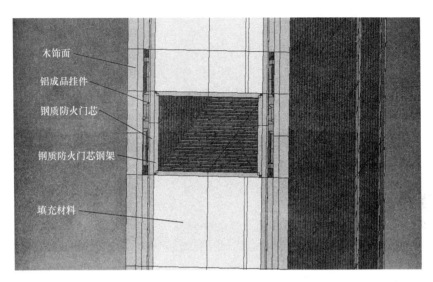

图 8.4.3-29 防火木门节点分析示意图

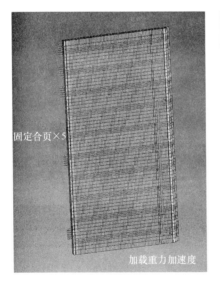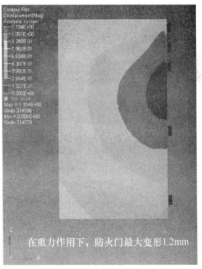

图 8.4.3-30 防火木门有限元分析模型图

6. 参数化设计辅助加工

峰会主会场项目弧形吊顶共有 352 根大小弧度不一的椽子，一旦吊顶曲面形状有点微调，所有椽子的数据也要跟着调整。由于现场钢结构误差和工期紧迫的双重影响，一旦确定了变更方案，需要立刻提取出加工数据，传统设计方法根本无法满足这种需求。

解决上述问题，应用 BIM 进行工业化设计加工是捷径。项目 BIM 团队与设计团队在设计过程中，同时考虑了施工与加工的影响因素，深化设计 BIM 模型制作达到加工精度，提取加工数据信息，直接与加工厂对接。项目采用了先进的参数化设计软件 Catia 进行设计，主要步骤依次如下：①确认吊顶上表面曲面方案；②确定椽子与角梁截面；③通过参数约束椽子与角梁的曲面；④利用参数驱动椽子与角梁随形变化自动排布生成吊顶；⑤从每一根椽子与角梁的三维模型直接剖切出图；⑥到 CAD 中标注完毕，提加工图给加工厂商加工。

在该项目工期紧、方案反复调整的情况下，不用参数化设计完全不可能按期完工。用此参数化设计方法，只要吊顶曲面方案调整确定，椽子的加工数据就可以快速从 Catia 中输出，大幅提升了设计与加工的衔接效率与准确性（图 8.4.3-31～图 8.4.3-33）。

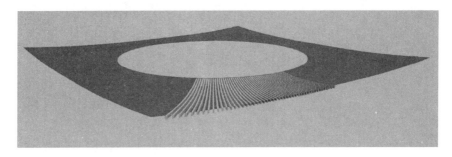

图 8.4.3-31　椽子根据曲面造型自动生成示意图

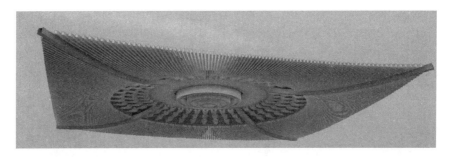

图 8.4.3-32　加工深度的参数化模型示意图

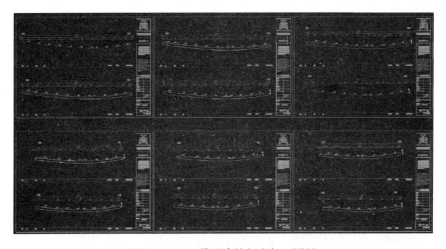

图 8.4.3-33　模型直接切出加工图纸

8.4.4 项目 BIM 应用总结

1. 技术创新

该峰会主会场项目的建设投入了大量的先进技术与硬件设备，实现了 BIM 与测绘技术的结合应用，在采集了完整的现场数据的前提下，进行参数化设计、实现了精细化设计；基于 BIM 模型提供建筑形体系数、构件受力数据、概预算数据以及合理可行的加工图，这些新技术的创新应用，强有力地支撑了项目高质高效的完工。

2. 应用价值

该项目是高标准、高要求的标杆工程，各类构件价格昂贵，比如吊顶的椽子，一根造价就超过 5 万元。按照以往经验，根据预估的损耗和误差造成的返工比计算，椽子需要返工数约为 17.6 根，算造价已超过 90 万元，而该项目没有一根需要返工返厂。另外，柱子、角梁、斗拱、花灯等等因应用 BIM 也节约了可观的费用。另外，会场装饰 BIM 的圆满应用对项目质量与进度起到了积极的正面影响。项目最终扩大了企业影响力，提升了企业形象。BIM 在项目在全过程应用中体现的价值不可估量。

3. 经验教训

前文提到装饰工程是建设项目的最后一道工序，所以往往受上游的工序影响较大。该项目前期其他专业并没有应用 BIM 技术，虽然装饰承建单位创建了土建机电模型，也去很好地协调解决了专业之间的问题，但是也增加了额外的工作与成本。BIM 为建筑全生命期服务，其中最关键因素就是 BIM 数据与信息的交换和共享，而现状很多类似工程上游的 BIM 数据信息往往创建不完整或者传递受损，导致后期应用较为困难或者工作量较大，所以 BIM 的发展不是一家企业或者一个专业的事情，而是需要整个建筑行业及建设项目所有参与方共同努力、共同进步。

8.5 剧院装饰项目 BIM 应用案例

该案例建筑室内空间造型复杂多变。为实现顺利施工，项目部从零起步使用 Rhinoceros 等多款主流 BIM 软件，多阶段、多角度综合协同作业，侧重建造过程的演示。

8.5.1 项目概况

1. 项目简介

本项目建筑为某国际文化艺术中心，是湖南省规模最大、功能最全的文化艺术中心。建筑外观为流线型、双曲面，主体为钢结构，屋面、外墙为玻璃幕墙（图 8.5.1-1）。项目总建筑面积 12.5 万 m^2，其中包括本项目大剧院（1800 个座位），面积为 $48000m^2$。该剧院室内空间观感多变奇特，极具现代感。剧院室内装饰工程施工工期从 2016 年 5 月 1 日到 2017 年 10 月 30 日共计 578 天。

2. 项目重难点

项目部对该项目情况进行了分析，对项目各实施阶段的重点难点内容做了梳理，现列举如下：

（1）室内深化设计模型需要优化并通过声学测试复核，直至满足声学要求，否则需要

图 8.5.1-1　文化艺术中心鸟瞰图

重新修改模型。

（2）总包提供的主体钢结构 BIM 模型与现场施工安装完成面现状误差较大，而且幕墙、土建及一次机电等其他专业 BIM 模型均未与主体钢构 BIM 模型进行综合检查。各专业 BIM 模型的碰撞检查工作量大。

（3）项目设计师对曲面参数化要求较高，需要达到 Digital Project 软件检测标准值，其中曲面相切阈值为 0.001mm，曲面连续阈值为 0.001mm。

（4）双曲面板材装配时空间放样定位难度大，是该项目的最大难点。

（5）精装修表皮异形曲面多、造型难度大，室内展开面积 26000m²，其中单曲面 13750m²（约占 52%），双曲面 9800m²（约占 37%），平板面积约 2450m²（仅占 11%），施工难度极大。

（6）项目另一个难点是室内 BIM 模型的精加工设计。室内主材 GRG 表皮模型必须满足剧院的声学、光学要求（图 8.5.1-2）。

图 8.5.1-2　大剧院前厅效果图

8.5.2 项目 BIM 应用策划

项目在实施之初即进行了 BIM 应用策划，主要内容如下：

1. 项目应用目标

（1）初步学会使用异形建模软件：Digital Project、Rhino ceros。

（2）掌握现场扫描工作流程，掌握扫描获取的成果和常用格式，使用点云模型与其他专业 BIM 模型进行碰撞检查和坐标配准。

（3）了解 BIM 在施工现场的主要应用流程。

（4）用 BIM 设计成果指导工厂加工、现场装配、竣工验收及结算。

2. 软硬件配置

为方便项目的设计检查和优化等协同工作，项目设计方规定 BIM 模型中的曲面构建必须满足相关参数检测的要求，选用主要软硬件如表 8.5.2-1。

主要软硬件配置表　　　　　　　　　表 8.5.2-1

软件名	Digital Project	Rhinoceros	Grasshopper	Realworks
图标				
型号	V1，R5	5.0 SR9	0.9.76.01	Trimble Realworks
功能	建模、曲面检测	建模、产品加工下单	参数化加工	点云数据处理
硬件名	激光扫描仪	自动全站仪（机站）	自动全站仪（手簿）	手持扫描仪
图标				
型号	FARO	Trimble RTS	Trimble RTS	Trimble
功能	空间三维扫描	现场放线、定位	现场放线、定位	GRG 产品检测

3. 制定科学合理的 BIM 工作流程

项目 BIM 工作流程如图 8.5.2-1。

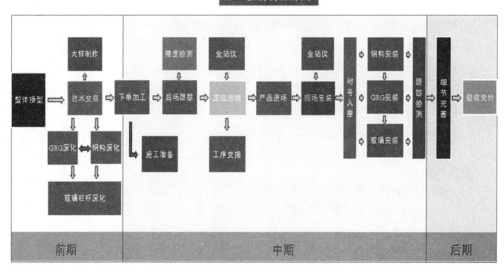

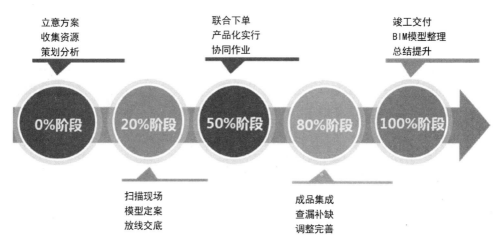

图 8.5.2-1 项目 BIM 工作流程图

8.5.3 项目 BIM 应用及效果

该项目在方案设计阶段，建筑设计院设计团队选用了 Maya 做造型并对剧场声学环境模拟分析初步设计（转换时使用 DXF 格式）；深化设计阶段利用 DP、Rhinoceros 进行参数化优化（DP 和 Rhinoceros 转换时使用 IGS 格式），赋予曲面规律化的数字生命，达到曲率连续，曲面相切等要求；并通过二次声学测试检测；生产阶段，对 GRG 曲面板进行分割编号，工厂开模生产，同时项目部根据 BIM 施工模型快速发布施工装配蓝图。

1. 观众厅声学分析

该案例声学设计顾问通过对观众厅深化设计阶段的 Rhinoceros 模型进行二次声学测试计算发现，已经完成设计的剧场空间仍不能完全满足演出的声学要求，需对室内表皮进行微扩散处理，进一步调整相关吊顶和墙面的造型。声学顾问团队用 BIM 团队提供的 DXF 格式文件，用声学专业软件 Odeon 对观众厅 BIM 模型空间反复调整参数进行优化，最终达到了声学设计要求。

声学模拟简要过程及结果：

1）声学结果显示深化设计模型声级测试参量平均值符合设计要求（图 8.5.3-1）。具体方法为：利用 Odeon 软件对模型进行室内音质计算机模拟，选取座席区为计算对象，将整个座席区（包括池座、楼座）按照 1m×1m 的网格进行分割，每个单元网格内布置一个测点，以测点的声学参量值代表整个网格内的所有接收点的声学参量，如此，获得整个座席区各声学参量的分布情况及平均值。

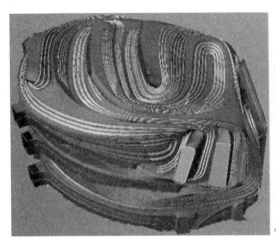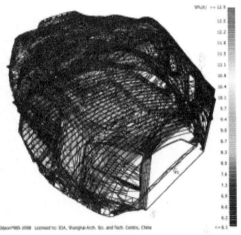

图 8.5.3-1 观众厅表皮造型图

2）通过用 Odeon 软件计算分析，深化设计模型中有局部声聚焦和不足，为方便显示及修改，使用 Rhino 插件 Grasshopper Odeon 模拟，根据测试结果提出室内表皮的修改方案：

（1）池座和一层楼座少数测点存在疑似声聚焦现象。解决方案：优化曲面聚焦点，增大曲面平滑度。

（2）顶部造型导致早期反射声对池座中前部覆盖不足。解决方案：减小顶部前部造型的倾斜角度。

（3）二层挑台后墙和吊顶结合位置的面将反射声均反射至二层楼座后部，解决方案：减小用椭圆线标识的曲面水平倾角，使其反射至后墙面，再二次反射至二层楼座观众区（图 8.5.3-2）。

（4）台口两侧墙反射声无法到达池座中部区域。虽然浅色区域面可以将反射声覆盖到池座中部，但反射声数量不够多；解决方案是适当将椭圆线框区域的面的内凹造型做部分外凸，让反射声可以覆盖到池座中心区域（图 8.5.3-3）。

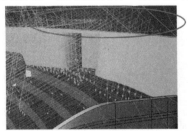

图 8.5.3-2 观众厅声学模拟一示意图

（5）观众厅吊顶前部对池座中部反射声支持不

足；解决方案是修改椭圆线框内吊顶的前端弧度接近水平，这样可以使顶部反射声更多地
到达池座中部（图 8.5.3-4）。

图 8.5.3-3　观众厅声学　　　　　图 8.5.3-4　观众厅声学
模拟二示意图　　　　　　　　　模拟三示意图

3）效益分析

采用声学软件对剧场分析，解决了可能出现的声学问题，避免了日后因声学问题的
返工。

2. 现场三维激光扫描

项目部考察了施工现场，并分析了业主提供的主体钢结构 BIM 模型和二维图纸，认为 BIM 模型、图纸与现场主体钢结构安装完成面存在误差，需要进行测量复核。因此，项目部安排了两人的测量扫描小组利用 FARO 激光扫描仪开展大剧院土建钢结构现场扫描工作，利用 RealWorks 软件处理，用 5 天时间完成了大剧院现场三维扫描测量分析处理工作，获得大剧院现场的三维点云模型（图 8.5.3-5～图 8.5.3-8）。

图 8.5.3-5　大剧院前厅点云模型图

图 8.5.3-6　大剧院前厅表皮模型与点云模型的整合示意图

效益分析：传统施工图及放线图的深化工作需要工人现场测量，然后以二维平面图的
记录形式反馈给深化设计，测量误差精度 1cm，存在人工记录错误率。

三维激光扫描属于新的空间测量方式，它记录了被测量空间准确的三维空间尺寸数
据，方便建筑几何信息备份和即时提取使用，误差精度 2mm，无人工记录错误。

图 8.5.3-7　大剧院钢结构模型与点云模型整合示意图

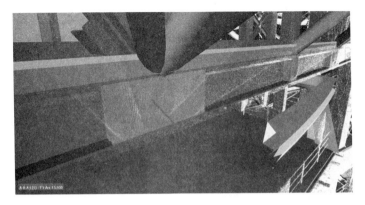

图 8.5.3-8　大剧院钢结构模型与点云模型整合误差统计示意图

3. BIM 模型深化设计

1）合规性检查

原拦河高度 1.1m，不满足设计规范中的拦河高度≥1.2m 的要求，下图为将拦河扶手高度调整到 1.2m（图 8.5.3-9）。

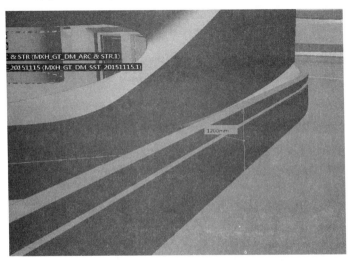

图 8.5.3-9　调整拦河设计尺寸（规范）示意图

2）异形材料 GRG 板的施工安装空间检测

GRG 墙板最小安装空间为 150mm，特殊部位最小安装空间为 200mm。为保证施工空间，利用 Digital Project 软件对钢结构与精装模型进行碰撞检查。下面左图为钢结构模型凸出了墙体完成面，右图经过调整后钢结构与 GRG 墙体精装完成面无碰撞的效果。最终该案例做到了无碰撞，满足了异形材料 GRG 板的施工条件（图 8.5.3-10）。

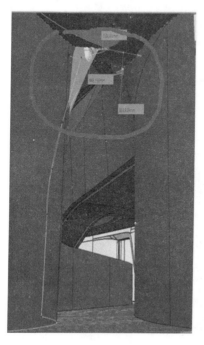

（上图左侧钢构凸出精装表皮，右侧为修改后无碰撞效果）

图 8.5.3-10　碰撞修改对比示意图

3）室内曲面造型平滑度检测

该项目室内曲面标准规定为曲面相切阀值 0.001mm，曲率连续阀值为 0.001mm。下图利用 Digital Project 设计软件的检测功能，检测出下图左下曲面和其他相邻曲面连接不相切，曲率连接处不连续，深化设计需要对其进行曲面优化（图 8.5.3-11）。

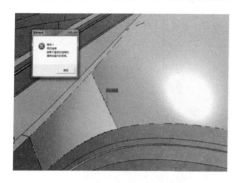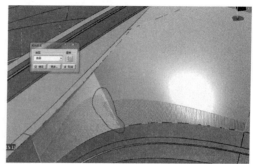

图 8.5.3-11　修改前后曲率连续性检测示意图

经过曲面深化设计后，满足连接处曲面相切（左），曲率连续（右），如图 8.5.3-12。

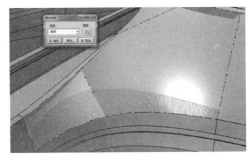

图 8.5.3-12　修改前后曲面相切性检测示意图

下图为经过深化设计后满足一定尺寸规律的蜂窝造型面，符合原设计理念，如图 8.5.3-13。

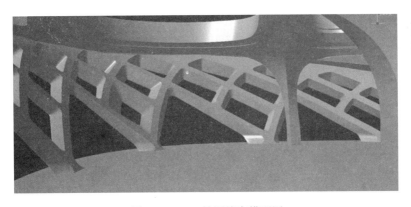

图 8.5.3-13　前厅蜂窝模型图

下图为吊顶造型经过深化设计完善，其平面排布满足等分原理，截面灯带造型满足规范要求，如图 8.5.3-14。

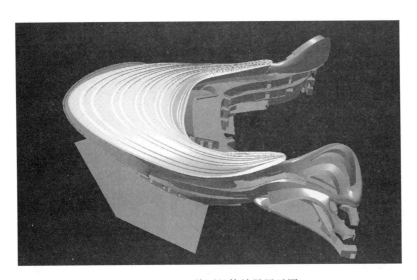

图 8.5.3-14　前厅整体效果展示图

4）效益分析

大剧院前厅碰撞部位高达 50 处，传统设计图无法检查出来，直接投入施工会出现返工及拆改情况，利用模型可视化的优点，经过综合修改，将模型空间碰撞消除，再反馈给平面设计图，为后期施工顺利进行提供了必要条件。

4. GRG 材料深化设计排版

1）钢构深化设计

精装材料 GRG 的施工安装需要进行二次钢结构设计。项目部将现场点云模型导入 Rhinoceros，结合深化设计模型进行钢结构设计，构建最优的现场钢结构设计方案，将模型以 dxf 格式提交结构设计院进行钢结构力学计算，审核通过后指导现场末端材料排版和下单加工，确保工厂 GRG 材料加工吊杆预埋点与钢结构位置相对应（图 8.5.3-15、图 8.5.3-16）。

图 8.5.3-15　Rhinoceros 钢构深化设计示意图

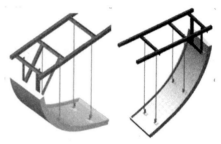
图 8.5.3-16　钢构与 GRG 饰面连接方式示意图

2）导出平面施工放线图

根据 Digital Project 深化设计模型导出带投影的 CAD 平面图，并以此深化现场施工放线图，指导现场轻质隔墙、墙面钢结构及龙骨等定位放线施工（图 8.5.3-17）。

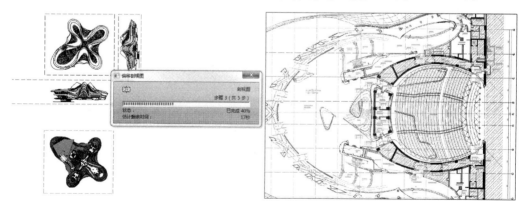
图 8.5.3-17　DP 导出隔墙施工定位示意图

3）前厅施工模型 GRG 分块、排版及产品编号

项目通过 Rhinoceros 软件二次开发，利用其插件 grasshopper 编写特定程序，对 GRG 产品进行分块和编号，大曲面利用软件参数化功能快速分块，复杂曲面为确保可实施则通过人工分块（图 8.5.3-18）。

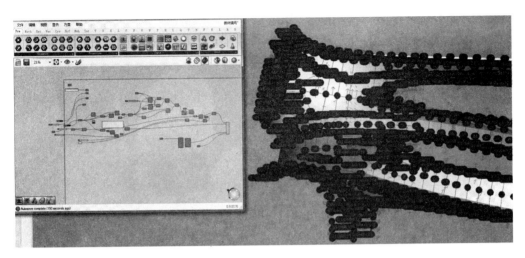

图 8.5.3-18　参数化排版展示图

4）效益分析

传统方法不仅无法处理曲面且无法批量处理，需要将所有产品分块数据——录入，效率低下且存在记录错误。

通过 Rhinoceros 插件编写批量处理的小程序，针对同一规律产品进行参数化分块、排版、加工编号，快速完成产品工厂加工、质量控制、工厂预装配、现场吊装等工作，整个流程无差错，提高了施工安装效率。

5. GRG 材料现场安装定位

基于 Rhinoceros 的 GRG 模型，利用 Rhinoceros 软件参数化插件 Grasshopper 提取 GRG 安装定位信息，快速导出为 Excel 格式的点位坐标信息（图 8.5.3-19），然后将点位坐标信息导入自动全站仪手簿电脑中，利用自动全站仪智能放线（图 8.5.3-20）。

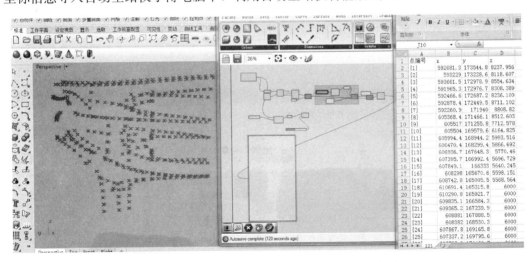

图 8.5.3-19　参数化自动导出点位坐标输出示意图

效益分析：本项目利用传统放线方式是在地面打网格线，然后参照地面网格绘制出完成面线，一般需要 2 至 3 个人同时工作，大平面区域放线精度为 1～5cm，且存在累计误差。

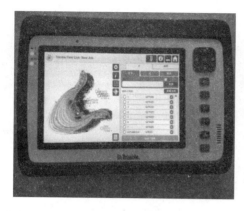

图 8.5.3-20　机器人放线设备展示图

自动全站仪放线为新的放线方式，可以直接放出模型中任何完成面线上的点，精度 2mm 以内，只需要 2 个人配合工作，放线效率明显提高。

6. 工厂产品生产跟踪

利用手持式扫描仪器，可以录入 GRG 板块信息，导入到 3D Scanner 软件检查产品生产误差，对误差超过 2mm 的产品整改修正。在工厂生产阶段，项目部成员定期赴工厂跟踪检查构配件质量工艺，利用手持扫描仪对 GRG 模具和样板进行点位复核抽检，及时淘汰不合格产品（图 8.5.3-21～图 8.5.3-23）。

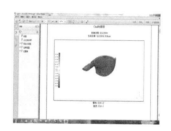

图 8.5.3-21　GRG 预制构件 产品扫描质量分析展示图　　图 8.5.3-22　GRG 预制板块 检测报告展示图　　图 8.5.3-23　GRG 吊顶预制 产品

效益分析：项目部通过利用手持扫描实现预制产品构配件生产过程质量跟踪和控制，基本杜绝了不合格品，避免了后期构件现场安装的质量问题。

7. 构件现场安装跟踪

项目部利用 Trimble 自动全站仪全程跟踪现场安装（图 8.5.3-24），每隔 2m 抽样检

图 8.5.3-24　自动全站仪现场安装跟踪过程

定位点误差汇总

编号	P1			P2			P3			P4				误差 mm
	X（E）	Y（N）	Z	X（E）	Y（N）	Z	X（E）	Y（N）	Z	X（E）	Y（N）	Z		
10H-251	10715	30883	18072	10378	30562	18391	12057	29257	18026	11640	28945	18318	C 点坐标	3
10H-252	11007	31161	17801	10681	30850	18146	12421	29529	17778	12015	29225	18095	C 点坐标	2
10H-253	11390	31526	17559	10982	31137	17901	12887	29878	17559	12389	29505	17874	C 点坐标	4
10H-254	10945	28412	18718	10459	28048	19346	11944	26741	18565	11460	26458	19094	C 点坐标	7
10H-255	11093	28523	18565	10898	28377	18794	12106	26836	18421	11891	26710	18638	C 点坐标	7
10H-256	11267	28653	18474	11065	28502	18686	12294	26946	18342	12071	26815	18540	C 点坐标	6
10H-257	11688	28968	18248	11231	28626	18577	12773	27226	18139	12252	26921	18442	C 点坐标	1
10H-258	12063	29248	18025	11646	28937	18318	13217	27485	17938	12725	27197	18205	C 点坐标	8
10H-259	12427	29521	17777	12021	29217	18095	13651	27739	17710	13168	27456	18003	C 点坐标	6
10H-260	12893	29870	17559	12395	29497	17874	14195	28057	17511	13611	27715	17803	C 点坐标	2
10H-261	11949	26732	18564	11465	26449	19093	12763	24978	18363	12256	24756	18828	C 点坐标	5
10H-262	12111	26827	18421	11895	26701	18637	12932	25052	18226	12705	24953	18436	C 点坐标	4
10H-263	12299	26937	18341	12076	26806	18539	13126	25138	18154	12892	25035	18345	C 点坐标	8

图 8.5.3-25　点位误差汇总示意图

测现场完成面安装偏差，并编制如图 8.5.3-25 的所有点位的误差汇总表格，掌握装配施工情况。对复杂安装部分出具专项施工方案、严格控制安装精度，使误差降到最低。

效益分析：传统方式未进行安装误差统计，有了 BIM 模型可以对施工与设计之间的误差分析和统计，修改误差大的部位；另外通过三维激光扫描测量技术与 BIM 模型进行配准，发现安装位置误差问题提请安装组解决，有效控制了 GRG 板的安装质量。

8. 运营维护的 BIM 应用

1）装饰专业模型辅助检修

将包含项目的不动产、设备、人员、设施、流程、空间位置信息和图形资料的 BIM 模型对接一个计算机智能管理平台，可进行有效地运维管理，帮助用户实时追踪设备资产动态，实现固定资产可视化、图形化管理能力，真正地实现建筑集成管理系统。运维模型以 DP 格式保存，集成了建筑物现场包括装饰专业隐蔽工程中的设施设备的信息，提交运营方后期使用。通过模型可以掌握检修口的高度、大小，及内部空间情况，方便设备的检修和维护，下图为检修马道模型（图 8.5.3-26）。

图 8.5.3-26　吊顶内检修马道模型展示图

效益分析：可以通过模型清楚了解施工后的建筑现场，包括隐蔽工程中的建筑信息，方便物业管理现场，方便后期可能进行的维修及拆改工程。

2）消防演示及灭火救援决策系统

运维模型是包括运维信息的工程 BIM 竣工模型，通过 IFC、DWG 等文件格式导入 ArchiBUS、鲁班、EBIM 等运维平台，实现运维管理。项目通过运维模型在 Rhinoceros

模型中对消防功能的模拟演示（使用 C♯ 二次开发的 Rhinoceros 消防插件），通过对消防功能的模拟演示，让物业等管理人员全面了解消防综合性能，规划合理的消防人流通道，做到有备无患（图 8.5.3-27）。

图 8.5.3-27　喷淋辐射范围模拟示意图

效益分析：无 BIM 模型之前，灭火救援辅助决策系统是以平面 CAD 方式呈现，灭火指挥人员需要有一定建筑识图基础，不利于消防人员快速了解建筑的结构形式。

有了 BIM 模型，可以利用模型模拟消防喷淋辐射范围，可以让消防人员快速了解消防薄弱区域及其他隐患，配合消防监控系统，可以做到发生火灾快速被扑灭，从而建立高效灭火机制。

8.5.4　项目 BIM 应用总结

在项目深化设计、工厂加工、现场装配、验收交付等设计施工生产环节，项目部利用 BIM 技术结合三维激光扫描测量和自动全站仪智能放样技术，使得造型极为复杂的项目能有序进行，保证了项目主体工程高标准、高质量、高效率地完工。

通过 BIM 技术的应用，项目部认识到了 BIM 技术在建筑设计及施工中的重要性，学习了基于 BIM 的建筑装饰施工工艺与流程，培养了 BIM 技术人才，为今后更好地利用 BIM 技术服务施工夯实了基础，同时认识到了软件二次开发（参数化插件编写）给工作带来的便利和效益。

BIM 是一个不断发展的事物，BIM 深度应用有待提高。项目的 BIM 技术应用解决了工程中的部分问题，比如：设计集成工艺；多专业、同专业多人协同设计；通过智能移动设备实现设计与现场的及时沟通；根据 BIM 模型出施工图、出采购清单、出材料加工数据、算量统计；发布施工图、工艺模拟、轻量化模型辅助现场施工；根据 BIM 施工模型放样安装施工；根据竣工模型出竣工图；竣工模型集成运维信息等。应该说上述基于工程实践的 BIM 应用已经说明建设信息是可以从设计延伸到施工和运维阶段的。

总之，在建设行业实施 BIM 技术应用仍然任重道远，需要工程建设各方齐心协力，共同推进。

8.6　音乐厅装饰项目 BIM 应用案例

本剧院项目 BIM 应用围绕复杂曲面造型进行实施，模型建立后，实现了效果展示和确认、现场数据获取、模型对比与修改、饰面排版提料、工厂数控加工、智能放线、工程量统计、材料管理等完整闭环的应用。

8.6.1 项目概况

1. 项目简介

某剧院项目，总建筑面积 27 万 m^2，建筑高度 47.3m，包括歌剧厅、戏剧厅、音乐厅、综艺厅、共享空间五部分（图 8.6.1-1、图 8.6.1-2）。其中，音乐厅由观众厅（1500座）、前厅、辅助用房三个区域组成（图 8.6.1-2），装饰面积 5.7 万 m^2，合同工期为2015 年 10 月 1 日到 2016 年 4 月 28 日共 7 个月。

图 8.6.1-1 剧院效果图

图 8.6.1-2 剧院音乐厅及前厅效果图

2. 项目重难点

该项目工期紧，深化设计任务重，智能化涉及专业多，协调配合工作量大，质量标准高，特别是观众厅、前厅等区域工艺造型复杂，空间曲面定位施工难度大，放线精度要求高，不同材质之间交界面处理难。按传统的施工管理方法，难以满足深化设计、施工部署、工期保障、技术支撑、质量控制等要求。

8.6.2 项目 BIM 应用策划

项目的 BIM 实施，由建设方牵头，组织设计、施工等多方重点在施工阶段的图纸会审、设计交底、现场技术管理等方面应用 BIM 技术。

1. 应用目标

（1）通过 BIM 技术的使用，解决项目在复杂节点的深化设计问题、异形材料的下料问题、异形材料在施工安装时的空间定位等项目的技术难题；

（2）通过参数化设计快速提取材料的规格参数进行材料下单及统计，提升项目管理的效率，降低材料的损耗；

（3）通过 BIM 技术进行 4D 进度模拟，优化项目的施工组织安排，缩短工期；

（4）总结 BIM 与项目管理结合的推广模式；

（5）培养出相对成熟的 BIM 技术小组；

（6）通过 BIM 技术的应用，更好地服务业主单位，体现公司的技术能力、管理水平和创新意识，助推企业品牌形象的进一步建立。

2. 组织架构

项目装饰工程的 BIM 组织架构图如图 8.6.2-1。

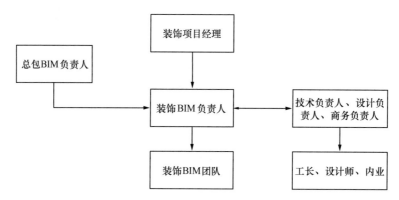

图 8.6.2-1　项目装饰 BIM 组织架构图

3. 软件配置

软件配置方案及主要应用功能如下：

Autodesk Revit 2015：主要应用在项目大面积建模及应用方面；

Rhinoceros 5（犀牛）：主要应用在项目多曲面异形建模、排版等方面；

Naviswoks 2015 ：主要应用在碰撞检查方面；

Fuzor 2015：主要应用在漫游展示方面；

Lumion 6：主要应用在效果图级别的实时渲染及出动画展示方面；

UE4：主要应用在装饰效果展示，侧重于互动。

4. 硬件配置与网络环境

1）硬件配置

台式工作站共配置 6 台，其主要硬件配置如表 8.6.2-1。

移动工作站共配置 3 台，其主要硬件配置如表 8.6.2-2。

台式工作站配置表	表 8.6.2-1
名称	参数
处理器	E3-1231 v3 @ 3.40GHz 四核
安装内存	32GB（Undefined2400MHz）
显卡	NVIDIA GeForce GTX970（4GB/华硕）
硬盘	三星 SSD 850 PRO256GB（256GB/固态硬盘）
显示器	优派 VSC342C VX2370 SERIES（23.1in）×2

移动工作站配置表	表 8.6.2-2
名称	参数
处理器	Core i7-4710MQ @ 2.50GHz 四核
安装内存	16 GB（金士顿 DDR3L 1600MHz）
显卡	英特尔 HD Graphics 4600（1 GB/联想）
硬盘	三星 SSD 256GB
显示器	优派 VSC342C VX2370 SERIES(23.1in)×1

另外配置天宝 TX5 三维激光扫描仪作为现场点云采集仪器，配置 Over Load Pro 3D 打印机打印三维模型构件，便于交底及方案验证。

2）网络环境

项目部安装 100M 高速宽带，并在 BIM 团队间建立局域网，选定一台台式工作站作为文件服务器，为 BIM 团队成员映射到相同网络位置，便于协同建模及文件传递。

5. 实施流程

项目实施流程如图 8.6.2-2。

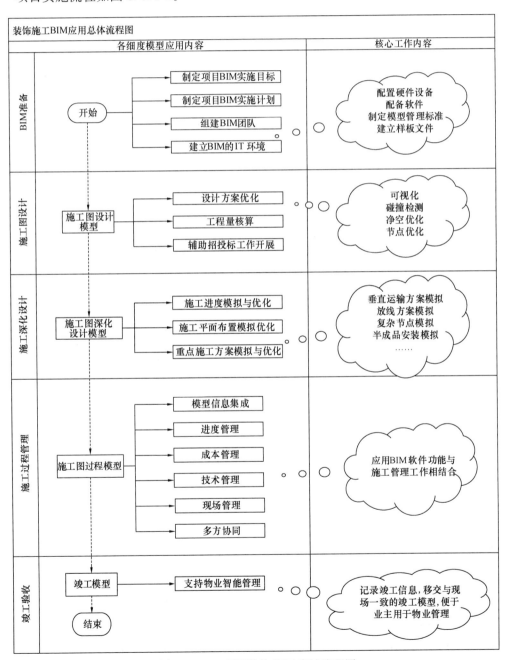

图 8.6.2-2 项目装饰 BIM 实施流程图

301

8.6.3　项目 BIM 应用及效果

该项目 BIM 应用内容包括辅助深化设计、碰撞检查、施工方案模拟、测量放线、材料下单、辅助场布管理等，并取得了良好的效果。

1. 模型创建

BIM 模型是应用 BIM 的基础，该项目主要采用 Revit 软件创建大面积的装饰专业模型，采用 Rhinoceros 软件创建多曲面异型模型，再导入到 Revit 软件（图 8.6.3-1~图 8.6.3-3）。

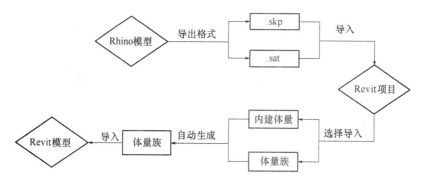

图 8.6.3-1　Rhinoceros 模型导入 Revit 创建模型流程图

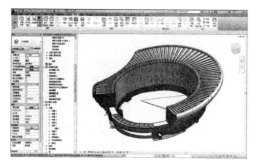

图 8.6.3-2　Revit 软件三维模型　　　　图 8.6.3-3　Rhinoceros 软件多曲面异型模型

2. 模型集成浏览

该项目主要采用 Navisworks 软件进行模型集成和浏览，将模型和时间参数导入 Navisworks 软件，重点在碰撞检查和进度模拟方面进行应用（图 8.6.3-4）。

图 8.6.3-4　Navisworks 软件制作的漫游展示

在模型的浏览方面，为了更好地展示装饰效果，该项目采用 3ds Max 将 Revit 建立的模型进行优化，然后将优化后的模型导入 UE4 游戏引擎，通过编程和真实材质制作，实现虚拟现实场景浏览，还可借助 VR 眼镜等硬件设备实现沉浸式漫游（图 8.6.3-5～图 8.6.3-7）。

图 8.6.3-5　UE4 游戏引擎制作虚拟现实场景

图 8.6.3-6　UE4 游戏引擎制作虚拟现实场景

图 8.6.3-7　利用 VR 眼镜浏览虚拟现实场景文件

另外，还可以将模型文件导入 Cura 软件进行设置，并利用 3D 打印机将 BIM 模型转变成实体模型进行浏览，更直观感受构件的效果（图 8.6.3-8）。

3. 碰撞检查

装饰装修工程是建筑工程中一项重要而又复杂的分部工程，然而传统的二维设计中不可避免地出现很多设计疏忽，大量的碰撞冲突会造成返工。另外多专业通过二维图纸沟通协调效率低下，管理和分享信息困难，导致管理水平落后。通过 BIM 技术进行模型整合后，可提前发现图

图 8.6.3-8　Cura 软件处理 3D 打印吊顶异型 GRG 板块

纸中存在的错、漏、碰、缺等问题，问题分析后可优化图纸深化设计和施工方案，不仅提高了施工质量，确保了施工工期，还节约了大量施工成本，创造了可观的经济效益。

该项目基于三维模型，直观高效地检测出碰撞位置。在装饰模型的基础之上，附加土建、机电等各专业模型，形成综合模型，进行碰撞检查，发现装饰装修面层及构件与其他专业的碰撞点，通过调整装饰装修节点设计、修改装饰面标高尺寸等，配合相关专业的二次优化，达到功能和装饰造型双优的施工效果图为基于 BIM 技术的碰撞检查流程图（图 8.6.3-9）。该项目观众厅 GRG 天花装饰面与土建面光桥碰撞冲突，经协调，现场拆除碰撞部分面光桥（图 8.6.3-10）。

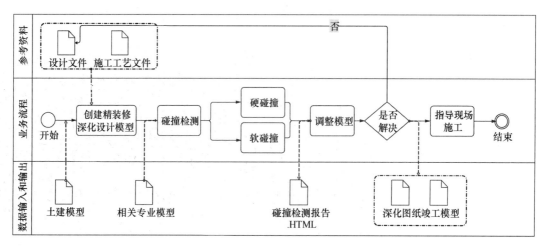

图 8.6.3-9　基于 BIM 技术的碰撞检查流程图

图 8.6.3-10　观众厅面光桥拆除前后对比

该项目前厅 GRG 复杂曲面铅笔筒造型部位，墙面与天花保持上大下小渐变的整体性与对缝，每条 GRG 单元角度保证均匀，经校核发现原 GRG 造型倾斜角为 3°，与 3 楼结构冲突，后与设计沟通改为 4°（图 8.6.3-11、图 8.6.3-12）。

4. 辅助深化设计

该项目工艺造型复杂，传统的二维图纸表达的信息量有限，尤其在异形及复杂节点方面，表现形式单一，不能完全满足施工需求。而三维模型具有一致性与完整性，模型更新的同时，由于参数化存在，任何一处修改，均可同步于平面、立面、剖面、节点各个视图及明细表上，真正实现了同步设计与模型的高度统一，显著提高了工作效率。

图 8.6.3-11　GRG 与结构冲突，
深化设计将 3°调整为 4°

图 8.6.3-12　调整后效果

前厅弧形楼梯的深化设计方案调整，将原方案中不锈钢扶手从短粗单环变成双环，将楼梯栏杆石材从竖直调整为折线型（图 8.6.3-13、图 8.6.3-14）。

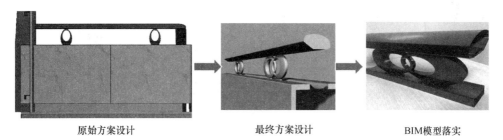

原始方案设计　　　　　　　　最终方案设计　　　　　　　　BIM模型落实

图 8.6.3-13　弧形楼梯扶手的深化设计

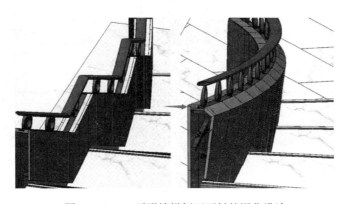

图 8.6.3-14　弧形楼梯侧面石材的深化设计

5. 施工方案模拟

传统的施工方案模拟，多为在现场进行工序样板施工，在确定质量标准的同时，对施工方案的可行性和合理性进行验证，为大面积施工开展奠定基础。工序样板的施工虽然对明确质量标准的作用和意义较大，但对施工方案的模拟和验证的价值不大，且存在一定的浪费时间和成本增加的隐患。利用三维模型的模拟，可缩短方案验证的时间，并且可以减少节约样板成本。

通过 Naviswoks 软件集成装饰工程三维模型进行碰撞检查，解决各种冲突之后，制定进度计划和施工方案，结合模型进行分析以及优化，提前发现问题、解决问题，直至获得最佳的施工方案，制作视频动画对复杂部位或工艺的展示，以视觉化的工具显示并完善各分项工程的参数、工艺要求、质量安全及安全防护设施的设置，指导现场实际施工，协调各专业工序，减少施工作业面干扰，减少人、机待料现象，防止各种危险，保障施工的顺利进行（图 8.6.3-15）。

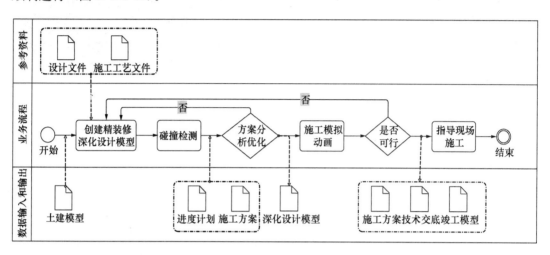

图 8.6.3-15　基于 BIM 技术的施工方案模拟应用流程图

该项目为满足对消火栓暗门 180°开启的国家标准，结合现场实际，设计为双轴形式，通过参数化设计对暗门方案进行模拟，确定转轴和限位装置的定位方案，并与 3D 打印相结合，进行方案模拟，确定方案的可行性，通过两次转动达到 180°开启要求（图 8.6.3-16～图 8.6.3-21）。

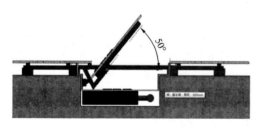

图 8.6.3-16　石材暗第一轴
开启角度（50°）

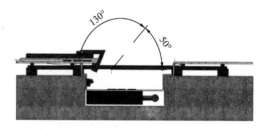

图 8.6.3-17　石材暗第一轴
完全开启角度设计（180°）

图 8.6.3-18　石材暗门方案关闭状态

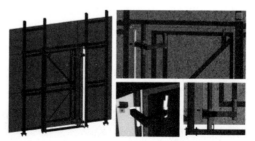

图 8.6.3-19　石材暗门方案轴承定位

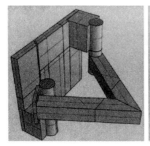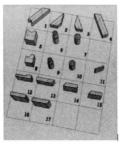

图 8.6.3-20　180°开启石材暗门轴承
3D 打印模型制作

图 8.6.3-21　180°开启石材暗门轴承
3D 打印模型演示

6. 测量放线

传统测量放线多采用激光投线仪加卷尺的模式开展，精度不足误差较大，特别是异型材料下单的精度要求更高，而且测量结果只能体现在二维图纸的标注上，很不直观，且不能直接指导异型材料的下单。有些情况下，还需要利用木工板等材料在现场做 1∶1 大样，来验证下单尺寸和测量数据是否匹配，不利于工期的控制，技术层面隐患较大，一旦尺寸出错，导致成本增加。

项目部在进场后对土建结构做了三维激光扫描，然后将三维扫描点云和依据图纸建立的 Revit 模型进行比对分析，找出现场结构与模型出入较大的区域，进行专项方案调整，保证模型与现场的一致性。在异型 GRG 定位及异型石材安装阶段采用自动全站仪结合模型进行定位，在速度与精度方面比传统方法均有很大优势，经济效益较为明显，是在异型放线中值得推广的技术（图 8.6.3-22～图 8.6.3-25）。

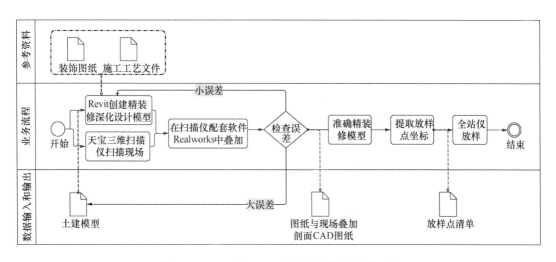

图 8.6.3-22　基于 BIM 技术的测量放线流程图

7. 异型饰面材料下单

项目在用现场尺寸数据复核好的模型中直接进行排版，导出明细表，经过简单调整之后提交厂家进行生产加工，尤其是在异型材料的下单中，BIM 技术的应用可提高预制构件加工精度，有利于降低施工成本，提高工作效率，保证工程质量和施工安全（图

图 8.6.3-23　浏览处理三维激光扫描点云文件

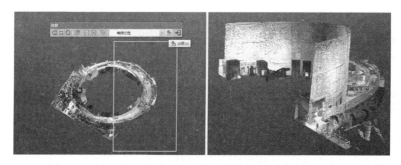

图 8.6.3-24　点云模型拼合分割

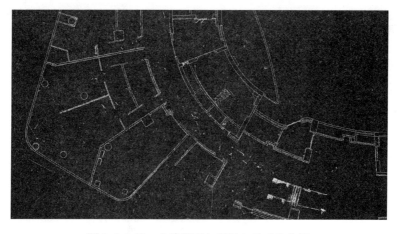

图 8.6.3-25　土建模型与现场点云对比分析

8.6.3-26）。

　　该项目前厅的异型石材下单，即根据调整好的土建模型和装饰深化图纸进行装饰建模，在模型中进行排版分割，将各部分编号、尺寸及安装部位等信息交给厂家进行生产，方法如下（图 8.6.3-27）：

　　（1）合理优化原始曲面轮廓、重构曲面，确保曲面的顺滑及便于后期深化。

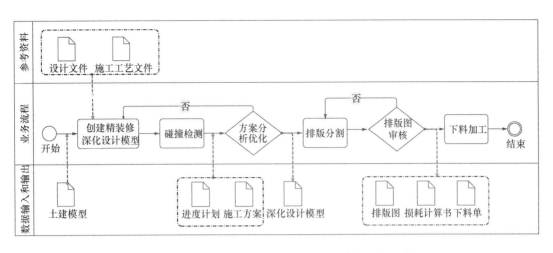

图 8.6.3-26 基于 BIM 技术的材料下单应用流程图

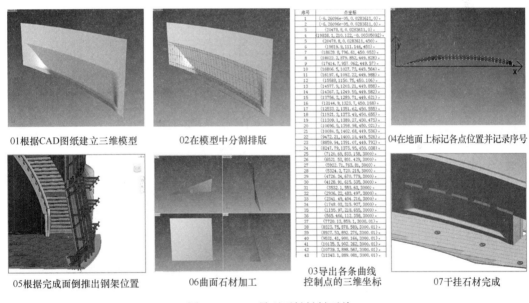

图 8.6.3-27 异型石材材料下单

（2）根据面板细分原则，使用 grasshopper 创建参数化分格，分格数量可以按照需要即时修改。

（3）对细分的石材面板进行排序、编号，并计算规格种类，标注于模型中。

（4）程序导出规格（最小外接矩形）、数量等数据到 Excel 表格中，作为提料的数据依据。

（5）统一面板角点的方向及起始位置（逆时针，左下角开始），计算角点坐标值并导出到 Excel 表格中，作为安装定位的参考数据。

（6）展开面板并自动标注尺寸，配合加工图交付厂家下料生产。

8. 辅助场地布置

该项目通过 BIM 软件将各个施工阶段的施工现场所有临时设施及材料堆放场地、加工场地全部建立模型，再考虑各个施工阶段临时设施及道路的更改，通过 3D 模型可以直观地发现哪些布置不合理，从而加以修改，这样不仅可以明显减少因为前期考虑不周全而造成的工期及经济损失，还可以为其他参建单位协同创造必要条件，充分考虑绿色施工的要求，用三维模型体现现场临建的位置与空间变化（图 8.6.3-28～图 8.6.3-30）。

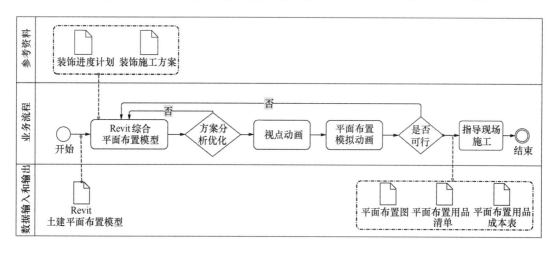

图 8.6.3-28　基于 BIM 技术的场地平面布置模拟应用流程图

图 8.6.3-29　场地平面布置构件　　　　图 8.6.3-30　临边防护平面设置

8.6.4　项目 BIM 应用总结

1. 效益分析

1）经济效益

主要体现在风险防控和隐患消除方面，如：施工进度和方案的模拟，科学合理地完成工地现场的平面布置，有效减少因二次搬运等造成的材料损失；三维扫描技术应用，有效减少了现场放线的人工费用，提升了放线的效率和准确性，有效规避了后期因为人工测量失误造成的返工损失。

该项目观众厅钢结构转换层与 GRG 天花碰撞、前厅天花转换层钢结构与原结构连接方案优化、混凝土施工误差、砌块墙施工误差、前厅石材饰面与风管碰撞、前厅墙面 GRG 与结构碰撞六项，共节省成本逾百万元。

2）管理效益

深化设计方面：在与业主进行深化设计方案确认中，从图文到立体，从抽象到直观，从相互独立到协调共享，从被动到主动，提升业主主观感知力，加快方案确认进度。

技术管理方面：在方案模拟和校核中，在施工前期即发现存在的问题，有效减少了不必要返工；在异型材料下单时，精准获取现场数据；技术交底更加直观明确。

履约管理方面：利用施工模拟，科学完成现场布置，准确共享资源配置情况和信息，有效防控和规避了现场的安全风险；精准的材料下单，确保了材料的质量和精度要求。

信息传递方面：改变了与业主、设计、总包、专业分包等的交互和沟通方式，提升了信息传递的准确性，加快了信息传递的速度，项目内部的信息共享也更加准确便捷。

3）社会效益

该项目 BIM 技术的应用，有效提升了企业的技术能力，体现了企业的管理水平和创新意识，助推品牌形象的进一步建立。

2. 存在的问题与对策分析

1）存在问题

经过该项目的实施，BIM 技术在装饰工程的应用上仍存在一定的制约和难点。具体体现为：

（1）软件方面

绝大部分 BIM 建模软件考虑装饰工程功能较少，以 Revit 为例：如零件功能虽然能实现块料面层排版功能，但繁琐费时，需进一步完善为智能化参数化的排布方式；仅用链接形式整合模型时，在模型碰撞检查时，发生碰撞的构件全部需手动调整，其他专业为外部链接时，不能直接修改。

（2）版本方面

装饰 BIM 建模的上游 BIM 模型版本主要为设计院建筑设计版本和建筑施工深化设计版本，由于工程参与各方难以在同一局域网下协同工作，模型无法直接应用；加之建筑设计院版本信息不全，装饰深化设计模型往往建成较晚，时间上不允许装饰 BIM 的及时落地应用。

（3）时间方面

装饰工程仅仅是施工阶段的专业分包之一，所有工作计划都在土建工程开工后进行。而且在设计和施工过程中，装饰会与其他专业协同，变更方案，设计周期较长。往往出现等方案、赶工期的情况；这是 BIM 应用的不利因素。

2）解决对策

面对现存的难点和制约，对策分析如下：

（1）主导开发

建立与软件开发者和插件制作者的沟通，将装饰工程的特点与对软件功能需求结合，开发适合装饰单位应用的软件，特别是实用小插件的二次开发。

（2）主动融入

积极参与加入设计单位、总包单位的 BIM 管理体系中，选取有设计和施工经验的人员，建立 BIM 模型审查人员的培训和管理机制，尽早与相关人员就模型版本和要求进行沟通，熟悉和掌握项目的 BIM 全过程应用管理，以及各专业的协同配合。

（3）管理融合

一方面重点做好 BIM 人员的培养工作，提升建模速度和质量，消除时间上的障碍，另一方面真正将 BIM 技术作为丰富自身项目管理的工具，将 BIM 技术与管理相结合，发掘应用点，提升技术、进度、成本等方面的管理水平和效率。

8.7　主题公园项目装饰 BIM 应用案例

奇幻童话城堡属于造型复杂多样的主题公园类项目，项目从设计阶段开始，采用多种 BIM 软件建模和协同，运用基于 BIM 技术的三维设计方式代替传统的二维设计方式辅助建造。BIM 技术在该项目全生命期的建造过程中起到了无可替代的作用。

8.7.1　项目概况

1. 项目简介

上海某国际旅游度假区，是包含演艺剧场、迷宫、商店，以及多种陆地、水上游乐项目的大型主题乐园。其中奇幻童话城堡是乐园的标志性建筑，是梦幻世界主题区中一座集娱乐、餐饮、会展功能于一体的主题建筑。奇幻童话城堡总建筑面积 $10510m^2$，建筑高 21m，最高塔顶高度 46m，地下室面积约为 $3000m^2$。该城堡充满着童话般的奇幻色彩，城堡建筑形态复杂，艺术构件数量庞大，应用材料种类多样，作为施工方的深化设计、施工难度极大（图 8.7.1-1）。项目合同工期从 2013 年 7 月到 2015 年 6 月，共计 23 个月。

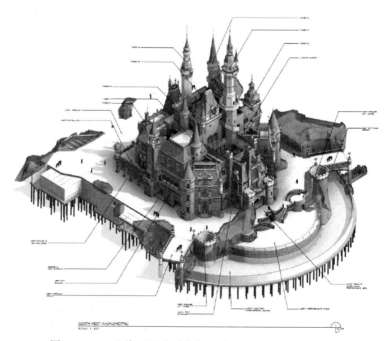

图 8.7.1-1　上海国际旅游度假区奇幻童话城堡 BIM 模型

2. 项目重难点

作为当时国内少有的项目全生命期运用 BIM 技术进行建造的主题公园类项目，业主方对施工阶段的 BIM 技术应用的要求相当高。该项目在装饰施工过程中主要面临的 BIM 实施重难点包含以下几类：

1）装饰模型建模难度大

该项目大部分的装饰构件为造型极为复杂的异形构件（图 8.7.1-2），且各构件之间没有通用性，同时业主对于装饰模型的建模深度要求高，因此建模工作量相当大，对建模人员的能力要求高。

图 8.7.1-2 城堡项目造型复杂的 BIM 模型近景

2）所需协调专业多

与传统建筑项目不同的是，该项目涉及专业数 100 多个。除了与传统建筑、结构等专业协调之外，还需考虑演艺设施、灯光布景、假山等专业进行协调、检查，解决各类碰撞问题及实际施工问题。

3）模型出图难

该项目的所有的施工深化图都被要求采用 BIM 模型出图，即先有模型再有图纸，然而此时国家还没有明确 BIM 模型出图标准，因此在当时模型出图的工作流程管理、标准设置方面，对于项目部来说是一大挑战。

4）需要运用 BIM 技术辅助项目管理

BIM 技术在该项目中不仅仅是作为优化设计方案、指导施工的工具，同样被业主方要求用于辅助项目管理。因此对于装饰承包方而言，不仅需要运用 BIM 技术实现信息集成，提升装饰施工阶段的管理水平，同时也需要配合业主、总包方优化项目管理流程，达到项目整体的信息化管理的目的。

8.7.2　项目 BIM 应用策划

1. 实施目标

本项目根据业主要求运用 BIM 技术辅助装饰的施工工作，根据项目 BIM 执行标准和《雇主 REVIT 标准》要求，装饰 BIM 团队需要在施工过程中依据施工设计图纸完成装饰模型建立、配合装饰深化设计、模型出图、施工进度模拟、施工工艺模拟、统计工程量等 BIM 应用，具体应用点可参照表 8.7.2-1，本书选取其中部分内容介绍项目的BIM 应用。

上海国际旅游度假区城堡项目装饰项目 BIM 应用点统计表　　　　表 8.7.2-1

阶段	应用点	雇主需求	项目部需求	施工企业需求
招投标	模型漫游		√	√
	施工方案模拟		√	√
	施工进度分析		√	√
	虚拟现实（VR）展示		√	√
方案设计	方案比选		√	√
深化设计	钢结构深化设计	√	√	√
	装饰深化设计	√	√	√
	各专业碰撞检查	√	√	√
	模型出深化图	√	√	√
	模型出加工图及料单		√	√
	三维扫描			√
	计算分析		√	√
	项目管理平台	√	√	√
施工配合	施工工艺模拟		√	√
	施工进度模拟	√	√	√
	施工成本模拟		√	√
	二维码物料管理		√	√
	施工质量控制		√	√
	施工安全控制		√	√
竣工验收	结算对量	√	√	√
	辅助运维	√	√	√
	为项目改造做准备			√
运维阶段	模型维护			√

2. BIM 工作流程策划

在本项目的施工过程中，各参建单位，包括设计、施工总包及各分包方突破传统的较为孤立的工作模式，研究并建立新的协作机制，由项目业主方牵头，总包及各分包单位认真贯彻，设计方配合。下面介绍的是装饰施工阶段的工作流程。

（1）围绕 BIM 模型开展协调和交底工作。

（2）深化设计过程用 BIM 模型解决现场问题。

（3）施工阶段通过 BIM 模型反馈和说明现场情况。

在业主团队、设计和施工方的积极合作下，各专业问题得到了有效的解决。正是因为全新的设计——施工集成模式，为项目的开展提供了有力的保障（图 8.7.2-1～图 8.7.2-5）。

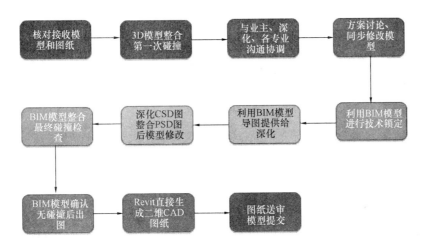

图 8.7.2-1 深化设计工作流程

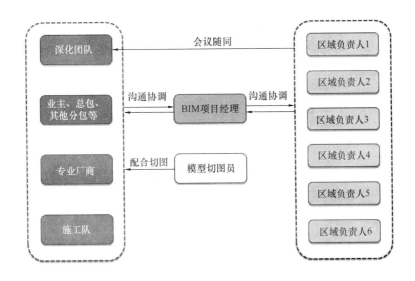

图 8.7.2-2 BIM 协调流程

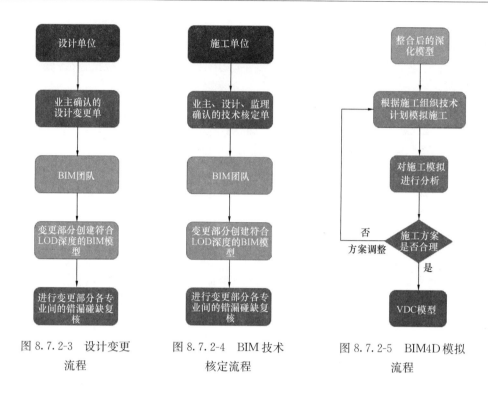

图 8.7.2-3　设计变更流程　　　图 8.7.2-4　BIM 技术核定流程　　　图 8.7.2-5　BIM4D 模拟流程

3. BIM 实施软硬件及协同工具

与其他专业所采用的 BIM 软件不同，装饰构件种类繁多，造型复杂多样，特别是在主题公园项目中，异型构件比比皆是，因此在软件选择及硬件配置上相对其他专业有更高的要求（表 8.7.2-2）。同时，为了满足协同工作的需求，装饰 BIM 软件配置需要能够与其他专业 BIM 软件进行协同整合。

1）软件配置及应用环境

项目软件配置表

表 8.7.2-2

用途	图纸	模型建立	模型整合浏览		数据分析			数据协同
BIM 应用分类	浏览图纸	模型创建	模型整合	模型浏览	可视化虚拟现实效果图	碰撞检查	施工模拟 4D	协调管理平台
模型类别	图纸参照	模型	整合	浏览	渲染	检测	模拟	协作
软件配置	AutoCAD	Revit 2012 Tekla16.0 Rhinoceros 4.0 Solidworks Catia R19 SketchUp 2014	Navisworks 2012 Revit 2012	Navisworks 2012	Revit 2012、Navisworks 2012 3ds Max 2012 Virtools	Revit 2012、Navisworks 2012	Navisworks 2012、Synchro Pro	Trello、Navisworks 2012

2）硬件配置

针对该项目装饰构件造型复杂、种类繁多、深化设计任务重的特点，项目部配备了 6 名 BIM 设计师，以及 4 名具有 BIM 应用能力的深化设计师组成了 BIM 工作团队，团队硬件配置需要满足相应人员的工作需求（表 8.7.2-3）。

项目硬件配置表　　　　　　表 8.7.2-3

序号	适用范围	主要配置	数量
1	服务器	CPU：javascript；void（0）；Intel Xeon E5-2650×2 内存：64GB 显卡：Quadro K4000 硬盘：200GB SSD＋4T	1
2	BIM 设计电脑	CPU：i7 内存：32GB 显卡：Quadro K4000 硬盘：120GB SSD＋2T	7
3	深化设计/模型 应用电脑	CPU：i7 内存：16GB 显卡：GTX750 硬盘：120GB SSD＋2T	4

8.7.3　项目 BIM 应用及效果

1. 三维激光扫描

该项目主体为钢筋混凝土框架结构，建筑整体仿照欧式城堡，各层平面布置不规则，立面造型复杂。外饰面采用大量 GRC 线条及艺术化形式抹灰饰面来营造欧式城堡风格。这样的造型和设计风格给装饰测量带来了高难度。项目部通过使用三维激光扫描技术，对已完成结构表面进行全面的扫描测量，并通过后期处理产生三维模型，解决在艺术饰面中的测量难题。

在三维激光扫描过程中，分为前期准备、数据采集和数据处理三个部分。在开始数据采集前，根据扫描仪扫描范围、建筑物规模、现场通视条件等情况规划设站数、标靶放置、扫描路线等，以便于快速、高效、准确地采集数据，并设置合理的测站数及标靶，有利于后期数据处理中的降噪及数据拼接。数据处理是最关键的部分，包括点云生成、数据拼接、数据过滤、压缩以及特征提取等。点云数据测量的精度以及点云数据的处理直接影响三维建模的质量。现场扫描数据经过软件处理后的点云模型如图 8.7.3-1。

三维扫描技术将城堡的异型结构通过扫描将相关空间坐标、结构等参数信息获取出来，通过三维扫描，工作小组在深化设计前期及手工过程中解决了以下问题：

（1）通过点云模型与土建设计模型对比测量土建施工偏差。

（2）通过逆向建模模型优化装饰设计方案，提高图纸质量。

（3）通过复杂装饰空间扫描检查装饰施工质量。

图 8.7.3-1　点云模型

2. 装饰深化设计

作为主题公园的装饰项目，建筑装饰效果的首要因素就是装饰细节刻画。在深化设计过程中经常会发生设计立面、剖面图纸不全，无法全面反映立面整体信息。为此，项目在深化设计过程中对建筑整体立面进行了整体效果规划；以 BIM 团队为主导，经过"建模—沟通—改图—建模—开会讨论—建模"这一工作流程使装饰模型在制作过程中逐步接近建筑设计师真实的想法，深化设计人员和厂家设计人员在这个过程中反复进行深化设计和修改。通过不断沟通及交流，解决立面凹凸变化位置、形状、弧弦变化位置间的互相冲突，最终确定复杂的建筑整体立面效果（图 8.7.3-2）。

图 8.7.3-2　复杂外饰构件模型

在深化设计过程中，项目部除了进行模型的深化工作之外，同时安排具有丰富设计经验的专家检查模型，找出设计方案中的各种潜在问题或设计缺陷，写入专项会议，针对重点、难点的问题进行深入讨论，力求解决设计图纸中的潜在错误，大幅提高了设计质量。通过模型对装饰设计方案进行可行性分析，解决设计阶段无法发现的设计缺陷，减少施工过程中因图纸缺陷造成的变更及返工问题，辅助施工阶段工作的顺利进行。项目装饰BIM 深化设计的主要特点有：

1）BIM 模型与二维图纸的结合表达

由于城堡项目形态复杂，构件数量庞大，实时更新多，同时，通过模型出图经常会遇到细节表达不全等问题，比如塔上的 GRC 构件绝大多数是异形曲面的，造型极为复杂，GRC 构件与钢结构之间的连接件无法完整表达，造成这一问题的原因是由于模型出二维施工图以"切图"的方式进行，多数连接件都会被切成两半以致图形信息不全面，以上两点是模型与图纸结合表达中遇到最主要的问题，也是目前国内外都没有解决的深化设计问题（图 8.7.3-3）。

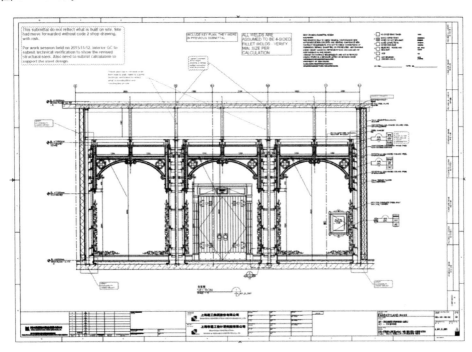

图 8.7.3-3　模型出图并修改设计

在具体实施过程中，项目部认为模型与二维图纸结合表达是复杂装饰造型实现的必要条件，在模型中应能看到完整的二维图纸，才可以全面了解到图纸表达的内容。因此项目部利用施工图纸与模型相结合，在 BIM 模型中添加深化的二维图纸。城堡项目中每一张二维深化施工图都能在 Revit 模型中找到，这是装饰 BIM 在工程应用中的重大突破，通过这种方式，不仅优化了项目图纸和文档的管理，也为施工、加工图的顺利绘制提供了有力的支持。同时，在后期运维阶段，运维方能够直接使用模型而非图纸去查看相关信息（图 8.7.3-4）。

2）装饰构件的分件与整合

建造工程中使用的艺术构件特点是形体庞大、形式复杂、数量众多，仅城堡一个单体就有近万件，每个构件都需要单独建模，然后再整合；另外还需要考虑每个加工件的生产运输及安装环节，这样的工作量和工作难度是前所未有的。项目部考虑到装饰构件需要加工、运输及安装的实际情况，将这类艺术构件分割成很多个相对细小或者形状规则的零件，将零件组合成一个完整的艺术构件，再将组合好的不同构件按照实际位置在城堡 BIM 模型上"安装"上去，形成了能辅助加工、指导施工的城堡外立面装饰模型。

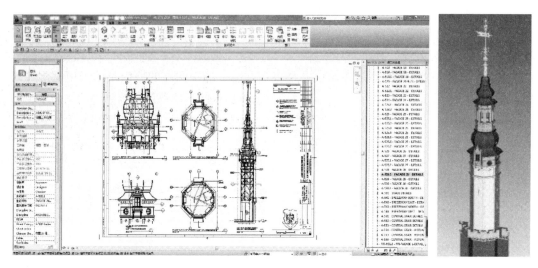

图 8.7.3-4　模型与图纸的结合表达

此外，在建模时，项目部对每个零件在建立时都设定了独立的可安装调试空间，这样无论施工现场环境如何复杂，控制在可控误差内都可以安全准确地进行安装施工（图 8.7.3-5）。项目部还对每一个复杂建筑装饰构件外表面面积进行较为精确的面积统计，相对人工计算而言提高了计算的速度和精度。每个构件都包含了产品的生产信息，包括生产厂家、生产成本造价等重要信息（图 8.7.3-6）。

图 8.7.3-5　多个不同构件"安装"到主体结构上

3）装饰构件与装饰连接结构的整合

在构件深化过程中，由于艺术构件造型复杂多样，形体庞大，安装精度要求极高，建筑设计师要求不可因结构连接问题而修改外立面的艺术构件，艺术构件与主体结构如何固定安装是一个需要重点关注的问题。所以在整合装饰构件时应首先将连接件和装饰构件进行整合。观察装饰构件与结构之间形成的空间形态，设计最适合的钢结构连接件。在模型整合时需要非常严谨，尤其是与结构连接的地方，往往遇到问题时会调整混凝土结构和钢结构来满足外饰构件的观感需求（图 8.7.3-7）。

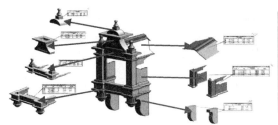

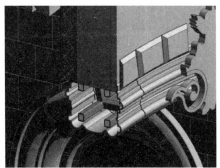

图 8.7.3-6 老虎窗分件产品信息以及面积单价

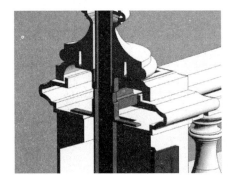

图 8.7.3-7 装饰构件与背附钢架和连接件的整合调整

3. 各专业间碰撞检查

装饰专业内部模型整合完毕后，要根据流程（8.7.3-8）进行碰撞检查，检查各构件信息的准确性。BIM 团队需要把装饰 BIM 模型和其他专业 BIM 模型如主体结构模型进行整合，以便进行各专业间的碰撞检查。但在实施过程中遇到的问题有：第一，不能及时整合导致建模工作没有产生价值；第二，各专业运用的建模软件有所不同，模型文件格式多样，需要在一个平台上进行整合。

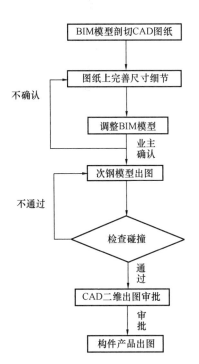

图 8.7.3-8 碰撞检查流程图

针对上述问题，项目部主要抓住以下两个方面：

（1）必须保证时效性。随着工程不断地进行，施工图也是跟着不断修改的，所以 BIM 模型不可能从头到尾毫无变化，每次修改都可以解决现有的一些问题，但同时也可能出现新问题，如果不能保证各专业整合模型的实时性，那么模型整合将变得毫无意义。

（2）必须使用一个统一的模型整合平台。项目中不同专业使用的 BIM 设计软件各不相同，如建筑、结构、机电专业使用的是 Revit 软件。装饰专业所用软件较其他专业而言种类更多，除了 Revit 以外，还有 Tekla、Rhinoceros、3ds Max 等软件作为辅助使用，这就使模型整合必须选择一个可以兼容所有软件格式

的平台，项目经讨论及反复测试后决定运
用 Navisworks 来整合各专业模型。

在碰撞检查的过程中，所有的信息
（包括艺术构件产品的厚度、挂点的位置、
加强肋的位置、主钢次钢）已全部合并到
一个 BIM 模型内，因此就可以很容易地
找出装饰表皮、钢构件、混凝土结构之间
产生的碰撞问题，这样就可以进行最后的
修正，形成完整的外饰面造型以及二次结
构的深化设计工作（图 8.7.3-9）。除了装
饰面层、支撑体系外，还有其他零星构件
需要在深化设计过程中进行碰撞检查并与
各专业协调。如天沟的安装、栏杆的布
置、防水的要求、避雷系统的设置，这些
构件往往会影响整个建筑装饰的效果。

图 8.7.3-9　塔楼区域钢结构与装饰面层协调

4. 装饰 BIM 模型出图

项目部在开始模型出图工作前，根据项目的自身特点协调各专业召开会议，确定统
一的项目出图标准，并制定详细的工作流程，要求各参与单位严格按照此流程进行
操作。

1）外立面装饰模型出图

应业主设计师的要求，城堡外立面装饰图纸必须基于模型出图（图 8.7.3-10），外立
面模型出图流程如下：

（1）依据《雇主 Revit 标准》的 BIM 出图要求和业主设计师的沟通，BIM 工程师根

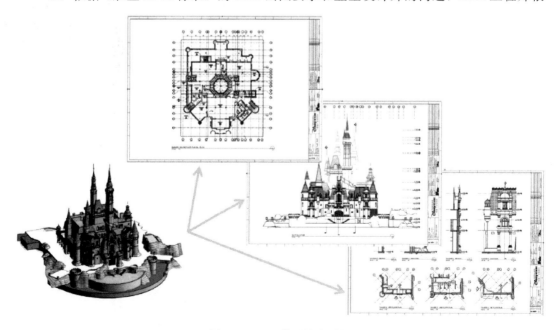

图 8.7.3-10　模型导出图纸

据要求切出建筑设计 BIM 模型的外立面图纸，此时的图纸只作为深化设计的底图（即建筑轮廓图）。

（2）深化设计团队在底图基础上进行更细致的绘图工作，完成深化设计工作。

（3）将各专业整合起来，并切出二维图纸，随 BIM 模型一起上传审批。

由于软件功能限制，直接由模型导出的图纸很可能缺失线条，一般无法将零件或构件模型做得十分精确，如艺术构件的花纹肌理和屋面瓦片等。直接使用模型导出的图中有很多杂线，图案填充、线条问题也有很多。因此由模型出的图纸必须经过二次加工才能使用。在项目中，经过多方面协商，再考虑到 BIM 出图的优缺点，最终设计师确定装饰施工图立面图须完全由 BIM 模型导出，平面图、剖面图外轮廓必须由 BIM 模型导出，节点以及详图则是直接在 AutoCAD 中绘制。

2）次钢结构模型出图

在装饰支撑体系（包括次钢结构、轻钢龙骨隔墙等），大多都是使用 Tekla 软件直接进行深化设计的，在 Tekla 中完成模型后可直接导出 CAD 图纸，只需对其进行图层、标注等稍作修改，即可作为上传图纸使用。钢结构零件编号、长度等其他参数可以直接通过 Tekla 模型导出成一个固定格式的电子表格，作为料单发给厂家以进行材料加工。该项目在 Tekla 中进行装饰专业次钢结构模型出图的步骤如下：

（1）将土建、装饰表皮、MEP 等模型导入软件中作为参考。

（2）根据专业厂商的建议，全面考虑施工误差问题，对钢结构进行建模。

（3）建模过程中对每根构件进行编号以便后续出图工作。

（4）在 Tekla 中导入图框和出图设置，然后直接在模型中切出次钢的布置图。

（5）一些特殊构件则需要单独出具加工图以便工厂进行加工。

以上工作都可使用软件自动完成，如得到的 CAD 图纸有不够完善的地方，则需要深化团队对图纸进行美化和标注等工作。

5. 施工方案模拟

项目施工过程中，城堡塔尖脚手架由落地脚手及临时工作平台两个部分组成。为满足金属塔身吊装就位后高空中后续装饰作业的操作要求，需要沿塔身从下至上、配合塔尖造型的变化搭设操作脚手架。因此，在方案编制的时候，项目部通过模型导入至 Navisworks 软件进行检查，确定立杆的位置，并且找出立杆与设备基础、风管碰撞的地方，然后做出相应的调整。

如图 8.7.3-11，通过 BIM 模型来定位脚手架拉结位置。脚手架的架体拉结巧妙利用了塔身频闪灯和塔上镂空造型的孔洞，采用钢筋焊接于塔身主体钢构的连接形式，让脚手架与主体钢结构之间形成了有效的硬拉结。频闪灯在塔身上呈螺旋上升布置，且间距较为均匀，基本满足架体拉结的需要。局部无频闪灯部位，利用塔身上的窗洞和局部装饰构件开孔进行弥补。最终，将脚手架模型与外立面模型整合好，然后通过碰撞检查来确定了立杆位置。

6. 施工进度模拟

城堡外立面施工工序繁多，并且与其他专业例如钢结构、假山、机电等同时施工，因此在施工计划基础上既要考虑平行交叉作业又要考虑各种工序的先后关系；同时在该项目中，应业主要求需要在整体进度计划基础上，需要提交月计划、周计划；并且配合计划需

图 8.7.3-11　通过 BIM 模型来定位脚手架拉结位置

要对现场实物信息及时更新，且现场计划处在不断变更中，这就需要进行施工进度模拟的模型信息随着计划的变更而变更（图 8.7.3-12）。

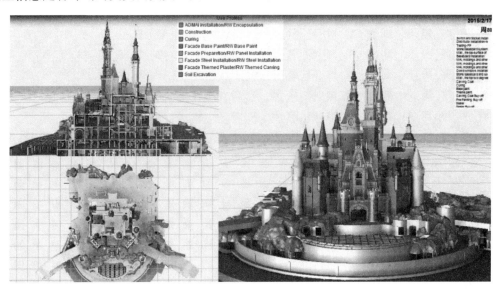

图 8.7.3-12　施工进度模拟模型

该项目采用 Synchro 软件对外立面的施工进行进度模拟，通过该软件的进度计划表与 OrArchicadla Primavera（P6）联结，然后绑定模型。由于 Synchro 与 P6 之间有联动关系，可以随着现场计划的改变而做调整。

7. 施工吊装模拟

城堡在产品吊装面临的问题主要有施工安全影响、产品保护影响、施工效率影响、设计与施工实际的空间冲突等。结合 BIM 的 4D 施工模拟，可以有效帮助方案设计人员发现空间冲突，改善安装方案，为产品安全安装，为施工的安全、高效、经济提供有力保障（图 8.7.3-13、图 8.7.3-14）。

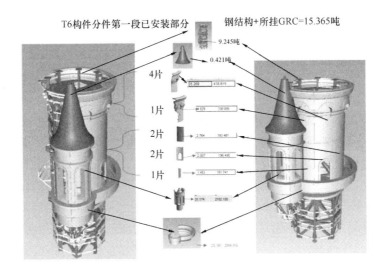

图 8.7.3-13　塔吊各阶段吊装

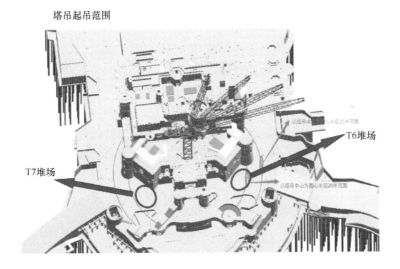

图 8.7.3-14　经过反复模拟后确定的可行性堆场

8.7.4　项目 BIM 应用总结

传统的二维图纸无法表现出城堡的设计造型与风格,因此针对该项目的设计施工难点,成功应用 BIM 技术辅助设计建造,应用成果获得了美国建筑师协会"AIA"颁发的"全球年度 BIM 大奖"。图 8.7.4-1 为项目竣工效果。该项目 BIM 团队通过该项目的 BIM 实施工作,归纳总结了 BIM 技术在此项目上的实施经验:

1. 项目管理

BIM 技术贯穿了该项目城堡设计及施工的全过程,解决了困扰传统装饰项目管理的两大难题——海量基础信息全过程分析和工作协同,真正实现了信息的集成化。通过有效

应用 BIM 技术，在该项目中降低了 30％
以上的设计变更，并将施工现场的劳动生
产率提高 20％～30％。

2. 质量控制

通过模型及时更新、碰撞，减少
"错、漏、碰、缺"现象，通过模型会审，
提高施工图质量。协调会议利用模型进行
可视化交底、协调，提高沟通效率和质
量。利用 4D 模拟重、难点施工方案、工
序，指导施工。各参与方利用 BIM 模型
现场查看，比对施工，查找施工质量问
题，有效控制了施工质量。

图 8.7.4-1　竣工效果

3. 进度控制

各专业、各阶段模型间充分协调，最大程度避免了工期延误。针对计划进度进行可视
化 4D 模拟，配合进度计划方案进行讨论、变更；将实际进度与计划进度可视化比对，辅
助计划偏差分析。各阶段都能利用模型提高工作效率，节省了工期。

4. 成本控制

通过各阶段、各专业模型进行充分协调，降低现场返工成本。利用模型辅助工程量统
计；对工期严格监控，做到了成本动态管理。

5. 安全控制

通过进行施工临界、临边设置可视化建模，包括施工维护脚手架、井道、控制、故障
自动保护系统等建模工作。进行消防、火警、灭火器、材料防火等精细建模。对结构安全
性、机械安全性、运行安全性、施工安全性的施工吊装方案进行模拟；进行安全范围模型
碰撞模拟及方案讨论；并按结构规范进行计算、复核。应用 BIM 技术，有效提升了项目
安全控制能力。

8.8　综合大厦装饰项目 BIM 应用案例

该项目为国内最早的从零起步开始应用 BIM 技术的装饰工程案例之一。该工程为超
高层摩天楼，外形独特，规模庞大，参建单位众多，需要传递海量信息。装饰专业的
BIM 应用选择了部分重点空间进行了全过程应用，积累了宝贵的经验。

8.8.1　项目概况

1. 项目简介

该项目位于上海浦东陆家嘴，总高度 632m，总建筑面积 57.6 万 m²，建成后为上海
最高的摩天大楼。全面建成启用后，与金茂大厦、环球金融中心等组成新的和谐超高层建
筑群，形成陆家嘴中心区新的天际线（图 8.8.1-1）。该案例为项目的装饰工程部分标段，
主要包含裙房大堂和塔楼标准办公层，面积共计 92000m²，深化设计从 2012 年 12 月就开
始，施工合同工期从 2013 年 6 月到 2014 年 11 月共 10 个月。

图 8.8.1-1　本项目及周边区域

2. 项目重难点

该项目是当时世界上最高的绿色建筑，也是中国第一座同时获得美国 LEED 认证与中国绿色三星认证的建筑。加上超大体量和独特的设计外形，势必对建设团队提出诸多的高规格要求和标准，建设团队主要面临如下几方面的挑战：

1）系统复杂，协同作业单位众多

主要系统就包括 8 大建筑功能综合体、7 种结构体系、30 余个机电子系统、30 余个智能化系统。建设团队包括建筑、幕墙、机电、装饰、消防等 30 余个咨询单位和施工单位。这些系统和单位既相互联系，又有一定的独立性；既相辅相成，又常常出现矛盾。这对装饰项目团队的统筹协调和有效管理提出了很高的要求。

2）大量的创新设计和理念

该项目采用了众多先进的设计理念。比如幕墙系统、公共中庭设计、扭曲向上缩放的建筑形态等，对工程设计、施工、管理提出了不小的挑战。

3）质量要求高、工期紧

作为标杆工程，该项目的质量要求远高于普通工程，且约 9 万 m^2 的室内施工内容要在 10 个月内高质高效地完成，仅仅依靠以手工为主导的传统装饰施工无法满足工程的高要求，必须借助更加工业化的手段来解决这一难题。

4）海量信息的有效传递难度大

施工过程中多方协同信息量大、施工内容繁复，交接面众多，导致大量的图纸、联系单以及后期运维所需的数据量非常庞大。如果按照传统纸质的文件进行管理和传输，其效率远远达不到工程管理所需要的要求，这就需要对大量的数据进行有效的存储和动态的信息管理。

针对这些施工及管理挑战，建设方引入 BIM 技术，在设计阶段基于 BIM 模型进行大量的模拟分析，达到精细化设计要求，施工阶段进行各专业间碰撞检查、施工模拟分析以及增加工厂预制，实际和施工过程中形成的模型和信息为后面的运营维护提供了帮助。

8.8.2　项目 BIM 应用策划

该项目的管理模式定位为"建设单位为主导、参建单位共同参与的基于 BIM 技术的精益化管理模式",即建设方主导大厦各阶段的 BIM 应用,装饰企业负责工作范围内的 BIM 应用与实施。

1. 实施目标

针对项目难点,BIM 团队共确定以下目标:

(1) 利用三维可视化解决装饰专业其他专业综合协同的难题;

(2) 针对装饰复杂造型进行参数化和协同设计,提升设计品质和效率;

(3) 制定工业化装修路线,提升施工品质和效率;

(4) 通过模型数据的整合对上下游数据信息进行有效传递和衔接。

2. 团队职责

装饰 BIM 团队架构见图 8.8.2-1。要负责其标段范围内的 BIM 模型的创建、维护和应用工作,如碰撞检查、施工模拟等,并受总包单位的管理和协调。项目结束时,装饰单位应提交真实准确的竣工 BIM 模型、BIM 应用资料和相关数据等,供业主及总包商审核和集成。装饰 BIM 团队需参加两周一次定期举行的各方 BIM 工作会议,讨论并解决模型创建,模型生成 BIM 成果,模型指导施工等过程中的各种沟通及技术问题。

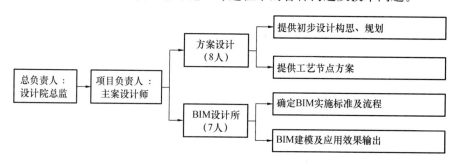

图 8.8.2-1　项目 BIM 团队架构

3. BIM 软件实施技术框架

建设方指定 Autodesk Vault Professional 为项目统一工作的协同管理平台,经过施工过程中的不断总结完善,建设方形成了图 8.8.2-2 中的软件实施技术框架。

装饰 BIM 模型创建、维护、更新后需实时整合到项目协同管理平台中,因此,装饰专业软件配置如表 8.8.2-1。

装饰专业软件配置表　　　表 8.8.2-1

序号	软件类型	软件名称
1	点云处理	SCENE、Geomagic Qualify
2	三维建模	Revit、Rhino、Grasshopper
3	模型整合和动画	Navisworks
4	二维绘图	AutoCAD

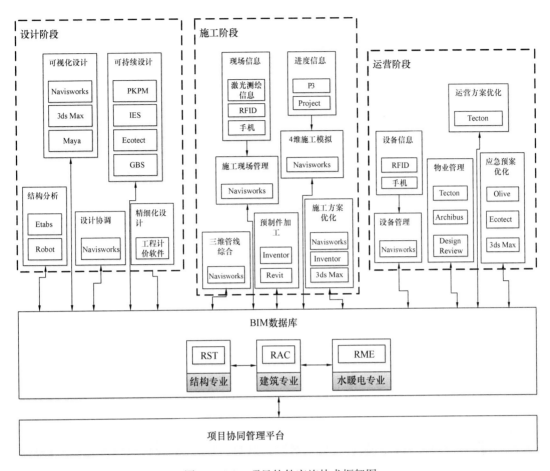

图 8.8.2-2　项目软件实施技术框架图

8.8.3　项目 BIM 应用及效果

1. 装饰深化模型创建与整合

1) 异形模型创建

该项目扭曲 120°向上缩小的建筑形态导致了每一层的平面都不一样，在局部区域，如一层办公大堂、B2 公共大街等区域有其各自独特的设计理念和造型，如此庞大数量的建筑体量和独特的造型，给室内设计和室内施工都带来了巨大的挑战。所有涉及的区域其装饰造型都必须创建模型，进行参数化、可视化设计才能保证空间效果的完美还原。

例如该项目一层办公大堂的天花部分是一个从五层倾斜到二层的整体金属结构，设计理念是营造出一个形体如天幕一样的空间，把自然的天空引进大堂，增加整体空间的纵深感如图 8.8.3-1。

从平面形态分析可以看出，所有的板块都是类三角形，并且每一圈关系都是同心圆；从空间形态上分析，它的整体则是一个盆型结构；因为所有的三角板块都处在间距 500mm 的不同的同心圆中，存在很强的数学逻辑关系，故在上游结构模型基础上，采用 Rhinoceros 和 Grasshopper 参数化方式创建装饰模型（图 8.8.3-2～图 8.8.3-4）。

图 8.8.3-1　办公大堂室内效果图

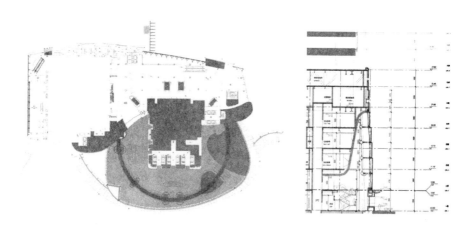

图 8.8.3-2　办公大堂平面图及剖面图

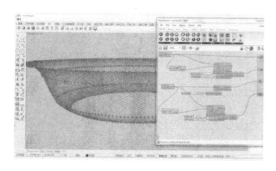

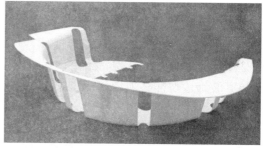

图 8.8.3-3　Rhinoceros＋Grasshopper 参数化建模　　　图 8.8.3-4　办公大堂室内模型

2）标准模型创建

而像标准办公层这类区域，虽然设计造型较为规整，功能相对简单，但其涉及的专业、材料、工艺依然众多，需要大量复杂的细节处理，所以针对类似这种区域的 BIM 模型创建，更多的是将琐碎的零件整合成模数化的单元，利用单元组合大大提高施工效率，如图 8.8.3-5。

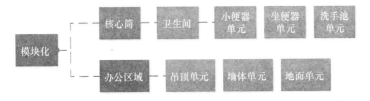

图 8.8.3-5 标准办公层单元组合模块化流程

比如核心筒卫生间，将坐便器隔断零部件整合搭建后导入坐便器隔断单元，最后在绘制整体楼层模型时再将模块化的隔断导入整体楼层模型中，类似 CAD 块的运用（图8.8.3-6）。

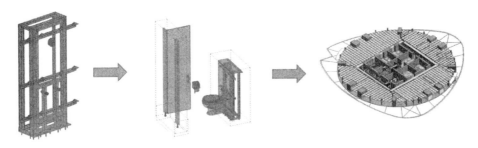

图 8.8.3-6 模块化整合

为了模块化整合的顺利进行，也为了将来得到更加精准的概预算数据，在模型建立之初，首先建立了大量的零件族，如图 8.8.3-7。

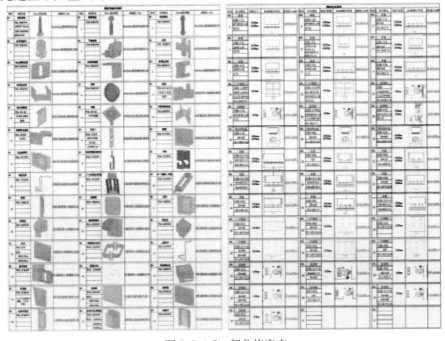

图 8.8.3-7 部分族库表

而在完成各种复杂的单元模块和族的构建时，就需要对室内装修节点详图做到充分的理解，因此在 BIM 实施前期，需要投入大量时间研究和分析每一个节点详图。可以直接用 Revit 的爆炸图功能生成分析图（图 8.8.3-8），在分析节点的同时，也可以进一步优化节点详图，为后续工作提供便利。

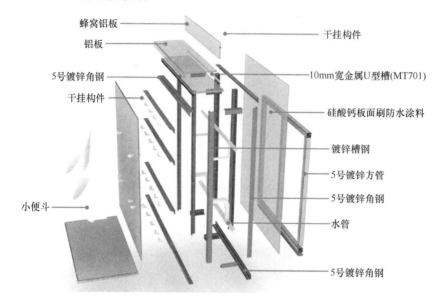

蜂窝铝板
铝板
5号镀锌角钢
干挂构件
小便斗

干挂构件
10mm宽金属U型槽(MT701)
硅酸钙板面刷防水涂料
镀锌槽钢
5号镀锌方管
5号镀锌角钢
水管
5号镀锌角钢

图 8.8.3-8　卫生间节点三维爆炸分析图

2. 综合碰撞检查

BIM 模型初步创建后，还需要在 Navisworks 等平台上将进行进一步的检核和调整，力求达到模型和现场的高度统一，实现模型即现场。碰撞检查大体上可分为模型与模型的碰撞检查，模型和点云模型碰撞检查，前者多用于专业间模型的模型碰撞，后者用于装饰模型与现场尺寸的复核调整。

首先将室内装饰的各区域模型整合在一起，对装饰 BIM 模型进行整体检查，梳理各区域之间装饰模型的对接、收口等有无问题，如图 8.8.3-9。该步骤能暴露出二维深化图纸无法发现的偏差和缺漏。

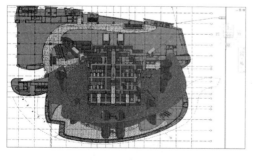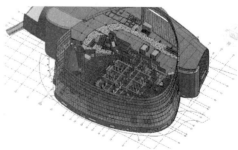

图 8.8.3-9　装饰 BIM 模型整合检查

其次，要将装饰 BIM 模型和其他相关专业的 BIM 模型（如幕墙、机电、钢构等）进行碰撞测试。各专业设计图之间难免会出现尺寸、位置等方面的"打架"冲突问题，这些工作单单对二维图纸进行对比检核，工作量极为庞大，并且难以发现所有问题。而通过 BIM 模型的综合碰撞，则能极为快捷方便的发现碰撞问题，并实时调整，如图 8.8.3-10。

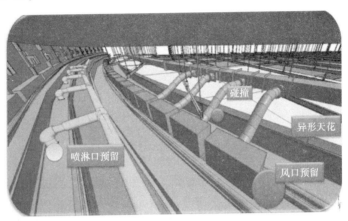

图 8.8.3-10 多专业模型碰撞

接着还需要将初步碰撞调整的模型和现场点云数据进行匹配测试，真正地将 BIM 模型 1∶1 模拟装配到现场中，提前发现传统施工时只有在过程中才能发现的问题，避免以后的返工（图 8.8.3-11、图 8.8.3-12）。

图 8.8.3-11 现场扫描点云示例

图 8.8.3-12 模型匹配示例

通过BIM模型可视化的施工模拟、一一复核，能轻松实现在设计阶段提前考虑施工的解决方案，并通过进一步的优化确保可实施性。对业主、设计、施工以及未来的运营都带来了巨大便利。模型与模型、模型与点云之间的碰撞测试是多次重复、穿插进行的，只有经过多次复核、调整、优化，才能将模型变得完善和精细，才能真正做到以模型指导施工。

3. 隐蔽工程深化设计

对于复杂的现场情况和高标准的设计要求，有效的策划尤为重要。BIM技术在本项目的施工策划上发挥了重要作用，通过BIM可视化、可模拟的特点解决了大量的施工和工艺难题。尤其是对类似吊顶空间内复杂的隐蔽工程做好深化设计，提前规划，对后期施工非常有益。

例如在多功能厅的设计中，大量的舞台设备要放置在吊顶内部，且要有足够的空间设置马道，方便后期人员的维修。因此马道的设置需要充分考虑设备的检修方向和位置，这就增加了内部设备、吊顶标高、钢架反支撑系统以及检修马道几个因素综合协调的困难。BIM组利用模型进行多方案的尝试、调整，多次论证，得出转换层与吊顶标高的关系对容易碰撞的部位，有效控制净高，最终保证了在施工过程中马道安装一次成型（图8.8.3-13）。

图8.8.3-13　检修马道设置调整

4. 施工工艺模拟

该项目一层大堂金属天花板块施工工艺利用深化设计BIM模型进行了论证模拟。天花板安装关键在于精度的控制：加工精度、测量精度、安装精度都要进行有效把控。另外施工误差的解决方式，板块分缝的大小，施工可实施性与室内设计效果的整体性把握都需要提前论证。通过对楼板的复核、放线定位、竖梃的定位安装；竖向龙骨的定位安装；横向龙骨的定位安装；三角板的定位安装，详细演示了工艺过程。论证结果，板块数量比方案设计阶段增加了2.5倍。该案例提前考虑施工的解决方案，优化设计，确保可实施性，对于各参与方带来了便利，同时节省了资源，也大大提高了效率（图8.8.3-14）。

5. 饰面排版材料下单

该项目的装饰面层材料众多，收口繁杂，且含有大量的异型造型，这对于材料的排

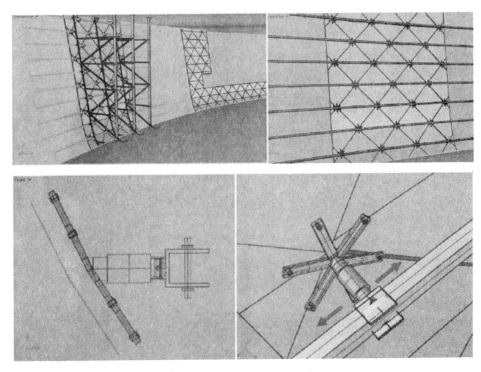

图 8.8.3-14　上海中心一层大堂金属天花板块施工工艺模拟

版、下单工作带来了极大的困难。如何高效、精准地进行材料的梳理下单，是 BIM 工作开展之初就开始考量的问题。

在调整优化后的 BIM 模型中进行面层材料的梳理排版十分快捷方便，且能实时把控整体效果。因为模型中已整合其他区域的模型单元，在排版下单时即可综合考虑现场情况，协调确定施工顺序、起始位置等。

例如办公大堂的地面拼花石材，在考虑整体拼花的同时也要考虑与扶梯、核心筒等区域的交接，如图 8.8.3-15。下单时在办公大堂的模型中进行综合排版，优化方案，确定起铺点，如图 8.8.3-16。

图 8.8.3-15　地面石材需考虑与其他区
域的交接收口

图 8.8.3-16　综合排版

对于异型区域的材料下单工作，可结合使用 Rhinoceros 和 Grasshopper。采用参数化建模方式，不仅明显节约建模时间，同时提高了方案修改调整的效率，因为一旦有机形体整体与局部间的数学关系建立，每一个局部参数的变动都能自动改变整体，例如办公层波浪形铝板吊顶下单，如图 8.8.3-17 和图 8.8.3-18。异型版下单可用 Grasshopper 对每块板进行编号，并导出 DWG 图纸，供生产加工企业使用，在保证精确的前提下，明显减少工作量，如图 8.8.3-19。

图 8.8.3-17　办公层波浪形铝板吊顶

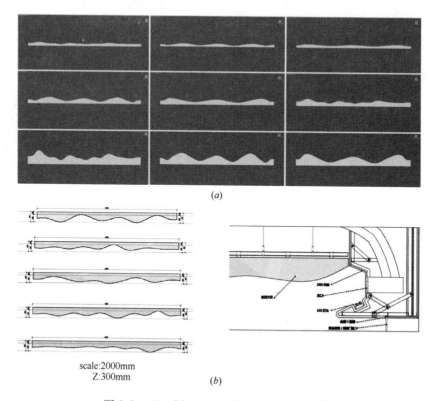

(a)

scale:2000mm
Z:300mm
(b)

图 8.8.3-18　Rhinoceros 和 Grasshopper 下单

在模型下单的同时即可对各个规格的板材进行统计，得出精准的用料用量，方便后期把控。并且每块材料的编号、属性信息可以生成二维码，利用二维码系统，对材料生产、

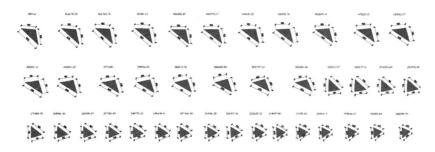

图 8.8.3-19 大堂三角板编号下单

包装、库存、发货及现场调度进行实时把控（图 8.8.3-20～图 8.8.3-22）。

区域	楼层	分项名称									
		天花部分									
		[天花-灯具]板块			[天花-铝板]板块			[天花-风口]板块			1800*840mm 标准板数量（块）
		板块预览	板块尺寸（mm）	板块数量（块）	板块预览	板块尺寸（mm）	板块数量（块）	板块预览	板块尺寸（mm）	板块数量（块）	
转换层	35F										
	36F										
四区	37F		1200*500	700		1200*520	122		变化	522	
	38F			137			88			70	590
	39F			187			111			94	784
	40F			184			109			94	774
	41F			179			108			93	760
	42F			182			111			94	774
	43F		1800*1800	183		1800*1800	111		1800*1800	101	790
	44F			179			113			102	788
	45F			179			109			102	780
	46F			179			110			101	780
	47F			179			109			102	780
	48F			179			109			101	778
	49F			172			110			91	746

上海中心二区-六区（37F-81F）办公区BIM数据统计

图 8.8.3-20 材料数据统计

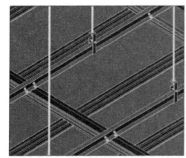

图 8.8.3-21 顶面铝板信息二维码　　　　图 8.8.3-22 二维码数据采集器

6. 三维数字化测绘及定点

没有精准的现场数据，就不能得到完美的装饰施工效果。在装饰 BIM 施工时，可以运用数字化施工技术，精准快捷地将模型数据反馈到施工现场。

经过综合碰撞调整后的 BIM 模型是完全满足现场施工的，在模型中提取所需的面线数据、安装点位数据、控制分区数据等，通过全站仪，进行取点、放点，实现 BIM 模型中的点位坐标与施工现场位置的精确转换，达到模型与现场的高度一致，实现精细化施工（图 8.8.3-23～图 8.8.3-25）。

图 8.8.3-23　全站仪　　　　　　　　　　图 8.8.3-24　提取的点位数据

　　除了面线施放、安装定点，还需实行过程检核把控，通过全站仪、扫描仪现场数据采集，与 BIM 模型、图纸进行比对，实时发现并消除偏差，保证装饰效果，如图 8.8.3-26、图 8.8.3-27。

图 8.8.3-25　办公大堂三角铝板安装现场照片　　　　图 8.8.3-26　用全站仪检测平整度

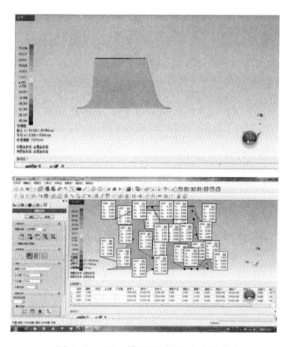

图 8.8.3-27　模型和点云比对报告

8.8.4　项目 BIM 应用总结

该案例简单介绍了上海某超高层大厦项目装饰 BIM 的运用。通过项目实践和应用，结合项目制定的 BIM 标准流程和数据标准，装饰 BIM 的应用在项目设计及施工过程中体现了巨大的优势，大致有以下几点：

（1）利用模型可对各界面收口、异形曲面等进行精确的尺寸定位和深化设计排版下单。

（2）利用模型模拟施工工艺和施工方案，提前暴露问题，并解决深化设计的不足。

（3）最大程度实现模块化，对整体施工用料有初步统计，并大幅度提高施工效率。

（4）结合数字化施工，精准把控施工精确度，保证施工质量和效果，提高施工效率。

目前装饰 BIM 的应用还处于初级阶段，还不能消除设计与施工过程中的所有问题；项目各方企业在 BIM 方面的投入还需增加，比如该项目在面对高劳动强度的翻模工作和构建族构件时，团队人员少的问题就暴露出来了；在项目 BIM 应用过程中，BIM 设计人员与施工人员的沟通协调方式也需进一步优化。

BIM 已经成为实现装饰施工模块化、标准化的重要推动力量，相应地也对装饰设计与施工也提出了更高的要求。相信在国家大力推行绿色建筑的大背景下，模块化、标准化的运用会越来越普及，在未来的施工建设领域中发挥更大的作用。

8.9　地铁装饰项目 BIM 应用案例

地铁是典型的线性工程，该项目是基于 Revit 建模的公共基础设施地铁装饰 BIM 应用案例。地铁装饰功能性要求高，多专业协调配合量大，BIM 技术能加快地铁装饰工程的顺利实施，提高施工效率，降低施工成本。该项目 BIM 技术的应用点主要体现在方案优化、碰撞检查、三维可视化技术交底、材料统计、饰面材料排版下单、机电末端协调配合、标识标牌定位展示、现场管理、族库二维码共享平台及积累常用族库文件等方面，在应用过程中取得了较好的经济效益和社会效益。

8.9.1　项目概况

1. 项目简介

深圳市城市轨道交通 9 号线项目，线路全长约为 25.38km（图 8.9.1-1），全部为地下线路，共设 22 座车站（其中 10 座换乘站），一座车辆段及一座停车场。装饰项目合同工期从 2014 年 10 月到 2016 年 9 月，共 23 个月。

图 8.9.1-1　深圳市城市轨道交通 9 号线工程路线

项目 BIM 应用包括土建、机电、装饰装修等多专业。土建 BIM 应用主要根据建筑及结构施工图及部分实测数据进行深化设计，机电 BIM 应用重点是根据机电专业管线综合布线图进行深化设计，即对各专业管道管线等标高及管线走向进行汇总，综合排列和布置复杂部位各专业的管线和设备。装饰 BIM 应用主要是对天花、墙面、地面、装饰柱、三角站房、机电末端、导示牌以及饰面排版等的深化设计和应用（图 8.9.1-2、图 8.9.1-3）。

2. 项目重难点

地铁工程有其特殊之处，该工程重难点体现在：

（1）管理要求高

地铁建设是一项施工战线长、管理协调难、运营风险高、社会责任大的大型工程，项目进度制约点和各参建方相互交叉作业众多，情况复杂，对装饰施工组织和管理要求严苛。

图 8.9.1-2 站厅效果图

图 8.9.1-3 站台效果图

（2）协同工作难

地铁工程属于地下工程，建筑结构多变、空间狭小、管线众多且线路复杂，装饰专业与机电专业如果配合不当，将会造成材料过度损耗、人工浪费、工期拖延等，容易造成很大问题，所以对于装饰与管线的提前进行碰撞优化时需要更加全面地考虑。

（3）材料供应慢

该项目作为投资融资一体的 BT 项目，材料大部分采用甲供或甲控乙供的模式，材料下单流程审批慢、材料供应滞后等因素影响施工进度。

在这种情况下，传统的信息沟通和管理方式已经远远不能满足要求。采用 BIM 技术，在一定程度上能优化项目各相关专业承包方之间的协作方式和工作流程，并且协助工作人员现场管理，解决项目实际问题。

8.9.2 项目 BIM 应用策划

1. 实施目标

（1）通过 BIM 技术的应用有效解决项目实施中的重难点问题。

（2）通过 BIM 技术的应用提升项目的管理水平，达到提高施工速度、减少材料浪费及设计变更等目的，从而有效地降低施工成本，提升项目利润。

（3）通过 BIM 技术推广应用，来探索改变原有项目施工管理模式。

2. 组织架构

该项目 BIM 应用组织架构如图 8.9.2-1 所示，总包方深化设计小组 BIM 工作组副总工负责 BIM 小组管理，统一协调 BIM 各相关方，如各专业 BIM 负责人、现场责任工程师小组、设计协调部等。标段深化设计团队需各专业配置熟练掌握本专业业务、熟悉 BIM 建模、熟悉软件操作的人员。

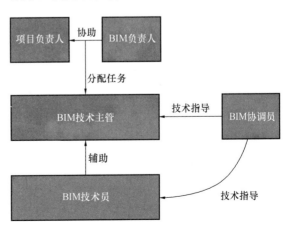

图 8.9.2-1 BIM 组织构架

341

3. 软硬件环境配置

（1）针对项目的特点，采用以下主要软件，见表 8.9.2-1 软件配置。

软 件 配 置

表 8.9.2-1

序号	软件	专业功能
1	Revit 2014	建模
2	Navisworks 2014	协调管理
3	Lumion 5	工艺模拟、漫游
4	Autodesk Forge	浏览、查看模型、协同工作

（2）针对上以应用软件，硬件建议采用以下配置，见表 8.9.2-2 硬件配置。

硬 件 配 置

表 8.9.2-2

配置需求	标准配置	高级配置
以 Revit 为核心	操作系统：Microsoft Windows 8 64 位	操作系统：Microsoft Windows 8 64 位
	CPU：多核 intel Xeon 或 i-Series 处理或性能相当的 AMDSSE2 处理器	CPU：多核 intel Xeon 或 i-Series 处理或性能相当的 AMDSSE2 处理器
	内存：16GB RAM	内存：32GB RAM
	显示器：1680×1050 真彩	显示器：1920×1200 真彩
	显卡：支持 DirectX 10 及 Shader Model3 显卡	显卡：支持 DirectX 10 及 Shader Model3 显卡

4. 应用点策划

该案例策划主要实现以下 BIM 应用：

1）优化方案设计

装饰项目部按照施工图纸建立施工图设计模型，对设计方案进行调整优化。

2）创建深化设计模型

根据施工图设计模型，建立施工深化 BIM 模型，模型涵盖建筑结构、机电安装及装饰装修模型。该模型的建立为"错漏碰缺"检查及设计优化、管线施工综合排布、四维施工模拟和主材工程量统计等后续工作提供基础模型。

3）碰撞检查

根据深化 BIM 模型，查找图纸中出现的"错漏碰缺"问题，找出各专业间存在的问题，如装饰与结构之间、装饰与机电之间和装饰自身等的碰撞问题，根据存在的问题导出碰撞检查报告，提出设计优化建议，一方面可以提高设计单位的设计质量，另一方面避免在后期施工过程中出现各类返工引起的工期延误和投资浪费。

4）管线综合优化

根据创建的 BIM 三维模型协助业主和设计单位找到最优的解决方案；综合管线布置前、后的净高比较，为走廊以及管线复杂区域提供剖面图，三维图以及整层的综合图来综合反映，保证吊顶标高的净空。

5）精装配合

根据装饰 BIM 模型，检查天花标高与机电管线碰撞问题。利用 BIM 技术对特殊构造部分优化排版，辅助材料排版下料，有效提高工作效率及下料准确性。

6）技术交底

利用 BIM 模型，对重难点施工工艺和施工方案模拟，对关键节点重点交底。

7）材料管控

利用搭建完成的装饰深化设计模型，直接生成主要材料的工程量，辅助物资管理和工程造价的概预算，减少重复的算量工作。

8）协同管理

地铁工程参与方和实施专业都比较多，协同工作必不可少。利用 BIM 软件及 BIM 协同平台 Forge 确保各专业的无缝衔接和协调配合，各专业的空间布置科学合理，保证现场正常有序施工，避免在施工进程中出现不必要的返工，造成人力、物力、财力的浪费。

8.9.3 项目 BIM 应用及效果

1. 方案设计优化

项目部建立了吊顶原有施工图设计模型，通过漫游发现原有铝方通天花的龙骨显露在外面，影响装饰效果。因此，与甲方商讨后对原有天花吊装方案进行优化，龙骨被调整设置在铝方通上方并平行铝方通，将龙骨隐藏起来（图 8.9.3-1、图 8.9.3-2）。

图 8.9.3-1　原有吊装方案

图 8.9.3-2　优化方案

2. 碰撞检查与净空优化

在装饰 BIM 深化设计模型完成后，需与机电安装模型进行模型整合。项目部提交装饰 BIM 模型，总包利用 Navisworks 进行碰撞检查，发现很多专业管线与装饰天花标高冲突的问题，这就要求装饰装修专业与管线专业进行密切配合，运用 BIM 技术，将所有标高冲突的问题提前解决。

应用 BIM 技术，尤其是利用碰撞检查技术，项目消除了 40％的预算外变更，通过及早发现和解决冲突降低了 10％合同价格，同时，还减少了返工。另外，提前查找和报告在工程项目中不同专业空间上的冲突，节约了大量时间（图 8.9.3-3、图 8.9.3 4）。

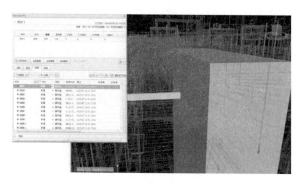

图 8.9.3-3　吊顶与土建碰撞

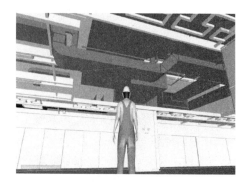

图 8.9.3-4　风管与吊顶碰撞

以梅村站为例，通过对装饰模型与机电模型的链接整合，发现普遍存在吊杆与风管碰撞。针对这些碰撞问题，首先由机电安装专业对其管线进行调整，确实难以调整之处，建议采用了钢架转换层以避免此类碰撞问题（图 8.9.3-5）。

Logo　碰撞报告

鹿丹村站站台层碰撞检测报告	公差	碰撞	新建	活动的	已审阅	已核准	已解决	类型	状态
	0.001m	1061	1061	0	0	0	0	硬碰撞	确定

								项目 1				项目 2			
图像	碰撞名称	状态	距离	网格位置	说明	找到日期	碰撞点	项目 ID	图层	项目名称	项目类型	项目 ID	图层	项目名称	项目类型
	碰撞1	新建	-0.39		硬碰撞	2015/3/26 02:21.37	x:2.99、 y:-8.00、 z:3.45	元素 ID: 869933	底板	大系统-H/P	实体	元素 ID: 786103	负一层	铝方通天花与站台安全门接口处吊杆	常规模型
	碰撞2	新建	-0.38		硬碰撞	2015/3/26 02:21.37	x:4.19、 y:-8.00、 z:3.45	元素 ID: 869902	底板	大系统-H/P	实体	元素 ID: 786104	负一层	铝方通天花与站台安全门接口处吊杆	常规模型
	碰撞3	新建	-0.38		硬碰撞	2015/3/26 02:21.37	x:43.79、 y:-8.00、 z:3.45	元素 ID: 882483	底板	大系统-H/P	实体	元素 ID: 786137	负一层	铝方通天花与站台安全门接口处吊杆	常规模型
	碰撞4	新建	-0.37		硬碰撞	2015/3/26 02:21.37	x:-19.81、 y:-8.01、 z:4.08	元素 ID: 869933	底板	大系统-H/P	实体	元素 ID: 786084	负一层	铝方通天花与站台安全门接口处吊杆	常规模型
	碰撞5	新建	-0.36		硬碰撞	2015/3/26 02:21.37	x:26.98、 y:-8.01、 z:3.45	元素 ID: 882483	底板	大系统-H/P	实体	元素 ID: 786123	负一层	铝方通天花与站台安全门接口处吊杆	常规模型
	碰撞6	新建	-0.36		硬碰撞	2015/3/26 02:21.37	x:20.99、 y:-8.00、 z:3.45	元素 ID: 869902	底板	大系统-H/P	实体	元素 ID: 786118	负一层	铝方通天花与站台安全门接口处吊杆	常规模型
	碰撞7	新建	-0.35		硬碰撞	2015/3/26 02:21.37	x:1.79、 y:-8.00、 z:3.45	元素 ID: 869933	底板	大系统-H/P	实体	元素 ID: 786102	负一层	铝方通天花与站台安全门接口处吊杆	常规模型

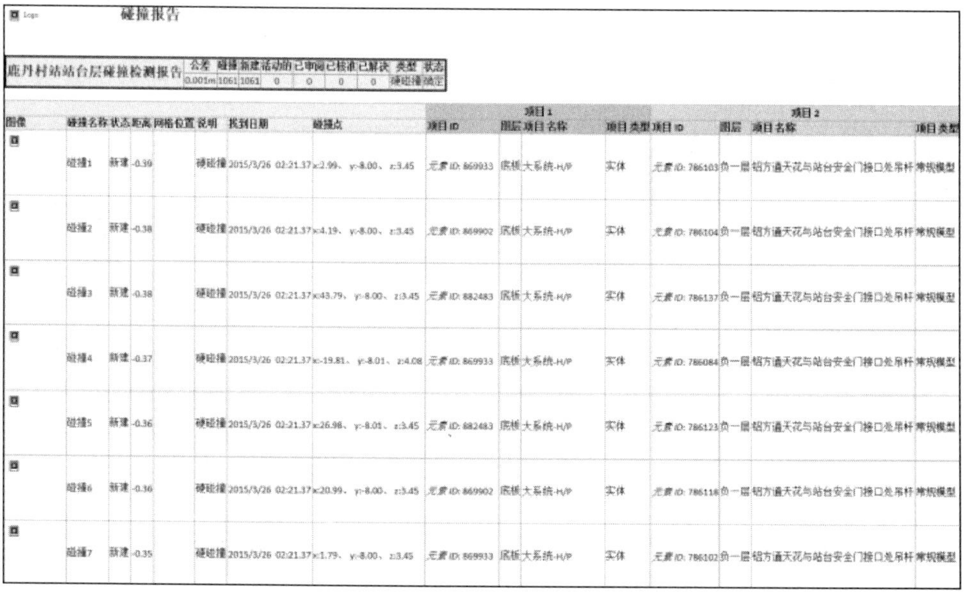

图 8.9.3-5　梅村站碰撞检查报告

另外，在碰撞检查过程中，项目组还发现按照装饰施工图所建立的梅村站 C 出入口吊顶模型的长度与土建结构墙体不匹配，经与土建专业 BIM 人员进行沟通，发现土建上游模型建模有误，需对模型进行修改完善，如图 8.9.3-6 所示。

3. 施工工艺模拟

通过 BIM 模型，对特殊的分项工程施工进行工序模拟，如柱子的装饰面安装模拟（图 8.9.3-7、图 8.9.3-8）。可以检查施工工艺的可行性，调整施工方案，使工人可以非常直观地了解施工的先后顺序，提高了复杂构造节点的交底工作效率，进一步确保了施工进度与施工质量。

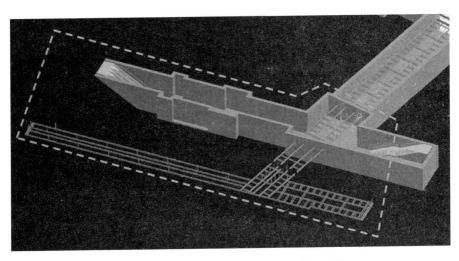

图 8.9.3-6 梅村站装修模型与结构模型合模

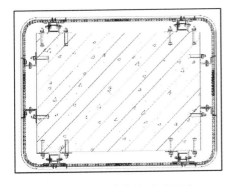

图 8.9.3-7 装饰柱平面图纸

图 8.9.3-8 装饰柱三维模型

4. 可视化技术交底

通过 BIM 建模，可以从二维图纸技术交底向三维可视化技术交底发展。对复杂构件和复杂节点利用 BIM 技术进行可视化交底和施工指导，以达到增加复杂工艺的可施工性，

提高施工生产效率；如，单独制作跨层扶梯装饰样板，用爆炸功能将构件分解（图8.9.3-9）；使用 BIM 模型辅助成品构件的生产安装，解决成品构件安装的收边收口问题。如候车大厅吊顶的成品构件制作安装（图 8.9.3-10、图 8.9.3-11）。可视化技术交底，更加直观，方便理解，能指导现场工人对细节的施工，保证质量。

5. 装饰材料统计

通过装饰建族时设置共享参数，导出装饰材料明细表并进行统计分析（图8.9.3-12），对施工材料下单、采购有指

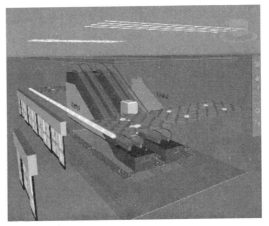

图 8.9.3-9 爆炸示意图

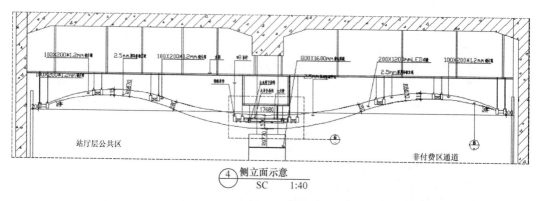

图 8.9.3-10　吊顶图纸

图 8.9.3-11　BIM 深化设计模型

图 8.9.3-12　材料统计表

导作用。另外，在施工预算、结算过程中都能辅助造价人员利用这些真实数据。该项目甲方材料较多，下单流程长，供货时间长，通过 BIM 技术对材料进行精准的统计，有效提高材料在下单、生产和安装过程中的管控能力，从而减少材料的浪费，提高施工速度，降低项目成本。

6. 饰面材料排版下单

以该项目搪瓷钢板下单为例，以模型作为指导，现场实测放线为依据，辅助自动排版下单，自动、高效、直观，为设计数据管理带来了极大方便。基于 BIM 的搪瓷钢板下单应用流程（图 8.9.3-13），大致分为初次深化设计、现场数据采集、弱电末端校核、材料下单 4 个阶段，各步骤的设计内容如下：

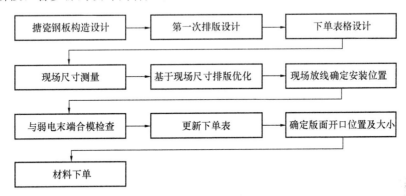

图 8.9.3-13　基于 BIM 的搪瓷钢板下料工作流程

1）初次深化设计

完成搪瓷钢板构造设计、第一次排版设计、下单表格设计 3 个步骤 10 项工作任务。具体的实施内容有：①确定完成面与一次结构墙距离；②完成踢脚天花收口设计，确定上下界限安装关系；③完成龙骨，挂件安装关系设计；④完成阴、阳角构造设计；⑤完成龙骨、挂件的 3D 族模型；⑥完成标准化搪瓷钢板族创建；⑦确定材料以及面板颜色；⑧按土建 BIM 模型进行初次排版设计；⑨完成版面、转角、地面、天花的构造关系设计；⑩与加工厂沟通确认材料下单表格与对应的下单参数并制作下料单（图 8.9.3-14、图 8.9.3-15）。

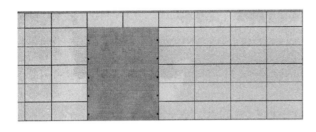

图 8.9.3-14　搪瓷钢板排版图

图 8.9.3-15　搪瓷钢板安装示意图

2）现场数据采集

完成现场尺寸测量、基于现场尺寸排版优化、现场放线确定安装位置、更新下单表 4 个步骤 6 项工作任务。具体的实施内容有：①与现场测量确认现场实际尺寸；②确定关键的安装定位点；③向 BIM 设计师提供现场尺寸；④根据现场尺寸优化设计；⑤根据优化设计确定现场放线；⑥更新龙骨主材下单表。

3）弱电末端校核

完成与弱电末端合模检查、确定版面开口位置及大小2个步骤3项工作任务。具体的实施内容有：与弱电末端模型合模，找出开孔位置；与电信、系统专业校核确认开孔具体尺寸；更新下料单。

4）提单下料

基于BIM对搪瓷钢板进行排版，统计材料量辅助项目下料。

7. 机电末端协调配合

通过BIM模型展示可以对机电末端的位置、板面开孔尺寸大小进行分析，进而与机电单位在设计阶段进行沟通协调并修正，避免后续影响设备和饰面的安装。如图安全出口标志灯、消火栓、警铃、插座等定位协调（图8.9.3-16、图8.9.3-17）。

图8.9.3-16　机电末端点位图1　　　　　图8.9.3-17　机电末端点位图2

8. 标识标牌定位展示

项目部在后期建立了标识牌族，在BIM三维模型中对其高度进行定位展示，通过标识牌上的指示，可模拟旅客的流向，并对标识牌上的标明的路、出入口等指示文字进行复核，避免后期标识牌实际加工生产中出错（图8.9.3-18）。

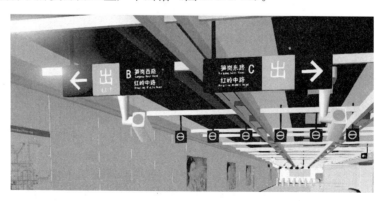

图8.9.3-18　标识标牌定位图

9. 协同平台现场管理

为方便现场施工人员查看模型，项目部将制作好的样板模型、构造分析模型轻量化发布到 Autodesk 的 forge 平台，通过简单的网页格式文件传递，实现了可以在现场使用手机、平板电脑的模型浏览操作及各专业人员对现场工作的管理协调（图 8.9.3-19）。

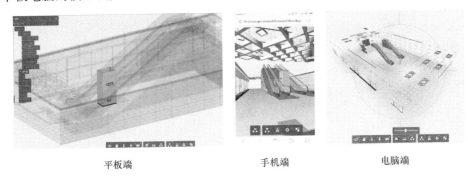

平板端　　　　　　　手机端　　　　　　　电脑端

图 8.9.3-19　Forge 平台模型查看

10. 族库、二维码共享平台

总包项目部基于 BIM 共享平台，部署了企业私有的 BIM 构件库系统，这一套系统采用"有权限的信息模型关联"方案，加入了更多分包企业关心的核心数据信息，除了发挥 BIM 设计功能外，还能够为企业的项目成本核算、集中采购等发挥巨大作用。利用二维码操作更加方便精准地对制作好的专用族库进行查看，为以后项目积累经验及资源（图 8.9.3-20、图 8.9.3-21）。

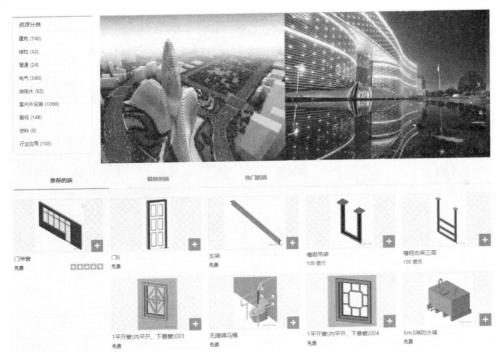

图 8.9.3-20　平台网页端

BIM 的实施是积累的过程，该项目采用的 Autodesk Revit 软件作为模型创建，Revit 的族库积累越多，分类管理越合理，BIM 设计工作效率越高（图 8.9.3-22）。

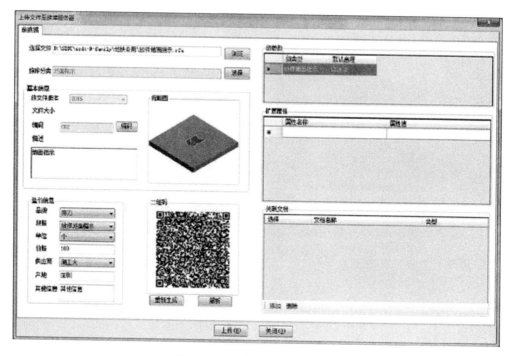

图 8.9.3-21　族平台二维码管理

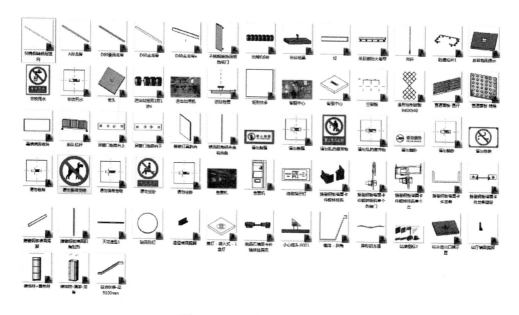

图 8.9.3-22　族库文件展示图

11. 施工现场协同管理

从各专业深化设计建模开始，根据图纸在车站土建模型内完成各专业设备、材料、管道的整合，形成了车站整合模型，并进行首次管线碰撞分析，统计出"差、错、漏、碰"等问题的错误清单，与设计单位核实确认并提交图纸会审，会议讨论优化决策。将图纸会审会议中决策的设计优化修改反映在车站整合模型中，经第二次碰撞分析验证无误后，形成车站施工设计模型，具体流程如图 8.9.3-23。通过利用 BIM 制定行之有效的协同工作方式并执行，对工程顺利实施起到了重要作用。

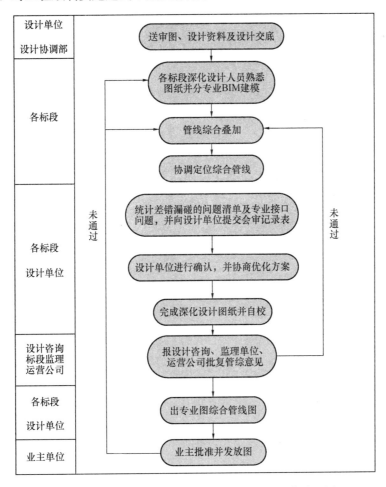

图 8.9.3-23　BIM 深化设计过程各标段协同工作流程图

8.9.4　项目 BIM 应用总结

根据项目站后工程深化设计及 BIM 应用管理办法的指引，项目部的应用实践表明，BIM 技术在深化设计、工艺模拟、解决现场施工碰撞方案、施工协调、预算、辅助验收等方面出色的表现已经展示出了它的巨大潜力。而项目部通过应用，也深刻地理解到 BIM 不仅是一种技术，更是一种新的思维管理方式。以往的项目管理模式很难在施工前系统地解决现场施工的诸多问题，造成工期的延误以及资源的浪费，BIM 技术的到来将会打破原有的项目管理模式，新的管理模式将借助信息化技术的手段，在项目实施前通过 BIM 技术对项目实施进行三维模拟，反复推演，从而在项目实施前就能有效地解决诸多施工问题。

该项目是项目所在城市首次在地铁项目上大规模地使用 BIM 技术，通过 BIM 技术的应用虽然能有效解决施工战线长、项目情况复杂、任务重、交叉作业以及甲供材料等原因带来诸多的管理问题，但是在运用的过程中同时也遇到了很多新的问题。针对这些问题，项目部提出一些建议，希望对今后 BIM 技术应用于其他工程项目起到一定的帮助：

1. 关于人员及硬件配置

（1）项目 BIM 应用需投入专项资金，加强专业人才引进工作，提高薪资待遇，建立奖惩制度，吸引人员投入 BIM 工作中；

（2）建立 BIM 组织体系，由具备一定 BIM 软件操作能力及熟悉现场施工的人员组成，不宜由项目人员兼职；

（3）硬件配置要结合不同人员的工作，既不要一味节约而降低硬件配置要求，也不要全部追求高大上；

（4）要购买正版软件，避免承担使用不合法软件的责任。

2. 关于 BIM 深化设计时间安排

（1）深化 BIM 建模工作应提前介入，最好在开工进场前就进行 BIM 策划和建立组织机构，进场时就能提交 BIM 应用策划；

（2）要提前与业主及设计院充分沟通，了解其设计意图；同时根据设计院提供的土建施工图进行建模分析，得出一些深化的意见，供设计院修改土建施工图纸，保证出图质量，避免反复。

3. 关于 BIM 标准

（1）制定企业的 BIM 应用标准，进一步规范 BIM 应用流程及组织管理；

（2）BIM 的实施是积累的过程，建立企业 BIM 族库，强化分类管理，可有效提升 BIM 设计工作效率；

（3）统一软件的安装标准及版本，明确使用哪些软件及各软件的版本。

4. 关于设计图纸方面

（1）建模初期就要提前制定图纸需求计划；

（2）加强与设计院各个专业的沟通，确保各专业图纸的变更要及时下发并反馈到 BIM 建模当中。对于图纸不清楚及不明确的地方，相关技术人员要及时提出，避免造成误解；

（3）对于设计变更，变更单除下发到图纸深化设计师手中，还应抄送给 BIM 人员一份，让 BIM 人员有充足的时间调整模型。

5. 关于 BIM 应用的组织管理

（1）首先需明确各单位的 BIM 建模标准、范围及内容。明确需要添加的信息参数，明确是否需要进行材料下单等要求，避免前期建装饰族的时候未添加相关参数，后期补的情况发生。

（2）指定专门的 BIM 办公室，土建、机电及装饰 BIM 人员均应在 BIM 办公室办公，方便各专业间的沟通、协调。

（3）每周召开 BIM 专题会，土建、机电、装饰 BIM 人员均应参加，汇报每周的完成情况，并安排下周的工作，并在会上提出现阶段的 BIM 成果及遇到的问题，在会上以 PPT 及视频的形式展示工作情况。在会议室设置一台高配置的电脑，各单位将有问题的模型现场漫游操作，将有问题的位置现场展示所有与会者，方便及时发现和解决问题。

8.10 客运站幕墙项目 BIM 应用案例

该项目是施工方应业主要求，采用了多种主流 BIM 软件建模和全过程应用 BIM 技术的新疆某客运站幕墙及钢结构工程案例。该工程工期短、工序安排紧凑、需预加工的构件种类多且精度要求高，项目 BIM 团队从设计、生产、施工全方位角度提供了一整套高效的工作管理模式服务于项目施工全过程。

8.10.1 项目概况

1. 项目简介

新疆某国际公铁联运客运站项目作为一级客运站，集公路、铁路、地铁、城市公交、出租车等多种交通方式为一体，是国家级大型公铁联运综合客运枢纽（图 8.10.1-1）。该客运站北广场 6～9 号出入口"龙眼"幕墙及钢结构工程（简称"龙眼"），是连接高铁站房及高铁北广场地下空间极其重要的出入口，是整个高铁北广场画龙点睛的地标（图 8.10.1-2）。该项目是新疆地区第一个综合应用 BIM 技术的大型交通枢纽工程，同时也是新疆第一个 BIM 与 3D 打印技术结合应用的项目。该工程建筑面积 64106.76㎡，幕墙及钢结构工程合同工期从 2014 年 6 月到 2016 年 2 月，共 20 个月。

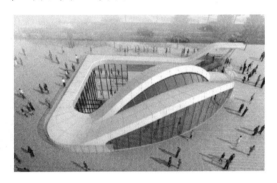

图 8.10.1-1 客运站   图 8.10.1-2 北广场出入口"龙眼"

2. 工程重难点

北广场出入口"龙眼"项目幕墙工程主要由 SRC（特殊玻璃纤维增强水泥）板块和玻璃组成，共计 4 万㎡，由于工期短，工序安排紧凑，存在多项交叉施工，所需预加工的构件种类繁多，整体施工难度较大。"龙眼"的建筑造型独特，主要屋面幕墙系统为曲面结构，且包含部分双曲面结构，复杂的屋面系统由钢结构作为支撑体系，辅以玻璃幕墙，对板块优化的深度与预制加工的精度要求非常高。

8.10.2 项目 BIM 应用策划

1. BIM 应用目标

该项目 BIM 技术应用从项目中标后就开始介入，涵盖了深化设计、加工、施工的全过程，利用参数化设计、三维激光扫描、3D 打印等前沿技术，最终实现高质、高效、可控的应用目标。

2. 实施方案

BIM 团队针对该客运站项目的特点与难点进行深度剖析，并整合项目实施过程中的 BIM 需求，明确了 BIM 应用点，制定详细的技术措施，定制一套该项目的工作流程与协调机制。在项目实施初期，完成图纸信息与现场数据收集，创建了高精度 BIM 模型，在实施过程中进行管线综合优化，精装深化设计，幕墙板块分割优化，然后对接加工与 3D 打印，并用以指导施工，检测施工质量，配合施工协调与管理。

1）团队组织

为了更好发挥 BIM 在项目中的作用，项目部配备专门的 BIM 团队，设置专门的 BIM 项目经理，直接隶属于项目总负责管辖，并在各专业下设专业负责人与 BIM 驻场协调员。

2）技术路线

该工程根据项目具体情况分析，制定了详细的 BIM 技术路线。项目采用 Rhinoceros 作为幕墙板块优化软件，Catia 作为幕墙建模深化软件，Revit 作为内装与土建、机电等专业建模与优化软件，这几款软件配合使用，能够创建精准的携带参数信息的三维模型。另外采用三维激光扫描仪与全站仪采集现场数据与施工放线定位，RealWorks 作为点云数据处理的工具。所有数据通过 Navisworks 整合，并进行分析与模拟。Enovia 作为在工程设计、加工、施工的全过程中数据共享和传递的平台，为项目各参与方提供了协同工作基础。

3）软硬件环境

该项目主要软件平台，如表 8.10.2-1 所示。

应用软件表　　　　　　　　　　　　　　　　表 8.10.2-1

软件名称	应用分类	具体功能
Autodesk Revit	建模平台	内装、土建、机电建模
Navisworks	模型汇总	模型整合、碰撞检查、多专业协调、进度模拟
Rhinoceros	数据分析	幕墙异形曲面建模与板块分割
Catia	建模平台	幕墙异形曲面、精细构件建模与出加工图
Synchro	施工模拟	精细化施工工艺模拟（作为 Navisworks 的补充）
RealWorks、Catia	测绘数据处理	点云数据处理与逆向建模

该项目设计硬件配置情况与功能分析，如表 8.10.2-2 所示：

硬件配置和用途表　　　　　　　　　　　　　表 8.10.2-2

硬件分类	型号	使用人员	用　　途
固定工作站	Dell 7810	BIM 工作组成员	肩负所有 BIM 资料的汇总和分发，所有外联资料只允许在固定工作站上接受，通过 BIM 专业人员进行汇总。现场所有移动设备的资料只允许负责人员从固定工作站上更新
移动工作站	Dell M6500	BIM 工作现场协调员	作为各类会议演示，记录会议形成关于 BIM 的修改意见，会后将相关意见汇总到固定工作站

硬件分类	型号	使用人员	用 途
移动终端设备	ipad	BIM 工作现场协调员、现场施工管理人员	基于手持式移动终端设备及云端技术的综合应用，用于对施工现场的比对、沟通及管理工作
测绘设备	FARO Focus 130	BIM 测绘组	采集现状数据，严重加工精度，现场协助精确放线定位

8.10.3 项目 BIM 应用及效果

1. BIM 模型创建

该项目较为复杂，单独依靠设计人员的空间想象能力难以做出准确的设计优化。高精度的 BIM 模型提供了建筑物的实际存在的信息，包括空间信息、建造信息、规则信息，而且这些信息随着工程变化不断更新。项目根据企业建模标准，基于 Revit、Catia 两大平台在工程各阶段创建全专业的 BIM 模型。本次 BIM 应用主要解决加工及施工的难点与问题，模型如图 8.10.3-1、图 8.10.3-2。

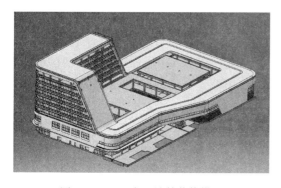

图 8.10.3-1 客运站外装修模型

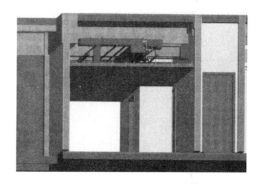

图 8.10.3-2 客运站内装修模型

2. BIM 应用情况

1）总体 BIM 应用

（1）多专业综合检查

项目在各个不同的阶段创建建筑、结构、机电、幕墙、内装等全专业 BIM 模型，进行综合检测，全面检查各专业与内外装之间的冲突，并且在施工前合理地解决碰撞问题，加快项目进度，提升项目质量。

（2）设计深化与优化

在深化设计的过程中，BIM 专业人员与设计人员联合办公，所有深化设计部分出图前都创建了对应的 BIM 模型，利用模型辅助深化，做到先有模型再有正式图纸。对于复杂的幕墙构件、节点，通过创建 BIM 模型优化节点，降低构件的复杂程度，然后提取二维数据，只需在此基础上进行标注与细化即可出图，大大增强图纸表达的可靠性。节点模型如图 8.10.3-3。

（3）施工辅助管理。

项目在施工阶段全面运用 BIM 进行施工管理。在设计交底过程应用 BIM 模型辅助演

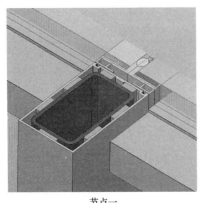

节点一　　　　　　　　　　　　　　　　　　节点二

图 8.10.3-3　节点模型

示，便于施工人员更快速更清晰地理解设计理念与要求；在各类工程协调会中，通过 BIM 三维模型进行可视化辅助协调，将各类工程问题通过三维模型直观演示，提升信息传递效率与准确性，从而提升项目协调效率；在材料下单前运用高精度 BIM 模型导出材料清单，统计出各种材料构件的规格、数量、面积等参数，能够快速准确地估算出项目的成本；同时，运用虚拟技术同现场结合，模拟施工方案，让项目经理更合理地控制进度，对现场人力、物力有效地安排调整，使工序更加紧凑。在项目现场运用移动终端设备进行模型与现场施工情况比对，核查施工质量，指导现场难点施工。

2）"龙眼"重难点 BIM 解决方案

（1）幕墙原方案分析

"龙眼"项目上，幕墙 BIM 团队首先审核图纸，根据设计院提供的建筑 CAD 图纸和幕墙方案设计模型复核设计信息，分析设计信息可施工性（图 8.10.3-4），最后得出结论：表皮板块过于细碎，设计板块之间衔接不平滑（图 8.10.3-5），无法在此方案基础上深化设计与施工。

图 8.10.3-4　幕墙方案设计表皮模型　　　　　　　图 8.10.3-5　板块衔接不平滑

（2）参数化建模优化表皮

鉴于设计板块之间衔接不平滑的问题，幕墙 BIM 团队首先对幕墙表皮进行了三维优化，力求板块之间的衔接平滑过渡，最大限度地将设计线条反映在 BIM 模型中，为后续工作提供可行的信息依据。表皮优化流程如图 8.10.3-6。

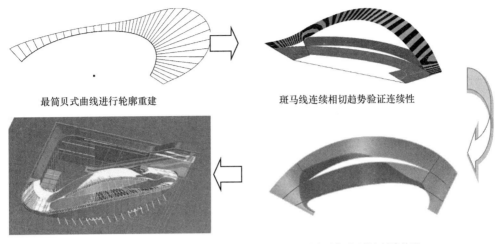

最简贝式曲线进行轮廓重建　　　　斑马线连续相切趋势验证连续性

优化表皮（绿）与设计表皮（红）对比　　球形投影检测曲面质量和过渡外形

图 8.10.3-6

（3）板块分割参数化优化

为保证幕墙整个流线造型在后续施工中能够完美实现，幕墙 BIM 团队需根据 SRC 板块的可加工尺寸，优化分割幕墙板块。优化完成幕墙表皮后，首先对表皮进行自我参照系的内部比对，完成三维曲面在不同参照系中的定位复杂度对比，然后以板块定位难度与投影面积大小为考量依据，实施三维形态的优化分析，最后根据投影面积最小及板块定位最易两者为权重值，实施差异化批量优化，优化完成的板块四边没有明显曲线，减小了加工与施工难度。幕墙表皮优化流程如图 8.10.3-7。

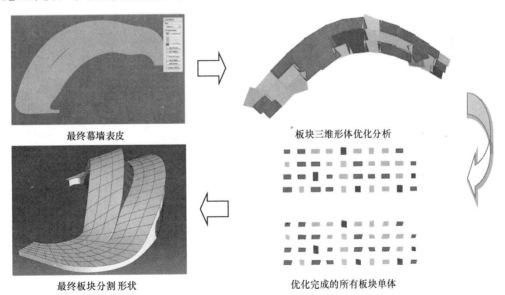

最终幕墙表皮　　　　　　　　板块三维形体优化分析

最终板块分割形状　　　　　　优化完成的所有板块单体

图 8.10.3-7

（4）幕墙及钢结构深化

有了优化分割完毕的幕墙表面模型，就可以在此基础上进行幕墙钢结构支撑定位和幕墙深化设计。幕墙钢结构深化流程如图 8.10.3-8、图 8.10.3-9。

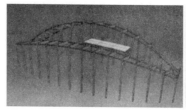

图 8.10.3-8　根据幕墙表皮
　　　　　　优化钢构

图 8.10.3-9　幕墙与钢结构搭接节点设计

（5）幕墙及钢结构定位与放样

根据最终成型的幕墙设计模型，提取每一个钢构件空间定位信息与幕墙板块空间定位信息（空间三维坐标输入自动全站仪进行施工安装放样，确保幕墙板块的施工安装精度，提高施工质量，见图 8.10.3-10、图 8.10.3-11）。

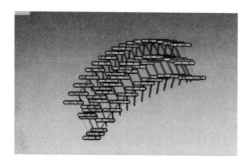

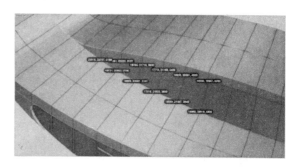

图 8.10.3-10　支撑钢结构定位信息提取

图 8.10.3-11　幕墙板块定位信息提取

（6）三维扫描复核现状

用三维激光扫描仪采集现场施工钢结构点云数据，整合外表皮设计模型，复核钢结构施工偏差对幕墙的影响，确保后续 SRC 饰面及玻璃幕墙加工、施工的准确性。三维扫描复核流程如图 8.10.3-12、图 8.10.3-13。

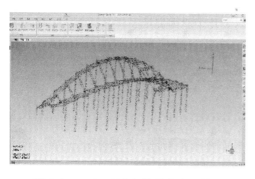

图 8.10.3-12　现状钢结构的点云数据

图 8.10.3-13　幕墙与现状钢结构整合分析

（7）3D 打印预制构件

由于"龙眼"项目屋面幕墙系统建筑造型的特殊性，BIM 技术分割出来的板块一致性较小。基于这种情况，选择一般的或者常规的铝板等材料，生产和加工非常困难，同时考虑到外露幕墙的强度和耐久性要求。最终在项目上选择使用了 3D 打印 SRC 材料。将 BIM 与 3D 打印技术结合，BIM 模型板块数据输入 3D 打印控制系统，利用 3D 打印设备直接生成 SRC 板块，提高生产效率和构件质量。BIM 与 3D 打印结合应用如图 8.10.3-14）。

| 可拆分提取的幕墙板块模型 | 3D打印系统 | 打印成品SRC板块 | SRC板块现场吊装 |

图 8.10.3-14 基于 BIM 与 3D 打印技术的 SRC 板块加工安装流程

8.10.4 项目 BIM 应用总结

1. 创新点

在该项目中 BIM 技术和三维激光扫描技术、3D 打印技术充分结合，实现了深化设计、生产加工、施工安装、现场管控等全过程的信息传递和质量管控，保证了整个建筑屋面的曲面达到了优美流畅的效果，达到了绿色、节能、环保的要求。

2. 应用效果

此项目利用 BIM 技术贯穿设计、生产、施工全过程，最大限度地用优化的设计信息辅助生产、施工；同时，配合使用 3D 打印技术，最大限度地保障"龙眼"的异形建筑效果，使整个建筑实现了外观流畅、平滑；此外，在施工精度和质量都得到保障的前提下，缩短了项目工期近 3 个月，降低了施工难度，从设计、生产、施工全方位提供了一整套高效的工作模式。

3. 经验教训

为保证施工项目的优质完成，精细到位的施工图与强有力的现场管控缺一不可。BIM 在这个项目中对这二者提供了很大的帮助，主要有以下几个原因促成：

第一，业主的重视与企业的制度保障：两方都明确 BIM 在项目中的定位，也赋予了 BIM 团队相对应的权利与地位，使 BIM 应用实施得到了充分重视和有力的执行。

第二，选择合适的介入时机：该项目 BIM 团队从设计深化阶段就开始介入，而不是等施工碰到问题无法解决了才去用 BIM，所以在设计深化阶段解决了大量问题，从而保障了施工阶段的顺利进行。

第三，设定合理的流程：设计、加工、施工这几个阶段的衔接中，BIM 起到了纽带的作用，很好地串联起了整个流程，保证了各阶段数据传递的稳定顺畅。

但是，BIM 的应用价值在本工程中还没有得到充分体现。首先，设计深化人员与施工管理人员对 BIM 还不太了解，过度依赖 BIM 团队去发现问题、解决问题，缺乏主观能动性，导致项目中的可以用 BIM 技术解决的某些难点被遗漏；另外，现场一线人员对 BIM 成果理解还较为困难，造成在施工落实时产生偏差，削弱了 BIM 的作用。因此，要想更加充分地发挥 BIM 的作用，对企业整体从业人员的 BIM 应用能力的培养至关重要。

课 后 习 题

一、单项选择题

1. 在装配式住宅装饰中，（　　）专业必不可少，其涉及构件或部品需要设计好后在工厂预制加工，再以物流配送至客户家安装。

    A. 土建   B. 木作

    C. 通风   D. 地暖

2. 在杭州某国际峰会主会场项目中为消除土建、机电、钢结构等专业的施工误差，装饰工程中往往会选（　　）与 BIM 技术联合应用。

    A. 3D 打印技术   B. 结构仿真分析

    C. 三维激光扫描技术   D. 施工工艺模拟

3. 平台软件指能对各类 BIM 基础软件及 BIM 工具软件产生的 BIM 数据进行（　　），以便支持建筑全生命期 BIM 数据的共享应用的应用软件。

    A. 有效的管理   B. 有效的建模

    C. 有效的模拟   D. 有效的检测

4. 上海某主题乐园项目中，项目部运用到的装饰 BIM 应用点不包含（　　）。

    A. 模型漫游   B. 钢结构深化设计

    C. 幕墙深化设计   D. 点云扫描

5. 下列对 BIM 理解不正确的是（　　）。

    A. BIM 是以三维数字技术为基础的，建筑工程项目各种工程数据模型，是对工程项目设施实体与功能特性的数字化表达

    B. BIM 是一个完善的信息模型，能够连接建筑项目生命期不同阶段的数据、过程和资源，是对工程的完整描述，提供可自动计算、查询、组合拆分的实时工程数据，可被建设项目各参与方利用

    C. BIM 具有单一工程数据源，可解决分布式、异构工程数据之间的一致性和全局共享问题，支持建设项目生命期中动态的工程信息创建、管理和共享，是项目实施的共享数据平台

    D. BIM 技术是一种仅限于三维的模型

6. 下列选项不属于 BIM 技术的特点的是（　　）。

    A. 可视化   B. 参数化

    C. 自动化   D. 一体化

7. 三维安装智能定点需用到的仪器是（　　）。

    A. 水准仪   B. 经纬仪

    C. 自动全站仪   D. 三维激光扫描仪

8. 针对有一定数学逻辑关系的异型模型，可以用（　　）软件进行参数化建模，以及异形构件的面的下单工作。

    A. SketchUp   B. Navisworks

C. Rhinoceros＋Grasshopper　　　　　D. 3ds Max

9. 以下工作任务不是在施工阶段完成的是（　　）。

A. 项目基点设定　　　　　　　　　　B. 综合建模

C. 模型碰撞检查　　　　　　　　　　D. 现场扫描

10. 旋转楼梯数字化施工模拟中模型碰撞不包括下列哪些模型间的碰撞？（　　）

A. 旋转楼梯内部 GRG 模型与钢结构模型间的碰撞

B. 旋转楼梯内部 GRG 模型与踏步石材模型间的碰撞

C. 旋转楼梯整体模型与基层点云模型间的碰撞

D. 旋转楼梯整体模型与大堂吊顶模型间的碰撞

二、多项选择题

1. BIM 技术可以帮助住宅装饰工程解决哪些（　　）问题？

A. 降低企业运营成本　　　　　　　　B. 解决材料浪费问题

C. 解决工期滞后问题　　　　　　　　D. 解决增量增项问题

E. 解决用户体验问题

2. 在杭州某国际峰会主会场装饰项目中 BIM 主要应用点有（　　）。

A. 工程算量　　　　　　　　　　　　B. 设计深化

C. 定位放线　　　　　　　　　　　　D. 加工对接

E. 3D 打印

3. 以下（　　）项为某国际公铁联运客运站项目重难点的 BIM 解决方案。

A. 表皮参数化方案分析与优化　　　　B. 辅助幕墙及其钢结构深化与施工定位

C. 参数化板块分割　　　　　　　　　D. 三维扫描与 3D 打印结合应用

E. 绿建分析

4. 下列选项属于施工阶段的 BIM 应用的应用点是（　　）。

A. 3D 施工工况展示　　　　　　　　B. 4D 虚拟建造

C. 施工场地科学布置和管理　　　　　D. 图纸会审

E. 5D 成本管理

5. 建筑装饰项目 BIM 技术应用可涉及哪几个阶段（　　）。

A. 规划阶段　　　　　　　　　　　　B. 设计阶段

C. 施工阶段　　　　　　　　　　　　D. 运营阶段

E. 拆除阶段

6. BIM 模型的碰撞检查包含（　　）这几个方面。

A. 装饰模型间碰撞　　　　　　　　　B. 装饰模型与其他专业模型碰撞

C. BIM 模型与点云模型碰撞　　　　　D. BIM 模型与设计图纸碰撞

E. 检查模型与设计施工规范的碰撞

7. BIM 技术在装饰工程应用的效益，以下说法正确的是（　　）。

A. 科学合理地完成工地现场的平面布置，有效减少因二次搬运等造成的材料损失

B. 精准的材料下单，确保了材料加工的质量和精度要求

C. 可以完全消除施工误差

D. 在方案模拟和校核中，在施工前期即发现存在的问题，有效减少了不必要返工

E. 可以实现零碰撞

8. 以下施工工序中，自动全站仪参与的工序有（　　）。

A. 现场测量　　　　　　　　　　B. 施工放线

C. 材料下单　　　　　　　　　　D. 安装定位

E. 质量检验

9. 在旋转楼梯施工案例的以下施工工序中，三维激光扫描仪参与的工序有（　　）。

A. 现场基层数据采集　　　　　　B. 旋转楼梯主控线放线

C. 钢结构楼梯现场安装　　　　　D. GRG 模具精度检验

E. 最终钢楼梯安装精度检验

10. 数字化施工技术会用到的 BIM 软件有（　　）。

A. 点云拼接软件　　　　　　　　B. 点云处理软件

C. 三维建模软件　　　　　　　　D. 碰撞检查软件

E. 模型漫游软件

11. 下列哪种说法是正确的？（　　）

A. 住宅装饰行业应用了 BIM 技术，将大大提升住宅装饰工程质量，让普通百姓享受到新技术给生活带来的福利

B. 三维激光扫描仪可用于现场数据采集、偏差分析与施工打点放线

C. 在 BIM 项目的前期规划中就需规范不同软件、平台的版本与标准数据格式，以便于项目的数据传递与维护

D. 上海某主题乐园项目装饰施工中，BIM 工作的开展是通过各软件独立进行建模和深化，最后整合各专业模型，再导出整体模型的过程

E. 上海某主题乐园项目中使用的三维扫描技术是建筑 BIM 技术中的一种，不仅仅还原了施工现场真实各专业完成面，更为后续专业深化设计提供理论数据

12. 下列哪种说法是正确的？（　　）

A. BIM 可以提高工作效率、控制项目成本、提升建筑品质

B. BIM 技术通过三维的共同工作平台以及三维的信息传递方式，可以实现设计、施工一体化

C. Navisworks 软件除了可以进行模型集成浏览之外，还可以进行碰撞检测和进度模拟

D. 利用 3D 打印技术可以制作虚拟场景，进行沉浸式漫游

E. 通过碰撞检测可以提前发现图纸问题，有助于确保工程工期，节约施工成本及提高工程质量

参考答案

一、单项选择题

1. B　2. C　3. A　4. C　5. D　6. C　7. C　8. C　9. A　10. D

二、多项选择题

1. ABCDE　2. BCD　3. ABCD　4. ABCDE　5. ABCDE　6. ABC　7. ABD

8. ABCDE　9. ADE　10. ABCDE　11. ACE　12. ABCE

参 考 文 献

[1] 李云贵，何关培，邱奎宁，等．建筑工程设计 BIM 应用指南(第二版)[M]．北京：中国建筑工业出版社，2017．

[2] 李云贵，何关培，邱奎宁，等．建筑工程施工 BIM 应用指南(第二版)[M]．北京：中国建筑工业出版社，2017．

[3] 李云贵，何关培，邱奎宁．BIM 软件与相关设备 [M]．北京：中国建筑工业出版社，2017．

[4] 何关培．BIM 总论[M]．北京：中国建筑工业出版社，2011．

[5] 何关培．那个叫 BIM 的东西究竟是什么[M]．北京：中国建筑工业出版社，2011．

[6] 何关培．那个叫 BIM 的东西究竟是什么 2[M]．北京：中国建筑工业出版社，2012．

[7] 何关培．BIM 应用决策指南 20 讲[M]．北京：中国建筑工业出版社，2016．

[8] 何关培．如何让 BIM 成为生产力[M]．北京：中国建筑工业出版社，2015．

[9] 黄强．论 BIM[M]．北京：中国建筑工业出版社，2016．

[10] GB/T 51235—2017．建筑工程信息模型施工应用标准[S]．北京：中国建筑工业出版社，2017．

[11] GB/T 51212—2016．建筑工程信息模型应用统一标准[S]．北京：中国建筑工业出版社，2017．

[12] T /CBDA 3—2016．建筑装饰装修工程 BIM 实施标准[S]．北京：中国建筑工业出版社，2017．

[13] T/CBDA 7—2016 建筑幕墙工程 BIM 实施标准[S]．北京：中国建筑工业出版社，2017．

[14] JG. T 151—2015 建筑产品分类和编码[S]．北京：中国建筑工业出版社，2015．

[15] 葛清，等．BIM 第一维度——项目不同阶段的 BIM 应用[M]．北京：中国建筑工业出版社，2013．

[16] 葛文兰，等．BIM 第二维度——项目不同参与方的 BIM 应用[M]．北京：中国建筑工业出版社，2011．

[17] 刘占省，赵雪锋，周君，等．BIM 技术概论[M]．北京：中国建筑工业出版社，2015．

[18] 向敏，刘占省，赵雪锋，等．BIM 应用与项目管理[M]．北京：中国建筑工业出版社，2015．

[19] 杨永生，贾斯民，孔凯，等．BIM 设计施工综合技能与实务[M]．北京：中国建筑工业出版社，2015．

[20] 张正，周君，杨永生，等．BIM 应用案例分析[M]．北京：中国建筑工业出版社，2015．

[21] 叶雄进，金永超，王益．BIM 建模应用技术[M]．北京：中国建筑工业出版社，2015．

[22] 住房城乡建设行业信息化发展报告：工程建设与运营维护信息化[M]．北京：中国建筑工业出版社，2017．

[23] 中国建筑施工行业信息化发展报告（2015）：BIM 深度应用与发展[M]．北京：中国城市出版社，2015．

[24] 黄白．BIM：二三年内将普及的新型管理技术——关于当前我国建筑装饰行业 BIM 发展的若干认识(一)[J]．中国建筑装饰装修，2015(3)：116-121．

[25] 黄白．关于当前我国建筑装饰行业 BIM 发展的若干认识[N]．中华建筑报，2015-02-27(8)．

[26] 王本明．建筑装饰装修概论[M]．北京：中国建筑工业出版社，2016．

[27] 罗兰，赵静雅．装饰工程 BIM 应用流程初探——基于 Revit 的装饰模型建立和应用流程[J]．土木建筑工程信息技术，2013. 5(6)：81-88．

[28] 赵雪锋，李月，郑晓磊．BIM 基于装饰装修工程中的应用[C]．全国现代结构工程学术研讨会，2016．

[29] 于津苹，杨超然，周永杰．BIM 技术建筑外墙装饰工程量提取与应用[J]．工程管理学报，2016，30（2）：39-44．

[30] 蒋妃枫．BIM 的应用现状及发展研究[J]．建材与装饰，2016，41：133．

[31] 张江波．BIM 的应用现状与发展趋势[J]．创新科技，2016，191：83-84．

[32] 刘满平．BIM 技术在施工企业中的应用研究[D]．北京：北京建筑大学，2016．

[33] 郑立杰，孙文．关于加快 BIM 技术推广应用的建议[J]．科技经济信息化，2016，05：26-27．

[34] 张尚，任宏，Albert P. C. Chan. BIM 的工程管理教学改革问题研究（二）[J]．建筑经济，2015，36：92-94．

[35] 韩少帅，孙喜亮，温国威．BIM 技术在高铁站房装饰装修中的应用研究[J]．铁路技术创新，2015（6）：56-59．

[36] 刘骏，罗兰，聂鹏飞．BIM 放样机器人在装饰施工天花吊杆定位中的应用[J]．施工技术，2017，46（9）：86-88．

[37] 应宇垦，王婷．探讨 BIM 应用对工程项目组织流程的影响[J]．土木建筑工程信息技术，2012（3）：52-55．

[38] 丁杰．建设工程项目 4D 模型实现方法的研究[J]．项目管理技术．2008，6（11）：17-21．

[39] 王青薇，张建平．基于 BIM 的工程进度计划编制[J]．商场现代化，2010（35）：220-222．

[40] 何关培．施工企业 BIM 应用技术路线分析[J]．工程管理学报，2014（2）：1-5．

[41] 张锡坤．BIM 的应用价值及经济效益分析[J]．中国电子商务．2013（15）：218-219．

[42] 丁烈云．BIM 应用施工[M]．上海：同济大学出版社，2015．

[43] 中国建筑装饰协会．建筑装饰装修工程 BIM 实施标准：T/CBDA-3-2016[S]．北京：中国建筑工业出版社，2016．

[44] 罗兰．装饰工程 BIM 模型的审核研究[J]．土木建筑工程信息技术，2016，8（2）：60-65．

[45] 罗兰．公共建筑装饰工程 BIM 技术应用流程研究[J]．土木建筑工程信息技术，2017，9（4）：31-36．

[46] 马骁，马元玲．BIM 设计项目样板设置指南（基于 Revit 软件）[M]．北京：中国建筑工业出版社，2015：30-70．

[47] 李伟伟，王强强，王瑜．设计企业 BIM 构件库建设方法[J]．土木建筑工程信息技术，2012，4（4）：110-114．

[48] 高永刚．基于 BIM 可视化技术在杭州东站中的应用[J]．土木建筑工程信息技术，2010，02（4）：55-58．

[49] 张成方，李超．BIM 技术在地铁施工安全方面的应用浅析[J]．河南科技，2013（5）：130-131．

[50] 周胜，施亚光，陈平平．浅谈 BIM 技术在工程造价中的应用[J]．泰州职业技术学院学报，2015，15（6）：31-33．

[51] 赵小平．BIM 技术在工程设计概预算管理中的应用分析[M]．铁路工程造价管理，2015，30（2）：53-55．

[52] 倪修凤．浅谈 BIM 技术在工程造价管理中的应用[J]．北方经贸，2016（10）：121-122．

[53] 杨宝明，刘刚，王鹏翊．建设工程造价管理理论与实务（四）[M]．北京：中国计划出版社，2014．

[54] 汪再军．BIM 技术在建筑运维管理中的应用[J]．建筑经济，2013（09）：94-96．

[55] 纪博雅．BIM 技术在房屋建设设施管理中的应用研究[D]．北京：北京建筑大学，2016：38-43．

[56] 罗兰，曾涛，刘石，等．某装饰工程 BIM 技术应用实际经验总结[J]．建筑技术开发，2015（12）：16-19．

[57] 罗兰，钟凡．基于 SketchUp 的装饰工程 BIM 技术应用研究[J]．土木建筑工程信息技术，2015，7（2）：37-42．

[58] 罗兰，彭中要．应用 BIM 技术制定装饰工程投标方案的方法研究[J]．建筑经济．2016，37(5)：39-42.

[59] 罗兰．基于 Revit 的装饰工程 BIM 应用阻碍研究[J]．土木建筑工程信息技术，2015，7(5)：68-73.

[60] 王小翔．关于 BIM 运维管理技术的探讨[J]．福建建设科技，2016(1)：69-73.

[61] 龙志文．建筑业应尽快推行建筑信息模型(BIM)技术[J]．建筑技术，2011(01)：9-13.

[62] 白庶，张艳困，韩凤，等．BIM 技术在装配式建筑中的应用价值分析[J]．建筑经济，2015，36(11)：106-109.

[63] 马飒．BIM 技术在建设工程竣工结算中的应用[J]．四川建材，2016，42(2)：281-282.

[64] 郑开峰．浅析 BIM 技术在精装修施工中的应用[J]．建筑工程技术与设计，2016(30).

[65] 张可心．面向工程设计院的 BIM 软件二次开发规划研究——以 A 设计院为例[J]．工程建设与设计，2015(11)：101-103.

[66] 叶茂．基于 BIM 技术在临水临电技术中的应用[J]．城市建筑，2016(12)：382-382.

[67] 崔旸，王俊德，朱丹，等．基于 BIM 的深化设计研究[J]．建设科技，2015(15)：117-119.

[68] 赵雪媛，董娜．基于 BIM 的工程量清单及资源计划编制研究[J]．工程经济，2016，26(4)：18-22.

[69] 中国建筑装饰协会行业发展部．2012 年中国建筑装饰行业发展报告[R]．2012.

[70] 孟思雨．BIM 技术对工程造价管理影响机理探析[J]．科技视界，2015(12)：99-99.

[71] 许峻．BIM 在医院建筑装修工程中的应用——云南省第一人民医院住院综合楼[J]．中国医院建筑与装备，2014(1)：42-45.

[72] 燕翔．国家大剧院建筑声学的创新应用[C]．2007 建筑未来声学工程师交流会，2007.

[73] 王琳．环境噪声分析条件与 BIM 信息择用研究[J]．声学技术，2016，35(6)：523-525.

[74] 雷鸣．建筑声学在演艺建筑装饰设计中的应用[D]．武汉：湖北美术学院，2007.

[75] 奚咏军．论"样板间"在装饰工程质量管理中的作用[J]．新疆有色金属，2007，30(1)：49-49.

[76] 刘艳京．BIM 在工程造价管理中的应用研究[J]．建筑经济，2012(2)：20-24.

[77] 方勤．浅谈声学装饰工程的设计与施工[J]．建筑，2010(1)：49-50.

[78] 许健聪．浅谈声学装饰施工图的解决方案[J]．声学技术，2015，34(6)：334-336.

[79] 刘伟平，谭泽斌，刘芳．声学环境影响评价——大剧院设计声学案例分析[J]．环境工程，2012(S1)：36-38.

[80] 刘曲文，肖瀚，穆英．曙色中的雪莲——新疆大剧院 BIM 应用[J]．建筑技艺，2014(2)：86-89.

[81] 易辉．探究声学设计与室内装饰设计的有机结合[C]．全国声学设计与演艺建筑工程学术会议，2016.

[82] 郭燕平．住宅室内装饰与功能设计分析[J]．长治学院学报，2012，29(4)：56-59.

[83] 深圳市建筑工务署．SZGWS-2015-BIM-01．深圳市建筑工务署 BIM 实施管理标准[S]．2015.

[84] 中国建筑标准建筑设计研究院．GB/T 50××××—20××．建筑工程设计信息模型交付标准(送审稿)[S]．2017.

[85] 施敏．智能化绿色建筑未来发展趋势及意义[J]．江西建材，2017(05)：33+37.

[86] 2016-2020 年建筑业信息化发展纲要[J]．中国勘察设计，2016(10)：22-25.

[87] 陈胜．现代科学技术革命与建筑业信息化[J]．价值工程，2012(16)：199-201.

[88] 中国建筑装饰协会《"十二五"行业发展规划纲要》编制组．中国建筑装饰行业"十二五"发展规划纲要[J]．石材，2011(01)：26-37.

[89] 赖增林．家居智能控制在建筑装修中的应用[J]．科技创新与应用，2012(19)：200.

[90] 周文连，樊宏康，孙宗仁，等．中国建筑设计行业发展趋势[J]．中国勘察设计，2016(03)：

44-51.

[91] 王英臣，耿潇潇．我国建筑装饰行业发展趋势研究[J]．改革与战略，2016(02)：107-109.

[92] 文灵芝．浅谈中国建筑幕墙行业发展[J]．中小企业管理与科技，2016(01)：89-90.

[93] 钟方，钟雪玲，孙慕芳．欧柏：中国"软装饰"产业的发展对策[J]．城市住宅，2010(8)：106-107.

[94] 吴爱朋．浅谈新时期建筑装饰施工[J]．科技向导，2010(04)：161-162.

[95] 郑明华．BIM应用在中国的发展趋势[J]．中国勘察设计，2014(9)：74-75.

[96] 许蓁，于洁．BIM应用设计[M]．上海：同济大学出版社，2016，7：300-316.

[97] 卢志宏，杜艳静，余毅，等．齐国际公铁联运客运站及北广场出入口工程BIM技术应用[J]．土木建筑工程信息技术，2017(01)：28-34.

[98] 卢志宏，杜艳静，杨家跃．杭州G20主会场精装修工程BIM应用介绍[J]．中国建筑装饰装修，2016(12)：116-117.

[99] 陈汉成，胡羽升，罗兰．BIM技术在深圳市地铁9号线装饰项目中的协同应用[J]．土木建筑工程信息技术，2017(6)：34-41.

[100] 王永潮，段宝强，连文强，等．基于"DIM+"平台的住宅装饰项目BIM应用实践[J]．土木建筑工程信息技术，2017(6)：55-60.

[101] 罗兰．浅谈装饰工程信息化[J]．土木建筑工程信息技术，2016(5)：58-64.

[102] 李秉仁，刘晓一，张京跃，等．2015年中国建筑装饰行业信用发展报告[R]．2015.

[103] 浙江亚厦装饰股份有限公司．BIM技术在复杂内外装饰项目上的应用分享[R]．北京：第四届"BIM技术在设计施工及房地产业协同工作中的应用"国际技术交流会，2016.

[104] 毛志兵．中国建筑业施工技术发展报告2013[M]．北京：中国建筑工业出版社，2014.

[105] 毛志兵．中国建筑业施工技术发展报告2015[M]．北京：中国建筑工业出版社，2016.

[106] 朱燕．新技术变革商业模式：BIM技术在装饰行业运用[R]．北京：第四届"BIM技术在设计施工及房地产业协同工作中的应用"国际技术交流会，2016.

[107] 许可，金锐，张慧敏．浅谈BIM技术在会展工程中的应用[J]．中国建筑装饰装修，2015，13(7)：124-125.

[108] 马智亮，刘世龙，张东东，奚龚欣．基于BIM的毛石装饰墙虚拟砌筑系统研制[J]．土木建筑工程信息技术，2015，7(2)：9-13.

[109] 王廷魁，杜长亮，张巍，陈珂．基于BIM的全装修房个性化设计研究[J]．工程设计学报，2013，20(1)：44-48.

[110] 王廷魁，胡攀辉，王志美．基于BIM与AR的全装修房系统应用研究[J]．工程管理学报，2013(4)：40-45.

[111] 王廷魁，郑娇．基于BIM的施工场地动态布置方案评选[J]．施工技术，2014，43(3)：72-76.

[112] 王廷魁，孙秋兰，郑小晴．基于BIM的建筑物维修管理系统研究[J]．建筑经济，2014(1)：107-110.

[113] 邱奎宁，张汉义，王静，等．IFC标准及实例介绍[J]．土木建筑工程信息技术，2010，2(1)：68-72.

[114] 张玉平．浅论BIM的建筑装饰装修工程运用与发展[J]．城市建设理论研究，2013(24).

[115] 王淑鹏，董建峰，李昊翔，等．基于BIM的家装设计发展研究[J]．土木建筑工程信息技术，2106，8(4)：64-67.

[116] 傅萱，周建亮，冯娴凯，等．BIM技术在家装工程中的应用与管理模式[J]．工程管理学报，2016(1)：131-135.

[117] 刘依晴．基于BIM-Dynamo互联网家装资源优化模式[J]．福建建筑，2017(3)：109-111.

[118] 张佳圆，王莉，赵鹏宇，等．基于BIM的可定制菜单式智能家装方案策划[J]．建筑知识，2017

(9).
[119] 张建奇，舒志强，李智，等．基于BIM技术的家装设计系统设计与实施[J]．土木建筑工程信息技术，2016，8(6)：73-78.
[120] 王海斌，王勇，王申，等．万达文旅项目的BIM设计施工一体化管控探索[J]．土木建筑工程信息技术，2016，8(5)：15-20.
[121] 张耀东，杨民，龚海宁．浅析上海迪士尼奇幻童话城堡BIM技术的应用[J]．给水排水，2014(7)：62-66.
[122] 乔堃，张亮．建筑信息模型在上海国际旅游度假区某主题公园施工全周期中的应用[J]．工业建筑，2016，46(5)：192-197.
[123] 丁志强，王昌，起林春．BIM技术在某大型文旅工程项目上的应用[J]．建筑施工，2016，38(11)：1619-1620.
[124] 侯兆新，杜艳飞，杨洋．BIM在新加坡环球影城主题公园项目中的应用[J]．施工技术，2012，41(22)：68-71.
[125] 鲍光卿．BIM技术在新疆大剧院工程中的应用[J]．城市住宅，2014(6).
[126] 刘石，邱奎宁．基于BIM模型优化应急疏散预案[J]．建筑工程技术与设计，2015(22).
[127] 张建平，李丁，林佳瑞，等．BIM在工程施工中的应用[J]．施工技术，2012，41(371)：10-17.
[128] 马少雄，李昌宁，陈存礼，等．BIM技术在某工程施工管理中的应用[J]．施工技术，2016，45(11)：126-129.
[129] 李立，高奕，杨震卿，等．BIM在施工阶段工程管理的应用价值[J]．建筑技术，2016，47(8)：698-700.
[130] 邹爱华，刘亮，吴自中，等．应用BIM技术动态管理标准化施工现场[J]．建筑技术，2016，47(8)：716-718.
[131] 刘占省，马锦姝，卫启星，等．BIM技术在徐州奥体中心体育场施工项目管理中的应用研究[J]．施工技术，2015，44(6)：35-39.
[132] 刘献伟，高洪刚，王续胜．施工领域BIM应用价值和实施思路[J]．施工技术，2012，41(377)：84-86.
[133] 曾凝霜，刘琰，徐波．基于BIM的智慧工地管理体系框架研究[J]．施工技术，2015，44(10)：96-100.
[134] 甘露．BIM技术在施工项目进度管理中的应用研究[D]．大连：大连理工大学，2014.
[135] 胡铂．基于BIM的施工阶段成本控制研究[D]．武汉：湖北工业大学，2015.
[136] 李亚东，郎灏川，吴天华．基于BIM实施的工程质量管理[J]．施工技术，2013，42(15)：20-22.
[137] 耿小平，王波，马钧霆，等．基于BIM的工程项目施工过程协同管理模型及其应用[J]．现代交通技术，2017，1(14)：85-90.
[138] 周勃，任亚萍．基于BIM的工程项目施工过程协同管理模型及其应用[J]．施工技术，2017，46(12)：85-90.
[139] 满庆鹏，李晓东．基于普适计算和BIM的协同施工方法研究[J]．土木工程学报，2012(S2)：311-315.
[140] 陈杰．基于云BIM的建设工程协同设计与施工协同机制[D]．北京：清华大学，2014.
[141] 王广斌，任文斌，罗广亮．建设工程项目前期策划新视角——BIM/DSS[J]．建筑科学，2010，26(5)：102-105.
[142] 王广斌，刘守奎．建设项目BIM实施策划[J]．时代建筑，2013(2)：48-51.
[143] 王涛．建筑施工企业BIM技术实施的关键成功因素研究[D]．重庆：重庆大学，2016

[144] 林佳瑞，张建平，钟耀锋．基于 4D-BIM 的施工进度—资源均衡模型自动构建与应用[J]．土木建筑工程信息技术，2014，6(6)：44-49．

[145] 王勇，李久林，张建平．建筑协同设计中的 BIM 模型管理机制探索[J]．土木建筑工程信息技术，2014，6(6)．

[146] 林佳瑞，张建平，何田，等．基于 BIM 的住宅项目策划系统研究与开发[J]．土木建筑工程信息技术，2013，5(1)：26-30．

[147] 张建平，梁雄，刘强．基于 BIM 的工程项目管理系统及其应用[J]．土木建筑工程信息技术，2012(4)：1-6．

[148] 何关培．BIM 和 BIM 相关软件[J]．土木建筑工程信息技术，2010，02(4)：110-117．

[149] 何关培．从业人员 BIM 标准应对策略[J]．施工企业管理，2017(10)：41-42．

[150] 何关培．实现 BIM 价值的三大支柱——IFC/IDM/IFD[J]．土木建筑工程信息技术，2011，03(1)：108-116．

[151] 吴蔚．BIM 效益评价方法及应用研究[D]．武汉：华中科技大学，2014．

[152] GB 50300—2013．建筑工程施工质量验收统一标准[S]．中国建筑工业出版社，2013．

[153] 杨志刚，刘京城，赵换江等．长沙梅溪湖国际文化艺术中心大剧院的声学设计[J]．演艺科技，2017(11)：31-37．

[154] 刘京城，苏李渊．长沙梅溪湖国际文化艺术中心幕墙 BIM 技术应用[J]．土木建筑工程信息技术，2017(1)：1-6．

[155] 周志刚，陈建辉．"BIM 技术成就建筑之美"——浅谈江苏大剧院外装饰幕墙工程设计与施工技术[C]．钢结构建筑工业化与新技术应用，2016：421-425．

[156] 百度百科．[EB/OL]．https：//baike．baidu．com/．

[157] 360 百科．[EB/OL]．https：//baike．so．com/．

附录 1 BIM 软件信息共享

SketchUp 支持的导入数据格式   附录 1-表 1

编号	格式	后缀名	备 注
1	TRIMBLE BUSINESSCENTER	＊.skp	SketchUp 软件工具的常用 3D 数据格式
2	SURVEY	＊.dem，＊.ddf	TrimbleBuildings：Survey 调研文件格式
3	PHOTOSHOP	＊.bmp，＊.jpg，＊.png，＊.psd，＊.tif，＊.tga	PHOTOSHOP 图像格式
4	AUTOCAD	＊.dxf，＊.dwg	CAD 数据格式
5	ARCHICAD	＊.ifc，＊.ifcZIP	三维绘图及加工软件通用转换格式
6	GOOGLE：GEO	＊.kmz(dae)	GOOGLE：GEO 软件常用 3D 数据格式
7	MAYA	＊.dae	MAYA 软件工具的常用 3D 数据格式
8	3DS MAX	＊.dae，＊.3ds	3DSMAX 软件工具的常用 3D 数据格式
9	MAKER	＊.stl	Maker 软件工具常用的 3D 数据转换格式

SketchUp 支持的导出数据格式   附录 1-表 2

编号	格式	后缀名	备 注
1	VICO OFFICE	＊.skp	Vico Office 软件工具的常用 3D 数据格式
2	CAD	＊.dxf，＊.dwg	CAD 软件工具常用数据格式
3	TRIMBLE BUSINESS CENTER	＊.skp	TRIMBLE BUSINESS CENTER 三维几何数据格式
4	VECTOR WORKS	＊.skp	VECTOR WORKS 软件工具的常用 3D 数据格式
5	ARCHICAD	＊.skp，＊.ifc	CAD 数据格式
6	MICRO STATION	＊.skp	MICRO STATION 数据格式
7	RHINOCEROS	＊.skp	RHINOCEROS 数据格式
8	IMSI	＊.skp	IMSI 软件工具的常用 3D 数据格式
9	REVIT	＊.ifc	REVIT 软件常用的 3D 数据转换格式
10	ESRI：ARCVIEW	＊.kmz(dae)	ESRI：ARCVIEW 常用的 3D 数据转换格式
11	GOOGLE：GEO	＊.kmz(dae)	GOOGLE：GEO 常用的 3D 数据转换格式
12	MAYA	＊.dae，＊.sbj	MAYA 软件工具的常用 3D 数据格式

续表

编号	格式	后缀名	备 注
13	3DS MAX	*.dae, *.3ds, *.obj	3DSMAX 软件工具的常用 3D 数据格式
14	COLLADA	*.dae	COLLADA 常用的 3D 数据转换格式
15	VRML	*.wrl	VRML 常用的 3D 数据转换格式
16	AUTODESK MOTIONBUILDER	*.dae, *.fbx.	MOTIONBUILDER 常用的 3D 数据转换格式
17	AUTODESK SOFTIMAGE	*.dae, *.xsi	SOFTIMAGE 常用的 3D 数据转换格式
18	CINEMA4D	*.dae	CINEMA4D 常用的 3D 数据转换格式
19	3DPRINTING	*.stl	DPRINTING 常用的 3D 数据转换格式
20	PHOTOSHOP	*.tiff, *.jpeg, *.png	图形文件存储格式
21	ILLUSTRATOR	*.eps, *.pdf	图形文件存储格式
22	INDESIGN, QUARKXPRESS	*.eps, *.pdf, *.tiff, *.jpeg, *.png	图形文件存储格式

Rhinoceros 支持的导入数据格式 　　　　　附录 1-表 3

编号	格式	后缀名	备 注
1	Rhino 3D	*.3dm	Rhinoceros 软件工具的常用 3D 数据格式(装饰相关专业)
2	3D Studio	*.3ds	3ds MAX 软件工具的常用 3D 数据格式
3	AutoCAD Drawing	*.dwg	CAD 数据格式(装饰专业相关)
4	AutoCAD Drawing Exchange	*.dxf	CAD 数据格式(装饰专业相关)
5	IGES	*.igs, *.iges	三维绘图及加工软件通用转换格式
6	MotionBuilder	*.fbx	3ds MAX、Maya 等软件工具的常用 3D 数据格式
7	OBJ	*.obj	3ds MAX 软件工具的常用 3D 数据格式
8	PDF	*.pdf	Acrobat 支持的 3D PDF 数据格式(装饰专业相关)
9	SketchUp	*.skp	SketchUp 软件工具常用的 3D 数据转换格式(装饰相关专业)
10	STEP	*.stp, *.step	国际标准化组织(ISO)制定的产品模型数据交换标准 STEP，支持 Pro/E、UG 等
11	STL	*.stl	3D SYSTEMS 公司制定的一种为快速原型制造技术服务的三维图形文件格式(3D 打印)
12	Point	*.csv, *.txt, *.asc, *.xyz	Excel 表格常用格式

Rhinoceros 支持的导出数据格式   附录 1-表 4

编号	格式	后缀名	备注
1	Rhino 3D	*.3dm	Rhinoceros 软件工具的常用 3D 数据格式（装饰相关专业）
2	COLLADA	*.dae	Lumion 软件工具常用数据格式
3	ACIS	*.sat	三维几何造型引擎 ACIS 的数据格式
4	3D Studio	*.3ds	3ds MAX 软件工具的常用 3D 数据格式
5	AutoCAD Drawing	*.dwg	CAD 数据格式（装饰专业相关）
6	AutoCAD DrawingExchange	*.dxf	CAD 数据格式（装饰专业相关）
7	IGES	*.igs，*.iges	三维绘图及加工软件通用转换格式
8	MotionBuilder	*.fbx	3ds MAX、Maya 等软件工具的常用 3D 数据格式
9	OBJ	*.obj	3ds MAX 软件工具的常用 3D 数据格式
10	PDF	*.pdf	Acrobat 支持的 3D PDF 数据格式（装饰专业相关）
11	SketchUp	*.skp	SketchUp 软件工具常用的 3D 数据转换格式（装饰相关专业）
12	STEP	*.stp，*.step	国际标准化组织（ISO）制定的产品模型数据交换标准 STEP，支持 Pro/E、UG 等
13	STL	*.stl	3D SYSTEMS 公司制定的一种为快速原型制造技术服务的三维图形文件格式（3D 打印）
14	Point	*.txt	Excel 表格常用格式
15	Rhino 3D	*.3dm	Rhinoceros 软件工具的常用 3D 数据格式（装饰相关专业）

Revit 支持导入数据格式表   附录 1-表 5

编号	格式	后缀名	备注
1	Acis	*.sat	三维几何造型引擎 ACIS 的数据格式
2	ACDSee	*.bmp	Windows 操作系统中的标准图像文件格式
3	ACDSee	*.jpg	可调整压缩率的压缩照片（装饰专业相关）
4	ACDSee	*.jpeg	支持 8 位和 24 位色彩的压缩位图格式（装饰专业相关）
5	ACDSEE	*.png	便携式网络图片（装饰专业相关）
6	DWG2D	*.dwg	2D CAD 数据格式（装饰专业相关）
7	DWG3D	*.dwg	3D CAD 数据格式（装饰专业相关）
8	DXF2D	*.dxf	开放的矢量数据格式图像文件
9	DXF3D	*.dxf	开放的矢量数据格式图像文件
10	Excel	*.xml	可扩展标记语言
11	IFC	*.ifc	buildingSMART 制定的国际 BIM 标准数据格式（装饰专业相关）

续表

编号	格式	后缀名	备　注
12	IFC	*.ifcXML	从 EXPRESS 模式派生出来的到 XML 数据定义（.xsd）的映射
13	IFC	*.ifcZIP	常规 IFC（.ifc)文件格式的压缩版本
14	Invento	*.adsk	基于 XML 的数据交换格式
15	MicroStation	*.dgn	二维和三维 CAD 设计软件 MicroStation 的数据格式
16	SketchUp	*.skp	SketchUp 的专用文件格式，三维立体模型文件
17	PhotoShop	*.tif	比较灵活的图像格式

Revit 支持导出数据格式表　　　　　　　　　　　附录 1-表 6

编号	格式	后缀名	备　注
1	Acis	*.asab	三维几何造型引擎 ACIS 的数据格式
2	Acis	*.asat	三维几何造型引擎 ACIS 的数据格式
3	Acis	*.sab	三维几何造型引擎 ACIS 的数据格式
4	Acis	*.sat	三维几何造型引擎 ACIS 的数据格式
5	ACDSee	*.bmp	Windows 操作系统中的标准图像文件格式
6	ACDSee	*.jpg	以 24 位颜色存储单个位图
7	ACDSee	*.jpeg	支持 8 位和 24 位色彩的压缩位图格式
8	ACDSEE	*.png	便携式网络图片
9	ARCHICAD	*.ifc	Industry Foundation Classes 文件格式创建的模型文件
10	Design Review	*.dwf	Web 图形格式
11	Design Review	*.dwfx	Design Review 中的默认文件格式
12	DWG2D	*.dwg	2D CAD 数据格式（装饰专业相关）
13	DWG3D	*.dwg	3D CAD 数据格式（装饰专业相关）
14	DXF2D	*.dxf	开放的矢量数据格式
15	DXF3D	*.dxf	开放的矢量数据格式
16	Ecotect	*.gbxml	标记语言
17	ImageReady	*.gif	基于 LZW 算法的连续色调的无损压缩格式
18	Invento	*.adsk	基于 XML 的数据交换格式
19	MicroStation	*.dgn	二维和三维 CAD 设计软件 MicroStation 的数据格式
20	Motionbuilde	*.fbx	filmbox 所使用的格式
21	Navisworks	*.nwc	Navisworks 中缓存文件
22	PhotoShop	*.tif	比较灵活的图像格式
23	PhotoShop	*.tga	图像文件格式
24	Realplay	*.avi	音频视频交错格式
25	Word	*.txt	文本文档

Navisworks 支持的导入数据格式

编号	格式	后缀名	备 注
1	Adobe PDF	*.pdf	Acrobat 支持的 3D PDF 数据格式（装饰专业相关）
2	Autodesk Recap	*.rc*.	Excel 中引用格式
3	Autodesk Recap	*.rcp	远程文件拷贝
4	ASCII Laser	*.asc	ASP（编程环境）文件
5	ASCII Laser	*.txt	文本文档
6	CATIA	*.model	CATIA V4 支持的数据格式
7	CATIA	*.session	CATIA 支持的数据格式
8	CATIA	*.exp	CATIA 支持的数据格式
9	CATIA	*.dlv3	CATIA 支持的数据格式
10	CATIA	*.CATPart	CATIA 支持的数据格式
11	CATIA	*.CATProduct	CATIA 支持的数据格式
12	CATIA	*.cgr	CATIA 支持的数据格式
13	CIS/2	*.stp	国际标准化组织（ISO）制定的产品模型数据交换标准 STEP
14	DWG2D	*.dwg	2D CAD 数据格式（装饰专业相关）
15	DWG3D	*.dwg	3D CAD 数据格式（装饰专业相关）
16	DXF2D	*.dxf	一种开放的矢量可转换的 2D CAD 数据格式（装饰专业相关）
17	DXF3D	*.dxf	一种开放的矢量可转换的 3D CAD 数据格式（装饰专业相关）
18	DWF	*.dwf	Web 图形格式
19	DWF	*.dwfx	Design Review 中的默认文件格式
20	DWF	*.w2d	Design Review 中的默认文件格式
21	Faro	*.fls	Adobe Flash 导出后的文件格式
22	Faro	*.fws	Adobe Flash 导出后的文件格式
23	Faro	*.iQscan	Adobe Flash 导出后的文件格式
24	Faro	*.iQmod	Adobe Flash 导出后的文件格式
25	Faro	*.iQwsp	Adobe Flash 导出后的文件格式
26	FBX	*.fbx	filmbox 所使用的格式
27	IFC	*.ifc	buildingSMART 制定的国际 BIM 标准数据格式（装饰专业相关）
28	IGES	*.igs	三维绘图及加工软件通用格式
29	IGES	*.iges	三维绘图及加工软件通用格式
30	Inventer	*.ipt	机械设计和三维 CAD 软件 Inventor 的数据格式
31	Inventer	*.iam	机械设计和三维 CAD 软件 Inventor 的数据格式
32	Inventer	*.ipj	图片格式

续表

编号	格式	后缀名	备　注
33	Informatix MAN	*.man	Linux 下的帮助指令
34	Informatix MAN	*.cv7	Linux 下的帮助指令
35	JTOpen	*.jt	为行业协同制定的一种文档格式
36	Leica	*.pts	音频项目
37	Leica	*.ptx	三维点云数据
38	MicroStation Design	*.dgn	二维和三维 CAD 设计软件 MicroStation 的数据格式
39	MicroStation Design	*.prp	二维和三维 CAD 设计软件 MicroStation 的数据格式
40	MicroStation Design	*.prw	二维和三维 CAD 设计软件 MicroStation 的数据格式
41	NX	*.prt	CAD 设计软件包 CREO 的数据格式
42	PDS	*.dri	安全且有效率的直接对显示硬件存取的方法
43	Pro/ENGINEER	*.prt	CAD 设计软件包 CREO 的数据格式
44	Pro/ENGINEER	*.asn	CAD 设计软件包 CREO 的数据格式
45	Pro/ENGINEER	*.g	CAD 设计软件包 CREO 的数据格式
46	Pro/ENGINEER	*.neu	CAD 设计软件包 CREO 的数据格式
47	Revit	*.rvt	Revit 项目文件格式
48	Revit	*.rfa	Revit 族文件格式
49	Revit	*.rte	Revit 样板文件格式
50	Riegl	*.3dd	
51	Rhino	*.3dm	Rhinoceros（Rhino）软件的格式
52	RVM	*.rvm	PDMS 导出的供漫游的三维模型文件
53	SAT	*.sat	三维几何造型引擎 ACIS 的数据格式
54	SketchUp	*.skp	SketchUp 草图大师的专用文件格式，是一个三维立体模型文件
55	3D Studio	*.3ds	3dsmax 建模软件的衍生文件格式
56	3D Studio	*.prj	3dsmax 建模软件的衍生文件格式

Navisworks 支持的导出数据格式　　　　　　　附录 1-表 8

编号	格式	后缀名	备　注
1	DWF	*.dwf	Design Review 中的默认文件格式
2	DWF	*.dwfx	Design Review 中的默认文件格式
3	DWF	*.w2d	Design Review 中的默认文件格式
4	FBX	*.fbx	filmbox 所使用的格式
5	Goolge Earth KML	*.kml	xml 描述语言，是文本文件格式

3Ds Max 支持的导入数据格式　　　　　　　　　　　　附录 1-表 9

编号	格式	后缀名	备　　注
1	Adobe Illustrator	*.ai	Adobe Illustrator 的格式文件
2	BioVision	*.bvh	动作库
3	Collada	*.dea	Collada 的格式文件
4	DWG2D	*.dwg	2D CAD 数据格式（装饰专业相关）
5	DWG3D	*.dwg	3D CAD 数据格式（装饰专业相关）
6	DXF2D	*.dxf	一种开放的矢量可转换的 2D CAD 数据格式（装饰专业相关）
7	DXF3D	*.dxf	一种开放的矢量可转换的 3D CAD 数据格式（装饰专业相关）
8	IGES	*.ige	三维绘图及加工软件通用格式
9	IGES	*.igs	三维绘图及加工软件通用格式
10	IGES	*.iges	三维绘图及加工软件通用格式
11	Inventor	*.ipt	机械设计和三维 CAD 软件 Inventor 的数据格式
12	Inventor	*.iam	机械设计和三维 CAD 软件 Inventor 的数据格式
13	LandXML	*.dem	可扩展标记语言
14	LandXML	*.xml	可扩展标记语言
15	LandXML	*.ddf	可扩展标记语言
16	Lightscape	*.lp	低速摄录文件
17	Lightscape	*.ls	Lightscape 已经光能传递了的文件
18	Motionbuilde	*.fbx	filmbox 所使用的格式
19	OBJ-Importer	*.obj	目标格式的文件
20	OpenFlight	*.flt	VEGA prime 的 OpenFlight 文件，可生成地形文件
21	TRC	*.acsll	美国信息交换编码标准
22	VRML	*.wrl	虚拟现实文本格式文件
23	VRML	*.wrz	虚拟现实文本格式文件
24	VIZ	*.viz	VIZ Render 的文件格式
25	3D Studio	*.shp	GIS 文件系统格式文件

3Ds Max 支持的导出数据格式　　　　　　　　　　　　附录 1-表 10

编号	格式	后缀名	备　　注
1	Collada	*.dea	Collada 的格式文件
2	Lightscape	*.lp	低速摄录文件
3	Lightscape	*.ls	Lightscape 已经光能传递了的文件
4	Motionbuilde	*.fbx	filmbox 所使用的格式
5	OpenFlight	*.flt	VEGA prime 的 OpenFlight 文件，用来生成地形的文件
6	Stereolitho	*.slt	表示三角形网格的一种文件格式
7	3D Studio	*.prj	一些程序使用的项目文件格式或 AIMMS 项目文件格式
8	3D Studio	*.3ds	3ds Max 建模软件的衍生文件格式

CAD 支持的导入数据格式　　　　　　　　　　附录 1-表 11

编号	格式	后缀名	备　注
1	CAD	*.dwg	CAD 数据格式(装饰专业相关)
2	CAD	*.dws	图层转换(laytrans)时使用,可以保留图层映射关系
3	CAD	*.dxf	一种开放的矢量可转换的 CAD 数据格式(装饰专业相关)
4	CAD	*.dwt	中望 CAD+中所采用的一种图形样板文件

CAD 支持的导出数据格式　　　　　　　　　　附录 1-表 12

编号	格式	后缀名	备　注
1	ACDSee	*.bmp	Windows 操作系统中的标准图像文件格式
2	Acis	*.sat	三维几何造型引擎 ACIS 的数据格式
3	CAD	*.dwg	CAD 数据格式(装饰专业相关)
4	CAD	*.dws	图层转换(laytrans)时使用,可以保留图层映射关系
5	CAD	*.dxf	一种开放的矢量可转换的 CAD 数据格式(装饰专业相关)
6	CAD	*.dwt	中望 CAD+中所采用的一种图形样板文件
7	Coreldraw	*.wmf	简单的线条和封闭线条(图形)组成的矢量图
8	Design Review	*.dwfx	Design Review 中的默认文件格式
9	IGES	*.igs	三维绘图及加工软件通用格式
10	IGES	*.iges	三维绘图及加工软件通用格式
11	MicroStation	*.dgn	二维和三维 CAD 设计软件 MicroStation 的数据格式
12	Motionbuilde	*.fbx	filmbox 所使用的格式
13	PostScript	*.eps	印刷系统中功能最强的一种图档格式
14	Picture manager	*.dxx	
15	Office	*.pdf	Acrobat 支持的 3D PDF 数据格式(装饰专业相关)
16	3ds MAX	*.stl	表示三角形网格的一种文件格式

ARCHICAD 支持的导出数据格式　　　　　　　　附录 1-表 13

编号	格式	后缀名	备　注
1	PDF 文件	*.pdf	文档阅读器(装饰专业相关)
2	Windows Enhanced Metafile	*.emf	设备独立性的一种格式可以始终保持着图形的精度(装饰专业相关)
3	Windows Metafile	*.wmf	是 Microsoft Windows 操作平台所支持的一种图形格式文件(装饰专业相关)
4	BMP	*.bmp	图片的格式(装饰专业相关)
5	GIF	*.gif	图片的格式(装饰专业相关)
6	JPEG	*.jpg	图片的格式(装饰专业相关)

续表

编号	格式	后缀名	备　注
7	PNG	*.png	图片的格式(装饰专业相关)
8	TIFF	*.tiff	图片的格式(装饰专业相关)
9	DWF	*.dwf	一种开放的矢量可转换的 CAD 数据格式(装饰专业相关)
10	DXF	*.dxf	一种开放的矢量可转换的 CAD 数据格式(装饰专业相关)
11	DWG	*.dwg	CAD 数据格式(装饰专业相关)
12	MicroStation 设计文件	*.dgn	Bentley 工程软件系统有限公司的 MicroStation 和 Intergraph 公司的 Interactive Graphics Design System (IGDS)CAD 程序所支持的文件格式
13	IFC 文件	*.ifc	buildingSMART 制定的国际 BIM 标准数据格式(装饰专业相关)
14	IFC XML 文件	*.ifcxml	buildingSMART 制定的国际 BIM 标准数据格式(装饰专业相关)
15	IFC 压缩文件	*.ifczip	buildingSMART 制定的国际 BIM 标准数据格式(装饰专业相关)
16	IFC XML 压缩文件	*.ifczip	buildingSMART 制定的国际 BIM 标准数据格式(装饰专业相关)
17	SketchUP 文件	*.skp	软件工具的常用 3D 数据格式(装饰专业相关)
18	Google Earth 文件	*.kmz	软件工具的常用 3D 数据格式(装饰专业相关)
19	Rhino 3D 模型	*.3ds	软件工具的常用 3D 数据格式(装饰专业相关)
20	Wavefront 文件	*.obj	软件工具的常用 3D 数据格式(装饰专业相关)
21	3DStudio 文件	*.3ds	软件工具的常用 3D 数据格式(装饰专业相关)
22	StereoLithography 文件	*.stl	软件工具的常用 3D 数据格式(装饰专业相关)
23	Piranesi 文件	*.epx	软件工具的常用 3D 数据格式(装饰专业相关)
24	ElectricImage 文件	*.fact	软件工具的常用 3D 数据格式(装饰专业相关)
25	VRML 文件	*.wrl	软件工具的常用 3D 数据格式(装饰专业相关)
26	Lighescape 文件	*.lp	软件工具的常用 3D 数据格式(装饰专业相关)
27	U3D 文件	*.u3d	软件工具的常用 3D 数据格式(装饰专业相关)
28	Artlantis Studio 渲染文件	*.atl	软件工具的常用 3D 数据格式(装饰专业相关)

ARCHICAD 支持的导出数据格式　　　　附录 1-表 14

编号	格式	后缀名	备　注
1	3DXML for review	*.3dxml	软件工具的常用 3D 数据格式(装饰专业相关)

377

续表

编号	格式	后缀名	备　注
2	3DXML with authoring	*.3dxml	软件工具的常用 3D 数据格式(装饰专业相关)
3	Excel 工作册	*.xlsx	利用各种图表进行方法分析、数据管理和共享信息(装饰专业相关)
4	Excel97-2003 工作簿	*.xls	利用各种图表进行方法分析、数据管理和共享信息(装饰专业相关)
5	文本文件	*.txt	一种典型的顺序文件,其文件的逻辑结构又属于流式文件(装饰专业相关)
6	点云文件	*.e57	同一空间参考系下表达目标空间分布和目标表面特性的海量点集合(装饰专业相关)
7	点云文件	*.xyz	同一空间参考系下表达目标空间分布和目标表面特性的海量点集合(装饰专业相关)
8	PMK 图形	*.pmk	是凌霄 PhotoMark 系列软件产生的元文件(装饰专业相关)
9	绘图仪文件	*.plt	是基于矢量的,由 Hewlett Packard 开发。在 AutoCAD/R14 版及 CorelDRAW 软件中可以见到(装饰专业相关)
10	Windows Enhanced Metafile	*.emf	设备独立性的一种格式可以始终保持着图形的精度(装饰专业相关)
11	Windows Metafile	*.wmf	是 Microsoft Windows 操作平台所支持的一种图形格式文件(装饰专业相关)
12	PDF	*.pdf	文档阅读器(装饰专业相关)
13	MicroStation 设计文件	*.dgn	是 Bentley 工程软件系统有限公司的 MicroStation 和 Intergraph 公司的 Interactive Graphics Design System (GDS)CAD 程序所支持的文件格式
14	HPGL 文件	*.plt	绘图格式文件(装饰专业相关)
15	DWG2D	*.dwg	2D CAD 数据格式(装饰专业相关)
16	DWG3D	*.dwg	3D CAD 数据格式(装饰专业相关)
17	DXF2D	*.dxf	一种开放的矢量可转换的 2D CAD 数据格式(装饰专业相关)
18	DXF3D	*.dxf	一种开放的矢量可转换的 3D CAD 数据格式(装饰专业相关)
19	IFC	*.ifc	buildingSMART 制定的国际 BIM 标准数据格式(装饰专业相关)
20	IFC	*.ifcxml	buildingSMART 制定的国际 BIM 标准数据格式(装饰专业相关)

续表

编号	格式	后缀名	备　注
21	IFC	*.ifcZIP	buildingSMART 制定的国际 BIM 标准数据格式（装饰专业相关）
22	全部图形文件	*.bmp；*.dib；*.rle；*.gif；*.jpg；*.jpeg；*.jpe；*.jfif；*.exif；*.png；*.tiff；*.tif；*.hdr；*.lwi	图片的格式（装饰专业相关）
23	SketchUP 文件	*.skp	软件工具的常用 3D 数据格式（装饰专业相关）
24	Rhino 3D 模型	*.3ds	软件工具的常用 3D 数据格式（装饰专业相关）

CATIA 支持的导入数据格式　　　　　附录 1-表 15

编号	格式	后缀名	备　注
1	3DXML for review	*.3dxml	达索系统软件工具的常用 3D 数据格式（装饰专业相关）
2	3DXML with authoring	*.3dxml	达索系统软件工具的常用 3D 数据格式（装饰专业相关）
3	Abaqus _ materials	*.inp	有限元分析软件 ABAQUS 的数据格式
4	Acis	*.asab	三维几何造型引擎 ACIS 的数据格式
5	Acis	*.asat	三维几何造型引擎 ACIS 的数据格式
6	Acis	*.sab	三维几何造型引擎 ACIS 的数据格式
7	Acis	*.sat	三维几何造型引擎 ACIS 的数据格式
8	BDF	*.bdf	Glyph Bitmap Distribution Format，一种位图分布格式
9	BRD	*.brd	集成电路设计软件 Cadence Allegro 的数据格式
10	CGM	*.xcgm	UG、CoreLDRAW 等软件支持的矢量图像文件
11	Creo	*.asm	CAD 设计软件包 CREO 的数据格式
12	Creo	*.asm.*	CAD 设计软件包 CREO 的数据格式
13	Creo	*.prt	CAD 设计软件包 CREO 的数据格式
14	Creo	*.prt.*	CAD 设计软件包 CREO 的数据格式
15	DWG2D	*.dwg	2D CAD 数据格式（装饰专业相关）
16	DWG3D	*.dwg	3D CAD 数据格式（装饰专业相关）
17	DXF2D	*.dxf	一种开放的矢量可转换的 2D CAD 数据格式（装饰专业相关）
18	DXF3D	*.dxf	一种开放的矢量可转换的 3D CAD 数据格式（装饰专业相关）

续表

编号	格式	后缀名	备　注
19	EMN	*.emn	Pro/E 的数据格式
20	ICEM	*.icem	ANSYS ICEM CFD 有限元分析软件的数据格式
21	IDF	*.idf	建筑能耗分析软件 Energyplus 的数据格式（装饰专业相关）
22	IFC	*.ifc	buildingSMART 制定的国际 BIM 标准数据格式（装饰专业相关）
23	IFC	*.ifcZIP	buildingSMART 制定的国际 BIM 标准数据格式（装饰专业相关）
24	IGES2D	*.ig2	三维绘图及加工软件通用转换格式(2D)
25	IGES3D	*.igs	三维绘图及加工软件通用转换格式(3D)
26	Inventor	*.iam	机械设计和三维 CAD 软件 Inventor 的数据格式
27	Inventor	*.ipt	机械设计和三维 CAD 软件 Inventor 的数据格式
28	MicroStation	*.dgn	二维和三维 CAD 设计软件 MicroStation 的数据格式
29	NX	*.prt	PRO/E、UG 等三维建模软件的数据格式
30	Parasolid	*.x_b	三维几何建模组件软件 Parasolid 的数据格式
31	Parasolid	*.x_t	三维几何建模组件软件 Parasolid 的数据格式
32	ProE	*.asm	Pro/E 的数据格式
33	ProE	*.asm.*	Pro/E 的数据格式
34	ProE	*.prt	Pro/E 的数据格式
35	ProE	*.prt.*	Pro/E 的数据格式
36	STEP	*.step	国际标准化组织(ISO)制定的产品模型数据交换标准 STEP，支持 Pro/E、UG 等
37	STEP	*.stp	国际标准化组织(ISO)制定的产品模型数据交换标准 STEP，支持 Pro/E、UG 等
38	STEP	*.stpZ	国际标准化组织(ISO)制定的产品模型数据交换标准 STEP，支持 Pro/E、UG 等
39	STEP	*.stpx	国际标准化组织(ISO)制定的产品模型数据交换标准 STEP，支持 Pro/E、UG 等
40	STEP_ISO	*.stp	国际标准化组织(ISO)制定的产品模型数据交换标准 STEP，支持 Pro/E、UG 等
41	SolidEdge	*.asm	SolidEdge 三维 CAD 软件支持的数据格式
42	SolidEdge	*.par	SolidEdge 三维 CAD 软件支持的数据格式
43	SolidEdge	*.psm	SolidEdge 三维 CAD 软件支持的数据格式
44	Solidworks	*.asm	机械设计软件 Solidworks 支持的数据格式
45	Solidworks	*.prt	机械设计软件 Solidworks 支持的数据格式

续表

编号	格式	后缀名	备 注
46	Solidworks	*.sldasm	机械设计软件 Solidworks 支持的数据格式
47	Solidworks	*.sldprt	机械设计软件 Solidworks 支持的数据格式
48	VRML	*.wrl	虚拟现实建模语言 VRML 支持的数据格式(装饰专业相关)

CATIA 支持的导出数据格式　　　　　　　　**附录 1-表 16**

编号	格式	后缀名	备 注
1	3DPDF	*.pdf	Acrobat 支持的 3D PDF 数据格式(装饰专业相关)
2	3DXML for review	*.3dxml	达索系统软件工具的常用 3D 数据格式(装饰专业相关)
3	3DXML witj authoring	*.3dxml	达索系统软件工具的常用 3D 数据格式(装饰专业相关)
4	3MF	*.3mf	3MF 联盟推出的一种 3D 打印数据格式
5	AMF	*.amf	ASTM 组织推出的一种 3D 打印数据格式
6	Authoring	*.stp	多媒体软件 Authoring 支持的数据格式
7	Authoring	*.stpZ	多媒体软件 Authoring 支持的数据格式
8	CATIA File		达索系统的 CATIA 建模软件支持的数据格式(装饰专业相关)
9	CGM	*.xcgm	UG、CoreLDRAW 等软件支持的矢量图像文件
10	ICEM	*.icem	ANSYS ICEM CFD 有限元分析软件的数据格式
11	IFC	*.ifc	buildingSMART 制定的国际 BIM 标准数据格式(装饰专业相关)
12	IGES3D	*.igs	三维绘图及加工软件通用转换格式(3D)
13	MODEL	*.model	CATIA V4 支持的数据格式
14	STEP	*.stp	国际标准化组织(ISO)制定的产品模型数据交换标准 STEP，支持 Pro/E、UG 等
15	STEP	*.stpZ	国际标准化组织(ISO)制定的产品模型数据交换标准 STEP，支持 Pro/E、UG 等
16	STL	*.stl	3D SYSTEMS 公司制定的一种为快速原型制造技术服务的三维图形文件格式(3D 打印)
17	VRML	*.wrl	虚拟现实建模语言 VRML 支持的数据格式(装饰专业相关)

381

ABD 支持打开的数据格式　　　　　附录 1-表 17

编号	格式	后缀名	备　注
1	CAD	*.dgn，*.dxf，*.dwg	CAD 数据格式（装饰专业相关）
2	MicrotStation DGN	*.dgn	MicroStation 支持的二维和三维数据格式（装饰专业相关）
3	MicrotStation Cell	*.cel	MicrotStation 支持的单元文件（装饰专业相关）
4	DGN Library	*.dgnlib	开源 DGN 库文件
5	Sheet	*.s	图纸文件
6	Hidden Line	*.h	隐藏线文件
7	Autodesk DWG	*.dwg	Autodesk 公司软件支持的二维和三维文件格式（装饰专业相关）
8	Autodesk DXF	*.dxf	Autodesk 公司软件支持的二维和三维文件格式（装饰专业相关）
9	Red Line	*rdl.	红线文件
10	TriForma	*.d	Microstation 支持的数据格式
11	3D Studio	*.3ds	3ds MAX 建模软件的衍生文件格式（装饰专业相关）
12	Shape	*.shp	二维图形文件
13	MIF/MID	*.mif	内存初始化文件
14	DgnDB	*.idgndb	Dgn 数据库文件
15	imodel	*.imodel	轻量化浏览文件（装饰专业相关）
16	Autodesk FBX	*.fbx	filmbox 所使用的格式（装饰专业相关）
17	IFC	*.ifc	buildingSMART 制定的国际 BIM 标准数据格式（装饰专业相关）
18	Common Raster Formats	*.tif，*.tiff，*.itiff，*.bmp，*.jpg，*.jpeg，*.sid，*.pdf，*.png	标准图像文件格式（装饰专业相关）
19	Commen geo ref raster formats	*.tif，*.tiff，*.itiff，*.iTIFF64，*.hmr，*.cit，*.tgr，*.ecw，*.jp2，*.j2k，*.doq，*.img	标准地理图形格式
20	JT	*.jt	Turboc 可视化文件
21	Obj	*.obj	标准的 3D 模型文件格式（装饰专业相关）
22	Autodesk RFA	*.rfa	Autodesk Revit 支持的族文件（装饰专业相关）
23	Open Nurbs（Rhino）	*.3dm	Rhino 支持开放的非均匀有理 B 样条曲线文件（装饰专业相关）

编号	格式	后缀名	备　注
24	SketchUp	*.skp	SketchUp 专用文件格式，是一个三维立体模型文件（装饰专业相关）
25	Reality Mesh	*.3mx	Context Captures 软件支持的真实网格模型文件（装饰专业相关）

ABD 支持链接的数据格式　　　　　　　附录 1-表 18

编号	格式	后缀名	备　注
1	CAD	*.dgn，*.dxf，*.dwg	CAD 数据格式（装饰专业相关）
2	MicrotStation DGN	*.dgn	MicroStation 支持的二维和三维数据格式（装饰专业相关）
3	MicrotStation Cell	*.cel	MicrotStation 支持的单元文件（装饰专业相关）
4	DGN Library	*.dgnlib	开源 DGN 库文件
5	Sheet	*.s	图纸文件
6	Hidden Line	*.h	隐藏线文件
7	Autodesk DWG	*.dwg	Autodesk 公司软件支持的二维和三维文件格式（装饰专业相关）
8	Autodesk DXF	*.dxf	Autodesk 公司软件支持的二维和三维文件格式（装饰专业相关）
9	Red Line	*rdl.	红线文件
10	TriForma	*.d	Microstation 支持的数据格式
11	3D Studio	*.3ds	3ds MAX 建模软件的衍生文件格式（装饰专业相关）
12	Shape	*.shp	二维图形文件
13	MIF/MID	*.mif	内存初始化文件
14	DgnDB	*.idgndb	Dgn 数据库文件
15	imodel	*.imodel	轻量化浏览文件（装饰专业相关）
16	Autodesk FBX	*.fbx	filmbox 所使用的格式（装饰专业相关）
17	IFC	*.ifc	buildingSMART 制定的国际 BIM 标准数据格式（装饰专业相关）
18	JT	*.jt	Turboc 可视化文件
19	Obj	*.obj	标准的 3D 模型文件格式（装饰专业相关）
20	Autodesk RFA	*.rfa	Autodesk Revit 支持的族文件（装饰专业相关）
21	Open Nurbs (Rhino)	*.3dm	Rhino 支持开放的非均匀有理 B 样条曲线文件（装饰专业相关）
22	SketchUp	*.skp	SketchUp 专用文件格式，是一个三维立体模型文件（装饰专业相关）
23	Reality Mesh	*.3mx	Context Captures 软件支持的真实网格模型文件（装饰专业相关）

ABD 支持导入的数据格式　　　　　　附录 1-表 19

编号	格式	后缀名	备　注
1	Autodesk DWG	*．dwg	Autodesk 公司软件支持的二维和三维文件格式（装饰专业相关）
2	MicrotStation DGN	*．dgn	MicroStation 支持的二维和三维数据格式（装饰专业相关）
3	MicrotStation Cell	*．cel	MicrotStation 支持的单元文件（装饰专业相关）
4	DGN Library	*．dgnlib	开源 DGN 库文件
5	Red Line	*rdl．	红线文件
6	Sheet	*．s	图纸文件
7	DgnDB	*．idgndb	Dgn 数据库文件
8	Shape	*．shp	二维图形文件
9	Text	*．txt	纯文本文件格式
10	Image	*．tif、*．tiff、*．itiff、*．bmp、*．jpg、*．jpeg、*．sid、*．pdf、*．png	标准图像文件格式（装饰专业相关）
11	MIF/MID	*．mif	内存初始化文件
12	TAB	*．tab	存放游英文脚本的文件
13	imodel	*．imodel	轻量化浏览文件（装饰专业相关）
14	IFC	*．ifc	buildingSMART 制定的国际 BIM 标准数据格式（装饰专业相关）
15	Autodesk DXF	*．dxf	Autodesk 公司软件支持的二维和三维文件格式（装饰专业相关）
16	CGM	*．cgm	计算机图形元文件
17	Autodesk FBX	*．fbx	filmbox 所使用的格式（装饰专业相关）
18	JT	*．jt	Turboc 可视化文件
19	IGES	*．igs	根据 IGES 标准生成的文件，主要用于不同三维软件系统的文件转换（装饰专业相关）
20	Autodesk RFA	*．rfa	Autodesk Revit 支持的族文件（装饰专业相关）
21	STEP	*．stp	产品模型数据交换标准
22	Land XML	*．xml	三维地形文件
23	Acis	*．sat	三维几何造型引擎 ACIS 的数据格式（装饰专业相关）
24	3D Studio	*．3ds	3dsmax 建模软件的衍生文件格式（装饰专业相关）
25	SketchUp	*．skp	SketchUp 的专用文件格式，是一个三维立体模型文件（装饰专业相关）
26	Open Nurbs (Rhino)	*．3dm	Rhino 支持开放的非均匀有理 B 样条曲线文件（装饰专业相关）

续表

编号	格式	后缀名	备　注
27	Stereolithography	*.stl	表示三角形网格的一种文件格式
28	Parasolid	*.x_t	三维实体设计软件输出的(一般是高版本输出的低版本)的一种工业标准格式文件
29	Obj	*.obj	标准的 3D 模型文件格式(装饰专业相关)

ABD 支持导出的数据格式　　　　　　**附录 1-表 20**

编号	格式	后缀名	备　注
1	Autodesk DWG	*.dwg	Autodesk 公司软件支持的二维和三维文件格式（装饰专业相关）
2	MicrotStation DGN	*.dgn	MicroStation 支持的二维和三维数据格式（装饰专业相关）
3	Red Line	*rdl.	红线文件
4	DGN Library	*.dgnlib	开源 DGN 库文件
5	Visible Edegs	*.hln	可视边文件
6	IFC	*.ifc	buildingSMART 制定的国际 BIM 标准数据格式（装饰专业相关）
7	Autodesk DXF	*.dxf	Autodesk 公司软件支持的二维和三维文件格式（装饰专业相关）
8	CGM	*.cgm	计算机图形元文件
9	Autodesk FBX	*.fbx	filmbox 所使用的格式（装饰专业相关）
10	JT	*.jt	Turboc 可视化文件
11	IGES	*.igs	根据 IGES 标准生成的文件，主要用于不同三维软件系统的文件转换（装饰专业相关）
12	Collada	*.dae	flash 导入的数据格式
13	STEP	*.stp	产品模型数据交换标准
14	pdf	*.	数据交互
15	Acis	*.sat	三维几何造型引擎 ACIS 的数据格式（装饰专业相关）
16	SketchUp	*.skp	SketchUp 的专用文件格式，是一个三维立体模型文件（装饰专业相关）
17	Stereolithography	*.stl	表示三角形网格的一种文件格式
18	Parasolid	*.x_t	三维实体设计软件输出的（一般是高版本输出的低版本）的一种工业标准格式文件
19	Obj	*.obj	标准的 3D 模型文件格式（装饰专业相关）
20	Google Earth	*.kml	地球浏览器（例如 Google 地球、Google 地图和谷歌手机地图）中显示地理数据

编号	格式	后缀名	备　注
21	Luxology	*.lxo	Luxology 支持的三维数据格式（装饰专业相关）
22	SVG	*.svg	可缩放的矢量图形文件
23	U3D	*.u3d	Unity 3D 支持的三维数据格式（装饰专业相关）
24	VRML	*.vrml	虚拟现实建模语言，是一种用于建立真实世界的场景模型或人们虚构的三维世界的场景建模语言（装饰专业相关）
25	VUE	*.vob	VUE 支持的三维数据格式（装饰专业相关）

注：所有附录 1 的软件格式共享资料由相关软件厂商及软件代理商提供。

附录2 建筑装饰工程常用编码与代码

建筑装饰工程常用产品分类类目和编码表

附表1

类目编码	类目名称	说　明
01.00.00	混凝土	
01.10.00	预制混凝土制品及构件	在工厂浇筑成的混凝土制品及构件
01.15.00	商品混凝土	由水泥、骨料、水及根据需要掺入的外加剂、矿物掺和料等组分按照一定比例，在搅拌站经计量、拌制后出售，并采用运输车在规定时间内送到使用地点的混凝土拌和物
01.20.00	水泥及胶凝材料	既能在空气中硬化，又能在水中硬化，并能把砂、石等材料牢固地胶结在一起的水硬性胶凝材料，或与水泥中的水化产物发生化学反应生成强度组分的活性矿物掺合料
01.25.00	混凝土外加剂	在混凝土搅拌之前或拌制过程中加入的、用以改善新拌和（或）硬化混凝土性能的材料
01.30.00	骨料	在混凝土或砂浆中起骨架和填充作用的粒状岩石松散材料
01.35.00	混凝土增强材料	以短切、连续、织物等方式与混凝土一起成型，用于改善混凝土制品的抗裂、抗弯、抗冲击韧性
01.40.00	混凝土维护材料	在混凝土固化后，起到修补和保护作用的材料，如混凝土修补材料及混凝土防护材料
01.45.00	灌浆材料	用于加筋砌体结构和预应力混凝土结构中的大流动性水泥或高分子浆状材料，凝固后起锚固作用
02.00.00	砌体	
02.10.00	砖	长度不超过365mm，宽度不超过240mm，高度不超过115mm的砌筑用块状材料，分为烧结和非烧结
02.20.00	砌块	利用混凝土、工业废料（炉渣、粉煤灰等）或地方材料制成的人造块材。长度、宽度、高度中有一项或一项以上分别大于365mm、240mm、115mm，但高度不大于长度或宽度的6倍，长度不超过高度的3倍
02.30.00	石料	天然或人工打凿的石材
02.40.00	砌筑砂浆	满足砌筑施工性能的砂浆
03.00.00	金属	
03.10.00	钢筋	配置在钢筋混凝土及预应力钢筋混凝土构件中的增强材料
03.20.00	钢丝	通过冷拉、镀锌或退火等工艺制作而成的半精加工产品

续表

类目编码	类目名称	说　　明
03.30.00	型材	用热轧、冷弯或挤出等加工工艺制成的各种规定截面形状的金属材料。如角钢、槽钢、铝合金型材等
03.40.00	板（带）材	经浇铸、压制成型的板材或经过深加工处理的板材
03.50.00	棒材	横截面形状为圆形、方形、六角形或八角形，长度相对横截面尺寸比较大，呈直条状的材料
03.60.00	线材	横截面形状为圆形或特定形状，长度相对横截面尺寸很大，呈盘条状的材料
03.70.00	管材	用于输送液体、气体或搭建构筑物的材料
03.80.00	金属制品	由金属材料加工而成的建筑产品，如：金属楼梯、金属栏杆等
04.00.00	木结构	
04.10.00	方木、原木结构	主要承重构件由方木（含板材）或原木制作的结构
04.20.00	胶合木结构	主要承重构件由层板胶合木制作的结构
04.30.00	轻型木结构	由规格材和木基结构板通过钉连接成墙体、楼盖和屋盖而形成的框架式结构
05.00.00	膜结构	
05.10.00	膜材料	由高强度纤维织成的基材和聚合物涂层构成的复合材料
05.20.00	膜面索	与膜面协同构成索膜建筑承力体系的钢索或聚酯纤维绳
05.30.00	膜材料制品	膜材料经热合、胶粘及缝纫等工艺制成的膜结构覆盖产品
05.40.00	锚具	膜结构中使用的锚固装置
10.00.00	保温隔热	
10.10.00	保温系统材料	用于建筑物的外墙，起到阻隔、减少建筑物室内外热量传递的构造层次的总称
10.20.00	绝热材料	用于建筑物的屋面与墙体等部位，起到阻隔、减少热量传递的材料
10.30.00	隔热材料	用于建筑物的外围护结构表面，在夏季起到隔离太阳辐射热和室外高温的影响，从而使围护结构内表面保持适当温度的材料
11.00.00	防水、防潮及密封	
11.10.00	防水卷材	可卷曲的片状柔性防水材料
11.20.00	防水涂料	具有防水功能的涂料
11.30.00	水泥基渗透结晶型防水材料	以水泥和石英砂为主要原材料，掺入活性化学物质，与水拌合后，活性化学物质通过载体可渗入混凝土内部，并形成不溶于水的结晶体，使混凝土致密的刚性防水材料
11.40.00	密封材料	能承受接缝位移并满足气密和水密要求的，嵌入建筑接缝中的定型和非定型材料
11.50.00	防水透气膜	用于加强建筑气密性、水密性，同时具有透气性能，使结构内部水汽迅速排出的材料
11.60.00	堵漏、灌浆材料	具有填补缝隙、孔洞功能，达到止水目的的材料

类目编码	类目名称	说　　明
11.70.00	屋面瓦	用于建筑屋面覆盖及装饰的板状或块状制品
12.00.00	防火、防腐	
12.10.00	防火材料	具有耐高温、耐热、阻燃特性的材料
12.20.00	防腐材料	用于木结构、钢结构等防腐的材料
13.00.00	门窗、幕墙	
13.10.00	建筑门窗	建筑中围蔽墙体洞口，可起采光、通风或观察，并可开启关闭及可供人出入等作用的建筑部件的总称
13.20.0	建筑幕墙	由面板与支撑结构体系（支撑装置与支撑结构）缀成的，可相对主体结构有一定位移能力或自身有一定变形能力、不承担主体结构所受作用的建筑外维护墙
13.30.00	五金件	安装在建筑物门窗、幕墙上的各种金属和非金属配件的统称，在启闭时起辅助作用，如：执手、合页（铰链）、门锁、撑挡等
13.40.00	配件	用于门窗、幕墙安装使用的配件，如：密封胶条、密封胶、闭门器、开窗器等
14.00.00	建筑玻璃	
14.10.00	平板玻璃	采用浮法、压延法及平拉法等工艺生产的板状无机玻璃制品的总称
14.20.00	深加工玻璃	对平板玻璃进行深加工处理的玻璃，如：钢化玻璃、镀膜玻璃、中空玻璃等
14.30.00	特种玻璃	具有特殊功能的玻璃，如：防弹玻璃、防爆玻璃、电磁屏蔽玻璃等
14.40.00	特殊玻璃	与平板玻璃的加工工艺有所不同的玻璃，如：U型玻璃、玻璃马赛克等
15.00.00	室内外装修	
15.10.00	建筑涂料	用于建筑物外墙、内墙、顶棚、地面、木器的涂料的总称
15.15.00	壁纸（壁布）	用于裱贴内墙面和顶棚的装饰卷材
15.20.00	地毯	经手工或机械工艺编织由毯面（或称绒头层）和毯基（或称底布、背衬）所组成的室内地面装饰织物
15.25.00	陶瓷砖	用于建筑物内外墙面和地面装饰的陶瓷制品
15.30.00	木质材料	用于建筑物室内外表面起到装饰、防护等作用的木质材料
15.35.00	装饰石材	用于建筑物内外墙面和地面的石材、人造石材及石材复合材料
15.40.00	金属装饰材料	用于墙面、屋面、吊顶或其他装饰用途的金属及金属复合材料
15.45.00	矿物棉及石膏类装饰材料	用于吊顶或墙面的矿物棉板和石膏板类装饰材料
15.50.00	水泥及硅酸盐类板材	以水泥或硅质材料为主要原料的板材
15.55.00	龙骨	用于非承重墙体及吊顶支撑造型、固定结构的材料
15.60.00	特殊功能地面	包括弹性地材、采暖地板、运动地板、防静电地板等具有特殊功能的地面材料

续表

类目编码	类目名称	说　明
15.65.00	装修用胶粘剂	用于室内外墙、地砖（板）、饰面板等的粘贴材料
15.70.00	基层处理材料	室内外墙、地面装修前的预处理材料，包括自流平砂浆、界面剂等
15.75.00	装修配套材料	用于装修的辅助材料，如嵌缝材料、装饰线条、龙骨等
16.00.00	专用建筑制品	
16.10.00	建筑标识制品	用于传递公共信息的建筑制品，如指示牌、标牌等
16.20.00	排气道	用于排除厨房炊事活动产生的烟气或卫生间浊气的管道制品，也称排风道、通风道
16.30.00	隔断	用于划分（对大空间进行功能分区）和限定（为满足私密性分隔室内空间）建筑室内空间的非承重构件
16.40.00	遮阳制品	安装在建筑物上，用以遮挡或调节进入室内太阳光的装置，通常由遮阳材料、支撑构件、调节机构等组成
16.50.00	雨篷制品	设置在建筑物进出口上部的起到遮雨、遮阳作用的构件或制品
16.60.00	变形缝制品	用于适应建筑物由于气温的升降、地基的沉降、地震等外界因素作用下产生变形而设置的能满足建筑结构使用功能，同时起到装饰作用的各种装置的总称
16.70.00	太阳能光伏制品及构件	将太阳能与建筑材料或构件复合的制品或构件。如瓦、砖、玻璃、遮阳构件、栏板构件等
17.00.00	陈设	
17.10.00	工艺品	包括摆件、雕塑等
17.15.00	窗装饰	用于室内外窗的装饰，如窗帘、窗帘杆等
17.20.00	箱柜	储物柜及带层压装饰面的钢、木或塑料箱柜
17.25.00	厨房制品	包括厨房家具等
17.30.00	卫生间配套设备	安装在卫生间内能够满足使用者进行便溺、洗浴、盥洗、洗涤等活动的产品
17.35.00	家具	供人使用的室内各种便利设施。根据建筑使用功能进行分类，包括办公、商业、特殊功能建筑家具等
17.40.00	座椅	大会堂、剧院、体育馆（场）、饭店等使用的固定、可移动、可拉伸座椅、并联座椅及附属装置
17.60.00	其他装饰	包括室内盆栽、人造水池等
18.00.00	专用建筑	
18.10.00	成品房	工厂预制、现场组装的建筑房屋。包括钢结构、木结构等集成组装的成品房
18.20.00	专用建筑设施	用于娱乐或疗养的游泳池、溜冰场、水族馆、浴池和动物棚等建筑物和设施
18.30.00	专用功能房间	按不同使用要求建成的冷库、环境监控（声控、超净、防射线）室、桑拿房、整体厨房和整体卫生间等

注：本表内容选自行业标准《建筑产品分类和编码》JG.T 151—2015。

建筑装饰工程常用模型材料代码命名表　　　附表2

序号	材料类别	英语名称	缩写代码
1	钢材	steel products	SP
2	木材	wood	WO
3	水泥	cement	CN
4	砂石	sand stone	SS
5	砂浆	mortar	MO
6	混凝土	concrete	CO
7	砌块	block	BL
8	天然石材	natural stone	NT
9	人造石材	artificial stone	AT
10	瓷砖	ceramic tile	CT
11	马赛克	mosaic	MO
12	地毯	carpet	CA
13	木地板	wood floor	WF
14	橡胶地板	rubber floor	RF
15	架空地板	elevated floor	EF
16	木龙骨	wooden keel	WK
17	轻钢龙骨	lightgage steel keel	LK
18	铝合金龙骨	aluminum alloy keel	AK
19	石膏板	gypsum board	GB
20	硅钙板	silicate calciumboard	SB
21	矿棉板	mineral board	MB
22	岩棉板	rock board	RB
23	木夹板	wood board	WB
24	金属板	metal board	MP
25	塑料板	plastic board	PP
26	防火板	fireproof board	FB
27	木门	wood door	WD
28	金属门	metal door	MD
29	塑料门	plastic door	PD
30	特种门	special door	SD
31	木窗	wood window	WW
32	金属窗	metal window	MW
33	塑料窗	plastic window	PW

续表

序号	材料类别	英语名称	缩写代码
34	特种窗	special window	SW
35	玻璃	glass	GL
36	镜子	mirror	MI
37	水溶性涂料	water soluble coating	WS
38	溶剂性涂料	solvent coating	SC
39	美术涂料	art coating	AC
40	防水涂料	waterproof coating	WC
41	防火涂料	fireproof coating	FC
42	环氧树脂	epoxy resin	ER
43	墙纸	wall paper	WP
44	软包	soft roll	SR
45	贴膜	film	FI
46	布艺	fabric art	FA
47	家具	furniture	FU
48	园林景观	landscape	LA
49	楼梯	stairs	ST
50	栏杆扶手	handrails	HA
51	玻璃幕墙	Glass curtain wall	GC
52	石材幕墙	Stone curtain Wall	SC
53	金属幕墙	Metal curtain wall	MC
54	空调管道	air conditioning duct	AD
55	空调设备	air conditioning equipment	AE
56	空调开关	air conditioner switch	AS
57	出风口	air outlet	AO
58	回风口	return air	RA
59	给水管道	water supply pipeline	WS
60	排水管道	drainage pipeline	DP
61	供暖设备	heating equipment	HE
62	厨房设备	kitchen equipment	KE
63	消防设备	fire equipment	FE
64	脸盆	washbasin	WA
65	马桶	closestool	CL
66	小便斗	urinal	UR

续表

序号	材料类别	英语名称	缩写代码
67	地漏	floor drain	FD
68	电气线路	electrical circuit	EC
69	配电箱	power distribution box	PB
70	灯具	lighting	LI
71	开关	switch	SW
72	插座	socket	SO

注：本表引自《建筑装饰装修工程 BIM 实施标准》T/CBDA-3-2016。

附录3 建筑信息化 BIM 技术系列岗位 专业技能考试管理办法

北京绿色建筑产业联盟文件

联盟 通字 【2018】09 号

通　知

各会员单位，BIM 技术教学点、报名点、考点、考务联络处以及有关参加考试的人员：

根据国务院《2016—2020 年建筑业信息化发展纲要》《关于促进建筑业持续健康发展的意见》（国办发〔2017〕19 号），以及住房和城乡建设部《关于推进建筑信息模型应用的指导意见》《建筑信息模型应用统一标准》等文件精神，北京绿色建筑产业联盟组织开展的全国建筑信息化 BIM 技术系列岗位人才培养工程项目，各项培训、考试、推广等工作均在有效、有序、有力的推进。为了更好地培养和选拔优秀的实用性 BIM 技术人才，搭建完善的教学体系、考评体系和服务体系。我联盟根据实际情况需要，组织建筑业行业内 BIM 技术经验丰富的一线专家学者，对于本项目在 2015 年出版的 BIM 工程师培训辅导教材和考试管理办法进行了修订。现将修订后的《建筑信息化 BIM 技术系列岗位专业技能考试管理办法》公开发布，2018 年 6 月 1 日起开始施行。

特此通知，请各有关人员遵照执行！

附件：建筑信息化 BIM 技术系列岗位专业技能考试管理办法　全文

二〇一八年三月十五日

附件：

建筑信息化 BIM 技术系列岗位专业技能考试管理办法

根据中共中央办公厅、国务院办公厅《关于促进建筑业持续健康发展的意见》（国发办〔2017〕19 号）、住建部《2016—2020 年建筑业信息化发展纲要》（建质函〔2016〕183 号）和《关于推进建筑信息模型应用的指导意见》（建质函〔2015〕159 号），国务院《国家中长期人才发展规划纲要（2010—2020 年）》《国家中长期教育改革和发展规划纲要（2010—2020 年）》，教育部等六部委联合印发的《关于进一步加强职业教育工作的若干意见》等文件精神，北京绿色建筑产业联盟结合全国建设工程领域建筑信息化人才需求现状，参考建设行业企事业单位用工需要和工作岗位设置等特点，制定 BIM 技术专业技能系列岗位的职业标准、教学体系和考评体系，组织开展岗位专业技能培训与考试的技术支持工作。参加考试并成绩合格的人员，由工业和信息化部教育与考试中心（电子通信行业职业技能鉴定指导中心）颁发相关岗位技术与技能证书。为促进考试管理工作的规范化、制度化和科学化，特制定本办法。

一、岗位名称划分

1. BIM 技术综合类岗位：

BIM 建模技术，BIM 项目管理，BIM 战略规划，BIM 系统开发，BIM 数据管理。

2. BIM 技术专业类岗位：

BIM 技术造价管理，BIM 工程师（装饰），BIM 工程师（电力）

二、考核目的

1. 为国家建设行业信息技术（BIM）发展选拔和储备合格的专业技术人才，提高建筑业从业人员信息技术的应用水平，推动技术创新，满足建筑业转型升级需求。

2. 充分利用现代信息化技术，提高建筑业企业生产效率、节约成本、保证质量，高效应对在工程项目策划与设计、施工管理、材料采购、运营维护等全生命周期内进行信息共享、传递、协同、决策等任务。

三、考核对象

1. 凡中华人民共和国公民，遵守国家法律、法规，恪守职业道德的。土木工程类、工程经济类、工程管理类、环境艺术类、经济管理类、信息管理与信息系统、计算机科学与技术等有关专业，具有中专以上学历，从事工程设计、施工管理、物业管理工作的社会企事业单位技术人员和管理人员，高职院校的在校大学生及老师，涉及 BIM 技术有关业务，均可以报名参加 BIM 技术系列岗位专业技能考试。

2. 参加 BIM 技术专业技能和职业技术考试的人员，除符合上述基本条件外，还需具备下列条件之一：

（1）在校大学生已经选修过 BIM 技术有关岗位的专业基础知识、操作实务相关课程的；或参加过 BIM 技术有关岗位的专业基础知识、操作实务的网络培训；或面授培训，或实习实训达到 140 学时的。

（2）建筑业企业、房地产企业、工程咨询企业、物业运营企业等单位有关从业人员，参加过 BIM 技术基础理论与实践相结合的系统培训和实习达到 140 学时，具有 BIM 技术系列岗位专业技能的。

四、考核规则

1. 考试方式

（1）网络考试：不设定统一考试日期，灵活自主参加考试，凡是参加远程考试的有关人员，均可在指定的远程考试平台上参加在线考试，卷面分数为 100 分，合格分数为 80 分。

（2）大学生选修学科考试：不设定统一考试日期，凡在校大学生选修 BIM 技术相关专业岗位课程的有关人员，由各院校根据教学计划合理安排学科考试时间，组织大学生集中考试。卷面分数为 100 分，合格分数为 60 分。

（3）集中考试：设定固定的集中统一考试日期和报名日期，凡是参加培训学校、教学点、考点考站、联络办事处、报名点等机构进行现场面授培训学习的有关人员，均需凭准考证在有监考人员的考试现场参加集中统一考试，卷面分数为 100 分，合格分数为 60 分。

2. 集中统一考试

（1）集中统一报名计划时间：（以报名网站公示时间为准）

夏季：每年 4 月 20 日 10：00 至 5 月 20 日 18：00。

冬季：每年 9 月 20 日 10：00 至 10 月 20 日 18：00。

各参加考试的有关人员，已经选择参加培训机构组织的 BIM 技术培训班学习的，直接选择所在培训机构报名，由培训机构统一代报名。网址：www.bjgba.com（建筑信息化 BIM 技术人才培养工程综合服务平台）

（2）集中统一考试计划时间：（以报名网站公示时间为准）

夏季：每年 6 月下旬（具体以每次考试时间安排通知为准）。

冬季：每年 12 月下旬（具体以每次考试时间安排通知为准）。

考试地点：准考证列明的考试地点对应机位号进行作答。

3. 非集中考试

各高等院校、职业院校、培训学校、考点考站、联络办事处、教学点、报名点、网教平台等组织大学生选修学科考试的，应于确定的报名和考试时间前 20 天，向北京绿色建筑产业联盟测评认证中心 BIM 技术系列岗位专业技能考评项目运营办公室提报有关统计报表。

4. 考试内容及答题

（1）内容：基于 BIM 技术专业技能系列岗位专业技能培训与考试指导用书中，关于 BIM 技术工作岗位应掌握、熟悉、了解的方法、流程、技巧、标准等相关知识内容进行命题。

（2）答题：考试全程采用 BIM 技术系列岗位专业技能考试软件计算机在线答题，系统自动组卷。

（3）题型：客观题（单项选择题、多项选择题），主观题（案例分析题、软件操作题）。

（4）考试命题深度：易 30％，中 40％，难 30％。

5. 各岗位考试科目

序号	BIM 技术系列岗位专业技能考核	考核科目			
		科目一	科目二	科目三	科目四
1	BIM 建模技术岗位	《BIM 技术概论》	《BIM 建模应用技术》	《BIM 建模软件操作》	
2	BIM 项目管理岗位	《BIM 技术概论》	《BIM 建模应用技术》	《BIM 应用与项目管理》	《BIM 应用案例分析》
3	BIM 战略规划岗位	《BIM 技术概论》	《BIM 应用案例分析》	《BIM 技术论文答辩》	
4	BIM 技术造价管理岗位	《BIM 造价专业基础知识》	《BIM 造价专业操作实务》		
5	BIM 工程师（装饰）岗位	《BIM 装饰专业基础知识》	《BIM 装饰专业操作实务》		
6	BIM 工程师（电力）岗位	《BIM 电力专业基础知识与操作实务》	《BIM 电力建模软件操作》		
7	BIM 系统开发岗位	《BIM 系统开发专业基础知识》	《BIM 系统开发专业操作实务》		
8	BIM 数据管理岗位	《BIM 数据管理业基础知识》	《BIM 数据管理专业操作实务》		

6. 答题时长及交卷

客观题试卷答题时长 120 分钟，主观题试卷答题时长 180 分钟，考试开始 60 分钟内禁止交卷。

7. 准考条件及成绩发布

（1）凡参加集中统一考试的有关人员应于考试时间前 10 天内，在 www.bjgba.com（建筑信息化 BIM 技术人才培养工程综合服务平台）打印准考证，凭个人身份证原件和准考证等证件，提前 10 分钟进入考试现场。

（2）考试结束后 60 天内发布成绩，在 www.bjgba.com 平台查询成绩。

（3）考试未全科目通过的人员，凡是达到合格标准的科目，成绩保留到下一个考试周期，补考时仅参加成绩不合格科目考试，考试成绩两个考试周期有效。

五、技术支持与证书颁发

1. 技术支持：北京绿色建筑产业联盟内设 BIM 技术系列岗位专业技能考评项目运营办公室，负责构建教学体系和考评体系等工作；负责组织开展编写培训教材、考试大纲、题库建设、教学方案设计等工作；负责组织培训及考试的技术支持工作和运营管理工作；负责组织优秀人才评估、激励、推荐和专家聘任等工作。

2. 证书颁发及人才数据库管理

（1）凡是通过 BIM 技术系列岗位专业技能考试，成绩合格的有关人员，专业类可以获得《职业技术证书》，综合类可以获得《专业技能证书》，证书代表持证人的学习过程和考试成绩合格证明，以及岗位专业技能水平。

（2）工业和信息化部教育与考试中心（电子通信行业职业技能鉴定指导中心）颁发证书，并纳入工业和信息化部教育与考试中心信息化人才数据库。

六、考试费收费标准

1. BIM 技术综合类岗位考试收费标准：BIM 建模技术 830 元/人，BIM 项目管理 950元/人，BIM 系统开发 950 元/人，BIM 数据管理 950 元/人，BIM 战略规划 980 元/人（费用包括：报名注册、平台数据维护、命题与阅卷、证书发放、考试场地租赁、考务服务等考试服务产生的全部费用）。

2. BIM 技术专业类岗位考试收费标准：BIM 工程师（装饰）等各个专业类岗位 830元/人（费用包括：报名注册、平台数据维护、命题与阅卷、证书发放、考试场地租赁、考务服务等考试服务产生的全部费用）。

七、优秀人才激励机制

1. 凡取得 BIM 技术系列岗位相关证书的人员，均可以参加 BIM 工程师"年度优秀工作者"评选活动，对工作成绩突出的优秀人才，将在表彰颁奖大会上公开颁奖表彰，并由评委会颁发"年度优秀工作者"荣誉证书。

2. 凡主持或参与的建设工程项目，用 BIM 技术进行规划设计、施工管理、运营维护等工作，均可参加"工程项目 BIM 应用商业价值竞赛"BVB 奖（Business Value of BIM）评选活动，对于产生良好经济效益的项目案例，将在颁奖大会上公开颁奖，并由评委会颁发"工程项目 BIM 应用商业价值竞赛"BVB 奖获奖证书及奖金，其中包括特等奖、一等奖、二等奖、三等奖、鼓励奖等奖项。

八、其他

1. 本办法根据实际情况，每两年修订一次，同步在 www.bjgba.com 平台进行公示。本办法由 BIM 技术系列岗位专业技能人才考评项目运营办公室负责解释。

2. 凡参与 BIM 技术系列岗位专业技能考试的人员、BIM 技术培训机构、考试服务与管理、市场传推广、命题判卷、指导教材编写等工作的有关人员，均适用于执行本办法。

3. 本办法自 2018 年 6 月 1 日起执行，原考试管理办法同时废止。

北京绿色建筑产业联盟
（BIM 技术系列岗位专业技能人才考评项目运营办公室）

二〇一八年三月

附录4 建筑信息化 BIM 工程师（装饰）职业技能考试大纲

目　　录

编　制　说　明

为了响应住建部《2016—2020 年建筑业信息化发展纲要》（建质函［2016］183 号）《关于推进建筑信息模型应用的指导意见》（建质函［2015］159 号）文件精神，结合《建筑信息化 BIM 技术系列岗位专业技能考试管理办法》，北京绿色建筑产业联盟邀请多位 BIM 装饰方面相关专家经过多次讨论研究，确定了《BIM 装饰专业基础知识》与《BIM 装饰专业操作实务》两个科目的考核内容，BIM 工程师（装饰）职业技能考试将依据本考纲命题考核。

建筑信息化 BIM 工程师（装饰）职业技能测评考试大纲，是参加 BIM 工程师（装饰）职业技能考试的人员在专业知识方面的基本要求。也是考试命题的指导性文件，考生在备考时应充分解读《考试大纲》的核心内容，包括各科目的章、节、目、条下具体需要掌握、熟悉、了解等知识点，以及报考条件和考试规则等，各备考人员应紧扣本大纲内容认真复习，有效备考。

《BIM 装饰专业基础知识》要求被考评者了解 BIM 装饰的基本概念、特点；熟悉 BIM 装饰的应用及价值；掌握建筑装饰项目 BIM 应用策划、建筑装饰工程 BIM 模型创建、建筑装饰工程 BIM 应用、建筑装饰工程 BIM 应用协同以及建筑装饰工程 BIM 交付。

《BIM 装饰专业操作实务》要求考评者了解 BIM 建模工作流的样例：从前期的项目定位策划开始，依次进行各分部分项工程模型的创建，再到基于模型的应用成果，最后对成果的管理和输出；掌握最佳的建模工作方法、建模工作注意事项以及高效率的建模工具软件，重点掌握运用 REVIT 进行装饰 BIM 建模操作流程。

《建筑信息化 BIM 工程师（装饰）职业技能考试大纲》编写委员会

2018 年 4 月

考　试　说　明

一、考核目的

1. 为建筑业装饰装修企事业单位选拔和储备合格的建筑信息化 BIM 技术专业人才，提高装饰工程从业人员信息技术的应用水平，推动技术创新，从而满足建筑业装饰装修企事业单位转型升级需求。

2. 让装饰专业技术人员充分利用现代建筑信息化 BIM 技术，提高生产效率、节约成本、提升质量，高效完成在工程项目策划与设计、施工管理、材料采购、运行和维护等全生命周期内进行信息共享、传递、协同、决策等任务。

二、职业名称定义

BIM 工程师（装饰）是特指从事装饰 BIM 相关工程技术及其管理的人员。装饰 BIM 工程师在装饰工程项目策划、实施到维护的全生命周期过程中，承担包括设计、协调、管理、数据维护等相关工作任务，为建筑装饰信息一体化发展提供可传导性、数据化、标准化的信息支撑；为提升工作效率、提高质量、节约成本和缩短工期方面发挥重要作用。

三、考核对象

1. 凡中华人民共和国公民，遵守国家法律、法规，恪守职业道德的，建筑学，工程管理，建筑环境艺术，室内设计，建筑装饰，建筑艺术，信息管理与信息系统，计算机科学与技术，建筑智能化等有关专业，具有中专以上学历，从事工程装饰装修设计、施工管理工作的企事业单位技术人员和管理人员，高职院校的在校大学生及老师，涉及 BIM 技术有关业务的，均可以报名参加 BIM 工程师（装饰）职业技术考试。

2. 参加 BIM 工程师（装饰）职业技术考试的人员，除符合上述基本条件外，还需具备下列条件之一：

（1）在校大学生已经选修过 BIM 工程师（装饰）的《BIM 装饰专业基础知识》、《BIM 装饰专业操作实务》相关课程的；或参加过 BIM 工程师（装饰）有关岗位的专业基础知识、操作实务的网络培训；或面授培训，或实习实训达到 140 学时的。

（2）建筑装饰企业从事工程项目设计、施工技术、现场管理的在职人员，已经掌握《BIM 装饰专业基础知识》《BIM 装饰专业操作实务》相关知识，经过装饰 BIM 技术应用能力训练达到 140 学时的。

（3）建筑业企事业单位有关从业人员，参加过相关机构的装饰 BIM 工程师职业技术理论与实践相结合系统培训，具备装饰 BIM 技术专业技能的。

四、考试方式

（1）大学生选修学科考试：不设定统一考试日期，凡在校大学生选修 BIM 技术相关专业岗位课程的有关人员，由各院校根据教学计划合理安排学科考试时间，组织大学生集中考试。卷面分数为 100 分，合格分数为 60 分。

（2）集中考试：设定固定的集中统一考试日期和报名日期，凡是参加培训学校、教学点、考点考站、联络办事处、报名点等机构进行现场面授培训学习的有关人员，均需凭准考证在有监考人员的考试现场参加集中统一考试，卷面分数为 100 分，合格分数为 60 分。

五、报名及考试时间

（1）网络平台报名计划时间（以报名网站公示时间为准）：

夏季：每年 4 月 20 日 10：00 至 5 月 20 日 18：00。

冬季：每年 9 月 20 日 10：00 至 10 月 20 日 18：00。

各参加考试的有关人员，已经选择参加培训机构组织的 BIM 工程师（装饰）职业技术培训班学习的，直接选择所在培训机构报名考试，由培训机构统一组织考生集体报名。网址：www.bjgba.com（建筑信息化 BIM 技术人才培养工程综合服务平台）。

（2）集中统一考试计划时间（以报名网站公示时间为准）：

夏季：每年 6 月下旬（具体以每次考试时间安排通知为准）。

冬季：每年 12 月下旬（具体以每次考试时间安排通知为准）。

考试地点：准考证列明的考试地点对应机位号进行作答。

六、考试科目、内容、答题及题量

（1）考试科目：《BIM 装饰专业基础知识》《BIM 装饰专业操作实务》（由 BIM 技术应用型人才培养丛书编写委员会编写，中国建筑工业出版社出版发行，各建筑书店及网店有售）。

（2）内容：基于 BIM 技术应用型人才培养丛书中，关于 BIM 工程师（装饰）工作岗位应掌握、熟悉、了解的方法、流程、技巧、标准等相关知识内容进行命题。

（3）答题：考试全程采用 BIM 工程师（装饰）职业技术考试平台计算机在线答题，系统自动组卷。

（4）题型：客观题（单项选择题、多项选择题），主观题（简答题、软件操作题）。

（5）考试命题深度：易 30%，中 40%，难 30%。

（6）题量及分值：

《BIM 装饰专业基础知识》考试科目：单选题共 40 题，每题 1 分，共 40 分。多选题共 20 题，每题 2 分，共 40 分。简答题共 4 道，每道 5 分，共 20 分。卷面合计 100 分，答题时间为 120 分钟。

《BIM 装饰专业操作实务》考试科目：工装建模软件操作 2 题，每题 30 分，共 60 分。家装建模软件操作 2 题，每题 20 分，共 40 分，答题时间为 180 分钟。

（7）答题时长及交卷：客观题试卷答题时长 120 分钟，主观题试卷答题时长 180 分钟，考试开始 60 分钟内禁止交卷。

七、准考条件及成绩发布

（1）凡参加集中统一考试的有关人员应于考试时间前 10 天内，在 www.bjgba.com（建筑信息化 BIM 技术人才培养工程综合服务平台）打印准考证，凭个人身份证原件和准考证等证件，提前 10 分钟进入考试现场。

（2）考试结束后 60 天内发布成绩，在 www.bjgba.com 平台查询。

（3）考试未全科目通过的人员，凡是达到合格标准的科目，成绩保留到下一个考试周期，补考时仅参加成绩不合格科目考试，考试成绩两个考试周期有效。

八、继续教育

为了使取得 BIM 工程师（装饰）职业技术证书的人员能力不断更新升级，通过考试成绩合格的人员每年需要参加不低于 30 学时的继续教育培训并取得继续教育合格证书。

九、证书颁发

考试测评合格人员，由工业和信息化部教育与考试中心颁发"职业技术证书"，在参加考试的站点领取，证书全国统一编号，在中心的官方网站进行证书查询。

BIM 装饰专业基础知识
考 试 大 纲

1　建筑装饰工程 BIM 综述

1.1　BIM 技术概述

1.1.1　熟悉 BIM 技术概念

1.1.2　熟悉 BIM 的特点

1.1.3　熟悉 BIM 技术优势

1.1.4　了解 BIM 国内外发展历程

1.1.5　了解 BIM 应用现状

1.2　建筑装饰行业现状

1.2.1　了解行业现状

1.2.2　了解行业业态

1.2.3　了解存在问题

1.2.4　了解行业发展

1.3　建筑装饰工程 BIM 技术概述

1.3.1　了解建筑装饰工程 BIM 发展历程与现状

1.3.2　掌握建筑装饰工程各业态的 BIM 应用内容

1.3.3　熟悉建筑装饰工程 BIM 应用各阶段及其流程

1.3.4　掌握建筑装饰工程 BIM 创新工作模式

1.3.5　掌握建筑装饰工程 BIM 应用的优势

1.4　建筑装饰 BIM 与行业信息化

1.4.1　了解信息化技术

1.4.2　了解建筑装饰行业信息化发展现状

1.4.3　了解建筑装饰行业信息化发展存在的问题

1.4.4　了解建筑装饰行业信息化发展前景

1.5　建筑装饰工程 BIM 职业发展

1.5.1　了解建筑装饰 BIM 工程师的职业定义

1.5.2　熟悉建筑装饰 BIM 工程师基本职业素质要求

1.5.3　熟悉不同应用方向建筑装饰 BIM 工程师职业素质要求

1.5.4　熟悉不同应用等级建筑装饰 BIM 工程师职业素质要求

1.5.5　了解建筑装饰企业 BIM 应用相关岗位

1.5.6　了解建筑装饰 BIM 工程师现状

1.6　建筑装饰工程 BIM 应用展望

1.6.1　了解建筑装饰工程 BIM 应用的问题

1.6.2　了解建筑装饰工程 BIM 应用趋势

2　建筑装饰工程 BIM 软件及相关设备

2.1　建筑装饰工程 BIM 软件简介
2.1.1　了解建筑装饰工程相关 BIM 软件
2.1.2　掌握建筑装饰工程设计阶段 BIM 软件
2.1.3　掌握建筑装饰专业施工阶段 BIM 应用软件

2.2　建筑装饰工程 BIM 方案设计软件
2.2.1　熟悉 Trimble 的 SketchUp 及 BIM 应用
2.2.2　掌握 Robert McNeel & Assoc 的 Rhinoceros 及 BIM 应用

2.3　BIM 建模软件及应用解决方案
2.3.1　掌握 AutoDesk 的 Revit 及 BIM 应用解决方案
2.3.2　掌握 Graphisoft 的 ARCHICAD 及 BIM 应用解决方案
2.3.3　了解 Dassault Systémes 的 CATIA 及 BIM 应用解决方案
2.3.4　了解 Bentley 的 ABD 及 BIM 应用解决方案

2.4　BIM 协同平台简介
　　了解 BIM 协同平台

2.5　建筑装饰工程 BIM 相关设备
2.5.1　了解 BIM 设备
2.5.2　了解相关设备

2.6　建筑装饰工程 BIM 资源配置
2.6.1　熟悉 BIM 软件配置
2.6.2　熟悉 BIM 硬件配置
2.6.3　熟悉 BIM 资源库

3　建筑装饰项目 BIM 应用策划

3.1　建筑装饰项目 BIM 实施策划概述
3.1.1　熟悉建筑装饰项目 BIM 实施策划的作用
3.1.2　熟悉影响建筑装饰项目 BIM 策划的因素
3.1.3　熟悉建筑装饰项目 BIM 实施策划的主要内容

3.2　制定建筑装饰项目 BIM 应用目标
3.2.1　熟悉 BIM 目标内容
3.2.2　熟悉 BIM 应用点筛选
3.2.3　掌握 BIM 目标实施优先级

3.3　建立建筑装饰项目 BIM 实施组织架构
3.3.1　熟悉建立建筑装饰 BIM 管理团队
3.3.2　熟悉装饰项目 BIM 工作岗位划分
3.3.3　了解 BIM 咨询顾问

3.4　制定建筑装饰项目 BIM 应用流程

3.4.1　熟悉流程确定的步骤

3.4.2　掌握总体流程

3.4.3　掌握分项流程

3.5　明确 BIM 信息交换内容和格式

　　　掌握 BIM 信息交换内容和格式

3.6　建筑装饰项目 BIM 实施保障措施

3.6.1　掌握建立系统运行保障体系

3.6.2　掌握建立模型维护与应用保障机制

3.7　建筑装饰项目 BIM 实施工作总结计划

3.7.1　了解 BIM 实施工作总结的作用

3.7.2　了解 BIM 效益总结计划

3.7.3　了解项目 BIM 经验教训总结计划

4　建筑装饰工程 BIM 模型创建

4.1　建筑装饰工程 BIM 建模准备

4.1.1　了解原始数据的作用

4.1.2　了解原始数据的获取

4.1.3　了解原始数据的处理

4.2　建筑装饰工程 BIM 建模规则

4.2.1　熟悉模型命名

4.2.2　熟悉模型拆分

4.2.3　熟悉模型样板

4.2.4　熟悉模型色彩

4.2.5　熟悉模型材质

4.2.6　熟悉模型细度

4.3　建筑装饰工程 BIM 模型整合

4.3.1　掌握模型整合内容

4.3.2　掌握模型整合管理

4.3.3　掌握模型整合应用

4.4　建筑装饰工程 BIM 模型审核

4.4.1　了解模型审核的目的

4.4.2　了解模型审核的原则

4.4.3　了解模型审核方法

4.4.4　了解模型审核流程

4.4.5　了解模型审核参与者

4.4.6　了解模型审核内容

5　建筑装饰工程 BIM 应用

5.1　概述

熟悉建筑装饰 BIM 的各阶段关键环节

5.2　方案设计 BIM 应用

5.2.1　掌握方案设计建模内容

5.2.2　掌握参数化方案设计

5.2.3　掌握装饰方案设计比选

5.2.4　掌握方案经济性比选

5.2.5　了解设计方案可视化表达

5.3　初步设计 BIM 应用

5.3.1　了解初步设计建模内容

5.3.2　了解室内采光分析

5.3.3　了解室内通风分析

5.3.4　了解室内声学分析

5.3.5　了解安全疏散分析

5.4　施工图设计 BIM 应用

5.4.1　掌握施工图设计建模内容

5.4.2　掌握碰撞检查及净空优化

5.4.3　掌握施工图设计出图与统计

5.4.4　掌握辅助工程预算

5.5　施工深化设计 BIM 应用

5.5.1　掌握施工深化设计建模内容

5.5.2　掌握施工现场测量

5.5.3　了解样板 BIM 应用

5.5.4　掌握施工可行性检测

5.5.5　熟悉饰面排版

5.5.6　掌握施工工艺模拟

5.5.7　掌握辅助图纸会审

5.5.8　掌握工艺优化

5.5.9　掌握辅助出图

5.6　施工过程的 BIM 应用

5.6.1　掌握施工过程建模内容

5.6.2　掌握施工组织模拟

5.6.3　掌握设计变更管理

5.6.4　掌握可视化施工交底

5.6.5　了解智能放线

5.6.6　了解构件预制加工与材料下单

5.6.7　了解施工进度管理

5.6.8　了解施工物料管理

5.6.9　了解质量与安全管理

5.6.10　了解工程成本管理

5.7　竣工交付 BIM 应用

5.7.1　掌握竣工交付建模内容

5.7.2　掌握竣工图纸生成

5.7.3　了解辅助工程结算

5.8　运维 BIM 应用

5.8.1　了解运维 BIM 建模内容

5.8.2　了解日常运行维护管理

5.8.3　了解设备设施运维管理

5.8.4　了解装饰装修改造运维管理

5.9　拆除 BIM 应用

5.9.1　了解拆除 BIM 建模内容

5.9.2　了解拆除模拟

5.9.3　了解拆除工程量统计及拆除物资管理

6　建筑装饰工程 BIM 应用协同

6.1　建筑装饰项目 BIM 应用协同概述

6.1.1　熟悉基于 BIM 协同工作的意义

6.1.2　掌握基于 BIM 的协同工作策划

6.1.3　掌握 BIM 协同工作的文件管理

6.2　建筑装饰工程设计阶段的 BIM 协同

6.2.1　掌握基于 BIM 的设计协同方法

6.2.2　掌握内部设计协同

6.2.3　掌握各专业间设计协同

6.2.4　掌握各环节设计协同

6.2.5　掌握设计方与项目其他参与方协同

6.3　建筑装饰工程施工阶段的 BIM 协同

6.3.1　了解基于 BIM 的施工协同方法

6.3.2　了解施工深化设计协同

6.3.3　了解施工组织模拟协同

6.3.4　了解变更管理下的协同

6.3.5　了解施工—加工一体化协同

6.4　基于 BIM 协同平台的协作

6.4.1　了解 BIM 协同平台的功能

6.4.2　了解基于 BIM 的协同平台管理

7　建筑装饰工程 BIM 交付

7.1　建筑装饰工程 BIM 交付物

7.1.1　了解交付物概念

8.3.4　了解项目 BIM 应用总结

8.4　大型会场装饰项目 BIM 应用案例

8.4.1　了解项目概况

8.4.2　熟悉项目 BIM 应用策划

8.4.3　掌握项目 BIM 应用及效果

8.4.4　了解项目 BIM 应用总结

8.5　剧院装饰项目 BIM 应用案例

8.5.1　了解项目概况

8.5.2　熟悉项目 BIM 应用策划

8.5.3　掌握项目 BIM 应用及效果

8.5.4　了解项目 BIM 应用总结

8.6　音乐厅装饰项目 BIM 应用案例

8.6.1　了解项目概况

8.6.2　熟悉项目 BIM 应用策划

8.6.3　掌握项目 BIM 应用及效果

8.6.4　了解项目 BIM 应用总结

8.7　主题公园项目装饰 BIM 应用案例

8.7.1　了解项目概况

8.7.2　熟悉项目 BIM 应用策划

8.7.3　掌握项目 BIM 应用及效果

8.7.4　了解项目 BIM 应用总结

8.8　综合大厦装饰项目 BIM 应用案例

8.8.1　了解项目概况

8.8.2　熟悉项目 BIM 应用策划

8.8.3　掌握项目 BIM 应用及效果

8.8.4　了解项目 BIM 应用总结

8.9　地铁装饰项目 BIM 应用案例

8.9.1　了解项目概况

8.9.2　熟悉项目 BIM 应用策划

8.9.3　掌握项目 BIM 应用及效果

8.9.4　了解项目 BIM 应用总结

8.10　客运站幕墙项目 BIM 应用案例

8.10.1　了解项目概况

8.10.2　熟悉项目 BIM 应用策划

8.10.3　掌握项目 BIM 应用及效果

8.10.4　了解项目 BIM 应用总结

BIM 装饰专业操作实务
考　试　大　纲

1　装饰专业的业态及建筑建模

1.1　装饰专业的业态
1.1.1　了解装饰发展

1.1.2　了解艺术与技术的结合

1.1.3　了解专业化分工细化

1.1.4　了解 BIM 含义

1.2　装饰 BIM 软件
1.2.1　熟悉 BIM 相关软件介绍

1.2.2　熟悉 Revit 软件介绍

1.3　装饰 BIM 工作准备
1.3.1　掌握新建、改扩建工程数据获得及协同

1.3.2　掌握修缮工程数据获得及协同

1.4　建筑快速入门
1.4.1　熟悉软件术语

1.4.2　熟悉软件界面

1.5　墙、轴网、尺寸
1.5.1　掌握外墙绘制的操作步骤

1.5.2　掌握轴网绘制的操作步骤

1.5.3　掌握标高绘制的操作步骤

1.5.4　掌握如何使用"对齐"工具，使轴网与相邻墙的外表皮对齐

1.5.5　掌握如何添加轴网的尺寸，使用尺寸来控制墙和轴网的位置

1.5.6　掌握绘制室内隔断墙的操作步骤

1.6　门
1.6.1　掌握放置门族的操作步骤

1.6.2　掌握使用镜像命令，快速创建相邻垂直墙对面的另一扇门

1.6.3　掌握将绘制好的两个门复制到其他房间的操作步骤

1.6.4　掌握如何使用所有标记命令，对现有的构件进行统一标记

1.6.5　掌握删除门的操作步骤

1.7　窗

1.8　屋顶

1.9　楼板

1.10　注释、房间标记、明细表

1.10.1　掌握文字标注的方法

1.10.2　掌握添加房间标签的方法

1.10.3　掌握如何创建房间明细表

2　创建分部分项工程模型

2.1　隔断墙

2.1.1　掌握隔墙的创建

2.1.2　掌握玻璃隔断墙的创建

2.2　装饰墙柱面

2.2.1　掌握壁纸装饰面墙的创建

2.2.2　掌握瓷砖装饰墙的创建

2.3　门窗

2.4　楼地面

2.5　天花板

2.5.1　掌握如何创建整体式天花板

2.5.2　掌握如何创建木格栅天花板

2.6　楼梯及扶手

掌握如何运用 BIM 软件绘制楼梯及扶手

2.7　固装家具

2.7.1　熟悉如何选择样板文件

2.7.2　掌握绘制参照平面的操作步骤

2.7.3　掌握绘制模型的操作步骤

2.7.4　掌握如何生成效果图

2.8　装饰节点

2.8.1　掌握木作装饰墙的创建

2.8.2　掌握轻钢龙骨隔墙的创建

2.9　卫生间机电设计

2.9.1　熟悉建模准备工作流程

2.9.2　掌握暖通专业的操作步骤

2.9.3　掌握给排水专业的操作步骤

2.9.4　掌握电气专业的操作步骤

2.9.5　掌握管道综合的操作步骤

2.9.6　掌握模型处理方法

3　定制参数化装饰构件

3.1　家具与陈设

3.1.1　掌握坐卧类家具的参数化定制

3.1.2　掌握凭倚类家具的参数化定制

3.1.3　掌握储存类家具的参数化定制

3.1.4　掌握陈设类家具的参数化定制

3.2　照明设备

3.2.1　熟悉台灯参数化定制

3.3　装饰构件

3.3.1　熟悉定制踢脚线参数化定制

3.3.2　掌握定制轻钢龙骨族参数化定制

3.4　注释族

3.4.1　熟悉立面符号族

3.4.2　熟悉图纸封面族

3.4.3　熟悉图框族

3.4.4　熟悉材质标记族

4　定制装饰材料

4.1　概述 Revit 材料应用

4.1.1　了解 Revit 材料属性

4.1.2　了解 Revit 应用对象

4.1.3　熟悉 Revit 应用范围

4.2　创建 Revit 材质

4.2.1　掌握如何添加到材质列表的操作流程

4.2.2　掌握如何添加材质资源的操作流程

4.2.3　掌握如何替换材质资源的操作流程

4.2.4　掌握删除资源的操作流程

4.3　详解材质面板参数

4.3.1　熟悉材质面板标识

4.3.2　熟悉材质面板图形

4.3.3　熟悉材质面板外观

4.3.4　掌握材质面板的材料库

4.4　Revit 材料应用对象一：面层

4.4.1　熟悉面层的通用术语（例：石材－ST）

4.4.2　熟悉壁纸材质

4.4.3　熟悉面层材料库

4.5　Revit 材料应用对象二：功能材料

4.5.1　熟悉水泥砂浆

4.5.2　熟悉功能材料库

4.6　Revit 材料和自定义参数

4.6.1　熟悉 Revit 项目参数

4.6.2　熟悉 Revit 自定义参数

5　可视化应用

5.1　Revit 表现室内效果图
5.1.1　熟悉运用 Revit 表现室内效果图的流程
5.1.2　掌握如何运用 Revit 制作效果图

5.2　AutoDesk 360 云渲染效果图
5.2.1　掌握运用 AutoDesk 创建 360 云渲染效果图的操作步骤

5.3　Revit 制作漫游动画
5.3.1　掌握运用 Revit 创建漫游
5.3.2　掌握如何运用 Revit 进行美化视图
5.3.3　掌握如何导出漫游
5.3.4　掌握如何运用 Revit 进行日光研究
5.3.5　掌握如何导出日光研究

5.4　3ds Max Design 室内渲染
5.4.1　掌握如何在 3ds Max Design 软件中新建项目文件
5.4.2　掌握如何导出 Revit 项目文件

6　装饰施工图应用

6.1　Revit 装饰施工图应用概述
6.1.1　熟悉 Revit 装饰施工图软件要素

6.2　创建 Revit 施工图一般流程

6.3　Revit 装饰施工图应用内容详解
6.3.1　掌握 Revit 装饰施工图出图准备工作
6.3.2　掌握 Revit 装饰施工图图纸创建
6.3.3　掌握如何创建出图视图
6.3.4　熟悉 Revit 装饰施工图图面说明

6.4　创建装饰施工图系列
6.4.1　掌握创建装饰平面图系列
6.4.2　掌握创建装饰立面图系列
6.4.3　掌握创建装饰详图节点系列
6.4.4　熟悉装饰施工图前图部分

6.5　打印导出
6.5.1　掌握如何将施工图打印为 PDF 格式
6.5.2　掌握如何将施工图导出为 CAD 格式

7　计量

7.1　分部分项统计
7.1.1　掌握乳胶漆工程量的统计

7.2　室内家具统计家具与陈设统计

7.3　导出明细表

8　交付成果

8.1　Revit 软件导出文件格式

8.2　Revit 导出明细表

8.2.1　掌握导出 Excel 明细表的操作方法

8.2.2　掌握如何创建 Microsoft Excel 工作表文件

8.3　导出 ODBC 数据库

8.3.1　掌握设置 ODBC 数据源的操作方法

8.4　导出 DWF 文件

8.4.1　掌握导出 DWF 文件的操作方法